中国科学院研究生院教材
Textbooks of Graduate University of Chinese Academy of Sciences

古气候动力模拟

于 革 刘 健 薛 滨 编著

Dynamical Palaeoclimate Simulations

高等教育出版社
Higher Education Press

内容简介

预测未来气候是目前人类面临的数个难题之一。由于未来气候没有发生，采用什么途径找到预测的有效性和正确性，就成为这个问题的一个核心。认识地质历史的气候变化、进而认识气候变化的机制，是解决这个问题的一个重要途径。古气候动力模拟随着全球变化研究的需要发生和发展，目前已经成为地质学、气候学和物理学之间的新兴交叉学科。自 20 世纪下半叶以来，随着气候模式的发展以及计算机技术的进步，各国科学家和国际重大合作计划进行了不同地质时期、不同气候变化过程、以及不同动力驱动的古气候模拟实践，逐步形成古气候动力模拟的理论、方法和技术途径，积累了优秀的研究成果。《古气候动力模拟》对此类国内外学术进展、古气候动力模拟的理论和实践做了较全面的介绍和综述。

全书以气候理论、气候模式、古气候记录、古气候模拟边界场、模拟试验和模拟检验、全书总结，分七篇 20 章介绍。绪论概述国内外古气候动力模拟有关基本问题、研究现状和发展方向；第一篇介绍气候动力模拟的基本概念，第二篇阐述古气候动力模式的原理和构建；第三篇概述用于古气候模拟边界场设置和用来检验古气候模拟输出的古气候资料的来源、方法和技术途径，并介绍古气候序列和空间场定量重建的实例；第四篇介绍模拟试验的边界条件的设置，包括了地球内外动力场；第五篇介绍地质历史上温室气候、冰期气候以及转型气候的古气候模拟试验，包括了中生代、新生代、第四纪、历史时期等不同气候特征时期；第六篇介绍古气候模拟结果的对比验证的技术方法和实例。最后一篇总结全书使《古气候动力模拟》具有整体性和系统性。

本书可作为自然地理学、大气科学、地质学以及第四纪地质学等专业的研究生的教科书和专业人员的参考书，对一切关心气候和环境变化问题的非专业人士也是一本有趣的科技读物。

作为对古气候动力模拟的研究介绍，本书系统提供了良好的理论、方法和实践。

总 序

在中国科学院研究生院和高等教育出版社的共同努力下，凝聚着中国科学院新老科学家、研究生导师们多年心血和汗水的中国科学院研究生院教材面世了。这套教材的出版,将对丰富我院研究生教育资源、提高研究生教育质量、培养更多高素质的科技人才起到积极的推动作用。

作为科技国家队，中国科学院肩负着面向国家战略需求，面向世界科学前沿，为国家作出基础性、战略性和前瞻性的重大科技创新贡献和培养高级科技人才的使命。中国科学院研究生教育是我国高等教育的重要组成部分，在新的历史时期，中国科学院研究生教育不仅要为我院知识创新工程提供人力资源保障，还担负着落实科教兴国战略和人才强国战略，为创新型国家建设培养一大批高素质人才的重要使命。

集成中国科学院的教学资源、科技资源和智力资源，中国科学院研究生院坚持教育与科研紧密结合的“两段式”培养模式，在突出科学教育和创新能力培养的同时，重视全面素质教育，倡导文理交融、理工结合，培养的研究生具有宽厚扎实的基础知识、敏锐的科学探索意识、活跃的思维和唯实、求真、协力、创新的良好素质。

研究生教材建设是研究生教育中重要的基础性工作。由一批活跃在科学前沿,同时又具有丰富教学经验的科学家编写的中国科学院研究生院教材，适合在校研究生学习使用,也可作为高校教师和专业研究人员的参考书。这套研究生教材内容力求科学性、系统性、基础性和前沿性的统一,使学习者不仅能获得比较系统的科学基础知识,也能体会蕴于其中的科学精神、科学思想、科学方法，为进入科学研究的学术殿堂奠定良好的基础；优秀教材不但是体现教学内容和教学方法的知识载体、开展教学的基本条件和手段，也是深化教学改革、提高教育质量、促进科学教育与人文教育结合的重要保证。

“十年树木，百年树人”。我相信，经过若干年的努力，中国科学院研究生院一定能建设起多学科、多类型、多品种、多层次配套的研究生教材体系，为我国研究生教育百花园增添一枝新的奇葩，为我国高级科技人才的培养作出新的贡献。

中国科学院 常务副院长
中国科学院研究生院 院长
中国科学院 院士

白春礼

二〇〇六年二月二十八日

序　言

读到于革、刘健、薛滨三位教授编著的这本研究生教材，心中十分欣喜。

回想早年师从刘东生院士，练习做古气候研究工作时，我就深切体会到：我国一些从事古气候研究的前辈学者，如刘东生院士、施雅风院士、汪品先院士、安芷生院士、李吉均院士等，均十分重视和善于从纷繁的地质现象中凝练出概念，并进而探讨导致这些现象的具体过程与机制。他们的思辨性极强的工作代表了古气候研究中的最高境界，但同时也受到一定的制约，即缺少强有力的研究工具。据我个人的理解，数值模拟即为此类工具之一。由于学术训练的限制，我国从事古气候研究的大多数学者，其研究起点为古气候变化记录，同时亦往往令人遗憾地止步于记录本身，而利用各类数值模式，在古气候变化机制研究方面更进一步，则并非我们之所能。而在这方面，国际上的情况要比我们好得多。大气环流数值模式是为满足天气预报的需求而发展起来的。约半个世纪以来，大气科学界在模式研制及各类模式耦合方面，已取得了长足的进步。我们注意到，即使在大气环流数值模式发展的初期，它们即被用来研究古气候的问题。以后，数值模式每发展一步，都会在模拟古气候变化过程方面留下其坚实的脚印。显然，这同大气科学家与古气候学家能紧密合作有关。而在我们国家，这方面合作的脚步则显得比较迟缓，以至汪品先院士曾在某个非正式的场合，把此现象戏喻为“单相思”。

近些年来，这方面的状况在我国已有相当大的改善。这一方面表现为许多古气候研究者开始学习和理解数值模拟这门学问，另一方面，不少卓有成就的数值模拟专家也越来越关注古气候学的问题，并致力于具体的模拟实践。对这一点，我国科学家近年来针对我国特有的古气候问题在国际刊物上发表的一些模拟结果，即为明证。然而，我国要想在此领域真正处于国际前沿，我们还需做大量的基础性工作。这包括在大气科学家与古气候学家之间建立起通畅的合作桥梁，培养能把握这两个领域的年轻两栖人才，等等。“古气候动力模拟”这本教材涉及面甚广，它既有各种数值模式的介绍，又有古气候重建方法的综述，同时列举了大量古气候模拟的具体案例。我个人认为，作为一本入门教材，它将在我国新一代人才培养中发挥重要的作用，同时也会在促进大气科学家与古气候学家合作方面起到桥梁作用。

这本教材是为研究生编写的，希望研究生们在从中学到具体学问的同时，建立起这样一个概念：任何古气候现象均是可以模拟的。

是为序。

丁仲礼

2006年9月25日

目 录

第3篇 古气候重建

第4篇 古气候模拟边界场

第 5 篇 古气候模拟试验

表图目录

表目录

图目录

符号和定义

物理单位

a	年
AU	天文单位(1 AU = $1.495\ 978\ 70 \times 10^8$ km)
℃	摄氏温度
Cal	卡(1 Cal = 4.186 8 J)
d	日
hPa	百帕
h	时
K	绝对温度
ka	千年
kCal	千卡
kpc	千秒差距
ly	光年(1 ly = 9.5×10^{12} km)
Ma	百万年
min	分
mon	月
mW	毫瓦
Pa	帕
pc	秒差距(1 pc = 2.06×10^5 AU = 3.26 ly)
ppb	十亿分之一
ppm	百万分之一
ppt	千分之一
PW	petawatt(1 PW = 10^{15} W)
s	秒

Sv	西弗特(剂量当量,1 Sv = J/kg)
W	瓦

代号

a. s. l.	(海拔高度在)海面以上
AD	公元年代
AGCM	大气环流模式
BP	距今年代
CLSDB	中国古湖泊数据库
DC	年代数据控制
DVI	火山灰屏蔽指数
EBM	能量平衡模式
ELSDB	欧洲古湖泊数据库
EOF	正交函数分析
EPD	欧洲的花粉数据库
EPICA	欧洲南极冰芯计划
GWP	全球暖化潜力
IVI	火山指数
K/T	白垩纪/第三纪界线
LGM	末次冰盛期
LIA	小冰期
LIM	陆冰模式
LSM	陆面模式
MIS	海洋氧同位素阶段
MIS－3	海洋氧同位素 3 阶段
MM	区域中尺度气象模式
MW	中世纪温暖期
OGCM	海洋环流模式
OLLDB	牛津古湖泊数据库
PDF	概率密度函数
PDM	古气候动力模式
QBO	准两年振荡

RCM	辐射－对流模式
RegCM	区域气候模式
SDM	统计－动力模式
SIM	海冰模式
SLP	海面气压
SST	海洋表面温度
VEI	火山爆发指数
YD	新仙女木
ZADM	纬向平均动力模式

气候模式、组织

BIOME	全球植被模式
BMRC	澳大利亚气象局研究中心 GCM
CCCMA	加拿大气候模拟与分析中心 GCM
CCM	美国国家大气研究中心 GCM
CCSR	日本气候系统研究中心 GCM
CNRM	法国国家气象研究中心 GCM
CSIRO	澳大利亚联邦科学与工业研究组织 GCM
ECHAM	德国马普气象研究所 GCM
EVE	美国植被生态模式
GENESIS	美国全球环境和生态模拟交互系统 GCM
GFDL	美国地球物理流体动力实验室 GCM
GISS	美国 Goddard 太空研究所 GCM
HadMC	英国气象局 Hadley 气候预测与研究中心 GCM
LMCE	法国气候与环境模型站 GCM
LMD	法国气象动力实验室 GCM
MRI	日本气象研究所 GCM
MSU	俄罗斯莫斯科州立大学 GCM
SDVVM	英国陆地生态系统模式
SSiB	简化型生物圈模式
UGAMP	英国大学大气联合 GCM
UIUC	美国 Illinois 大学 GCM

UKMO	英国气象局 GCM
YONU	韩国 Yonusei 大学 GCM

国际研究计划缩写

AMIP	Atmospheric Model Intercomparison Project
BIOME 6000	Global Palaeo-vegetation Mapping Project
CLIMAP	Climate: Long Range Investigation, Mapping, and Prediction
CLIVAR	Climate Variability and Predictability
COHMAP	Cooperative Holocene Mapping Project
GAIM	Global Analysis, Interpretation and Model
GLAMA	Glacial Atlantic Mapping and Prediction
IGBP	International Geosphere-Biosphere Program
IPCC	Intergovernmental Panel on Climate Change
PAGES	Past Global Changes
PMIP	Palaeoclimate Modelling Intercomparison Project
TEMPO	Testing Earth System Models with Paleoenvironmental Observations

绪　　论

古气候动力模拟在20世纪随着全球变化研究的需要发生和发展，成了地质学、气候学和物理学之间的新兴交叉学科。古气候动力模拟有两层含义，采用动力学途径重建和反演过去曾经发生的气候，通过气候系统的物理过程，探究导致气候变化成因机制（Mitchell，1993；Wright *et al.*，1993）。

古气候模拟在现代气候模式发展的基础上，根据动力学和热力学定律，在给定边界条件下，通过计算机进行数值模拟，研究古气候特征、过程和机制。自20世纪下半叶以来，随着气候模式的发展以及计算机技术的进步，国际上开展了大量的古气候模拟实践，科学家们进行了不同地质时期、不同气候变化过程以及不同动力驱动的古气候模拟试验。这些研究成果主要发表在各类气候学、地理学、地质学、海洋学等相关领域的科学杂志上。在大量古气候模拟试验的实践基础上，古气候模拟的理论在不断总结和提高，但这类系统专著尚不多见。目前国际上比较系统的古气候动力模拟专著有《古气候分析和模拟》（Hecht，1985），《古气候学》（Crowley *et al.*，1991），《动力古气候学》（Saltzman，2002）。本章对此做一个引导和介绍。

0.1　古气候研究的意义

第一个引起人们关注的气候话题是温室气候。早在20世纪初期，Chamberlin（1899）和Arrhenius（1903）已经注意到气候变暖与燃料燃烧后释放在大气中的CO_2有关。20世纪70年代大气CO_2含量迅速增长和极端气候出现，严重的人为大气污染和它的气候效应引起人们的很大关注。俄国科学家测定和模拟出CO_2增长速率达到了18×10^{15} g/a（Budyko，1972，1974）。一系列专业国际会议的召开奠定了这个领域里的重要的里程碑：1971年首次在斯德哥尔摩召开的联合国人类环境会议，以及随后的1979年日内瓦会议和1984年佛罗里达会议。1987年在东京召开联合国环境保护与经济发展会议，由此发表著名的《东京宣言(Tokyo Declaration)》。面对全球迅速变暖的咄咄逼人之势,上个世纪90年代以来人们开始认真研究相应的对策。世界气象组织和联合国环境规划署联合建立的独立的科学评估机构IPCC(Intergovernmental Panel on Climate Change),1990—1992、1995—2001年三次评估报告集中了全球变化的科学信息、依据和对策(IPCC,1990,1995,2001)。

有关人类活动与气候环境的关系的研究日益重要,并积累了大量的研究成果。但是对未来的发展进行预测和评价,核心问题是大气CO_2可能如何发展?对应的气候又如何变化?Zubakov等(1990)综述了研究大气CO_2含量增长将造成的气候变化有三种独立的途径:首先对器测时期各种记录做出分析研究,以获得全球热量、动力场与空间温度和大气降水变化的关系;第二种途径是对更长时期的古气候的重建和认识,特别是对全新世、第四纪乃至中－新生代不同地质时期大气CO_2含量变化的认识和理解;第三个途径是采用各种气候模型,在设定不同的CO_2变化条件驱动下进行气候变化模拟。

仪器观测和气候诊断主要集中在世界工业革命以来的近100多年以内,近代气候变化的研究势必反映出强烈的人类活动对大气系统的影响和效应。由于这段时间短暂,使人们把目光延伸到更长的历史时期和地质时期。人们惊讶地发现大气CO_2含量在20世纪快速变化这一事实并不是在200年以来人类强烈活动时期所独有,在过去的历史长河中,曾多次出现大气CO_2含量从280 mL/m^{3}迅速增加到350 mL/m^3,在全新世、第四纪乃至中－新生代不同地质时期中大气CO_2含量与21世纪的峰值、变化幅度、速度相类似甚至更高。中生代火山喷发、浅海白色碳酸盐沉积和深海黑色页岩沉积、有花植物化石结构反映的光合作用能力等大量地质记录,充分反映了当时大气CO_2浓度为现代的4倍以上,达到1 000 mL/m^{3}以上(Berner *et al.*,1983),引起的温室效应使极地气温达到了现代全球15 ℃的平均温度(Barrera *et al.*,1999)。而第四纪40万年以来南极Vostok冰芯揭示的CO_2记录不仅有从低值(180 mL/m^3)到高值(300 mL/m^3)的变化,而且CO_2浓度曲线变化显示了3～4个重现期,约10万年的1个旋回(Barnola *et al.*,2003),温度升幅2～5 ℃。在低纬副热带地区和中纬度内陆地区,平均温度2 ℃的升幅足以使牛羊成群的肥沃草原变成干旱无人的荒漠。

现代气候变暖的一个重大效应是导致海面上升,亚洲将有数千万人口由沿海向内陆转移,引起人类立足范围缩小、淡水资源短缺、沿海工程和环境恶化等巨大灾难。然而,相比中生代海面高于现代60 m、末次间冰期高于现代5～7 m的幅度变化(Crowley *et al.*,1991),则小巫见大巫。此外,大气中CO_2增加将与中全新世太阳辐射加强造成的增温效应相当,都会深刻改变大陆的蒸发和降水(Wetherald *et al.*,1995),从而影响到人类的生存和发展。虽然人类对热量和温度的变化有较强的承受能力，但是当大气降水大量减少，地表有效降水（$P-E$）长期匮缺时，人类的承受能力却相当脆弱。无论是中国西域残留两千年前的文明古城，还是北非沙漠中六千年前的人类遗居，都反映了人类对长期干旱和水量枯竭的屈服。气候变暖带来的干旱和缺水对于人类是更大的灾难。

这些现象提示着人们，在数万年、数千万年以前没有人类活动或者人类活动极其微弱的时代，同样发生了温室气候。这究竟是什么原因造成的？这些久远的温室气候已经消失，但在不久的未来是否可能再现？

第二个人们关心的重要话题是气候的严寒和干旱，一种与温室气候截然相反的气候——冰期气候。人们可能对20世纪70年代初出现过的气候"变冷说"记忆犹新。Dansgaard等人（1971）发表的格陵兰冰芯氧同位素谱分析成果表明，地球气候有10万年轨道周期变化，其中9万年为冷期，1万年为暖期。按此规律，目前气候的暖期已接近尾声。15～19世纪明清时代小冰期，中国长江、太湖冰封，旱涝灾荒导致经济农作物产量下降，耕畜死于严寒，农业经济萎缩，人口再生产衰退（竺可桢，1973；张研，2005）；北方面临持续干旱，出现多次干旱、大风和沙漠化，发展到赤地千里，井河干涸，灾难连连（张丕远，1996；满志敏等，2000），气候变化是17～19世纪中国社会兴衰、经济发展不容忽视的重要因素。欧洲在15～19世纪的小冰期期间，英伦三岛、北欧、东欧、俄罗斯都出现了谷物歉收、饥荒、放弃耕作、舍弃村庄、人口严重减少的迹象（Lamb，1978）。这些称为小冰期气候，人们记忆犹新，而所谓大冰期的灾难在地质记录中的不断重现，更让人们不寒而栗。2万年前北美劳伦泰冰盖推进到38 °N，美－加之间的五大湖泊、美国的纽约被面积超过1 300×10^4 km^2冰盖覆盖；欧洲斯堪的纳维亚冰盖伸展到51 °N，伦敦、柏林、华沙面临着中心超过3 000 m厚的冰盖高山（Crowley *et al.*，1991）。生活在中、高纬地区的人类和动物在冰盖压境下纷纷南逃，大量植物则遭到灭顶之灾。同样位于38 °N附近的中国兰州、太原、北京庆幸没有被冰盖覆盖，但持续千年的漫天黄土、移动沙丘也几乎把这些地区掩埋。南欧的尼安德特人躲进了洞穴，中国北京人搬迁到山顶洞中。如果把历史推到远古的寒武纪以前，冰川覆盖了差不多整个地球（Kirschvink，1992）。若从太空上看，地球是一个白色雪球（snow ball），而不是现在人类自豪拥有的一个蓝色天体。

如果说冰期与大冰期的发生时间在万年尺度以上，与我们人类的百年寿命还有那么一些距离的话，地质记录中揭示的百年时间尺度气候灾变和极端气候，就不能不让我们研究相应的对策。例如Heinrich事件，该事件是从冰筏沉积中认识的，表现为末次冰期（115～10 kaBP）中多次冰盖的快速扩张过程。在末次冰期中，从间冰阶逐渐降温到冰阶，然后快速增温，反复发生了20多个百年至千年级的气候旋回（即D－O旋回）。其中的新仙女木事件（YD事件）又特别引人注目。在晚冰期（15～10 kaBP）中，格陵兰中部冰芯的氧同位素记录反映出在

12.5～11.5 kaBP 的 1 000 年中，达到 4 ℃的突然降温仅仅发生在 200 年之内，而 YD 事件后的迅速升温发生在 100 年内，升幅达 5 ℃（Schwander *et al.*，2000）。

可见，研究古气候是从地质记录开始，从地质证据中恢复古气候变化特征（温度的升高或降低、降水的增加或减少）、变化速度、变化周期，以及区域变化等。古气候的研究可以追溯到 300 年以前，从 17～18 世纪达尔文、赖伊尔对地质时代气候变迁的研究，到 21 世纪南极 60 万年冰芯记录的研究，古气候研究至今方兴未艾。在大量气候变化的史事面前，人们不仅关心气候是怎样变化的，还会进一步关心气候为什么发生变化，即气候变化的成因研究。同时，无论是温室气候还是冰期气候，无论是气候快速变化还是反复发生，人类必须在气候变化中同时做好预防气候变暖和变冷的两种准备。古气候的研究为人类认识气候变化提供了无可替代的史事。但是，古气候变化的原因究竟是什么，需要一定物理机制的探究。为此应运而生的古气候模拟，试图揭示出过去气候变化的特征、过程、趋势、频率。并且在两个方面寻求突破：一是内因，二是外延，即分析导致气候变化的原因和对未来尚未发生的气候变化进行预测。

0.2 气候模式与气候模拟的发展

人们不断地认识到气候变化的机制的重要性，逐步探索到解决这一科学问题的途径——发展气候模式进行气候模拟。气候模式是建立在用数学方程表示物理定律基础之上的，它的求解是采用全球三维格点来得到的。气候模拟的发展，是从气候系统的主要组成的子模式（大气、海洋、大陆、冰雪以及生物系统）中发展和耦合，包括它们之间的相互过程。表 0.1 概要地给出了气候模式与气候模拟发展史上的一些重要事件。

表 0.1 气候模式与气候模拟的发展简表

（引自李晓东《气候物理学引论》，1997）

年代	研究者和气候模式与模拟发展
1904	V. Bjerknes 利用流体力学议程来讨论大气和海洋的流体运动问题
1922	L. F. Richardson 首次用数值方法作了数值天气预报的尝试
1945	J. von Neumann 研制用于数值天气预报的计算机，成立了第一个数值天气预报研究小组
1950	J. Charney 利用正压滤波模式成功地做出了 24 h 的数值预报
1950s 中期	N. Phillips 利用考虑了非绝热和摩擦耗散作用的两层准地转模式，做大气环流的长时间数值积分试验
1950s 末	Adem 研制了用于进行月平均和季平均温度距平预报的能量平衡模式（EBM）

续表

年代	研究者和气候模式与模拟发展
1960s 中期	以 J. Smagorinsky 等为首的研究小组发展和完善了大气环流模式
1960	大尺度海洋环流模式和海冰模式开始建立和发展
1970 初期	E. Eliasen, S. A. Orszag, W. Bourke 等建立了大气环流谱模式
1970	气候模式和气候模拟与预报的大发展时期，建立了从简单到复杂、从低维到高维、从非耦合到耦合、从粗分辨率到高分辨率的各种等级和层次的气候模式，并用这些模式进行了大量的气候模拟和预报试验研究

用流体力学方程来分析大气和海洋运动的最早设想是 1904 年由皮叶克尼斯(Bjerknes)提出的，他当时关于研究大气和海洋运动的主体设想即使在今天来看也仍然是有意义的。而理查孙(Richardson)在 1922 年首先将通过求解大气的数值模式来分析和研究大气运动的想法付诸实践，但他并未做出成功的预报，这是由于当时在理论和技术上的客观限制造成的。尽管如此，理查孙的工作仍然是开拓性的，他明确指出了数值预报所面临的问题和数值预报的基本思路。第二次世界大战后不久，普林斯顿高级研究所的冯·诺伊曼(von Neumann)设计并制造了用于数值天气预报的计算机，同时成立了世界上第一个数值天气预报研究小组。几年后，由查尼(Charney)等(1950)发表了第一个成功的数值天气预报结果。

20 世纪 50 年代开始，许多国家都开始研究数值天气预报，并建立了各种预报模式。尤其是菲利普斯(N. Phillips, 1956)利用了考虑非绝热加热和摩擦耗散作用的简化大气运动方程(两层准地转模式)，首先进行了大气环流的长时间数值积分试验，成功地模拟出了大气环流的基本特征。尽管当时的数值预报模式在基本方程组中采用准地转近似，但人们已经认识到了准地转近似的不足和缺陷——准地转假定在全球尺度的大气运动和在处理摩擦与热源项等方面的局限性。Smagorinsky(1958)指出，在预报全球范围的大气运动时，应该放弃准地转假定而使用原始方程。在 20 世纪 50 年代末，Adem 就开始研制用于进行月平均和季平均温度距平预报的能量平衡模式(EBM)，并在 60 年代初将它用于业务预报试验中。EBM 的预报思路和 AGCM 完全不同，它在形式上忽略了“微观”的和“局部”的大气和海洋的动力过程，而把注意力放在具有“宏观性”的和“大尺度”热量输送的各种物理过程(如辐射收支、蒸发和凝结、湍流交换等非绝热过程)中。将热力学过程和动力学过程紧密联系起来，不去直接描述“微观上”的、“短时间尺度”的、“局部”的由大气和海洋环流引起的热量传输，而直接描述由这些“微观上”的、“短时间尺度的”、“局部”的由大气和海洋环流引起的热量传输造成的“宏观上”的、“长时间尺度”(月到季节尺度)的、“总体上”的热量再分配，使得 EBM 成为一种计算用时少的、富有挑战性的、有其独特优势的气候预报工具。从严格的意义上讲,Adem 是第一个不用统计方法进行气候预报并获得成效的气象学家。

从 20 世纪 60 年代开始,以 Adem 的框架和思路研制的各种理论气候模式也开始崭露头角,到 60 年代中期,以 Smagorinsky 为首的研究小组建立了最早的以原始方程为基础的数值模式——通过流体静力平衡的假定而简化,这就是 NOAA/GFDL 的大气环流模式(AGCM)的前身。在 20 世纪 60 年代初期,大尺度海洋环流模式也开始发展起来,到 60 年代中期海冰模式开始建立,70 年代初期,Eliasen,Orszag,Bourke 等建立了谱模式,引起了在气候模式求解方面的一次大变革。

20 世纪 70 年代以来是气候模式和气候模拟与预报的大发展时期,气候模式和气候模拟研究的进展主要体现在以下几个方面:① 气候模式逐渐向多样化和复杂化发展,各类模式的水平分辨率不断提高,模式包括的物理过程不断完善,对各种参数化过程的处理水平日益提高,模拟结果和观测结果更加吻合;② 用各种气候模式进行了大量的敏感性试验,研究了气候系统中各类物理因子的作用和影响机制;③ 初步运用气候模式进行月到季甚至更长时间尺度的气候预报或预测试验;④ 建立了更为复杂和全面的耦合模式,如海洋 - 大气 - 海冰耦合环流模式。

随着气候模式的发展,气候系统各圈层的模式以及耦合模式也随之发展。20 世纪 70 年代中期气候模式只是大气模式,海洋仅仅作为下边界条件。到 80 年代中期,海洋和海冰模式以及陆面模式被研制出来,并开始与大气模式耦合。这个时期,又研制了大气化学模式,包括硫化物循环模式、陆地碳循环模式、海洋碳循环模式等。到 90 年代末,气候模式已发展得相对完善,在海 - 陆 - 气耦合模式中已包含了硫化物循环。这时还研制了非硫化物循环模式和动态植被模式,陆地和海洋碳循环模式已融合成完整的碳循环模式。随着计算机能力的日益强大,气候模式在过去的几十年业已发展起来。这期间,气候系统各组成部分的模式,包括大气、陆地、海洋、海冰等子系统模式独立发展完成,并逐渐实现耦合。目前,气候模式不断发展,在一些模式中已经考虑了陆地碳循环和海洋碳循环,大气化学过程模式、动态植被或生态模式也被耦合到气候模式中。

0.3 古气候模拟的提出与目标

在气候模式发展的基础上,人们开始把现代气候模拟引入到古气候模拟中。

随着大量古气候记录的发现和对气候变化过程的认识，人们对地球历史上重大冰期气候、温室气候的发生和转化、一系列导致冰期－间冰期气候天文因素和地球内部因素的成因机制提出了一系列假说。在古气候模拟中，人们首先关注具有极端气候特征的地质时期或历史时期。纵观地质时期的古气候模拟研究，集中在地球历史上寒冷冰期和温暖间冰期。Saltzman（1990），Crowley（1994），Barron 等（1995），Sloan 等（1995），Otto－Bliesner（1996），Broccoli 等（1996），Saltzman 等（2002）对各类 GCM 在内外动力因子的驱动下的古气候模拟试验，做了介绍和总结。地质史中冰期古气候模拟集中在以下四个时期：

（1）前寒武纪（～600 Ma），目前在地质记录中发现最早的冰期时代。

（2）奥陶纪（～440 Ma），当时冰盖出现在南极大陆，即岗瓦那大陆（Crowley *et al.*，1995）。

（3）二叠纪－石炭纪（～300 Ma），当时冰盖出现在泛大陆地区（Crowley *et al.*，1992；Kutzbach，1994；Otto－Bliesner，1996）。

（4）晚新生代，重点在 20 ka 以来记录完整的末次冰盛期（Gates，1976）。

在地球的地质历史中，出现过数个温室气候时代。建立在真实地理基础上的地质时代温室气候的模拟，成为古气候模拟的一个科学聚焦点。对地质史中温暖气候的模拟集中在以下几个时期：

（1）白垩纪（～65 Ma），代表着地质历史上的最温暖时期（Bush *et al.*，1997）。

（2）始新世（～55 Ma），代表着新生代的最温暖时期（Barron，1987；Sloan *et al.*，1995）。

（3）早上新世（5～3 Ma），全面进入晚新生代冰期前的温室时代（Crowley，1991）。

（4）全新世（9 ka，6 kaBP），距现代最近的间冰期时期（Kutzbach *et al.*，1998）。

在古气候模拟中，由于十多万年以来古气候变化成因与人类生存和发展密切相关，同时，由于人们对地球气候系统突然变化的关注，大量古气候模拟集中在距今 12 万年以来的气候时段。取自极地冰芯、海洋沉积物和陆地的古气候记录表明，末次间冰期以来全球经历了一系列数百年～千年时间尺度的气候突变事件，证明了全球气候存在较大不稳定性这一基本事实。如末次间冰期中期的干冷事件、末次冰期的 D－O 旋回、Heinrich 事件和 YD 事件以及发生在全新世的降温事件。同时，由于这段时期地质资料记录完整，古气候模拟能够得到对比和验证，对改进气候试验和改进模式有重要作用。这些古气候模拟包括了末次间冰期气候模拟（125 kaBP）（Montoya *et al.*，2000；Calov *et al.*，2005）、末次间冰阶气候模拟（40～30kaBP）（Barron *et al.*，2002；Yu *et al*.,2005)、末次冰盛期气候模拟(21 kaBP)(COHMAP Members,1988;Kutzbach *et al*.,1998;Point *et al*.,1998)、晚冰期气候模拟(11～13 ka)(Rind *et al*.,1986;Woodman,1997;Ganoplski *et al*.,2001)和中全新世、全新世气候模拟(9 kaBP,6 kaBP)(Kutzbach *et al*.,1998;TEMPO,1996;Joussaume *et al*.,1999),以及包括中世纪暖期(Crowley,2000;Bertrand *et al*.,2002;Thomas *et al*.,2003)和小冰期(Manabe *et al*.,1996;Cubasch *et al*.,1997;Zorita *et al*.,2003)的历史气候模拟。

古气候模拟已成为研究气候变化的最具有挑战性的课题。例如,关于全新世气候变化的成因。自从丹顿等人在20世纪70年代发现了全新世新冰期(Denton *et al*.,1973)以来,人们在世界各地纷纷发现全新世寒冷气候突变事件(Porter,1986;Broecker,1988;Hood *et al*.,1990;Bond *et al*.,1997,1992,2001;Sarnthein *et al*.,1995;Sakai,1996;Björck *et al*.,2001)。这些发现和研究突破了传统的全新世气候变化模式,即由北欧花粉地层建立气候序列。由于冰期-间冰期旋回与米兰科维奇地球轨道理论的原因不同,全新世气候变化驱动机制一直是人们探索的热点之一。人们提出了冰盖浮冰-海洋环流、火山喷发、太阳常数变化等不同机制的解释(Porter,1986;Broecker,1988;Hood *et al*.,1990;Bond *et al*.,1997)。其中北美第四纪劳伦泰冰盖(Lauentide Icesheet)融化过程中浮冰和冰融水注入北大西洋所引发的海洋环流变化及造成的全新世早、中期快速气候变化,得到了大量地质证据的支持(Bond *et al*.,1992;Sarnthein *et al*.,1995;Sakai,1996)。

太阳常数变化是人们猜测引起百年至千年级气候变化的又一个主要原因(Bryant 1997)。与天文地球轨道理论至少有两方面的不同。太阳常数变化导致了太阳能量的增减,而地球轨道变化仅仅造成太阳能量在地球不同区域分布上和季节分配上的差异。由于太阳常数变化有赖于观察记录,而不像地球轨道变化取决于天文理论计算,目前尚未有科学家计算出太阳常数变化周期和幅度。依赖于现代观察、历史记录以及地质证据建立的太阳黑子活动和太阳能量常数的各种变化幅度、时间序列和活动周期仍然是一种统计数据和理论。从事气候统计研究的学者,可以从不同地区的气候序列中找出从2年开始到10年、11年、…、100年、200年,乃至900年、1 000年等不同时间尺度的周期现象(幺枕生,1984),在地质记录重建的气候序列中也有类似的现象。这对我们认识全新世气候变化原因造成了一定的困惑。

又例如,关于从冰期到间冰期转型成因。从冰期到间冰期的转变很快,常在几年到几十年之内即可完成;而从间冰期到冰期的转变则相对较慢,中间常被若干短暂的暖期打断,这一转变历时至少10万年。这些迅速的气候变化不可能由地轨参数的变化引起。末次间冰期(117 kaBP)结束后,加拿大和格陵兰冰盖以

5～15 ka 不等的周期迅速扩张，同时大规模向北大西洋倾泻冰筏。冰筏经西风和湾流携带穿越大西洋，在全球洋流体系中传输，成为周期性的气候降温期。在全球性的气候急剧变冷 YD 事件，是在晚冰期向全新世变暖过程中的突然回冷现象，其变冷速度约在 5～10 ℃/100 a 左右。而在该寒冷期结束时，温度迅速转暖，仅在 100 年左右的时间内就恢复到降温前的温度。是什么机制导致大陆冰盖的扩张或消融？海洋洋流的调整和对气候系统的反馈能否制约末次冰期的转向？大气温室气体浓度变化在冰期－间冰期的转化中是起因还是结果？我们需要进一步深究更高层次的气候变化机制。

正因为在这个领域中充满了如此之多的矛盾和困惑，它也提供了众多的机遇和挑战，诱导着人们的追求和不懈努力。基于物理机制基础的古气候模拟试验，成为认识过去气候环境变化过程和机制的一个重要途径。采用物理机制基础发展的各种数值模型（大气环流模式、海洋环流模式、陆面和植被模式、冰雪模式、大气化学模式、各个圈层的耦合模式，以及全球和区域气候模式等）进行研究。如果以国际上大型古气候模拟合作研究计划为标志的话，从气候变化和预测计划（CLIVAR：Climate Variability and Predictability）到国际大气模式相互对比计划（AMIP：Atmospheric Model Intercomparison Project），从 CLIMAP 计划（Climate：Long range Investigation，Mapping，and Prediction；CLIMAP Members，1976）到 COHMAP 计划（Cooperative Holocene Mapping Project；COHMAP Members，1988）、从 PMIP 计划（Palaeoclimate Modelling Intercomparison Project；Joussaume *et al.*，1995）到地球系统模拟与古气候观测对比计划（TEMPO：Testing Earth System Models with Paleoenvironmental Observations；TEMPO，1996），以及在国际地圈－生物圈对全球变化研究的计划（IGBP：International Geosphere－Biosphere Program：A Study of Global Change）中，古气候模拟研究仅有数十年的历史。在我国，古气候变化过程和成因推论的研究在 20 世纪 80 年代以来基本与国际学术界同步，但系统的古气候动力模拟开展较晚（Wang，1999；Yu *et al.*，2001）。采用数值模拟认识和探讨古气候变化原因机制，能够有效地认识古气候变化的非线性和不确定性。古气候模拟研究的理论和成果，将为人类预防气候灾难、并提出相关对策做出重大贡献。

0.4 古气候模拟研究的途径

气候变化成因可以通过统计学意义上和动力学意义上的两种途径获得。前者的一个最为经典的例子是，原南斯拉夫科学家米兰科维奇根据天文理论计算出地球偏心率、黄赤交角和岁差的周期变化。这些地球轨道参数变化导致地球接受太阳辐射的季节和地区分布变化。该变化与北半球冰川进退的证据相符,从而推导出地球轨道周期的变化是第四纪冰期－间冰期更替的主要原因。20世纪70年代以来,由于该假说不断被深海钻孔沉积记录、高纬冰盖冰芯记录以及大陆黄土、湖泊沉积资料所揭示的古气候记录所证实,米兰科维奇的地球轨道参数普遍被人们接受,即认为地球轨道参数变化是驱动第四纪气候变化的重要机制。这样的研究在地质学上意义重大,把冰期变化的史事与地球轨道动力机制结合起来,为人类认识冰期成因跨出了重要一步。然而,这样的气候变化机制是一种假说,是A(地球轨道参数变化)与B(冰川－冰期变化)一对事件在统计上的联系,或者A事件与B、C(深海钻孔沉积记录)、D(高纬冰盖冰芯记录)……N(大陆黄土沉积记录)等多项事件的统计联系。当然,根据统计学理论,当调查的样本趋向于总体时,统计学关系可以向真理逼近。20世纪以来,当大量地质证据不断与米兰科维奇理论吻合时,我们有理由把这个理论当成了真理。然而,自然界中的样本与总体永远不可等同,人们渴望证实假说的初衷丝毫未减。

气候模拟应用数值模拟方法,根据大气动力、物理和化学的基本过程和规律,研究气候和环境的变化机理和预测。古气候模拟原理与之一致,但是古气候模拟是在现代气候模拟基础上,对已经消失的气候进行模拟,采用动力学原理进行古气候模拟,以解决我们所面临的巨大挑战。模拟试验的输入和输出建立在物理原理和机制上,试验的实施通过数值模拟完成,避免了定性推理和主观判断。这些地质时期的气候可能在现在不存在,也可能有着巨大差异。因此,与现在气候模拟相比,古气候模拟有着自身的学科特点(TEMPO,1996;Kohfeld *et al.*,1999)。古气候动力模拟主要通过以下几个途径实现。

0.4.1 气候模式的应用和发展

古气候模拟是根据动力学、热力学定律,在给定边界条件下,采用数值计算的方法研究古气候特征与古气候过程。因此,古气候模拟主要依赖于现代气候模式,包括了大气候环流模式(GCM)和耦合海洋、陆面、冰雪、大气成分等不同气候系统各圈层的气候系统模式(CSM)。由于现代气候中不完全存在古气候的相似型,如地质史上温室气候、雪球气候和典型的冰期气候,现代气候模式也在不断发展和改进。古海洋模式、大陆冰盖模式、大气化学模式,以及适合古地形、古地理模拟的模式和模块,在气候模式中得到较好的发展,以适应古气候模拟的需要。目前古气候模拟采用的气候模式,能够捕捉一级气候信号,即受地球轨道机制驱动的太阳辐射控制的气候变化,并对大陆尺度的区域气候有着较好的预测能力。然而气候模式的预测能力都还非常有限。

0.4.2　古气候模拟边界场

古气候模拟边界场就是构建一个特定时间点上的空间条件。它包括了试验的初始场和强迫条件，以空间分布设置和参数设置为具体形式。在这个表现形式背后，是基于对气候变化动力机制的大量史事、理论以及假说。目前对气候变化的成因涉及地球外部和内部各种作用和反馈（Bryant 1997），因而古气候模拟采用地球系统的外部和内部系统相应因素，构建边界场的基本内容。外部动力因素包括了太阳辐射变化与太阳活动影响、行星摄动引起的地球轨道运动、地球自转变化轨道参数变化等。根据地质资料记录地球内部气候系统边界场的设置包括了海陆分布、地形高度、海洋、冰盖、植被、大气成分等。

在不同的时间尺度上，这些驱动因子构建了不同时期古气候模拟边界场。例如，根据地球轨道参数模拟的太阳辐射、根据南极冰芯记录重建的冰盖体积、大气温室气体 CO_2 浓度变化，成为第四纪 450 kaBP 以来气候变化的主要驱动因子（图 0.1）。Kutzbach 等人（1993）给出了一个比较经典的内外边界场图示，采用在末次冰盛期（~21 kaBP）古气候模拟。驱动末次冰盛期以来（~21 kaBP）古气候模拟的内外动力因子包括了北半球太阳辐射季节变化、大陆冰盖、大气 CO_2 和气溶胶、海洋 SST（图 0.2）。

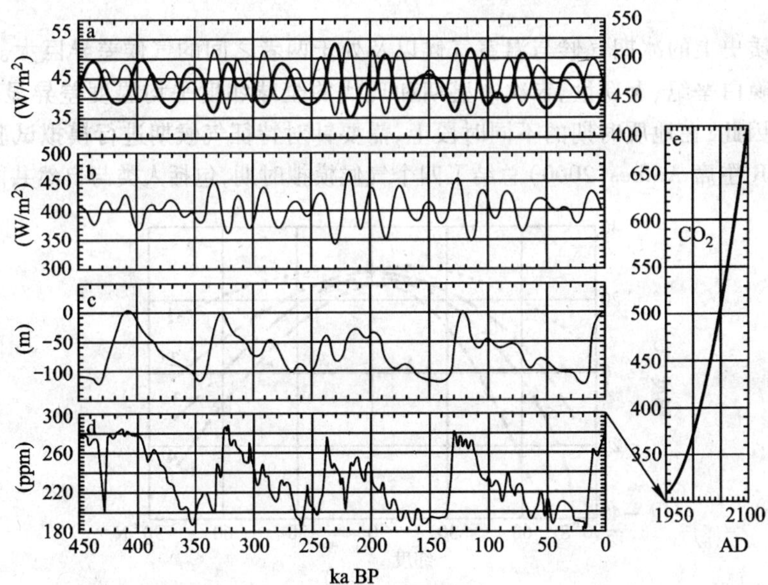

图 0.1　450 kaBP 以来气候变化主要驱动因子

（Alverson *et al.*，2003）

a. 7 月和 1 月太阳辐射强度变化；b. 太阳辐射季节变化；c. 全球冰量驱动的海面变化；d. 大气 CO_2 浓度变化；e. 1950—2000 年大气 CO_2 浓度变化。

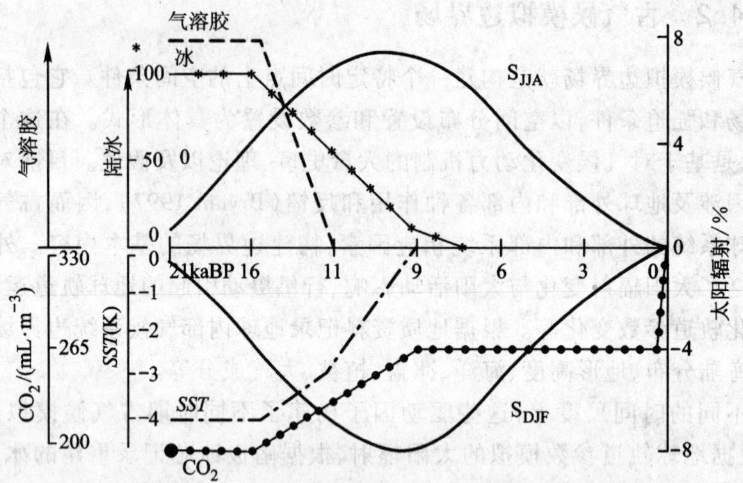

图 0.2 LGM 以来古气候模拟中的内外动力示意图

包括了北半球太阳辐射变化(%;JJA:夏季,DJF:冬季),大气 CO_2 和气溶胶($mL\cdot m^{-3}$),海洋 *SST*(K)(Kutzbach *et al.*,1993)。

0.4.3 古气候模拟试验

地质史上的冰期气候与温室气候以及处于两者之间的气候差异巨大。古温度模拟晚白垩纪、上新世、末次冰盛期和现代的全球纬度平均温度差异显著(图0.3)。因此,在地质时期的不同时段上,需要针对特征气候期进行模拟试验。美国 NCAR 主席 Anthes(2000)总结了四个气候模拟时期,包括人类与自然共同作用

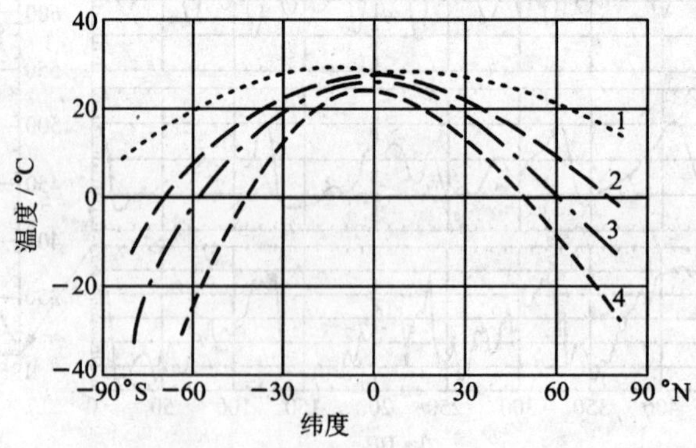

图 0.3 地质史上典型冰期、温室气候的古温度模拟

采用全球年平均气温纬度分布并与现代对比(Zubakov *et al.*,1990)。图中 1 代表晚白垩纪(Barron,1983),2 代表上新世(Borzenkova *et al.*,1985),3 代表现代(Rubinshtein,1970),4 代表末次冰盛期(CLIMAP Members,1976)

下17—20世纪、冰期和气候突变的第四纪—全新世、温暖气候的中生代、冰期气候的元古代。

过去300年的气候模拟，测试了气候的持续性和短期气候变率模式能够对海洋、冰雪、生物与大气响应进行评估，同时测试了气候系统对太阳变化、火山活动、人为引起的大气CO_2、气溶胶增多、土地利用变化等作用和反馈。集中了对自然的十年~百年际气候变率的评估。

第四纪冰期—全新世间冰期循环和气候突变模拟，重点模拟了130 000年气候系统百年际振荡，分析了轨道机制理论以外的动力机制。包括海气耦合反馈的三个特征时期（Bolling - Aller 15 kaBP突然出现的暖期、YD事件大约11 kaBP突然出现的冷期和8 kaBP全新世早期）。测试北半球冰盖融水引发气候突变的机制。

1亿年来温暖时期的古气候模拟，包括了白垩纪（60~144 Ma）没有冰盖存在的全球温暖期、早第三纪（50 Ma）突变及极端增暖事件气候，中新世晚期—上新世（10 Ma）的全球变冷期的不同气候阶段，重点模拟南极和格陵兰冰盖发展、北极海冰扩展、全球出现冰期-间冰期循环气候特征，探讨分析温暖气候海洋温盐环流的性质、海洋热输送的作用、高原的隆起和大洋通道的改变、CO_2浓度降低与化学侵蚀及碳循环的变化。

过去6亿年中地球气候经历了从冰期到无冰期、又从无冰期到冰期的发展演化。有关6亿年古气候模拟将测定多种气候变化成因，包括大气中CO_2和甲烷浓度的变化、大陆地理和海拔高度的变化、海洋面积和深度的变化、植被的演化以及与地球轨道强迫等的作用和反馈。

0.4.4　古气候模拟与资料的对比

由于人们对基于物理的复杂气候模式、气候变化驱动理论、古气候模拟试验等众多因素的认识尚不完善，使古气候模拟结果不可避免地出现了大量不确定性。我们需要探究古气候模拟不准确现象是由什么因子造成的、在哪一个环节上出了问题，探讨古气候模拟致错的原因所在。这些都对模型的自身改进和对模拟试验有重要作用。

对已经消失的古气候的最好评判，是从地质资料中重建的气候变化记录。地质资料对古气候模拟验证的重要性不言而喻。然而地质资料与观测数据截然不同。与古气候模拟对比的资料，必须是具备空间化的、确定年代的、定量的、连续的古气候重建资料。古气候信息系统的建立，包括气候代用资料的获取与分析，不同时空尺度、不同介质高分辨率，古气候序列的建立、校正与整合，通常以各类古气候环境数据库的形式构建，具有国际统一标准的古气候环境数据库（图0.4），成为极为珍贵的验证古气候模拟的标尺。

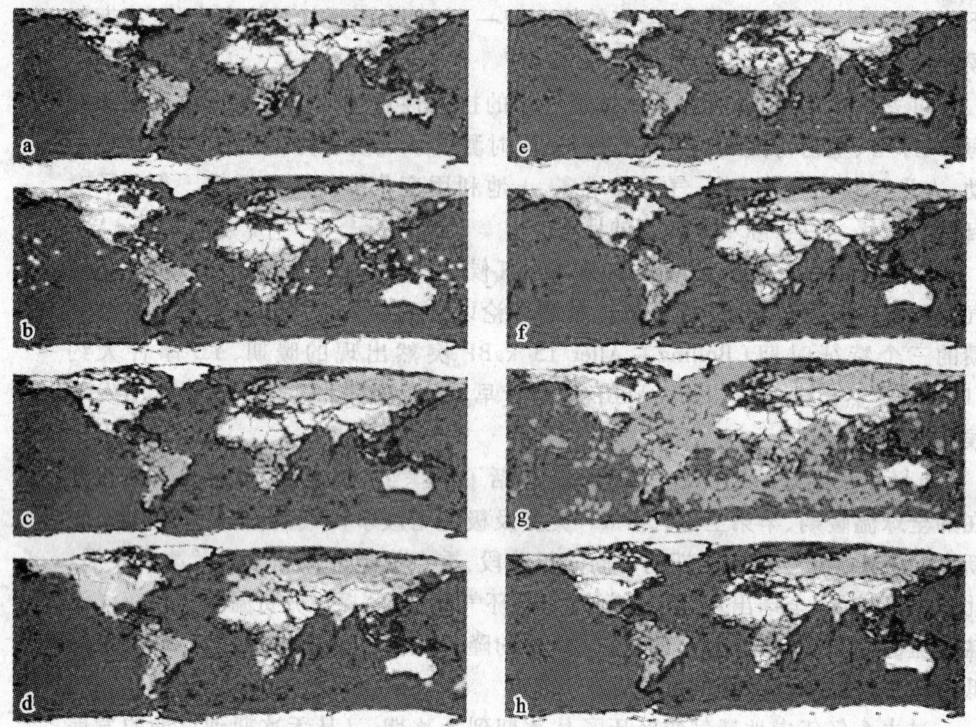

图 0.4 全球古气候环境数据库的数据点分布

a. 大陆钻孔；b. 珊瑚；c. 火记录；d. 树轮；e. 湖泊水位；f. 古湖沼；
g. 海洋钻孔；h. 冰芯（资料来自 NOAA 古气候环境数据中心；Larocque，2006）

图 0.5 是一个古气候模拟与地质资料对比范例。地质资料恢复了第四纪北半球冰盖和海冰的分布的范围，由于低海面引起的陆地面积增加范围，根据孢粉资料推断的北美洲东部和欧洲阔叶林栎树和针叶林云杉的分布范围，以及根据湖泊水位变化恢复的北美洲、非洲、亚洲和澳大利亚古气候干湿状态。采用古气候资料与古气候模拟的降水量、气压场、大气环流加以对比，获得了对模拟结果正确与否的评估和模拟试验需要改进的依据。

0.4.5 古气候变化成因机制的认识

最后，通过分析和综合可以获得对古气候变化成因机制的认识。古气候模拟基本驱动力来自太阳辐射、大气成分和下垫面（包括了冰盖、海洋和大陆状况）以及地球外部的变化。通过古气候模拟的边界条件设置，重建地球实验场和反演气候环境；通过古气候模拟试验，测试地球轨道、冰盖、海洋和大陆反馈等驱动气候、水汽变化的动力机制；通过验证古气候变化特征和过程，能够认识驱动气候变化的各种内外动力因子。

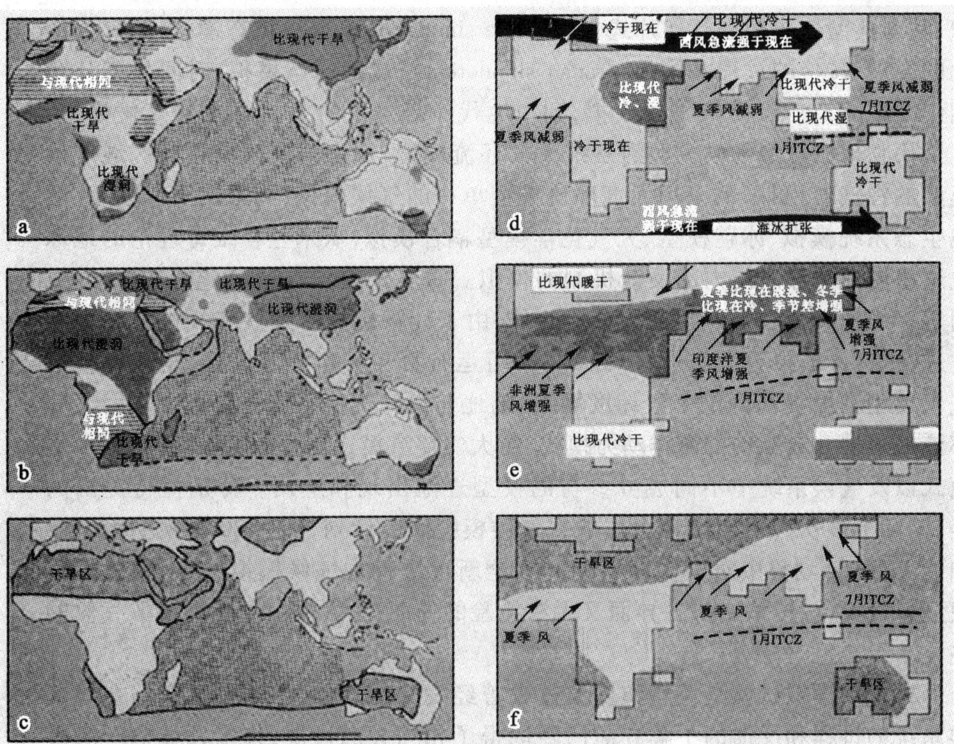

图 0.5　末次冰盛期和早全新世气候模拟与地质资料对比示意图

a,b,c:地质资料恢复的古气候;d,e,f:气候模拟的古气候;a,d:18 kaBP ^{14}C 年代,相当于 LGM;b,e:早全新世(9 kaBP);c,f:现代(0 kaBP)。ITCZ 代表热带辐合带(根据 COHMAP Members,1988)

0.5　古气候模拟研究的展望

20 世纪 70 年代以来,气候模拟研究在 3 个方面迅速发展:① 现代气候模拟和模型发展;② 未来气候模拟和预测;③ 古气候模拟和重建。现代气候模拟和模型发展是研究气候变化模拟的基础,目前集中了气候学、大气物理学、大气环境学的人力和物力,积累了大量科学成果。未来气候模拟和预测是最终目标。以减缓气候变化为宗旨的 IPCC 气候环境组织的第三次评估报告,集中了 32 家气候组织对未来 100 年的气候模拟成果(IPCC,2001)。而古气候模拟在该报告中,由于它在气候变化研究的重要性而独树一帜。

古气候模拟在对气候变化机制的认识上取得了重大进展,在试验方法和技术上推陈出新。从对大气 CO_2 含量与 21 世纪期望值接近或更高的气候期进行

"类比性"模拟,到对不同极端气候期包括寒冷冰期和温暖间冰期的"反差性"模拟;从对典型气候期进行切片式模拟(slice simulation),或平衡态模拟,到气候变化的发展、转换的过程式模拟(transit simulation),或瞬时态模拟;时间尺度从第四纪晚期的 10^3 ~ 10^4 年气候模拟,到中生代—新生代的 10^5 ~ 10^7 年气候模拟;从采用物理概念型气候模型到三维大气环流模型,从全球气候模型到区域气候模型的古气候模拟;从采用大气环流模型单一的气候模拟,到采用海洋模型、陆地生态系统模拟、冰盖模型、大气化学模型耦合模拟;从米兰科维奇理论的地球轨道机制到地球系统内部反馈机制的模拟。古气候模拟在时间、空间、途径、成因等多维领域拓展了广阔的前景。此外,由于计算机技术发展和气候系统模型改进,古气候模拟更为先进可靠。GCM 可运行百年甚至千年循环,全球规模的气候模型精度提高到 1 个经纬度网格,陆地与大气交换系统更接近现实。大气环流模式耦合或驱动的海洋动力模式、与大气环流模式耦合的生物圈模型、水文模式以及气候系统中不同成分参与的模型逐渐出现和应用。特别值得提出的是,国际上多次开展全球性合作的古气候模拟研究计划,例如 20 个模型组织参加的 PMIP 计划集中对末次冰盛期和中全新世进行古气候模拟试验,避免以往模型各自为营、模型结果各异而又无法检验的局面,大大提高了人类模拟气候的整体水平。

古气候模拟试验是重建和反演过去曾经发生的气候,尽管科学家们在对气候系统的过程和反馈的了解方面已经取得了相当大的进展,许多领域依然阻碍了气候模拟和预测能力的提高,需要从气候模式的应用、古气候模拟试验、地质资料的重建三个方面有所突破。

1. 气候模式突破

古气候动力模式发展的最终目标应当是尽可能地把整个气候系统都包含在模式中,建立真正的耦合的气候系统模式。这个模式中包括各圈层之间的各种主要相互作用的过程和反馈机制。但要实现这个目标,还有相当长的路要走。气候模式是在所有自然科学应用领域中最复杂、最精细的计算机模式,它的发展需要多学科和计算机发展的有力支持。发展复杂的气候系统模式是研究当今和未来气候模式的主要方向,但是这需要花费很多的人力和物力,也需要巨大的计算机资源,这种模式目前只在少数比较发达的国家中才拥有。通过多年的努力,中国也发展了自己的海陆气耦合气候模式,并正用于季度、年度的预报和未来 50 ~ 100 a 的气候变化预测,但尚未用于古气候模拟的研究中。

2. 强调资料对模型的贡献和促进

要验证古气候模拟的正确与否,需要由系统的地质资料对比和检验,古气候环境数据库是验证和评价古气候模型实验的一个重要手段(Kohfeld *et al.*, 1999)。而古气候模拟的边界条件,除了地球轨道参数通过天文计算外,主要从保存在大陆与海洋的地质记录中获得。由于古气候重建依赖于地质证据和代用气候指标,不仅受资料的性质和地域性限制,而且不同代用指标对气候变化具有不同的气候响应,导致对古气候变化认识的不确定性。随着对地质记录的不断发现和更新,使得边界场设计的真实性和准确性不断提高,也促进了古气候模拟试验的改进和完善。因此全球范围的地质数据的获取和系统化将是一个长期而艰巨的任务,是已经和正在开展的国际合作计划的重要目标(PMIP 计划、GAIM:Global Analysis Interpretation and Model),只有采用近似真实的、高精度的、全球尺度的古气候资料确定地质时期的边界条件、预制地球圈层的各类物理指标、评价和检验气候模拟的输出,才有可能完成对气候模拟试验的改进、对气候变化机制的认识等模拟试验后的一系列任务。

3. 调整古气候模拟试验的重点

将集中在不同的气候关键时段,包括小冰期 17—20 世纪的古气候模拟,选定了工业革命以来大气及其地表圈层各类因子急剧变化时期;近 2000 年的古气候模拟旨在认识这段时期人类活动作用于气候、环境过程由弱到强、由被动到主动、由支配到影响的过程和机制;中全新世 6 kaBP 古气候模拟,需要揭示当大陆冰盖规模、太阳辐射异常、距人类环境最近的最温暖时期气候特征和变化成因;模拟晚冰期 12—10 kaBP 气候,亟待解决冰期向间冰期过渡、气候剧烈振动时期的气候变化机制;对末次冰盛期 21 kaBP 的古气候模拟,需要认识当太阳辐射异常和大气 CO_2 浓度处于低值、北半球冰盖规模位于峰值、距人类环境最近的冰期气候,以及更长时段中的第四纪冰期 - 间冰期气候转型和突变模拟、最近 1 亿年大气 4 倍于现代 CO_2 浓度下的白垩纪温暖气候模拟。这些试验锁定在气候变化的关键时段,具有不同的气候差异和气候变化成因,对测试地球内外动力驱动和各种地球圈层的反馈作用具有不同的科学意义。

模拟地球史上的温室气候和冰期气候、认识气候变化机制,将可能在预测未来气候变化的研究中取得重大突破。我们面临着自然界变化提出的挑战,同时也面临着国际高科技和知识日益创新的竞争。希望《古气候动力模拟》一书能够在这个领域里抛砖引玉,在为最终解决人类生态环境变化的多种难题的实践中有所贡献。

第1篇

古气候动力模拟基础

第 1 章

气候系统

20 世纪 70 年代以来,传统的气候学逐渐演变为以气候系统为研究对象,主要研究气候系统的变化和变率的现代气候学。这是因为气候的形成和变化是非常复杂的物理、化学和生物过程,在较长的时间尺度和较大的空间尺度上,大气的运动必然受到海洋、陆地、冰雪等诸多因子的影响,随着人类活动的增强,也成为气候系统中的重要因素。所以,气候是地球系统各圈层(包括人类)相互联系、相互作用的结果。

所谓气候系统,是指由大气圈、水圈、冰冻圈、岩石圈和生物圈五个部分组成的高度复杂的系统(图 1.1)。因为气候系统有连续的外界能量输入,且其各个组成部分之间通过物质和能量交换紧密地相互联系和影响着,所以气候系统是一个非线性的开放系统。气候系统的各个组成部分(子系统)也都是开放系统,因为大气圈、水圈、冰冻圈、陆地表面和生物圈内部及其之间普遍存在着能量、动量和物质的输送与交换过程。正是由于这些子系统之间复杂的物理、化学和生物作用,才形成了气候系统行为的多样性和复杂性。

图 1.1　气候系统各圈层示意图

(IPCC,2001)

1.1 气候系统的五个圈层

1. 大气圈

大气圈是气候系统中最不稳定、变化最快的部分。大气圈不但受到其他四个圈层的直接作用与影响,而且与人类活动有最密切的关系。大气圈的状态和变化直接影响着人类的生存条件和各种活动。气候系统中其他圈层变化产生的最后影响都会反映在大气圈中。因而大气圈是气候系统的中心。

大气圈从地表到12~16 km的部分称对流层,这是人类活动最集中,也是变化最剧烈的大气层(图1.2)。对流层以上到50 km左右是平流层,这里主要是臭氧层存在的地方。目前和未来的超音速飞机将主要在对流层中、下层飞行,它们的排放和形成的飞机尾迹也会影响地球上的气候(丁一汇等,2003)。因火山爆发而喷射到平流层中的尘埃和气溶胶也能影响地球的气候。平流层之上是中间层和电离层以及外层空间。在气候系统中主要把它们处理作大气顶部,一般它们并不是直接地而是通过辐射过程来影响地球系统和气候。大气圈主要通过其中大气成分及辐射收支的变化来影响地球的气候。

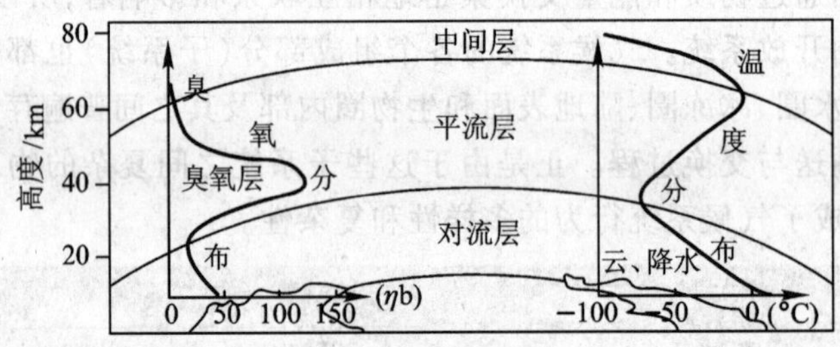

图1.2 气候系统中大气层的垂直结构

(丁一汇,2003)

大气由各种气体、水汽,以及固、液态质点(气溶胶)、云等组成。在气体中氮(N_2)占78.1%(体积混合比),氧(O_2)占20.9%,氩(Ar)占0.93%。但这些气体是所谓惰性气体,它们既不吸收也不发射热辐射,对地球气候影响甚小。对地球气候有重大影响的是大气中的许多温室气体,如二氧化碳(CO_2)、甲烷(CH_4)、氧化亚氮(N_2O)和臭氧(O_3)。虽然这些气体只占大气总体积混合比的0.1%以下,但由于它们吸收和发射辐射,因而在地球能量收支中起着重要的作用。大气中的水汽(H_2O)也是一种温室气体,并且是最强的温室气体;由于它可以通过相变转化成水滴、云滴与冰晶,因而对地球气候的变化影响很大,其体积混合比随时间和地点变化甚大,一般约占大气总体积混合比的1%左右。臭氧(O_3)在地球的能量收支中也起着重要作用。大气圈下层(对流层和平流层下部)的 O_3 是一种温室气体,而平流层中上层的 O_3 层吸收太阳紫外辐射,在平流层的辐射平衡中起着重要作用。大气中悬浮的固、液态质点(气溶胶)和云以极其复杂的方式与入射太阳辐射和射出长波辐射相互作用,从而影响地球的气候变化。

2. 岩石圈

岩石圈是指固体地球的上层部分,既包括陆地,也包括大洋底部。它由所有地壳表层岩石和上地幔中的低温弹性部分组成。火山活动虽然是岩石圈的一部分,但不包含在气候系统之中,而是作为一种自然的外强迫因子影响地球的气候。岩石圈与气候变化最密切相关的部分是陆面的植被与土壤以及相关联的陆面过程。它们控制着从太阳接收到的能量中又有多少返回到大气中。其中有些是以长波辐射的形式回到大气中,并随着陆面增暖可使大气加热;有些是通过土壤或植物的叶子蒸发或蒸散水分,因为土壤水分蒸发时需要能量或吸收热量,因而土壤水分或湿度对地表温度有强烈的影响。

3. 水圈

水圈由所有的液态地表水和地下水组成,既包括淡水(如江河、湖以及岩层中的水),也包括海洋的咸水。这些水都通过复杂的水圈相互联系在一起(图1.3)。海洋和陆面的水通过蒸发或蒸散,以水汽的形式进入大气中,尤其是海洋中,大量的水汽被大气环流输送到陆地上空,在那里形成云、雨。降水的一部分又以地表径流(主要是在河流中)的形式流入海洋,影响着海洋的盐分和环流;另一部分渗入地下变成地下径流和地下水,前者又可回流到海洋,后者则储存于地下补充那里不断被开采的地下水量。水圈循环周而复始,为地球的各种系统提供必需的水源。

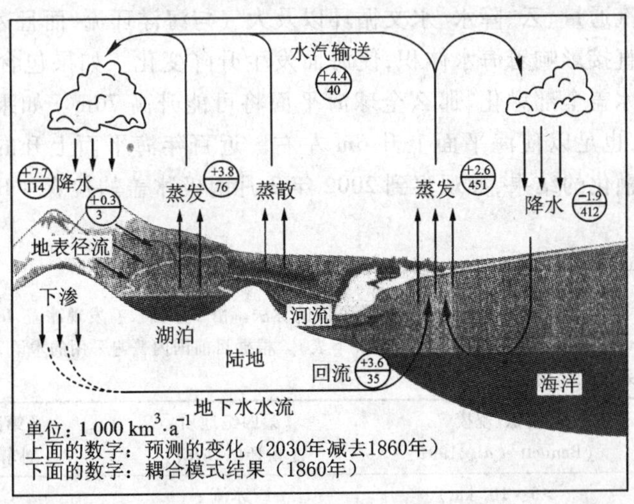

图1.3　气候系统中水圈的组成

(Bengtsson,1999)

在水圈中，对气候影响最大的是海洋。海洋占地球面积的70%左右，它可以储存和输送大量的能量，还可以溶解和储存大量的CO_2，是全球碳循环中非常重要的部分。海洋环流比大气环流要慢得多，它是由盐分与温度梯度产生的密度差（即热盐环流）驱动的。海洋有很大的热惯性，这主要是由于海水的热容量很大，它一方面可以减缓温度变化，起到地球气候调节器的作用，另一方面，它有长记忆力（尤其是在热带海洋），可以在长时期内通过海气相互作用影响大气的变化，成为自然气候变率的源。这就是为什么在目前设计的各种复杂的气候模式与碳循环模式中必须把海洋包括在内。在赤道东太平洋中发生的厄尔尼诺（El Niño）和拉尼娜（La Niña）现象（即该区域海表温度迅速升高或减少的现象）是由海洋产生的最显著的自然变率，它已成为目前各国进行年际预报和季节预报的最重要的气候信号。

4. 冰雪圈

地球表层冰包括大陆冰和海洋冰。大陆冰覆盖了全球地表约3%的面积，有线状分布的冰川（glacier）、面状分布的冰盖（ice sheet）和规模小的冰帽（ice cap）[①]。海洋冰面积占冰雪圈面积的7%，有面状分布海冰（sea ice）和漂浮的冰山（ice berg）。冰山是陆冰融化后漂浮在海洋上，它仍属于陆冰性质。冻土分布在高纬和高山地区，有季节冻土和永久冻土，多年冻土占有陆地面积的24%。季节性冰雪在1月覆盖陆地面积的15%，在7月覆盖9%。冰与积雪、冻土一起，在地球上构成了冰雪圈，也称为冰冻圈。

冰冻圈对气候系统之所以重要是由于它对太阳辐射有较高的反射率、较低的热传导率和较大的热惯性，以及在驱动深海环流中的关键作用。它能影响地表能量与水汽通量、云、降水、水文循环以及大气与海洋环流，而且冰在大陆上的积累和消融直接影响着海水体积，使海面发生升降变化。如果包含近90%世界冰川的南极冰盖全部融化，那么全球海平面将可能升高70m。如果只是南极冰盖西部融化，也足以使海平面上升6m左右。近百年海平面上升的一半左右的高度是冰川融化的结果，如观察到2002年3月南极冰盖的拉森－B冰架断裂与融化。

① 在我国对 ice sheet 有冰盖、冰流、冰原等不同的称法。由于中国没有发现冰盖，Ice sheet 根据英文翻译，对 ice sheet 和 ice cap 有不同的系统翻译（下表）。根据目前国内普遍采用的术语，本书中采用刘东生等（1987）的系统翻译用法。

英文	面积、规模（Bennett *et al.*，1996）	《第四纪地质》（杨怀仁，1987）	《第四纪环境》（刘东生等，1997）
ice sheet	$>5\times10^4$ km^2	冰流	冰盖
ice cap	$<5\times10^4$ km^2	冰盖	冰帽

5. 生物圈

生物圈包括陆地和海洋以及所有的生态系统和生物。通过生物圈的生物过程与物理和化学过程的强烈相互作用可以产生维持地球上生命系统赖以生存的环境。生物圈对大气成分有重要影响,例如生物过程通过海洋大量吸收CO_2并以此控制着长期的大气CO_2浓度,通过浮游植物的光合作用减少海洋表层的CO_2含量,以此使大气中更多的CO_2溶解于海洋中。在海洋上层浮游植物吸收的大约25%的碳又沉入海洋底部,在那里它不再与大气接触,而是储存在深海达几百或几千年甚至更长时间,这种生物泵与CO_2的溶解过程控制着海气CO_2交换分布型,因而生物圈在碳循环中起着核心作用。陆地生物群也是气候系统中的一个重要部分,其功能很多。例如陆地植被类型影响蒸发到大气的水分以及太阳辐射的吸收或反射。植被根部的状况与活动也对碳与水的储存以及陆气通量有重要作用。叶面指数是描述植物群冠作用的一个重要指数,它与全球和区域气候变化有密切的关联。陆地生态系统的生物多样性影响着关键生态系统过程的量级,对生态系统的长期稳定有重要作用。

1.2 气候系统的基本属性和特性

气候系统的属性可以概括为以下四个方面:热力属性,包括空气、水、冰和陆地的温度;动力属性,包括风、洋流及与之相联系的垂直运动和冰体移动;水分属性,包括空气湿度、云量及云中含水量、降水量、土壤湿度、河湖水位、冰雪等;静力属性,包括大气和海水的密度和压强、大气的组成成分、大洋盐度及气候系统的几何边界和物理常数等。这些属性在一定的外因条件下通过气候系统内部的物理过程(也有化学过程和生物过程)而互相关联着,并在不同时间尺度内变化着(李晓东,1997)。下面叙述气候系统的基本特性。

气候系统是一个复杂的、高度非线性的、开放的巨系统　地球气候系统是一个非常庞大的系统,它包括了若干个子系统。而且这些子系统又可被分解成许多个更小的二级子系统,它们都有复杂的多极结构。地球气候系统与外空间的物质交换是微乎其微的,在这个意义上气候系统可被看做一个封闭系统。但气候系统与外空间有能量交换,如吸收太阳辐射的同时向外空间放射长波辐射。所以,从热力学系统分类的观点来看,气候系统是一个开放系统。不仅如此,在开放的气候系统中,既有能量的不断耗散,又有一些稳定的周期性变化,还具有某些随机扰动系统的性质。

无论从气候系统的物理量的空间分布和时间变化,还是从气候系统中发生的过程类型来说,气候系统都是非常复杂的。就气候要素的空间分布而言,从气候系统的低层到高层,从极地到赤道,从海洋到陆地,气候要素呈现出各种各样的复杂变化。正是由于这种空间分布的复杂性,才导致了各类输送和交换过程的多样性。从气候系统随时间的演变看,复杂性表现得更为突出:既有缓慢稳定的趋势变化,又有剧烈的突变;既有规则的周期性变化,如日变化和年变化等,也有比较规则的准周期性变化,如准两年振荡等,还有看似随机的不规则变化。

从气候系统中发生的重要过程来看,气候系统十分复杂。这些过程正是气候系统各组成部分之间相互影响和相互作用的具体表现,也是气候系统表现出高度非线性的根本原因。气候系统中的重要过程按类型至少有三大类:物理过程、化学过程、生物过程。例如辐射传输和热量输送,云辐射过程,陆面、海洋和冰雪圈过程,水分、碳、硫等重要的物质循环过程等等。即使对于这些过程中的某一个,甚至某个过程的某些环节,都是极其复杂的。

气候子系统间的热力和动力属性差异 地球气候系统的行为之所以表现得如此复杂多样,一个重要的原因是组成气候系统的各部分之间热力学和动力学属性有着非常显著的差异,这些差异也是形成如下所述的其他基本性质的基础。表1.1列举了气候系统主要组成部分的一些重要热力学和动力学属性的差异。

表1.1 气候系统各组成部分的属性差异

圈层和代表物质	单位	大气圈 空气	水圈 水	冰雪圈 冰、雪		陆地表面 黏土	生物圈 森林
密度	$10^3\ kg \cdot m^{-3}$	0.0012	1.00	0.92	0.10	1.60	
比热容	$10^3\ J\ kg^{-1} \cdot K^{-1}$	1.00	4.19	2.10	2.09	0.89	
热容量	$10^6\ J\ m^{-3} \cdot K^{-1}$	0.0012	4.19	1.93	0.21	1.42	
热传导	$W\ m^{-1} \cdot K^{-1}$	0.026	0.58	2.24	0.08	0.25	
热扩散	$10^{-6} \cdot m^2 \cdot s^{-1}$	21.5	0.14	1.16	0.38	0.18	
传导能力	$10^3\ J \cdot m^{-2} \cdot K^{-1} \cdot s^{-1/2}$	0.006	1.57	2.08	0.13	0.60	
日穿透深度	m	2.3	0.2	0.5	0.3	0.2	
年穿透深度	m	44	3.6	10.2	6.0	3.9	
反射率	%	~27	2~10	~70	84~95	>20	<20
连续性		好	好				
可压缩性		较强	较弱	弱		弱	
黏性		小	较大	大		大	
流动性		好	好	差		差	

引自 Peixoto *et al.*, 1991

由表 1.1 所示，空气具有最小的密度、热容量、热传导率和热传导能力，但却具有最大的热扩散率和穿透深度。水具有最大的比热容、热容量和热传导能力，但具有最小的穿透深度。顺便指出，这里的热扩散率和热传导能力是对于静态的空气和水而言的，对于运动着的空气和水来说，其热扩散率和热传导能力分别要比表中的数字大 4 个和 2 个量级以上，这是由于湍流扰动混合的垂直热输送比分子传导要有效得多。冰雪的密度和热容量比水要小，但却远远比空气大。土壤（以黏土为例）具有最大的密度、最小的比热容和较小的穿透深度，其热传导率和传导能力不到水的一半。值得注意的是，冰雪圈具有大的反射率，而水圈的主体海洋的反射率较小。

气候系统的稳定性和可变性　气候系统的稳定性是气候系统演变过程中的重要特性。地球气候历经几十亿年的演化至今，尽管千变万化，但从宏观上而言处于一种稳定的变化之中。也就是说地球气候没有无休止地热下去也没有无限地冷下去。温度和湿度都有其变化的上界和下界。这种宏观稳定性受物理规律的控制，这些物理规律是构建气候模式的基础。气候系统的稳定性与气候系统的内部结构特性及外强迫特性是紧密联系着的。气候系统的稳定性主要受两个因素的制约：一个是能量收支方面的外部因素，一个是气候系统内部的性质。然而，气候系统的稳定性是相对的。尽管从观测到的气候系统的变率来看，现在的气候系统似乎是稳定的，但从更长的地质时间尺度看，气候具有可变性。

变化对于万事万物都是永恒的，气候系统也不例外。气候系统的可变性表现在由一种稳定的气候状态向另一种稳定的气候状态的转化。在这个转化过程中，气候系统的不同组成部分及其相互作用具有不同的时间尺度：大气圈内部变化的时间尺度约为 $10^0 \sim 10^2$ 年；大气和海洋相互作用的时间尺度约为 $10^0 \sim 10^4$ 年；大气—海洋—冰冻圈的相互作用的时间尺度约为 $10^0 \sim 10^6$ 年；而大气—海洋—冰冻圈—生物圈—岩石圈相互作用的时间尺度约为 $10^0 \sim 10^9$ 年。

气候系统的可预报性　研究气候系统的目的之一就是预测未来的气候变化，那么，是不是可以认为：如果我们对气候系统的外部强迫和内部过程有足够精确的了解的话，未来任何时候的气候状态就可以预测吗？换言之，气候系统未来任何时候的状态是由现在的状态决定的吗？回答显然是否定的，因为气候系统是一个高度非线性的复杂系统。这个问题就是气候的可预报性问题，和稳定性、反馈性、敏感性一样，它也是气候系统的重要性质。Lorenz（1976）把气候预报分为两类：第一类是与时间有关的，即习惯上的气候预报问题；第二类是与时间无关的，对应于上述的敏感性问题。这里我们只考虑第一类预报问题。

正如在数值天气预报中被证实的，尽管用于天气预报的方程对应一个确定论系统（所有参数和方程形式都是确定的），但初值的不确定性在一定时间后转变为状态的不确定性，即确定论系统具有内在的随机性。天气预报中初始场的不确定性使逐日预报的误差达到与自然变率相当时,逐日预报就失去意义了,这个时刻称为可预报性上限,即逐日预报所可能达到的理论上限。一般认为逐日天气预报的上限在2~3周之间。类似于天气预报,气候系统也存在可预报性问题,如近年来一直在尝试进行的月、季尺度的所谓“长期预报”(如月平均环流预报)问题就是一个例子。据信在理想条件下做出3~4个季度的长期预报是可能的,其理由是行星波(相应于天气平均)的可预报性较大,同时对大气长期变化有重要影响的下垫面异常有较大的持续性。

气候系统的可预报性与外部强迫及内部过程的特性有关。长期预报既受热流入量的影响(太阳辐射的季节变化),又受系统内耦合反馈的影响。气候系统的可预报性还具有对所考虑时空尺度的依赖性,因为气候本身从某种意义上讲具有统计性和概率性。这里我们引用Saltzman(1988)的一段文字作为本节的结果:“一个与量子力学和经典力学的相应关系可比较的是微观能量学理论和宏观的经典热力学的关系。……尽管我们可以追寻粒子的‘$F=ma$’的力学表达,但这无助于我们对宏观的运动和变化的理解”。

但这并不意味着气候系统的未来状态就是完全不可预报的。在许多情况下,气候系统的变化及其结果是可以预报的。每天天气的预报就是一个很好的例子。引起每天天气变化的天气系统的演变基本上是受非线性的混沌动力学控制,但目前的大多数天气预报,都是比较成功的,只是其可预报性有一个极限,大约2周左右。对于气候系统也是一样,虽然它也是高度非线性的,但可以近似地处理为对外界辐射强迫的准线性响应问题,因而人类活动引起的大尺度气候变化也是可预报的,尽管气候变化中还有相当大的部分是不可预报的,必须用其他方法如统计方法、经验方法来解决。

1.3 气候系统中的主要物理过程

气候系统内部各种要素之间通过各种物理过程发生相互作用,从而引起气候变化。气候系统中的主要过程包括:辐射过程、云过程、陆面过程、海洋过程、冰雪圈过程、二氧化碳过程、臭氧和其他微量气体过程以及气溶胶过程。

1.3.1 大气过程

1. 辐射过程①

太阳辐射能是地球上一切热量的主要来源。它既是大气、陆地和海洋增温

① 陈星编. 2005. 现代气候学基础(讲义). 南京大学大气科学系

的主要能源，又是大气中一切物理过程和物理现象形成的基本动力。太阳辐射能的分布、传输、反射、吸收、散射和能量的转换是气候形成的基本因素，因此，辐射过程是影响气候的最重要的物理过程之一。

地球及其大气接收的总太阳辐射量决定了地球－大气系统的有效辐射温度。总射入太阳辐射的变化会使辐射温度产生相应的变化（如果达到辐射平衡）。大气上界，射入太阳辐射的分布随纬度和季节变化，这种变化由天文和地理因子决定。

影响辐射过程的首先是射入太阳辐射强度和谱分布的变化。Sellers（1969）用能量平衡模式模拟得出，如果太阳常数减少2%，将会触发一次新冰期。近年来通过卫星观测资料分析，得到太阳辐射的变化约为0.2%～0.5%，至于几十年、几百年的变化是否可能有1%，现在还不能肯定，需要更长时期的观测和研究。与太阳活动相联系的辐射变化主要是紫外线通量。紫外线通量变化会引起臭氧浓度的变化，从而引起平流层和中间层温度的变化。但从能量的观点看，太阳活动对太阳辐射的影响是很小的，现在还没有一个系统的理论来圆满地解释太阳活动与气候变化之间的物理联系。

射入的太阳辐射通过大气时一部分被吸收、反射和散射，一部分到达地球表面。表1.2为碧空时到达地球表面的太阳辐射能量月平均值。可以看到，到达地球表面的太阳辐射能量随纬度和季节而变化。

表1.2 地球表面可能太阳辐射月总量

$(J \cdot cm^{-2} \cdot mon^{-1})$

纬度	月份											
	1	2	3	4	5	6	7	8	9	10	11	12
60 °N	1.7	1.1	9.3	14.9	20.6	22.1	21.3	17.1	11.1	6.1	2.4	1.2
50°	4.4	6.9	12.4	17.0	21.4	22.3	22.1	18.7	13.6	9.3	5.3	3.5
40°	7.7	9.8	14.9	18.5	22.0	22.3	22.3	19.9	15.7	12.4	8.4	6.9
30°	10.9	12.1	17.1	19.5	21.9	21.6	22.0	20.5	17.3	14.9	11.5	10.1
20°	14.0	14.7	18.7	19.9	21.3	20.7	21.3	20.6	18.6	17.0	14.2	13.3
10°	16.8	16.8	19.9	19.7	20.2	19.2	19.9	20.2	19.3	18.8	16.6	16.3
0°	19.4	18.2	20.4	19.1	18.5	17.2	18.0	19.1	19.3	20.0	18.8	18.9
10°	21.2	19.1	20.4	18.0	16.5	14.9	15.8	17.6	18.9	20.8	20.4	21.1
20°	22.4	19.7	19.7	16.3	14.0	12.1	13.1	15.7	17.7	20.8	21.5	22.8
30°	23.4	19.6	18.4	14.2	11.2	9.1	10.2	13.2	16.1	20.4	21.9	23.8
40°	23.8	18.9	16.6	11.7	8.2	6.3	7.2	10.3	14.0	19.2	22.0	24.5
50°	23.8	18.0	14.5	8.7	5.2	3.4	4.1	7.2	11.5	17.6	21.6	24.6
60 °S	23.4	11.6	11.6	5.9	2.3	0.9	1.5	4.1	8.6	15.4	20.4	24.6

到达地球表面的太阳辐射除一部分被吸收外,又有一部分被反射。地球表面获得太阳辐射,也从大气获得热辐射,同时又以自身的温度发射长波辐射,通过感热和潜热与大气进行热交换。大气获得太阳辐射,从地球表面获得热辐射,通过地-气、海-气热交换获得热量,同时也以自身的温度向外发射长波辐射(图1.4)。

大气是由各种气体和物质组成的,它们对太阳短波辐射和地表长波辐射吸收、反射、散射和发射的性质也各不相同,因此辐射过程是一个非常复杂的过程,原则上要写出这些过程输送能量的方程是可能的,但这些方程也是极为复杂的,实际应用时往往都通过参数化进行简化。如果大气成分发生变化(如 CO_2 浓度增加和火山爆发引起大气中火山灰尘增加),大气的吸收、反射和散射性质也将随之改变。

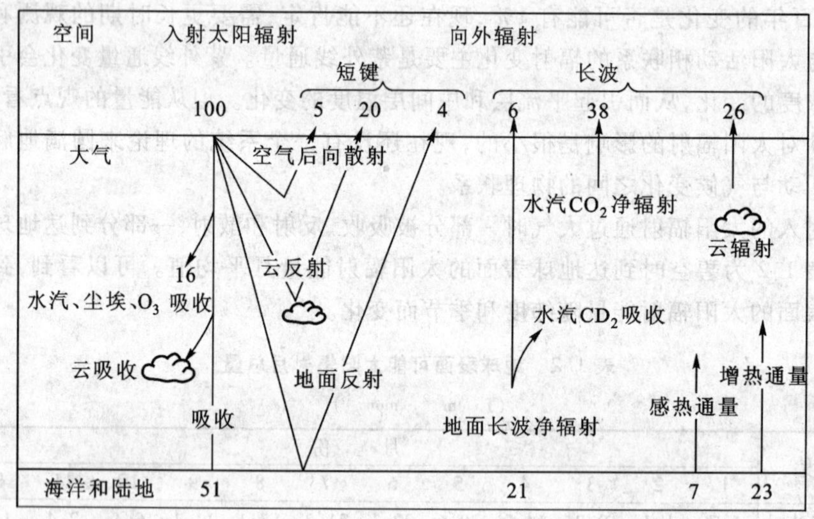

图1.4 地-气和海-气系统年平均辐射和热量收支的情况
(Peixoto *et al.*,1991)

2. 云过程

云影响地-气系统和海-气系统的能量和水分分布,是气候影响因子中最复杂的一个。与云相关的物理过程包括:① 通过感热和潜热的重新分布及动量的重新分布,使大气中的动力过程和水循环过程相耦合;② 通过反射、吸收和发射辐射,使辐射过程和动力-水循环过程相耦合;③ 通过降水,使大气中和地面上的水文过程相耦合;④ 通过改变地表的辐射和湍流输送,影响大气和地面之间的耦合(汤懋苍,1989)。

观测研究表明,在大气中,尤其在热带和副热带有大量的云系。由于不同的云系在上述耦合过程中起着不同的作用,云系的时空变化对气候及其变化的影响可以有很大的差异。

云对气候最直接的影响是对太阳辐射和地表热辐射的吸收、反射和散射作用。在平均地球反射率中，云所起的作用约占2/3，高云的反射作用小于它的温室效应，高云增加，会增加地面温度；低云的反射作用大于它的温室效应，低云增加，会降低地面温度。全球云的总效果是降低地面温度。

3. CO_2及其他微量气体过程

大气中二氧化碳含量的分布几乎是均匀的。20世纪初大气中二氧化碳含量约300 mL/m^3，50年代末为315 mL/m^3。由于世界工业化的加速，近30年CO_2含量急剧增加，目前大约为350 mL/m^3，增加速率与自1950年以来化石燃料消耗的增加率（平均每年4.5%）是一致的。海洋和陆地植物从大气中吸收CO_2的能力，可能会随着大气中CO_2浓度水平的提高而减小，海洋溶解CO_2的能力也会因海洋中含碳化合物浓度的增加而降低，结果滞留于空气中的CO_2将增加更快。大气中的CO_2减少相当缓慢，目前要回到工业化以前的水平至少要1千年或几千年。这是因为陆地植物吸收CO_2能力将丧失，海洋中海水和沉积物对海面CO_2状况的变化只能作出缓慢的反应（丁一汇，2003）。

臭氧是除CO_2之外微量气体中对气候影响研究得最多的气体。大气中的臭氧大多数集中平流层，平流层构成了大气质量的15%。平流层内的大气主要通过臭氧吸收紫外辐射而被加热。由于这种吸收的不均匀性加热，决定了平流层厚度、静力稳定度，以及在一定程度上也决定了其动力学性质。平流层中的臭氧不仅作为气候因子是重要的，而且对地球上的生命也是十分重要的，因为它使地球上的生命免受紫外线的伤害。臭氧浓度的短期变化受天气过程的影响，其长期变化尚不能得到很好的解释。现在都承认人类活动对臭氧有很大的影响，其主要依据是使用氯-氟-甲烷以及高层飞行的航空器把NO注入平流层中与臭氧产生化学反应。NO还能从土壤中通过微生物由硝酸盐和亚硝酸盐产生出来的N_2O生成。计算表明，如果土壤中N_2O的生成能力增加1倍，那么大气中总臭氧就会减少将近20%。估计在平流层中N_2O的滞留时间约为50年。如果以1992年年产量增加率8.5%的速率继续使用氯-氟-甲烷，则可导致全部臭氧的减少率接近10%。

4. 气溶胶过程

大气中的气溶胶和它们对辐射的影响是很复杂的过程。气溶胶质点大小范围从半径10^{-6} cm到大于5×10^{-3} cm。一般说来每个气溶胶质点由不同物质的混合物所组成。只有在一个源起支配作用的情况下（例如海洋上浪花飞溅的质点），质点的成分才比较一致。与其他的大气成分相比，气溶胶在大气中的平均滞留时间是短的，在对流层中大约几天到两周，在平流层中可达几年（方之芳，2006）。

一般将对流层气溶胶分成四大类：

(1) 海盐气溶胶 这种气溶胶由海洋上破碎浪花产生的。由于海水盐粒的体积和溶解比较大,因此它们容易被冲洗和雨涤,只有很少的部分能穿过海平面上3 km以外的“云过滤器”。过去的研究说明这种气溶胶不可能对辐射产生影响而成为气候变化的原因。

(2) 大陆气溶胶 这种气溶胶是指不包括矿物尘埃的部分,主要在大陆上由转化成气态硫、氮和一些化合物的悬浮微粒形成。这种气溶胶既有自然来源,又有人为来源。各种燃烧都能直接产生这类气溶胶,如森林火灾、植被破坏以及工业区的污染和其他人类活动。但在自然条件下,这种气溶胶变化往往也不是气候变化的原因,而是气候变化的结果。现在我们关心的是人类活动诱发的这种气溶胶变化在多大程度上对长期气候产生影响。

(3) 矿物尘埃气溶胶 矿物尘埃也来自大陆,尤其是干旱地区,这种气溶胶微粒的大小相差很大,一部分是处在对辐射有重要影响的范围内,且能输送到很远的距离。它的源区尤其是干燥区边缘对植被覆盖、土壤蚀损等的变化都很敏感,比其他气溶胶有更显著的气候效应。过去一系列时间尺度的气候变化都有这种气溶胶的参与。

(4) 本底气溶胶 这种气溶胶存在于海洋上大约3 km以上、陆地上5 km以上的中高对流层中,分布比较均匀,故通常称为对流层的本底气溶胶。它主要由大陆气溶胶和矿物尘埃气溶胶穿过对流层低层的雨水冲洗“过滤器”,进入中高对流层的那部分所组成。

平流层中的气溶胶是由SO_2的氧化作用形成的。根据资料分析,平流层存在正常的气溶胶层,即使在没有火山活动的长时期内,这层仍然是存在的,但较弱;在火山爆发后的3~5年内有一个增强的气溶胶层。由于大的火山爆发,平流层中气溶胶含量可增加50倍。平流层中的SO_2,一是来自对流层的SO_2正常向上扩散;一是由于火山喷发的H_2S氧化成SO_2后到达平流层。

气溶胶对辐射的影响在对流层与平流是不一样。对流层气溶胶对辐射的影响可分为直接影响和间接影响。直接影响是指在云大气中对辐射的影响,间接影响是由于气溶胶特点吸收水汽成云后引起吸收和反射率变化对辐射的影响。由于对流层含有丰富的水汽以及气溶胶质点的吸湿性,因此对辐射收支的影响是气溶胶对气候最重要的影响。平流层气溶胶质点能够增加对太阳短波辐射的吸收作用,因而使进入对流层的太阳辐射减少。估计1963年阿贡火山爆发后2~3年内进入对流层的直接太阳辐射平均减少了0.32%。

1.3.2 陆面过程

陆地和大气之间动量、能量和物质输送这三个基本物理过程在很大程度上为地表性质所决定。人们常把陆地表面分为具有永久性或半永久性特征和可变特征两类。对气候模拟主要考虑的时间尺度来说，地形可以看作永久性特征，土壤特征、植被类型、自由水表面和永冻区范围的大小一般都属于可变特征，但对于短期气候来说可考虑为固定特征。冰雪覆盖以及土壤湿度一般都作为可变特征。对于季节性的时间尺度来说，植物循环和季节性冰雪覆盖都是重要的。

陆地表面常常是大气的一个相对动量的汇。汇的强度常用地面曳力 τ_0 表示。它是环境风速、空气动力学的表面粗糙度以及地表加热率的函数，是确定大气近地面层能量的涡动扩散度的基本因子。如果摩擦速度 $\sqrt{\tau_0/\rho}$（式中 ρ 为大气密度）超过某个临界值，则能引起风蚀和尘暴，增加大气中的气溶胶含量，从而严重影响地表特征和大气的辐射传输性质。陆面对能量转换的影响主要是大气边界层中的机械能消耗。这里起支配作用的因子也是地面曳力。一般说来，陆地上的耗消比海洋上要显著。最明显的例子是热带气旋登陆后。风速减小，迅速减弱为低气压（丁一汇，2003）。

地面特性不同影响着地表反射率，从而影响吸收太阳辐射的多少。不同的地形、植被、土壤特征、土壤湿度及冰雪覆盖等都会影响地表反射率。地面特性也影响着地面热辐射。但它与海洋不同，就几天的时间尺度来说，陆地上的热量贮存与释放效应一般是不重要的。陆地和大气之间的物质输送主要是水汽、二氧化碳以及尘埃等。陆地上的水是由大气降水供给的，其中一部分通过土壤和植物蒸发又回到大气中，另一部分形成径流，流入大海。植物进行光合作用时吸收大气中的二氧化碳，释放出氧气。土壤与大气也有二氧化碳交换，但目前关于陆－气间二氧化碳交换的研究还很少。陆地特别是干旱和沙漠地区是大气尘埃的主要来源，干旱和沙漠范围的扩大都会增加大气中尘埃微粒的含量。

表1.3表示不同地面特性的热量平衡。由表可见，从热带雨林到裸露土壤，太阳净辐射和潜热能量依次降低，反射率和感热能量则依次增加。

表1.3 不同地面的热量平衡

(Baumgartner,1975)

地表类型	净辐射/($J \cdot m^{-2} \cdot min^{-1}$)	感热/($J \cdot m^{-2} \cdot min^{-1}$)	潜热/($J \cdot m^{-2} \cdot min^{-1}$)	反射率/%
热带雨林	1 571.2	358.7	1 219.5	10
针叶林	1 147.8	358.7	789.1	10
落叶林	932.6	286.9	645.6	15
湿润疏松地	1 004.3	358.7	789.1	20
草原	932.6	286.9	645.6	20
稀树平原	932.6	358.7	573.9	25

续表

地表类型	净辐射/(J·m^{-2}·min^{-1})	感热/(J·m^{-2}·min^{-1})	潜热/(J·m^{-2}·min^{-1})	反射率/%
作物地	860.8	358.7	502.1	25
裸沙地	645.6	358.7	286.9	30
城区	645.6	430.4	215.2	30
半沙漠	645.6	502.1	143.5	30
干沙漠	1 004.3	932.6	71.7	35

1.3.3 海洋过程

海洋占全球面积的2/3,与大气进行能量、动量和物质的交换,在多种时间尺度的气候变化中起着重要的作用。一般认为海洋对全球气候及其变化产生强烈的影响有下列四种过程:① 海洋具有巨大的热容量和热惯性,对地球气候及其变化起着调节和控制作用;② 海洋是制约大气环流和气候水分循环中水汽的主要来源;③ 海洋水平输送热量,影响气候的空间分布及其变率;④ 海洋不同深度的特性和物理化学过程对不同时间尺度的全球气候有控制作用(丁一汇,2003)。

海洋接受了80%的太阳辐射和2/3的大气向下热辐射,然后以感热、潜热和长波辐射形式逸入大气,影响气候。到达洋面的太阳辐射,一部分被反射,一部分被上层几米深的海水所吸收。海洋吸收太阳辐射多少与洋面反射率有关。表1.4表示北半球不同纬度洋面反射率随季节的变化。可以看出,北半球夏季月份洋面反射率较小(小于0.10),冬季月份中、高纬度洋面具有较大的反射率(小于0.23,大于0.10)。

表1.4 洋面对太阳辐射的反射率

纬度°N \ 月份	1	2	3	4	5	6	7	8	9	10	11	12
70	—	0.23	0.16	0.11	0.09	0.09	0.09	0.10	0.13	0.15	—	—
60	0.20	0.16	0.11	0.08	0.08	0.07	0.08	0.09	0.10	0.14	0.19	0.21
50	0.16	0.12	0.09	0.07	0.07	0.06	0.07	0.07	0.08	0.11	0.14	0.16
40	0.11	0.09	0.08	0.07	0.06	0.06	0.06	0.06	0.07	0.08	0.11	0.12
30	0.09	0.08	0.07	0.06	0.06	0.06	0.06	0.06	0.06	0.07	0.08	0.09
20	0.07	0.07	0.06	0.06	0.06	0.06	0.06	0.06	0.06	0.06	0.07	0.07
10	0.06	0.06	0.06	0.06	0.06	0.06	0.06	0.06	0.06	0.06	0.06	0.07
0	0.06	0.06	0.06	0.06	0.06	0.06	0.06	0.06	0.06	0.06	0.06	0.06

海洋通过洋面释放热量与大气进行热交换，洋面下海水的能量以分子传导、海水涌升（或沉降）、海水对流及湍流交换四种过程输送到表面，释放到大气中。除了上层很薄的洋面外，分子传导热量是很缓慢的，海洋中热量的垂直输送主要通过海水涌升和沉降，其次由于表层蒸发，密度增加，引起上下对流。在热带海洋中，湍流扩散也是很重要的。就全球洋面的热量收支来看，热带洋面获得的热量大于释放的热量，有热量贮存，中高纬度洋面释放的热量大于获得的热量。Stommel（1980）计算了世界海洋中热量水平输送。从他计算的结果可见，虽然计算较为粗糙，但仍可以看到，海洋中的热量是从低纬向高纬输送的，因而增加高纬的海面温度和气温，减少经向温度梯度。

海洋和大气之间的动量交换主要是通过洋面风进行的。风吹洋面，使海水流动形成洋流，因摩擦力带动，使下层海水产生流动，洋面风速也减小。海洋和大气之间的物质交换主要是水分、多种盐类和气体。水分交换以蒸发和降水进行。海水蒸发后通过大气环流可以被输送到很远的地方凝结降落，释放出热量。盐类的交换则通过高速风切削海面波浪等方式进行，形成洋面低层大气海盐气液胶。海水可以溶解一定量的气体，并与大气中的各种气体保持平衡的趋势，其中海洋对 CO_2的吸收与气候变化有更密切的关系。估计人类每年向大气排放的 CO_2中大约 30% ~50% 通过海－气交界面进入海洋，并通过各种作用转化为碳的化合物，从上层海水转入海洋深层以致底层。

CO_2在海洋中垂直分布的变化很大，一般表层海水每升含 CO_2为 0.088 g，而在中层和深层的海水平均含量每升则为 1.7×10^{-3} g。占整个海洋体积 10% 的上层海水，其贮存的 CO_2占整个海洋中 CO_2含量的 85%。估计大气贮存能力约为 7×10^{11} t 碳，海洋约为 390×10^{11} t 的溶解碳（不包括颗粒的有机碳和无机碳）。说明海洋贮碳的能力单溶解一项大约就为大气贮存 CO_2量的 56 倍。CO_2在大气中的滞留时间约为 10 年，在海洋中的滞留时间为 300 ~400 年。因此海洋对大气中 CO_2含量的增加起着缓冲和调节作用，海洋本身 CO_2含量的增加也在更长的时间尺度上对气候产生影响。

1.3.4　冰雪圈过程

冰与雪能有效地反射太阳辐射，影响地面热量平衡，它们对陆地和海洋热量平衡过程和边界层过程有极大的影响。表 1.5 表示全球陆冰和海冰的估计量。

(1) 陆冰　从表中可以看到，南极大陆和格陵兰冰盖占了全冰体积约 97.5%，贮存了地球上 4/5 的淡水。冰盖对气候的影响除了对太阳辐射有很高的反射作用外，就是它有很大的热惯性。巨大的陆冰，特别是南极大陆的深厚冰盖及其上空厚度约 1 km 的大气层对地球气候变化起着极其重要的调节与稳定器作用。

表 1.5 全球陆冰和海冰的估计量

（引自方之芳,2006）

冰雪类型			冰雪覆盖面积/km²	冰雪体积/km³
陆冰	南极冰盖		14×10^6	28×10^6
	格陵兰冰盖		1.8×10^6	2.7×10^6
	高山冰川		0.35×10^6	0.24×10^6
	永久冻土		8×10^6	
	季节性积雪	欧亚地区	30×10^6	$2\times10^3\sim3\times10^3$
		美洲地区	17×10^6	
海冰	南半球海洋	（极大）	2.5×10^6	5×10^3
	北极地区	（极大）	15×10^6	5×10^4
		（极小）	8×10^6	5×10^4

高山冰川在全球冰雪圈中所占比例很小,但是高山冰川具有气象上、水文上和经济上的意义,是短期气候和长期气候变化的指示器和积分器。20 世纪全球海平面上升,上升速率 1 ~2 mm/a,其中 50% 是高山冰川和高纬冰盖融化的贡献。而且高山冰川对于区域水资源的变化具有重要的意义。

(2) 海冰 海冰的覆盖面积平均起来大约是冰盖 1.5 倍,其体积不到 0.2%。从表中可以看到,海冰范围有巨大的季节变化,因而可以影响时间尺度几个月到几年的气候变化。海冰的形成与海洋热量平衡和垂直密度的结构有关。海冰一旦形成,空气、雪、冰和水四种介质相互作用,表面性质和热量平衡发生极大的变化,海冰的含盐量比海水要少 10% ~70%,成冰时析出的盐使海洋上层变得不稳定,而冰的覆盖抑制了动力混合和海面与大气之间的辐射和潜热交换。

(3) 季节性雪被 雪的效应是增加地表面反射率,减少地面获得的太阳辐射和地热传导。从表 1.5 中可以看到季节性雪被覆盖有很大的范围,但其体积所占比例甚微。在半干旱和部分高山地区,季节性雪被融化可能有重要经济影响。

不同类型的冰雪覆盖与气候系统中其他物理过程相互作用的时间尺度是不一样的。冰盖和永久冻土为 $10^3\sim10^5$ a,高山冰川为 $10\sim10^3$ a,海冰和季节性雪被为 $10^{-2}\sim10$ a。

1.4 相互作用和反馈机制

1.4.1 气候系统中各圈层的相互作用

气候系统的各圈层不是独立存在的，它们之间发生着明显的相互作用，这种相互作用不但有物理的、化学的和生物的，同时还具有不同的时间与空间尺度。从而使气候系统成为一个非常复杂的系统。如前所述，气候系统的各圈层虽然在组成、物理与化学特征、结构和状态上有明显的差别，但它们都是通过质量、热量和动量通量相互联系在一起，因而这些圈层是一个开放的相互联系的系统。在气候系统各圈层的相互作用中，最重要的是海气相互作用、陆气相互作用和陆海相互作用（丁一汇，2003）。

（1）海气相互作用　海洋和大气强烈地耦合在一起，并通过感热输送、动量输送和蒸发过程交换热量、水汽和动量。海气相互作用是通过四个方面实现：① 海洋是大气中水汽的主要来源，一旦温度变化，则通过海洋蒸发可以影响大气中水汽含量的变化，再进一步影响气候变化。② 海洋的热容量很大，也就是说，要想使海洋温度升高，则它比大气升高同样的温度所需的热量要大得多。因而在气候系统的变化中，海洋变暖比大气慢得多，因而海洋很大的热惯性对大气变化的速度起着主要的控制与调节作用。③ 通过海洋内部的海洋环流（如大西洋热盐环流）可以输送热量，使热量在整个气候系统中重新分配。在大西洋地区中，这种海洋环流输送的热量非常大，例如在西北欧洲和冰岛之间，输入的热量与该地区在海洋表面收到的太阳辐射相近。这也是为什么北欧地区冬季气温偏暖的主要原因。有人估计，一旦这种环流停止，则北欧的温度将比现在降低10 ℃左右，即会发生明显的气候变冷。④ 海洋与大气之间交换着CO_2，是全球碳循环的重要部分。CO_2在下沉到深海的极区冷水中溶解，在近赤道较暖的上升海水中释放，从而维持一种平衡。

（2）陆气相互作用　陆气相互作用是气候系统中最基本的相互作用之一，包括冰冻圈中的积雪、冰川、冻土及岩石圈与大气的相互作用；也包括各种物质、热量、水汽输送与转换以及土地利用变化等。关键问题是，陆气之间的水与能量交换如何改变地球上的气候与痕量气体的排放和沉降？陆面大量的中小尺度过程如何一起影响大尺度天气过程？人类引起的陆面覆盖变化在陆气界面过程以及整个气候系统中的作用是什么？为人类提供食物与纤维的生态系统，怎样受到气候变化与人类利用的影响？

（3）陆海相互作用　陆海相互作用中最关键的问题是海岸带地区的变化及

跨边界输送问题，这包括：跨陆海界面的物质输送及沿岸生态系统对气候变化的影响；海岸带的加速变化对来自上游陆地地区的物质转移、过滤或储存的能力的影响；气候系统的变化对海岸带特别是最脆弱地区的影响以及海气界面对加热场及大气环流的影响等。除了上述三种相互作用之外，各圈层间的其他相互作用也值得注意。如海冰可阻碍大气与海洋之间的交换；生物圈通过光合作用与呼吸影响 CO_2 含量；生物圈通过蒸散影响水分向大气的输入；通过改变太阳辐射反射回太空的数量（反照率）影响大气的辐射平衡。总之相互作用的例子还可以列举出很多，所有这些都说明气候系统包含了非常复杂的物理、化学与生物过程与反馈作用。气候系统中任一圈层的任何变化，不论它是人为的或是自然的，内部的或是外强迫的，都会通过相互作用造成气候系统的变化或气候的变异。

1.4.2 气候系统中的相互作用和反馈机制

如果一个过程的结果反过来又影响其初始施加的强迫作用，这种相反的过程就称为反馈。通过这种过程，如果初始作用被加强，就称为正反馈机制；如果被减弱，就称为负反馈机制。在讨论气候系统内的相互作用时，必须考虑气候系统中的反馈过程与机制，因为对给定的气候强迫条件下的气候响应是由这些反馈机制所决定的，正反馈机制使得气候系统趋于不稳定，而负反馈机制使气候系统趋于稳定。气候系统中的反馈机制是复杂多样的，主要有4种反馈机制（丁一汇，2003）。

（1）水汽的正反馈机制　温度增加使蒸发加强，地表向大气的潜热输送增加，大气中的水汽含量增加，地气系统对太阳辐射的吸收增加，地球也变得更暖，这称为水汽的正反馈机制。

（2）CO_2的正反馈机制　地球变暖时，大气中 CO_2浓度增加，由于温室效应全球变暖，海面温度升高，海水垂直稳定度增加，海洋吸收 CO_2能力减弱，大气中 CO_2浓度更高，全球更暖，这就是 CO_2的正反馈机制。

（3）冰雪反照率的正反馈机制　冰和雪的表面是太阳辐射的强烈反射体。地球变冷时，冰雪覆盖增多，行星反射率增大，气候系统吸收的太阳辐射减少，地球变得更冷，反之亦然，这就是冰雪反照率正反馈机制。如果具有低反照率的海面（反照率为0.1）或陆面（反照率为0.3）被高反照率的海冰（反照率$\geqslant$0.6）所覆盖，地表所吸收的太阳辐射将不到原来的一半。

（4）云的反馈机制　全球增暖使云水含量增加，导致云的亮度增加，系统反射更多的太阳辐射，地球变冷，这是云反馈的一种情形——云水含量的负反馈机制。云对辐射有强烈的吸收、反射或放射作用，这称作云的反馈作用。但云的反馈作用十分复杂，其反馈作用是正是负决定于云的种类、高度、光学性质等。一方面，云对太阳可以产生反射作用，将其中入射到云面的一部分太阳辐射反射回太空，减少气候系统获得的总入射能量，因而具有降温作用。另一方面，云能吸收云下地表和大气放射的长波辐射，同时其自身也放射辐射，与温室气体的作用一样，能减少地面向空间的热量损失，从而使云下层温度增加。一般来说，低云以反射作用为主，常使地面降温；高云则以被毯效应为主，常使地面增暖。

气候系统中的各种反馈机制往往是复杂地相互联系着的，某种过程或因子在不同的条件下可能会形成不同的反馈机制。例如对于冰雪反馈，可造成反照率变化，形成正反馈；但冰雪也可能通过影响海洋深水的形成，进而引起海水上翻的变化，从而导致一种负反馈过程。气候系统中的这些反馈机制的相互影响，使得总的反馈效应并不是这些单个反馈效应的简单叠加。正是由于气候系统中各种反馈机制的相互影响，使得气候系统的某一部分发生异常时，就会引起其他变量和过程的一系列变化。如果气候系统中正反馈总是占绝对主导地位的话，气候系统必定是不稳定的，而事实并非如此，这说明任何一种正反馈机制都受到其他反馈机制的调节和抑制。正是因为我们对于气候系统中的各种反馈机制还不十分了解，所以必须用动力模拟的方法对气候系统进行定量的研究。

第2章

气 候 变 化

2.1 气候变化概述

地球形成为行星大约在55亿年前，从那时候开始直到46亿年前，地球上充满了原始大气，并且开始逐渐逃逸；从46亿年前开始，地球进入到地质年代，逐渐产生次生大气；大约在30亿年前，地球上出现生命，并开始改造地球大气；寒武纪以来，大气才被生物改造接近现在(Crowley & North,1991)。但是，对于古生代以前的古气候，我们几乎一无所知，到了古生代，古气候状况才逐渐清楚起来。气候始终处于变化之中，无论在远古的地质时代，还是后来的历史时期和现代，冷暖交替，干湿更迭，从来没有停息过。气候变化有一个非常宽的时间谱，表现为从日变化到亿年尺度的各种变化。

2.1.1 地质时期的气候变化

观测事实和古气候证据表明，从古生代以来，地球上的气候经历了若干次大冰期－大间冰期的旋回，这些大冰期和大间冰期是：震旦纪大冰期(600 Ma)，寒武－石炭纪大间冰期(600～300 Ma)，石炭－二叠纪大冰期(300—200 Ma)，三叠－第三纪大间冰期(200～2 Ma)，第四纪大冰期(2 Ma至现在)(Frakes,1979)。

在这种时间尺度为亿年以上的大冰期与大间期的交替变化中，全球平均温度的变幅超过10 ℃。在大冰期期间，地球显著变冷，北半球50 °N以北几乎全被冰雪覆盖，大陆冰雪面积可占大陆总面积的20%～30%，远远大于当前值(约11%)；陆冰厚度达几十到几百米，较低纬度的高山冰川也前进扩展，全球平均温度可能比目前平均低3～7 ℃。

在2 Ma开始的第四纪冰期中，气候也是寒冷和温暖相互交替出现的，即冰期与间冰期的反复交替，其特征时间尺度约为 10 万年，全球平均地表气温的变幅至少为 5～7 ℃，中高纬度地区的变幅可达 10～15 ℃。冰期时，雪线下降，冰川前进扩展，冰川体积增大，海面降低，气候带南移，中低纬度雨量比较丰富。间冰期时，气候比现代温暖，冰盖退缩到极地小范围内，海面升高，气候带北移，中低纬降水减少。第四纪冰期，仍然有间冰期交替，反映了气候的温暖和寒冷的循环（Bryant 1997）。另外，在晚第四纪气候变化中，有充分证据表明，发生过时间尺度约为百年量级的迅速变化。典型例子就是在晚冰期中出现的 YD 事件，它在不断增暖的过程中出现突然转冷的变化。

2.1.2　全新世－历史时期气候变化

地球最后一次冰期大约在距今 1 万年前结束。从 1 万年前开始的末次冰期结束后的时期称为全新世（冰后期）。在这段时期中，普遍存在着时间尺度从百年到千年的气候变化，但温度的变幅不像冰期和间冰期那样剧烈，全球平均不超过 2 ℃。全新世最暖时期是中全新世（3～6 kaBP），尤其在 5～6 kaBP 期间，全球平均的温度比目前要高出大约 1 ℃。根据植物孢粉分析，我国华北一带暖 3 ℃左右，华南则可能暖 1 ℃左右，青藏高原可能偏暖 4～5 ℃，北半球高纬地区可能还有更大的偏暖幅度（Shi *et al.*，1993）。

我国有悠久的历史记载，早在 20 世纪 70 年代竺可桢将这些记载加以整理分析，发现我国 5 000 多年来的气候有 4 次温暖期和 4 次寒冷期交替出现（竺可桢 1973）。在公元前 3000 年—公元前 1000 年左右，即从仰韶文化时代到安阳殷墟时代，是第一个温暖期，这个时期大部分时间的年平均温度比现在高 2 ℃左右，最冷月温度约比现在高 3～5 ℃。从公元前 1000 年左右到公元前 850 年（周代初期），有一个短暂的寒冷期，年平均气温在 0 ℃以下。从公元前 770 年到公元初年，即秦汉时代，又进入到一个新的温暖时期。从公元初年到公元 600 年，即东汉、三国到六朝时代，进入第二个寒冷时期。从公元 600 年到 1000 年，即隋唐时代，是第三个温暖期。从公元 1000 到 1200 年，即南宋时代是第三个寒冷期，温度比现代要低 1 ℃左右。从公元 1200 到 1300 年，即宋末元初，是第四个温暖期，但是这次不如隋唐时那样温暖，表现在大象生存的北限，逐渐由淮河流域移到长江流域以南，退到广东、云南等地。公元 1300 年以后，即明、清时代以来，是第四个寒冷期，温度比现代低 1～2 ℃。

2.1.3　近百年气候变化

从小冰期结束（约公元 1850 年）开始，全球温度上升，20 世纪气候变暖已成为公认的事实，如图 2.1 所示。尽管存在观测资料等方面的种种不确定性，但人们普遍接受近百年全球气温平均上升约 0.5 ℃的结论。观察这些序列可以发现变暖并不均匀，如发生在1895年、1925年、1980年前后的幅度约为0.2 ℃的突变式增温，从20世纪40年代到70年代有轻微降温。

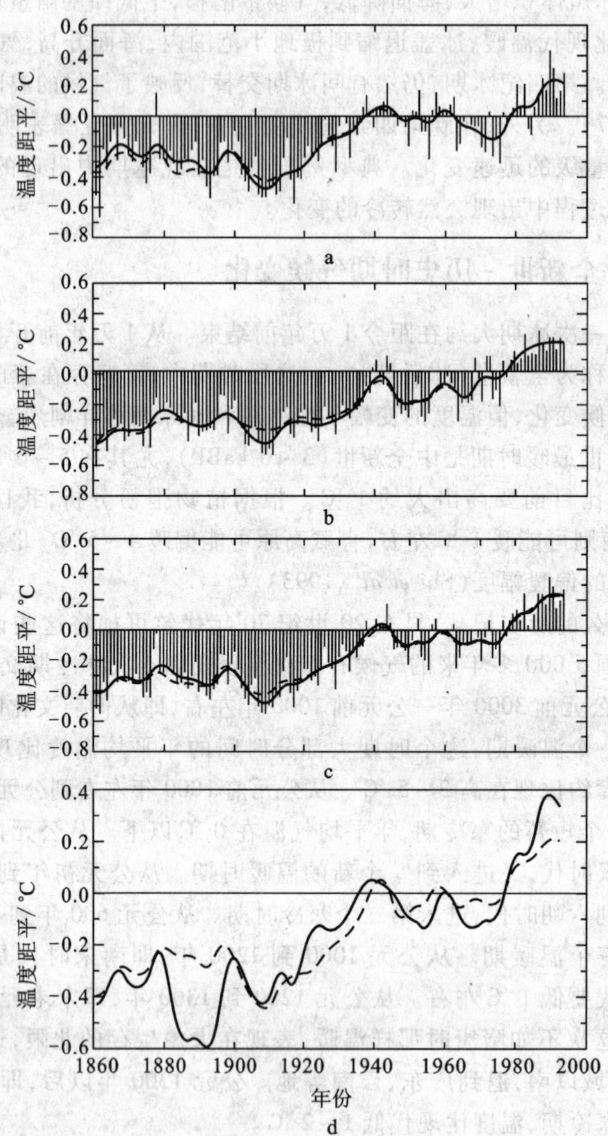

图2.1　近百年来温度变化（相对于1961—1990年的距平值）

（Houghton *et al.*，1995）

a. 北半球平均陆地和海洋表面温度；　b. 南半球平均陆地和海洋表面温度；　c. 全球平均陆地和海洋表面温度；　d. 全球平均陆地表面大气温度和海表温度。在a、b、c中实线为平滑曲线，虚线是IPCC1992报告资料；d中实线为陆地气温度序列，虚线是海洋温度序列近百年来全球变暖不仅在时间上是不均匀的，而且在空间上具有明显的半球间的差异、海陆间的差异和区域差异。如从 20 世纪 30 年代末到 60 年代中期，北半球陆地气温基本上呈线性地下降了 0.2 ℃，而南半球的平均温度基本保持稳定。海平面温度变化和陆地气温大致相似，但也有不同的地方，如北半球 20 世纪初的一次约 0.1 ~ 0.2 ℃的迅速降温和 20 世纪 50 年代到 70 年代中期的降温，海平面温度变化比陆地降温滞后约 5 年；而南半球海平面温度一直到 20 世纪 20 年代末基本保持稳定，从 70 年代中期开始的南半球海平面温度持续增高前并不像北半球那样有明显的降温。另外，气候变暖还有明显的季节差异和纬度间的差异，冬季增温的幅度高于其他季节；高纬度增暖幅度比低纬度要大。

近一百多年来，降水的变化远比温度的变化复杂，虽然目前还不可能推断全球范围或半球范围从几十年到百年尺度降水系统性变化的细节，但半球和全球平均的降水存在着超过 10 年时间尺度的明显振荡。如近一百多年来北半球平均降水约从 1880 年以前开始到 1920 年左右有明显下降，之后一直到 1950 年以后的逐渐回升以及到 70 年代后期的又一次下降；南半球从 40 年代初开始到 70 年代中期则有一个较长时段的降水增加（Houghton *et al.*，1995）。此外，降水的变化有明显的季节差异，如自 1940 年以来春秋季全球平均降水有明显增加的趋势但夏季（北半球）降水中没有这种趋势。降水变化的区域差异也比温度变化的区域差异要大，如非洲撒哈拉地区的夏季降水自 1950 年以来有很大的减少。

2.1.4　月、季、年时间尺度的气候变化

在短如几年的时间尺度里，零点几度的全球或半球的温度波动以及较大的区域降水异常是非常普遍的。而在年际尺度上，ENSO 和 QBO 是两个最为典型的气候变化强信号。

ENSO 是厄尔尼诺（El Niño）和南方涛动（SO）的合称。厄尔尼诺是赤道东太平洋地区海表水温异常升高的现象，南方涛动是指印度洋地区与南太平洋地区气压反相变化现象，尽管两者分别指海洋和大气中的现象，但现已证实，二者是紧密联系着的，是海气相互作用的典型表现方式，所以合称 ENSO。ENSO 是能从观测资料中清楚辨识出来的最引人注目的大尺度气候事件，是海气相互作用的典型例子。频率分析表明，ENSO 循环的振荡周期在 2 ~ 7 年的范围内变化。ENSO 事件发生时，赤道中东太平洋异常增温，增温往往扩展到其他热带太平洋地区，相应的大气环流型也明显地不同于正常年份，许多地区降水异常，其影响有时可延伸到高纬度地区。在相反的情形——拉尼娜（La Niña）时，与 ENSO事件相比，大气环流等也都有明显的不同。

QBO 是指在平流层大气环流的变化中存在的准两年振荡。从图 2.2 可见，热带平流层（以赤道附近为例）的纬向风具有稍长于两年的准周期变化，与之相

联系，平流层温度也有同样的准周期变化。在低纬度平流层中，风的纬向差异是很小的。自20世纪50年代到90年代，赤道平流层东西风交替的平均周期约为27个月。关于平流层QBO的成因及其和对流层环流的关系尚无定论。但太阳活动的11年周期和赤道地区平流层风向的准两年振荡的关系具有很高的统计显著性。

在月、季时间尺度上，30～60 d的所谓大气低频振荡是全球大气运动的一种普遍特征。无论是热带还是中高纬地区30～60 d的大气振荡在风场、高度场、温度场和降水场上都有明显的表现。但30～60 d振荡在强度、空间结构、时间演变等方面具有季节差异和纬度带间的差异。全球大气的30～60 d低频振荡存在明显的遥相关结构，如太平洋－北美(PNA)、欧亚－太平洋(EAP)、澳大利亚－南非(ASA)以及太平洋－南美洲(PSA)低频遥相关型及其低频波列等。关于大气低频振荡方面的研究对短期气候预测(如月平均环流预报、跨季度预报等)具有重要的理论和实践意义。

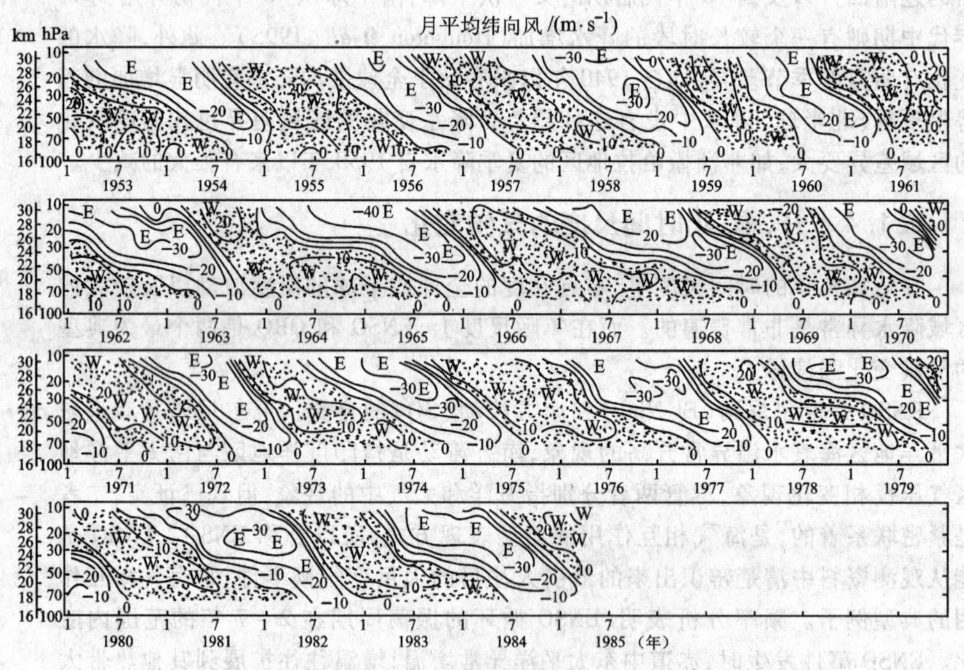

图2.2 近赤道地区月平均纬向风分量的时间－高度剖面图

(Peixoto,1991)

阴影区为西风位相，空白区是东风位相

2.2 气候变化的基本特性

气候始终处于运动和变化之中,无论在远古的地质时代,还是后来的历史时期和现代,冷暖交替,干湿变易,从来没有停息过。下面对气候变化的基本特性做简单的介绍。

2.2.1 气候变化时间和空间的多尺度性

气候变化的时间尺度有长达数亿年的大冰期和大间冰期旋回,也有几百年、几十年,几年,甚至月、季尺度的气候振荡;气候变化所涉及的空间范围,既有全球,也有一个洲的,甚至更小区域的,这就是气候变化时间和空间的多尺度性(表2.1)。

表2.1 气候变化的时间尺度

等级	气候期	时间尺度/a	全球平均温度变幅/℃	可能的原因
1	地质时期	$10^4 \sim 10^8$	10	太阳辐射量变化、地球轨道参数变化、银河周期、极移、大陆漂移、海陆分布、构造运动、大气成分演化、火山活动
1a	大冰期 - 大间冰期	$10^6 \sim 10^8$	10	
1b	冰期 - 间冰期	$10^4 \sim 10^5$	10	
2	历史时期	$10^2 \sim 10^3$	1 ~ 2	太阳辐射、火山活动、温室气体浓度、海洋温盐环流、下垫面植被变化
3	百年	$10^1 \sim 10^2$	0.5	太阳辐射、火山活动、温室气体浓度、海气相互作用、人类活动
4	年际	$10^0 \sim 10^1$	0.3 ~ 0.5	地球公转、海气相互作用、大气中的非线性过程
5	日、月际	$10^{-1} \sim 10^0$	0.2 ~ 0.3	地球自转、海气相互作用、天气系统、大气环流

气候变化具有多时间尺度性。时间尺度越大,则气候变化的幅度也越大。地质时期的大冰期和大间冰期旋回的时间尺度最长,约为$10^6 \sim 10^8$年,其间又发生着时间尺度约为$10^4 \sim 10^5$年的冰期和间冰期旋回,这其间气温的变幅在10 ℃左右。从上一次冰期结束时起,大约距今1万年,全球平均温度以世纪或更长一点的时间尺度波动,其温度变幅大约为2 ℃。例如5 000 ~ 6 000年前的全新世气候适宜期,公元1000年左右持续较短的中世纪暖期,以及到19世纪中

期才结束的小冰期等等，该时间尺度约为 $10^2 \sim 10^3$ 年。从 19 世纪中期开始，陆地和海洋上逐渐有了温度的仪器观测资料，这些记录表明：近百年来全球平均增温约 0.5 ℃，最暖的时期一个发生在 1920—1940 年，一个出现在 20 世纪 80 年代末至今。这个时期气候变化的时间尺度为 $10^1 \sim 10^2$ 年。时间尺度在几年到几十年的气候变化也叫短期气候变化或气候振荡，如 ENSO 变化和准两年振荡（QBO）。气候变化的最小时间尺度是月、季时间尺度的气候波动。表 2.1 列出了上述各种气候变化的时间尺度、全球平均温度变幅及可能的原因。

由于气候系统的各组成部分（子系统）的热力和动力属性具有很大的差异，所以气候系统的热力学和动力学状态具有空间分布的不均匀性。这种空间不均匀性的尺度在量级上有一个非常宽的范围：从 10^{-6} m（类似于大气和海洋中的微湍流尺度）到 10^7 m（相当于地球的直径）。因此对大部分时间尺度的气候变化来说，气候变化并不是全球同步的和均匀的，气候变化具有不同的空间尺度。例如一个地点的温度和雨量记录的长期变化大约代表着直径为 $10^2 \sim 10^3$ km 的中尺度气候变化，而欧亚大陆环流指数或环流型的长期变化属于 10^4 km 大尺度范围，北半球乃至全球的气候变化则是 10^5 km 或更大范围的变化了。

一般说来，一个地区较长时间尺度的气候变化也代表较大范围的气候变化，而较短的气候变化只反映较小范围的气候变化。由于不同时空尺度的变化常常叠加在一起，因而实际的情况是很复杂的，同时不同气候要素所代表的时空尺度也是不同的，例如一个地点温度记录所代表的地区范围比降水要大得多。

2.2.2 气候变化的随机性与非随机性

气候的日、年变化与地球的自转和公转有关，10^5 年和 3×10^8 年时间尺度的变化与地球运行轨道参数及太阳系在银河系中的运动周期有联系，它们都具有非随机性。在一定的地球纬度、一定的海陆分布和一定的地形条件下，就有一定的气候和气候变化特点，都遵循基本的气候热力学、水文学和动力学原理。从这个意义上说，气候变化具有非随机性。但是由于影响气候的各种外部因素具有不同时间尺度的变化，气候系统内部影响气候的各种物理过程、化学过程和生物过程的时间尺度也各不相同，因而某一类型气候变化的确切程度、影响范围、确切的开始和持续时间都是难以确定和预测的。例如北半球冬季，某一地区平均而言 1 月份平均温度最低，但也有些年份是 12 月或 2 月平均温度最低。因此，气候变化的随机性也是客观存在的，也正是这种随机性构成了千变万化的气候。

2.2.3 气候变化的周期性与非周期性

气候的日、年变化是受严格的地球自转和公转周期支配的，是人们熟悉和感觉得到的。根据地质资料，气候的米兰柯维奇周期和银河周期也是很明显的。气候在经历了一个相对寒冷期后总要出现一个相对温暖期,在经历了一个大冰期之后一定会出现一个大间冰期,虽然这些周期不是很严格的。图 2.3 是近 100 Ma 来各个时期地球气候冷暖变化的情形。全球温度在不同的时间尺度上呈现出周期变化,但由于随机性的影响,使实际气候变化的周期性变得不严格甚至很紊乱。

分析气候变化的周期性,可以获得关于气候变化规律的认识,为气候预测提供基本的信息和依据。但是,由于气候不是严格地周期变化的,又往往使用周期变化做出的预报失败。

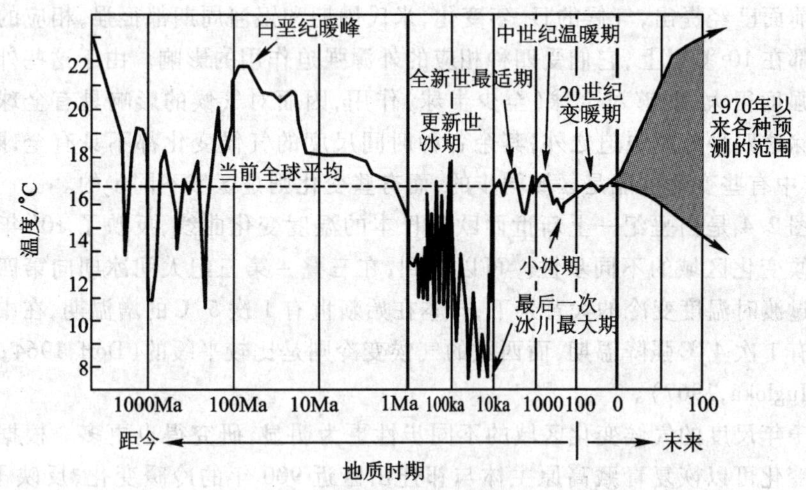

图 2.3　不同时间尺度的气候变化

(Bryant,1997)

时间取对数尺度

2.2.4　气候变化的持续性与突变性

在气候演变的过程中,往往会出现一段时间连续温暖或者一段时间连续寒冷,降水也往往会出现一段时间多雨洪涝,一段时间少雨干旱,这种现象称之为气候的持续性。持续性是气候变化的一种常见现象。例如冰期与间冰期,寒冷与温暖都持续一个相当长的时期。大范围的冰雪覆盖需要相当长的时间才能消融。20 世纪 70 年代我国北方的干旱也是气候持续性的反映。如果一种气候状态持续很久,则往往会形成气候灾害。

气候从一种状态发展到另一种状态需要经过一段时间进行调整,如果这种调节的时间很短,且两种状态的差异较大,往往就称之为气候突变。气候突变是由于影响气候的各种因子复杂地相互作用形成的。在近年来的文献中有不少人把 20 世纪 20—40 年代全球气候变暖作为气候突变的一个例子。值得注意的是,从间冰期到冰期往往变化得很快,容易产生突变,从冰期向间冰期过渡时,往往发展较缓慢,具有较明显的持续性。干湿变化也有类似的情形,从少雨干旱期到多雨湿润期发展较快,容易发生突变,而从多雨湿润期向少雨干旱期过渡时,发展较缓慢,往往有明显的持续性。这种现象在短期旱涝变化的过程中也常常看到,例如一个地区在连续几天甚至1天大暴雨即可造成严重的洪涝,而大的干旱往往是连续几个月甚至几年的少雨形成的。

2.2.5 气候变化区域的同步性与异步性

前面已经提出,气候的日、年变化,米氏周期和银河周期都很强,相应的温度变幅都在10 ℃以上,它们受四种相应的外源强迫作用的影响。由于这些外源强迫的强度很大,能够对全球(至少半球)作用,因而对气候的影响具有全球同步性。除这四种外源强迫之外,其余各种时间尺度的气候变化都不具有全球同步性,其中有些变化可能是区域同步的,而有些变化则是区域不同步的。

图2.4是白垩纪—上新世西欧和日本的温度变化曲线,反映了10^7年尺度的气候变化区域的不同步性。可以看到,在三叠-第三纪大间冰期向第四纪大冰期过渡时温度变冷的大背景下,日本在始新世有1次5 ℃的增温期,在中新世前期有1次4 ℃强降温期,而西欧的气候变冷则是比较平缓的(Dorf,1964;Tanal and Hugloka,1967)。

千年尺度的气候变化区域的不同步性更为明显,研究得也更多。根据树木年轮变化可以恢复青藏高原主体与祁连山区近900年的冷暖变化,反映了900年来5~6次温度波动在高原主体与祁连山大致能相互对应,但位相都是高原主体比祁连山要早10~50年,平均30年。

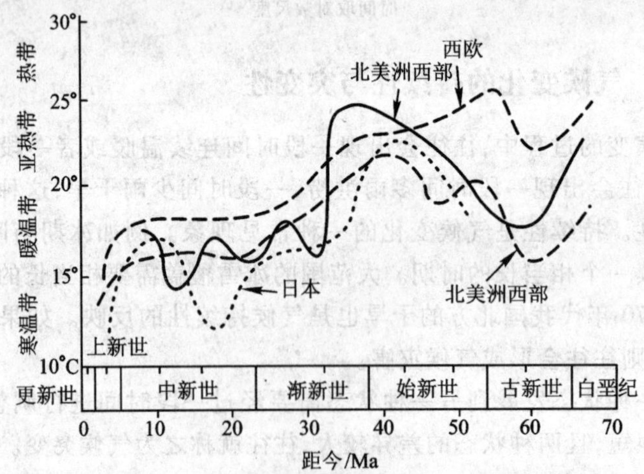

图2.4 白垩纪-上新世北美、西欧和日本的温度变化曲线

(汤懋苍,1989)

第3章 气候模式与气候模拟

3.1 气候模式

气候模式是用于研究大气圈、水圈、岩石圈、冰雪圈、生物圈之间相互作用及其内部过程的数值模式，它由描述地球气候系统状态、运动和变化的一组偏微分方程组构成，它是研究气候变化的成因机制及预测未来气候变化的有力工具。

由于气候系统是一个包括了多种复杂的相互作用过程的高度非线性系统，因此对气候系统进行完全定量的描述是非常复杂的事情。通常，描述气候系统中各种过程和作用的偏微分方程组主要包括气候系统的各组成部分的动力学和热力方程以及特定物质的状态方程和守恒定律。例如对于典型的海洋、大气和海冰耦合环流模式，这组偏微分方程包括大气、海洋和海冰的动力学方程和热力学方程以及一些特定的组成物质（如大气中的水汽、CO_2、O_3 和其他的微量气体，海洋中的盐分和其他的微量物质等）的守恒定律和状态方程（Zhang *et al*, 2000）。

由于气候系统极其复杂，在建立气候模式时各种各样的理想简化是不可避免的。这种理想化在物理上讲是抽象出了特定时空尺度上气候系统（或其某些方面）最主要的过程和特征，而忽略了一些次要的过程和特征。例如在海气耦合模式中，尽管海冰和冰雪覆盖有一定的范围和季节变化，但在模式中常被当作边界条件来处理。从数学上讲，方程组必须是可解的，而且在计算机上是可实现的。所以对于模式求解而言，不能用模式变量直接精确描述的过程和参量，必须用模式变量描述，即所谓参数化方法。这种方法的典型例子是利用模式的大尺度变量来描述模式不能分辨但又具有重要物理意义的过程，如大气环流模式中次网格尺度过程的参数化。从模式本身而言，参数化总是带有经验的、统计的甚至是人为的成分。

对于地球气候系统，若我们知道：① 能量输入的外源强迫（如太阳辐射）性质；② 系统内部各成分相互影响和作用的过程（如海气相互作用）；③ 特定的边界条件（如海陆分布）等等，从理论上讲，一般总是有一组可解的微分方程组对应于某个给定时空尺度的、由上述三个方面所制约的气候系统。自然地，我们还可以有选择地强调特定的时空尺度上气候系统中某些最重要的过程，而忽略对这些过程影响不大的另一些过程，这意味着对方程组进行简化。对应于气候系统的不同时空尺度和我们想强调的最主要的物理过程，我们可以建立一系列气候模式。现有的气候模式，按照模式的空间范围，可分为全球模式和区域模式。其中，全球模式按照复杂程度可分为简单模式、中间模式和复杂模式，其对应的空间维数分别是零维或一维、二维和三维。按照模式的物理方程和简化方法，可分为能量平衡模式、辐射对流模式、纬向平均动力模式、随机统计动力模式、环流模式；按照模式的气候系统圈层组成，可分为大气环流模式、海洋环流模式、海冰模式、陆冰模式、生物模式、化学模式等等。

简单气候模式中包括典型的零维和一维能量平衡模式，箱式能量平衡模式和一维辐射对流模式等。中间模式包括经向/纬向的或经向/垂直方向的两维动力和能量平衡模式，是简单气候模式的扩展。复杂模式是目前用于大规模气候模拟的主体，主要是以三维大气环流模式为核心，耦合了海洋模式、海冰模式等辅助模式的复杂模式系统。该类模式包括了较为全面的动力和物理过程，能够较全面地反映气候系统中各个物理过程及其相互作用。全球大气环流模式按数学处理和计算方案可分为格点模式和谱模式。

格点模式是指在物理空间格点上将空间导数用空间差分近似，然后求数值解的模式。用差分近似微分时，计算精度不及谱方法。但是，在物理过程参数化和地形引入等方面，格点模式又较谱模式方便和灵活。

谱模式就是将物理量展开为球谐函数的级数（谱）形式，然后求数值解的模式。

设$f(\lambda,\varphi)$为在球面上单值且有两次以上连续微商的实函数，则可用球谐函数 $Y_n^m(\lambda,\varphi)$ 展开成一个均匀收敛的级数

$$f(\lambda,\varphi) = \sum_{m=-\infty}^{\infty}\sum_{n=|m|}^{\infty} F_n^m Y_n^m(\lambda,\varphi) \tag{3.1}$$

其中，λ 是经度，φ 是纬度，F_n^m 是展开系数，满足

$$F_n^m = \frac{1}{2\pi}\int_{-\frac{\pi}{2}}^{\frac{\pi}{2}} \cos\varphi \mathrm{d}\varphi \int_0^{2\pi} \overline{Y_n^m}(\lambda,\varphi) f(\lambda,\varphi)\mathrm{d}\lambda \tag{3.2}$$

在(3.1)中，m 和 n 都可以到∞，但在实际展开时，m 和 n 都是有界的，也就是说，m 和 n 需要取截断。目前最常用的截断方法是三角形截断和菱形截断。

所谓三角形截断，就是将(3.1)改写

$$f(\lambda,\varphi) = \sum_{m=-J}^{J}\sum_{n=|m|}^{J} F_n^m Y_n^m(\lambda,\mu) \tag{3.3}$$

所谓菱形截断，则是将(3.1)改写成

$$f(\lambda,\varphi) = \sum_{m=-J}^{J}\sum_{n=|m|}^{|m|+J} F_n^m Y_n^m(\lambda,\mu) \tag{3.4}$$

式中，J为纬向截断波数，是某一正整数，F_n^m是系数，可由(3.2)确定，或写成

$$\begin{aligned} F_n^m &= \frac{1}{2\pi}\int_0^{2\pi}\int_{-1}^{1} f(\lambda,\mu)\,\overline{Y}_n^m(\lambda,\mu)\,\mathrm{d}\lambda\,\mathrm{d}\mu \\ &= \int_{-1}^{1}\frac{1}{2\pi}\int_0^{2\pi} f(\lambda,\mu)\,\mathrm{e}^{-im\lambda}\,\mathrm{d}\lambda\cdot P_n^m(\mu)\,\mathrm{d}\mu \\ &= \int_{-1}^{1} F^m(\mu)\cdot P_n^m(\mu)\,\mathrm{d}\mu \end{aligned} \tag{3.5}$$

上式中

$$F^m(\mu) = \frac{1}{2\pi}\int_0^{2\pi} f(\lambda,\mu)\,\mathrm{e}^{-im\lambda}\,\mathrm{d}\lambda \tag{3.6}$$

是$\mu=\sin\varphi$的函数，对于每一个选定的纬圈，可用快速傅立叶变换FFT求得。即在离散情况下

$$F^m(\mu) = \frac{1}{N}\sum_{j=0}^{N-1} f_j(\mu)\,\mathrm{e}^{-i\frac{2\pi}{N}mj} \tag{3.7}$$

上式中N是沿纬圈所取的点数，当纬向截断波数是J时，即$|m|\leqslant J$，对N的要求是

$$N \geqslant 3J+1 \tag{3.8}$$

这样才可避免非线性混淆现象。有关谱模式的详细理论，可参考相关书籍。

另外，一些气候模式是在固定其他的气候组成部分的条件下研究单个机制或少数简单的耦合机制，这些气候模式可称之为“机制模式”（如能量平衡模式）；另外有些气候模式力图在四维空间(x,y,z,t)上再现气候系统或子系统中几乎所有的物理过程、相互作用及反馈机制，这类模式可称之为“模拟模式”（如环流模式）。这两大类模式的共同发展，使我们逐步认识了气候系统中的各种耦合过程和反馈机制，并使得不同时空尺度气候变化的模拟成为可能。

3.2 气候模拟

气候系统是一个集能量过程、非线性相互作用和多种物理、化学、生物等复杂过程于一体的巨系统，也是一个开放的强迫耗散系统，具有多层次和多时空尺度。为了从根本上揭示气候系统的物理本质和变化规律，仅仅依靠传统的统计

学方法已不能满足要求,因此气候模拟方法应运而生。

气候模拟是利用气候模式研究气候系统及气候变化的定量方法,通过计算机数值求解描述气候系统中各种物理过程的偏微分方程组来解释气候变化的事实,揭示气候变化的规律与成因机制。气候模拟方法使得气候学成为一门“可实验”的科学。气候模拟的基本步骤包括物理过程设计、数学物理设计、程序设计和资料设计(表3.1)。这四个方面的设计事实上是紧密联系在一起的。

表3.1 气候模拟设计框图

项目	基本内容	说明
物理过程设计	物理过程(动力学过程、热力学过程、辐射收支、水相变、其他物质循环、热力学过程)、化学过程、生物过程等等	牛顿第二定律;热力学定律;质量守恒定律;其他方程
数学物理设计	模式方程(算子形式)、控制参数、初始条件和边界条件、空间和时间分辨率、参数化等	计算稳定性;计算收敛性;方程组闭合;耦合计算方案
程序设计	积分和微分的数值近似计算求解;多维时空离散化(时间和空间计算的数学处理网格或基函数);主程序(计算流程图)、子程序(通用模块单元);等	物理过程设计和数学物理设计在计算机上的实现
资料设计	边界条件、初始条件资料输入,中间结果的存取,最后结果的输出等	

气候模式是由一组特定的热力学和动力学方程组成的具有一定的边界条件和初始条件的“数学-物理模型”。气候模式的一般形式可表示为

$$\frac{d\xi}{dt} = \Phi(\xi, \eta) \tag{3.9}$$

式中:ξ 为模式变量向量,$\xi = \xi(x, y, z, t)$,对于三维模式是三维空间和一维时间的函数,对于那些机制模式则是更低维的空间和一维时间的函数;η 为模式控制参数向量;Φ 为模式方程算子。对于不同的模式,有完全不同的模式控制参数和模式方程算子的形式。根据所研究问题的特征,给出 ξ,η 和 Φ 的具体形式,规定模式方程的边界条件和初始条件,设计模式的参数化方案,这就是气候模式的数学物理设计。气候模式的数学物理设计是气候模拟的最基本的核心问题。

例如对于大气环流模式,模式变量包括温度、比湿、气压等标量和风速矢量等等;模式方程包括运动方程、热力学第一定律、水汽平衡方程和状态方程等等;

模式控制参数包括各类物理常数，如大气总质量、化学成分、比热容、水的相变潜热、科氏参数、辐射传输参数等等；边界条件包括太阳辐射、海陆分布、地形、表面粗糙度、下垫面热容量、土壤水分、反照率、植被等等。由于模式控制参数、模式方程算子、初始条件、边界条件以及参数化方案等的不同，形成的模式也就各不相同。

在气候模式的数学物理设计完成之后，下一步就是求解模式方程。模式求解的实现依赖于程序设计。关于程序设计和资料设计的细节限于篇幅就不赘述了。模式求解后就得到了模拟结果，模拟结果需要与实况进行比较，若与实况不符，则需进一步调试模式参数及过程表达，直到能模拟出与实况一致的结果为止。最后，再利用模式作敏感性试验或作气候预报。

所谓敏感性试验就是在气候模式中改变某一外参数的量值，或者改变某一物理过程的表达形式，以观察模拟结果与控制试验结果有何差异的一种对比试验方法。利用气候模式做敏感性试验，可以对气候系统中各种因子和各种物理过程的重要性进行研究。

气候模拟按照模拟时强迫项（如辐射强迫或其他的外源强迫）是否随时间变化可分为两类：平衡态模拟和瞬时态模拟。平衡态模拟是积分至达到平衡，一般进行两组强迫条件下的对比试验，其中一组称为“控制试验”——指无强迫条件下的试验；另一组为给定强迫条件下的试验。通过比较两组试验就可以分析在给定的某种强迫下气候变化的敏感性。显然，平衡态模拟不可能直接用来作预报，只能进行敏感性研究。与平衡态模拟不同，在瞬变模拟中，强迫项按实际情况随时间变化。只要模式设计足够合理，强迫项的时间变化足够符合实际情况，瞬变模拟就能直接用来作预报。通常瞬变模拟的计算量要比平衡态模拟大得多。

目前平衡态模拟比瞬变模拟应用得多，除了瞬变模拟的计算量较大、对计算机的要求较高，对外强迫随时间变化的细节要求精细等原因外，还有以下原因：① 平衡态试验的结果易于相互比较，且便于对其给出合理的物理解释；② 平衡态试验和瞬变试验结果之间的一致性往往较好（至少在定性上是如此）；即使一致性不好，在解释瞬变模拟结果时仍需要和平衡试验结果相互对照；③ 在瞬变试验中总是要比在平衡试验中包括更多和更复杂的过程，这意味着瞬变试验不仅需要更多的计算机时，而且由于模式本身的缺陷，其结果可能会被严重歪曲；④ 平衡态试验往往是瞬变试验的先导，例如，如果平衡态试验表明对某些外强迫的变化气候系统的响应是非常敏感的，就有必要在瞬变模拟中去进一步验证这种敏感性。

另外，大气具有混沌的性质，气候系统在许多方面也具有混沌的性质，即其未来演变的结果对于初始条件中的振动十分敏感，这就导致了气候模拟和预报的不确定性。为了消除由于初始条件误差与模式不确定性引起的气候模拟和预报的不确定性,必须采用集合预报和集成预报(ensemble)的方法。所谓集合预报,是指用不同的初始条件、用一个模式重复多次进行模拟,然后用一定的统计方法对模拟结果进行综合得到最终模拟结果;所谓集成预报是指用不同的模式对同一对象进行同样的模拟试验,然后进行平均。

3.3　古气候动力模拟

如前所述,气候变化具有各种不同的时间尺度,不同时间尺度气候变化的成因及其动力机制不尽相同。对于地质时期和历史时期的古气候变化,相对于现代而言,对其成因机理的了解甚少,通过各种地质资料和代用指标的遥相关和统计分析建立的各种成因假说亟待检验和验证,在这种情况下,随着现代气候模拟研究的蓬勃开展,古气候模拟应运而生。

古气候动力模拟是指通过数值求解古气候动力模式来重复、再现古气候变化特征,进而解释古气候形成和演化的成因机制的方法。通过古气候动力模拟,不但能以古论今,定量地深入认识自然气候变化以及在自然和人类活动共同作用下气候变化的成因机理及时空变化规律,丰富和完善气候学理论;还能检验气候模式对不同强迫条件的响应能力和敏感性,考察和改进气候模式的模拟能力,提高对未来气候变化及其影响的预测预报水平,为国家制定经济建设和可持续发展战略规划提供科学依据。

为了真实地刻画古气候变化的过程和机理,理论上说,古气候动力模式应该是一个包括气圈、水圈、岩石圈、冰雪圈、生物圈的各种动力和热力方程以及特定物质的状态方程和守恒定律在内的完整的三维气候系统模式(又称为地球系统模式),应该由三维大气环流模式、海洋环流模式、陆冰模式、海冰模式、地球化学循环(C循环)模式、植被模式等构成,并且应该能够进行相当长时间的积分。但由于对各种圈层内部的物理、化学、生物过程及圈层之间的相互作用过程,以及各种外强迫因子的长期变化过程了解得不充分,要建立如此完全的古气候动力模式还有相当大的难度,而且由于计算机时和计算稳定性的限制,要长时间积分这样的古气候动力模式在现阶段还很难实现。因此,现阶段用于古气候模拟的模式,大多数还不是完整意义上的古气候动力模式。为了便于进行长时间积分和机制探讨,有人使用最简单的概念性模式、能量平衡模式和其他简化模式;为了对古气候变化的时空特征有更清晰的了解,有人使用三维耦合环流模式(加入海冰模块,陆冰模块、植被模块等);为了对古气候变化的区域特征进行细致的分析,还有人使用全球与区域的嵌套模式。

古气候动力模拟的基本步骤与现代气候模拟一样,包括物理过程设计、数学物理设计、程序设计和资料设计等(参见表3.1),但原则上说,它比现代气候模拟所包括的物理过程要求更全面(比如需要包括海冰模式、陆冰模式、大气化学模式等等),模式的初始条件和边界条件更难以确定(比如现在还难以确定地质时期太阳辐射的变化幅度、大气圈演化的细节、深层海洋环流的变化等等),比现代气候模拟积分的时间长得多,对计算机速度和容量的要求更高,而验证模拟结果的定量资料又较为缺乏。因此,现阶段所有的古气候模拟基本上都是尝试性的,在判别古气候变化成因机理方面还存在很多不确定性,还有大量的工作值得进一步深入开展。

目前古气候模拟试验按照是否加入实际强迫条件可分为两类:控制试验和强迫试验,控制试验是指不加入实际强迫条件的试验,强迫试验为加入实际强迫条件的试验;按照模拟达到的状态和积分时间的长短可分为两类:平衡态试验和瞬变强迫试验,平衡态试验是积分至达到气候平衡态的试验,瞬变强迫试验是在实际强迫条件瞬时变化下的长时间连续积分试验。另外,为了考察气候系统中各种因子和物理过程在古气候变化中的相对重要性,还进行所谓的敏感性试验,即基于地质资料的发现和推断,在古气候模式中改变某一参数的值,或者改变某一物理过程的表达形式,以观察模拟结果与控制试验结果有何差异的一种对比试验方法。该类试验并不要求所有的边界强迫条件都与相应时期实际的古气候环境场完全吻合,所以是一种“虚拟”试验。

在古气候模拟中,平衡态模拟和瞬时态模拟发挥着不同的作用。通过平衡态模拟,可以获得特定地质时期气候与控制试验相比的变化量,例如对LGM末次冰盛期的模拟和对6 kaBP间冰期的模拟。通过瞬变模拟,可获得一段地质时间的变化过程,例如对全新世早期到中晚期的瞬变模拟,反映出在6 kaBP以后气候转型的变化过程。

第2篇

古气候动力模式

气候系统的各个圈层在空间上是不均匀的，在时间上是不断变化的，因此可以分别用1组4个变量（其中3个空间变量，1个时间变量）的函数来描述。各个圈层的物理现象总是受着物理规律支配的，用数学的语言将这些物理规律表达出来，就得到这些圈层的基本方程组。气候系统所处的环境状况则被表述为方程组的边界条件，气候系统的历史状况则体现在初始条件中。

为了真实地刻画古气候变化的过程和机理，古气候动力模式（PDM）应该是一个包括气圈、水圈、岩石圈、冰雪圈、生物圈的各种动力和热力方程以及特定物质的状态方程和守恒定律在内的完整的三维气候系统模式（CSM），由三维大气环流模式（AGCM）、海洋环流模式（OGCM）、海冰模式（SIM）、陆面模式（LSM）、地球化学循环（C循环、氮循环）模式、植被模式、大气化学模式、气溶胶模式等子模式构成。因此它比现代气候模式应包含更多的模块、物理过程和参数，涉及更多的学科。

在古气候动力模式的众多子模式（大气环流模式、海洋环流模式、海冰模式、陆面模式、C循环模式、氮循环模式、植被模式、大气成分模式、气溶胶模式）中，最基本和最主要的是大气环流模式、海洋环流模式、陆面模式和冰雪模式。大气、海洋、陆面过程和冰雪系统的基本方程组是根据物理学基本定律——动量、质量和能量守恒定律推导出来的。下面分别对其作简要介绍。

第 4 章

简化气候模式

从理论上说，古气候动力模拟应该求解包括气圈、水圈、岩石圈、冰雪圈、生物圈的各种动力和热力方程在内的完整的三维古气候动力模式，并且应该能够进行相当长时间的积分以模拟古气候变化的过程。但由于现阶段我们对各种圈层内部的物理、化学、生物过程及圈层之间的相互作用过程，以及各种外强迫因子的长期变化过程了解得不够充分，要建立如此完善的古气候动力模式还有相当大的难度，而且由于计算机时和计算稳定性的限制，要长时间积分这样的古气候动力模式在现阶段还难以实现。因此，现阶段用于古气候模拟的模式，大多数还不是完整意义上的古气候动力模式。取而代之的是使用各种简化的气候模式。这种模式的分辨率较粗，或去掉 1 或 2 个维数，或将动力和物理过程简化。简化模式的最大作用是用来研究气候变化对不同参数的敏感性，并用来指导复杂模式，有目的地进行试验。

下面介绍几种常用的简化模式。

4.1 能量平衡模式

虽然地球上一直存在着冷暖变化，但变化较慢，只有在长期的考察中才能发现其变化。由此可以推断，地球与外界之间的能量收支是基本平衡的。再说地球上的温度分布，除了有规律的季节变化，还是相对稳定的，即年平均温度的变化并不大。所以我们在一定程度上可以认为气候系统处于局域热力平衡状态。能量平衡模式（EBM）就是根据气候系统中各种热力过程之间的能量平衡来计算温度及其分布的简单气候模式（高国栋，1996）。

气候系统中主要存在下列几种热力过程：

（1）辐射输送　包括短波太阳辐射和地气系统的长波辐射。

（2）潜热输送　包括水平平流输送、水平涡漩输送和垂直湍流输送。

(3) 感热输送 包括大气水平涡漩输送、大气平流输送、大气垂直湍流输送和海洋中的冷暖洋流输送。

考虑上述热力过程,并忽略与动力过程有关的动能和位能的变化,则系统的能量平衡方程可写为

$$-\mathrm{div}\vec{R}-\mathrm{div}\vec{P}-\mathrm{div}(\rho C_{\mathrm{p}}T\vec{V})-\mathrm{div}\vec{G}-\mathrm{div}\vec{Q}_{\mathrm{A}}=0 \tag{4.1}$$

式中: $\vec{R}$ 为辐射通量(包括短波、长波辐射); $\vec{P}$ 为湍流感热输送通量; $\vec{G}$ 为潜热输送通量(水汽输送通量与凝结潜热系数之乘积);$\rho C_{\mathrm{p}}T\vec{V}$ 为平流感热通量;ρ 为空气密度;C_{p} 为空气的定压比热; $\vec{Q}_{\mathrm{A}}$ 为土壤中的热通量;"div"表示散度,热量输送通量的散度表示该热量输送造成的单位体积内热量的净输出值。

式(4.1)表示所有热量输送造成的单位体积内的热量净收入为零,也即表示该单位体积处于能量平衡状态。

要使方程(4.1)有定解,需要一定的边界条件,所以能量平衡模式往往是一个边值问题。一般在下边界(地面)取地表热量平衡条件作为边条件

$$-\lambda\frac{\partial T}{\partial Z}-LK\frac{\partial q}{\partial Z}+Q_{\mathrm{A}}=R_{\mathrm{S}} \tag{4.2}$$

式中: $-\lambda\frac{\partial T}{\partial Z}$ 为湍流热通量;λ 为感热湍流交换系数; $-LK\frac{\partial q}{\partial Z}$ 为蒸发耗热通量;L 为凝结潜热系数;K 为潜热湍流交换系数;q 为比湿;R_{S} 为地表辐射平衡值。

因为整个地气系统与太空的热量净交换为零,而这种交换皆为辐射能量之交换,故在大气上界成立

$$\iint_S R\mathrm{d}S=0 \tag{4.3}$$

绝大部分能量平衡模式是建立在以上基本的能量平衡方程(4.1)以及相应的边界条件(4.2)和(4.3)之上的。对上述方程作不同的简化处理就可得到多种能量平衡模式。

这类模式在理论气候模式中占有重要地位。

4.1.1 零维能量平衡模式

描述地球大气平均温度的基本方程为

$$C\frac{\partial T}{\partial t}=Q(1-a)-\varepsilon\sigma T^4 \tag{4.4}$$

或

$$C\frac{\partial T}{\partial t}=Q(1-a)-(A+BT) \tag{4.5}$$

4.1.2　一维能量平衡模式

温度是纬度和时间的函数，即

$$C(x)\frac{\partial T(x,t)}{\partial t}=QS(x,t)[1-a(x,t)] \\ -A-BT(x,t)+D(x,t) \tag{4.6}$$

式中：$x=\sin\varphi$，是纬度的正弦函数；$S(x,t)$ 是太阳辐射分布函数；$D(x,t)$ 为热量的经向交换量。

辐射和反射率的分布函数均可用 Legendre 函数展开

$$S(x,t)=\sum_{i=0}^{2}S_i(t)P_i(x) \tag{4.7}$$

$$a(x,t)=\sum_{i=0}^{2}a_i(t)P_i(x) \tag{4.8}$$

$P_i(x)$ 是 i 阶 Legendre 函数。热量水平输送为

$$D(x,t)=-\frac{\mathrm{d}}{\mathrm{d}x}D(1-x^2)\frac{\mathrm{d}T(x,t)}{\mathrm{d}x} \tag{4.9}$$

关于 $D(x,t)$ 函数，可以采用不同的参数化处理，如 Budyko 的参数化水平热量输送为

$$A(\varphi)=\beta[T(x)-T_0] \tag{4.10}$$

式中：T_0 为平均温度；β 为系数。

Sellers 还提出了一个箱式一维模式，将全球分为 18 个纬度带，对每个纬度带的热量方程为

$$R_S^*=L\Delta C+\Delta S+\Delta F \tag{4.11}$$

式中：$R_S{}^*$ 为净辐射收支；C 为水汽输送；S 为大气感热输送；F 为海洋热量输送。如果考虑到各纬度的差异，则有

$$-R_S^*\frac{A_0}{l_1}=LC_1+S_1^*+F_1-P_1\frac{l_0}{l_1} \tag{4.12}$$

式中：A_0 为该纬度带的面积；l_0、l_1 分别为北侧和南侧的纬圈长度；$P_0=LC_0+S_0{}^*+F_0$，下标"0"和"1"分别表示北界和南界。在两极分别有

$$-R_S^*\frac{A_0}{l_1}=LC_1+S_1^*+F_1\quad(80°\mathrm{N}<\varphi<90°\mathrm{N}) \tag{4.13}$$

$$R_S^*\frac{A_0}{l_0}=P_0\quad(80°\mathrm{S}<\varphi<90°\mathrm{S}) \tag{4.14}$$

在平衡方程中可用温度差的形式

$$\Delta T=T_0-T_1 \tag{4.15}$$

方程中各项的计算如下

辐射平衡

$$R_S^* = Q(1-a) - \sigma T_g^4[1 - m\tan h(19T_g^4 \times 10^{-16})] \quad (4.16)$$

考虑冰的反馈机制,设

$$m = 0.5$$

水汽输送

$$C = (v_q - K_q \frac{\Delta q}{\Delta y}) \frac{\Delta p}{g} \quad (4.17)$$

式中:v 是经向风速;q 是比湿;Δy 是纬度带宽度,约为 1.11×10^8 cm,Δp 是对流层的气压差;K_q 为水汽涡动扩散系数。

大气与海洋的经向感热输送

$$S^* = (vT_0 - K_h \frac{\Delta T}{\Delta y}) \frac{C_p}{g} \quad (4.18)$$

$$F = -K_0 h_S \frac{l_S}{l_l} \frac{\Delta T}{\Delta y} \quad (4.19)$$

式中:K_h、K_0分别为大气和海洋的扩散系数;h_S 为海洋深度;l_S 为海洋所占纬度的宽度。

4.1.3 二维能量平衡模式

引入水平二维位置矢量,即考虑变量在经向和纬向的分布,则有:另一类二维模式是

$$C(\vec{r}) \frac{\partial T(\vec{r},t)}{\partial t} - \nabla[D(\vec{r}) \cdot \nabla T(\vec{r},t) + A + BT(\vec{r},t)]$$
$$= QS(\vec{r},t)[1 - a(\vec{r},t)] \quad (4.20)$$

考虑经向和垂直方向的分布,相当于一维模式与辐射对流模式的合成。

还有一类 EBM,即所谓的盒式 EBM(Box-EBM)。这种模式既有简单的垂直分层,又把海洋和陆地分开来考虑,这样就可以突出海陆在热容量等方面的差异的影响。在 Box-EBM 中一般把整个大气作为一层,陆面和海洋混合层为一层,海洋中间层和深海为另外两层。和其他 EBM 模式相比,Box-EBM 强调的是深海内部的热量过程以及不同深度层上的能量交换。模式描述的典型过程是向上的热通量的上翻作用和向下的热通量的扩散作用。同时,模式还区分开了海洋混合层、海洋中间层和深海间热量交换过程的差异。所以,和以大气为主的其他 EBM 模式相比,Box-EBM 在长时间尺度的气候变化的研究中更显优势。表 4.1 是各种 EBM 的主要特征的比较。

表 4.1　各种 EBM 的主要特征

模式名	模式变量	模式参数	模式特征
0D - EBM	$T(t)$	A,B,α	冰雪反照率反馈
1D - EBM	$T(\alpha,t)$	A,B,D,α	冰雪反照率反馈，扩散过程
2D - EBM（水平）	$T(\alpha,\lambda,t)$ 或$(\vec{r},t)$	A,B,C,D,α	冰雪反照率反馈，扩散过程，海陆热力差异
2D - EBM（经向/垂直）	$T(\varphi,z,t)$ 或 $T(\varphi,p,t)$	云量、湿度、反照率	云、水汽、反照率对辐射的影响，经圈环流热输送，涡旋热输送
Box - EBM	$T(b,h,t)$ 或 $T(b,z,t)$ b 为海洋或大陆盒子	有关辐射参数 盒子间的热交换系数 热扩散系数 海水垂直速度 深层海水形成临界温度	海洋中的各种能量过程

4.2　辐射 - 对流模式

辐射 - 对流模式(RCM)把大气简化为一个铅直的大气柱，详细考虑大气柱内的辐射过程。可以根据辐射加热或冷却与垂直热量通量之间的平衡计算出大气的垂直温度结构。由于是通过垂直方向的辐射收支和温度的对流调整来获得大气的垂直温度分布，是一种考虑时间演变的一维模式。它建立在以下两个原理上：① 在任何高度上的太阳辐射和长波辐射通量与对流热通量保持平衡；② 因辐射差异引起的温度垂直分布的不稳定由对流调整而达到稳定。

4.2.1　无对流调整的辐射平衡模式

假定大气温度的垂直分布 $T(z,t)$ 是由辐射收支决定的，则温度变化方程为

$$\left(\frac{\partial T}{\partial t}\right)_r = \left(\frac{\partial T}{\partial t}\right)_i + \left(\frac{\partial T}{\partial t}\right)_s \tag{4.21}$$

右边第一、第二项分别代表长波辐射和短波辐射引起的温度变化。但由此得出的温度廓线在近地面的垂直递减率太大，且在对流层顶及平流层下部给出的温度与实际相差较大。

4.2.2 有对流调整的辐射平衡模式

基本假定是：

(1) 在大气顶，净入射短波辐射等于射出长波辐射。

(2) 大气的净辐射冷却作用等于大气长波辐射与短波辐射之差。

(3) 温度直减率小于规定值时，气层维持局地辐射平衡。

(4) 当温度直减率大于规定值时，对温度分布进行调整，以使其达到规定值。

模式方程为

$$\left(\frac{\partial T}{\partial t}\right)_n = \left(\frac{\partial T}{\partial t}\right)_r + \left(\frac{\partial T}{\partial t}\right)_a \tag{4.22}$$

右边第二项为对流调整项，当不考虑对流调整时该项为零。在对流层质量守恒条件下有

$$\frac{C_p}{g}\int_{p_t}^{p_h}\left(\frac{\partial T}{\partial t}\right)_n \mathrm{d}p = \frac{C_p}{g}\int_{p_t}^{p_h}\left(\frac{\partial T}{\partial t}\right)_r \mathrm{d}p \tag{4.23}$$

在地表面应满足热量平衡方程，即

$$\frac{C_p}{g}\int_{p_t}^{p_h}\left(\frac{\partial T}{\partial t}\right)_n \mathrm{d}p = \frac{C_p}{g}\int_{p_t}^{p_h}\left(\frac{\partial T}{\partial t}\right)_r \mathrm{d}p + [S_s - F_s] \tag{4.24}$$

同时可定义各层的短波辐射加热率和长波辐射冷却率分别为

$$\left(\frac{\partial T}{\partial t}\right)_s = \frac{g}{C_p}\frac{\Delta S}{\Delta P} \tag{4.25}$$

$$\left(\frac{\partial T}{\partial t}\right)_i = \frac{g}{C_p}\frac{\Delta F}{\Delta P} \tag{4.26}$$

方程的迭代求解

$$T^{(n+1)} = T^{(n)} + \left(\frac{\partial T}{\partial t}\right)_n^{(n)} \Delta t \tag{4.27}$$

当

$$|T^{(n+1)} - T^{(n)}| \leqslant \varepsilon \tag{4.28}$$

迭代结束，得到垂直温度廓线。

4.2.3 对流调整

设临界温度直减率为 LRC，则当

$$T_N^{(1)} - T_N^{(0)} > (LRC)_{N-\frac{1}{2}} \tag{4.29}$$

时,计算 $T_N^{(2)}$,$T_{N-1}^{(1)}$,使之满足

$$T_N^{(2)} - T_{N-1}^{(1)} = (LRC)_{N-\frac{1}{2}} \tag{4.30}$$

直到

$$T_N^{(1)} - T_N^{(0)} < (LRC)_{N-\frac{1}{2}} \tag{4.31}$$

再设

$$T_N^{(2)} = T_N^{(1)} \tag{4.32}$$

$$T_{N-1}^{(1)} = T_{N-1}^{0} \tag{4.33}$$

4.2.4 辐射通量的计算

1. 短波辐射

$$\Delta S = S_N - S_{N-1} \tag{4.34}$$

$$S_N = S_N^{\downarrow} - S_N^{\uparrow} \tag{4.35}$$

2. 长波辐射

$$\Delta F = F_{N-1} - F_N \tag{4.36}$$

$$F_N = F_N^{\uparrow} - F_N^{\downarrow} \tag{4.37}$$

辐射 - 对流模式的主要用途在于:

(1) 有关地球气候系统能量传输的研究。

(2) 辐射传输的气体总体效应,如温室效应、气溶胶的气候效应、云与辐射的相互作用。

(3) 与能量平衡模式结合形成二维能量平衡模式。

(4) 为 GCM 提供辐射计算模式。

4.3 纬向平均动力模式

将大气沿纬圈进行平均,用纬度和高度组成的网格点表示大气,就构成了纬向平均动力模式(ZADM)。该模式包括基本的动力和物理过程,是介于一维气候模式(EBM 和 RCM)和三维气候模式(AGCM)之间的,连接一维和三维模式的桥梁,因此这类模式在气候模拟的研究中起着重要的作用。纬向平均模式的主要困难是涡漩输送的参数化。由于涡漩输送的处理是建立在统计近似基础上的,所以这类模式也常被称之为统计 - 动力模式(SDM)(Saltzman,1978)。

4.3.1 纬向平均模式在气候模拟中的作用

由于气候系统极为复杂,时、空变化具有多尺度嵌套性,现代的计算机还不

允许模式中细致地考虑气候中的各种过程,需要对有些过程进行简化处理。为了不同的目的,可以仔细地处理不同的过程,简化另一些过程,这就产生了各种各样的简单气候模式。对气候系统进行简化的基本方法之一是进行空间平均。

对三维空间平均,即假定整个大气圈是一个均匀的体系,就产生了最简单的零维模式。这实际上就是最简单的能量平衡模式。如果对纬向和高度平均就产生了一维能量平衡模式。对水平方向进行平均,只考虑温度随高度的变化就产生了一维辐射-对流模式。作为一级近似,一维模式是研究气候变化的有效工具。

但如果在研究气候变化的地理分布和时间演变特征,就必须用三维气候模式。这类模式尽可能精细地考虑了各种物理过程,可以清晰地模拟天气系统的逐日变化。

二维纬向平均模式正好介于一维和三维气候模式之间。模式对辐射过程的处理和 AGCM 一样精细,甚至可以和最精细的 RCM 相比。和一维 EBM 一样模式在纬向进行了平均处理,但经向方向的处理比 EBM 精细。

与 RCM 和 EBM 相比,ZADM 具有以下优点:① 由于模式是二维的,因而许多在一维模式中必须作参数化处理的反馈机制,在 ZADM 中可以得到显式的处理。② 以显示方式引入了水循环以及水循环和大气动力过程的可能相互作用。当然这样处理的代价是计算量的显著增加。因此,用一维模式设计和检验 ZADM 的试验是极为有益的。

与 AGCM 相比,ZADM 可以消除由于天气过程产生的“气候噪音”。这种“噪音”在 AGCM 的模拟中可以掩盖掉小的气候扰动。如果边界条件是常定的,上述特点可以使 ZADM 得到一个稳定解。这一优点使 ZADM 在设计和分析 AGCM 的参数化和敏感性研究中非常有用。不过这些优点可能被模式的分辨率和由涡漩输送参数化所造成的误差所抵消。

由于 ZADM 在气候模式中所处的中间地位,它在设计和分析 AGCM 的模拟试验以及检验 RCM 和 EBM 的模拟结果方面起着特别重要的作用。此外,在研究具有经向、高度和时间变化的气候小扰动时,ZADM 比其他两类模式更为优越。例如,ZADM 就能够比 EBM 更准确地模拟对流层气溶胶的潜在气候效应,因为它对辐射过程的处理有较高的垂直分辨率同时考虑了扰动动能对平均经圈环流的影响。RCM 虽然在辐射处理上具有同样的垂直分辨率,但它无法描述相应的经向分布特征。AGCM 虽然具有很高的水平和垂直分辨率,但用它来研究这样的扰动问题通常是很困难的。这是因为对这类小扰动产生的气候响应无法从模拟结果中分辨出来,特别是扰动是瞬变的,因此 ZADM 可以确定是否需要用 AGCM 做进一步研究。

4.3.2　纬向平均模式的设计

为了模拟大气的经向和垂直变化,ZADM 基本上包含了三维 AGCM 中的所有物理过程。与 AGCM 一样,它也是建立在质量、能量和动量守恒方程基础上的,此外模式还可以包括水汽和其他因子的守恒方程。这类模式的主要问题是在中、高纬度地区,大部分热量输送和动量输送并不是靠经向运动而是靠涡漩(例如中纬度低压和高空波动)来完成的,如果不考虑纬向变化,这些涡漩是不能在模式中加以显式考虑的,必须进行参数化。对于非绝热加热和热量交换的处理,ZADM 和 AGCM 基本一致。

1. 模式的时空结构

纬向平均模式在经向方向上一般都是从北极到南极。经向分辨率一般最大取 15 个纬度。粗网格可以减少计算量并可以防止由 CISK 机制引起的气候噪音。但网格太粗无法模拟出气候带的发展和季节变化。如果要细致地模拟小扰动对气候带漂移的影响,则要求比较高的经向分辨率和特殊的地面处理。一般经向网格的选取有两种方法:① 等面积网格,$d=\Delta\cos\varphi$,这种网格的选取在高纬的分辨率比较低,低纬的分辨率比较高;② $d=\Delta\varphi$,这种网格提高了高纬的分辨率,但对于低纬像 ITCZ 这样的系统就显得不够了。一般气候模式采用第二种网格。

对纬向平均模式来说,在经向方向还有个下垫面类型的处理。一般有两种处理方法:① 和 AGCM 一样,每个网格点上只选取一种地表类型(如陆地、海洋或海冰),这种处理要求网格的分辨率比较高。② 采用 North 等人(1979)在 EBM 中的处理方法,在同一网格点上,地表特征按比例分为几种类型(如海洋 70%,陆地 30%),这样处理网格可以取得粗一些。事实证明,后一种方法要比前一种方法好一些。

模式在垂直方向上的分辨率取决于所研究的问题,但至少要在几个层次上分辨出云、高纬地区的近地层逆温、对流层温度递减率的变化、火山爆发气溶胶注入平流层等。因此,模式一般在对流层和平流层都有几层。

在 AGCM 中非线性平流作用大大限制了时间步长的选取,这种情况虽然在 ZADM 中同样存在,但要好得多。一般纬向平均风速可达 30 m/s,但最大平均经向风速仅 3 m/s,因此,ZADM 的时间步长可以比 AGCM 大 10 倍。

2. 模式的基本方程组

p 坐标下纬向平均的原始方程组可以写为

$$\frac{\mathrm{d}[u]}{\mathrm{d}t}-\left(f+[u]\frac{\tan\varphi}{a}\right)[v]=-\frac{1}{a\cos^2\varphi}\frac{\partial}{\partial\varphi}\left([v^*u^*]\cos^2\varphi\right)-\frac{\partial}{\partial p}[\omega^*u^*]+F_u \tag{4.38}$$

$$\frac{\mathrm{d}[v]}{\mathrm{d}t}+\left(f+[u]\frac{\tan\varphi}{a}\right)[u]+\frac{1}{2}\frac{\partial}{\partial\varphi}[\Phi]$$

$$=-\frac{1}{a\cos\varphi}\frac{\partial}{\partial\varphi}([v^*v^*]\cos\varphi)-\frac{\partial}{\partial p}[\omega^*v^*]-[u^*u^*]\frac{\tan\varphi}{a}+F_v \tag{4.39}$$

$$\frac{\mathrm{d}[\theta]}{\mathrm{d}t}=-\frac{1}{a\cos\varphi}\frac{\partial}{\partial\varphi}([v^*\theta^*]\cos\varphi)-\frac{\partial}{\partial p}[\omega^*\theta^*]+F_\theta \tag{4.40}$$

$$\frac{\mathrm{d}[q]}{\mathrm{d}t}=-\frac{1}{a\cos\varphi}\frac{\partial}{\partial\varphi}([v^*q^*]\cos\varphi)-\frac{\partial}{\partial p}[\omega^*q^*]+F_q \tag{4.41}$$

$$\frac{\partial}{\partial p}[\Phi]+\frac{R[T]}{p}=0 \tag{4.42}$$

$$-\frac{1}{a\cos\varphi}\frac{\partial}{\partial\varphi}([v]\cos\varphi)+\frac{\partial}{\partial p}[\omega]=0 \tag{4.43}$$

其中

$$\frac{\mathrm{d}[x]}{\mathrm{d}t}=\frac{\partial[x]}{\partial t}+\frac{[v]}{a}\frac{\partial[x]}{\partial\varphi}+[\omega]\frac{\partial[x]}{\partial p}$$

$$=\frac{\partial[x]}{\partial t}+\frac{1}{a\cos\varphi}\frac{\partial}{\partial\varphi}([v][x]\cos\varphi)+\frac{\partial}{\partial p}([\omega][x]) \tag{4.44}$$

式中:u 为纬向风速;v 为经向风速;a 为地球半径;ω 为垂直运动;Φ 为位势高度;θ 为位温;q 为水汽的混合比;F_u,F_v,F_θ 和 F_q 为各个方程的外源项;[ ]表示纬向平均;*表示与纬向平均的偏差。

方程左边为模式变量的时间变化项,右边为涡漩输送和外源项。纬向平均处理的优点是减少了模式的自由度和计算时间,不足的是必须对涡漩输送的影响进行参数化。在讨论涡漩输送的参数化之前,首先讨论它们在平均经圈环流的形成和维持中的作用。

3. 平均经圈环流

采用类似郭晓岚的推导,令

$$[v]=\frac{1}{\cos\varphi}\frac{\partial\Psi}{\partial p} \tag{4.45}$$

$$[\omega]=-\frac{1}{a\cos\varphi}\frac{\partial\Psi}{\partial\varphi} \tag{4.46}$$

及

$$F_1=-\frac{f}{a\cos^2\varphi}\frac{\partial}{\partial\varphi}([v^*u^*]\cos^2\varphi) \tag{4.47}$$

$$F_2=-f\frac{\partial}{\partial p}[\omega^*u^*] \tag{4.48}$$

$$F_3=fF_u \tag{4.49}$$

$$Q_1=-\frac{1}{a\cos\varphi}\frac{\partial}{\partial\varphi}([v^*\theta^*]\cos\varphi)\cdot\frac{R}{ap}\left(\frac{p}{p_0}\right)^k \tag{4.50}$$

$$Q_2 = -\frac{\partial}{\partial p}[\omega^* \theta^*] \cdot \frac{R}{ap}\left(\frac{p}{p_0}\right)^k \tag{4.51}$$

$$Q_3 = F_\theta \cdot \frac{R}{ap}\left(\frac{p}{p_0}\right)^k \tag{4.52}$$

则(4.38)式和(4.40)式可分别表示为

$$\begin{aligned}\frac{\partial[u]}{\partial t} = &\frac{1}{\cos\varphi}\left(f - \frac{1}{a}\frac{\partial[u]}{\partial\varphi}\right)\frac{\partial\Psi}{\partial p} + \frac{\tan\varphi}{a\cos\varphi}[u]\frac{\partial\Psi}{\partial p} \\ &+ \frac{1}{a\cos\varphi}\frac{\partial[u]}{\partial p}\frac{\partial\Psi}{\partial\varphi} + f^{-1}(F_1 + F_2 + F_3)\end{aligned} \tag{4.53}$$

$$\frac{\partial[\theta]}{\partial t} = -\frac{1}{a\cos\varphi}\frac{\partial[\theta]}{\partial\varphi}\frac{\partial\Psi}{\partial p} + \frac{1}{a\cos\varphi}\frac{\partial[\theta]}{\partial p}\frac{\partial\Psi}{\partial\varphi} + \frac{ap}{R}\left(\frac{p_0}{p}\right)^k(Q_1 + Q_2 + Q_3) \tag{4.54}$$

由热成风关系

$$\left(f + \frac{2}{a}[u]\tan\varphi\right)\frac{\partial[u]}{\partial p} = \frac{R}{ap}\left(\frac{p}{p_0}\right)^k\frac{\partial[\theta]}{\partial\varphi} \tag{4.55}$$

并注意到$[u]/(a\Omega\cos\varphi) \ll 1$，由(4.53)和(4.54)式可以导出经圈环流 Ψ 满足的方程为

$$\begin{aligned}&\frac{\partial}{\partial\varphi}\left(A\frac{\partial\Psi}{\partial\varphi}\right) + 2B\frac{\partial^2\Psi}{\partial\varphi\partial p} + \frac{\partial}{\partial p}\left(C\frac{\partial\Psi}{\partial p}\right) + \frac{\partial B}{\partial p}\frac{\partial\Psi}{\partial p} + \frac{\partial B}{\partial\varphi}\frac{\partial\Psi}{\partial p} \\ &= \frac{\partial}{\partial p}(F_1 + F_2 + F_3) + \frac{\partial}{\partial\varphi}(Q_1 + Q_2 + Q_3)\end{aligned} \tag{4.56}$$

其中

$$A = \frac{R}{a^2\cos\varphi p}\left(\frac{p}{p_0}\right)^*\frac{\partial[\theta]}{\partial p} \tag{4.57}$$

$$B = \frac{R}{a^2\cos\varphi p}\left(\frac{p}{p_0}\right)^*\frac{\partial[\theta]}{\partial\varphi} \tag{4.58}$$

$$C = \frac{f}{\cos\varphi}\left(f - \frac{1}{a\cos\varphi}\frac{\partial[u]\cos\varphi}{\partial\varphi}\right) \tag{4.59}$$

如令 A 和 B 与 φ 无关，(4.56)就变成郭晓岚的方程。取一般大气参数，可得 $B^2 - AC < 0$。因此(4.56)为椭圆形方程。对于平滑边界，Ψ 在全球的边值都可取为零。于是由任何的 F_i 或 $Q_i(i=1,2,3)$ 的分布，从(4.56)便可求出经圈环流。

假如没有涡漩输送过程，则 $F_1 = F_2 = Q_1 = Q_2 = 0$。再假定大气运动没有外部动量源和热源，即 $F_3 = Q_3 = 0$，由于椭圆形方程不能在内部点取得极值，因此 $\Psi \equiv 0$。这就是说，如果没有涡漩输送的内强迫作用或动量和热量源汇的外强迫作用，经圈环流便不会产生。换言之，平均经圈环流是一种次级环流，它是由于

涡漩的输送过程或外源作用破坏了大气中的地转平衡和静力平衡后被激发出来的。这种次级环流反抗着涡漩输送和外源的作用,使大气建立新的准地转平衡和静力平衡。因此,在(4.53)和(4.54)中,对平均西风及温度的变化而言,经圈环流的作用项一般是与强迫项 F_i 或 Q_i 反号。

吴国雄等人利用1979年9月1日到1984年8月31日13层欧洲中心的资料研究了内外动量源对平均经圈环流的强迫作用。图4.1分别给出了涡漩强迫(F_1+F_2)、外部角动量源(F_3)及总内外角动量强迫作用所产生的经圈环流 Ψ。涡漩动量强迫在两半球均激发出了经圈环流,一般其中心位于400~600 hPa之间,而且中纬度的间接环流比热带Hadley环流要强1~3倍。值得注意的是在北半球热带地区,涡漩输送的内强迫作用在250 hPa和600 hPa附近各激发出一个直接环流中心,上层中心的强度约为下层中心的强度的3/4。与此相反,南半球热带只存在单一的直接环流。由于南北半球1月份涡漩输送的最大差异是行星涡漩的输送,因此,北半球热带上层Hadley环流的存在应当与行星尺度的角动量输送特征有关。角动量的外源所激发的环流中心多集中在对流层下层:除南极环流和北半球Ferrel环流中心各出现在750 hPa和800 hPa外,其他的低层中心均出现在900 hPa。其强度比内源(F_1+F_2)激发的强。在北半球热带250 hPa附近,外源也激发出上层Hadley中心,强度比内源激发的强1倍。总角动量源所激发的环流,其对流层下层部分与外源激发的相似,上层部分则与外源激发的较相似。北半球上层Hadley圈的强度,有2/5由内强迫所致,3/5由外强迫所致。该研究表明了涡漩强迫的重要性。因此,在纬向平均模式中涡漩输送的作用不能忽略,必须对它们进行参数化。

4. 涡漩输送的参数化

涡漩通常被分为瞬变和定常涡漩。瞬变涡漩是由于平均气流所激发的天气扰动产生的。成熟的瞬变涡漩是高度非线性的,即存在与平均气流和彼此之间的相互作用,它们在水平方向是各向同性的。定常涡漩则是由纬向非对称的地形和非绝热加热产生,在水平方向是各向异性且具有行星尺度。由于具有行星尺度,一般近似为线性的,彼此之间无相互作用。

由于瞬变和定常波具有非常不同的物理性质,因此,对它们的处理也需要采用不同的方法。瞬变涡漩通常以天气扰动的形式参数化,其理论基础是所谓的混合长理论。定常涡漩可以用线性模式在地形和热力强迫下表示出来。但是在确定瞬变和定常涡漩的垂直结构时,两者的处理方法是类似的。

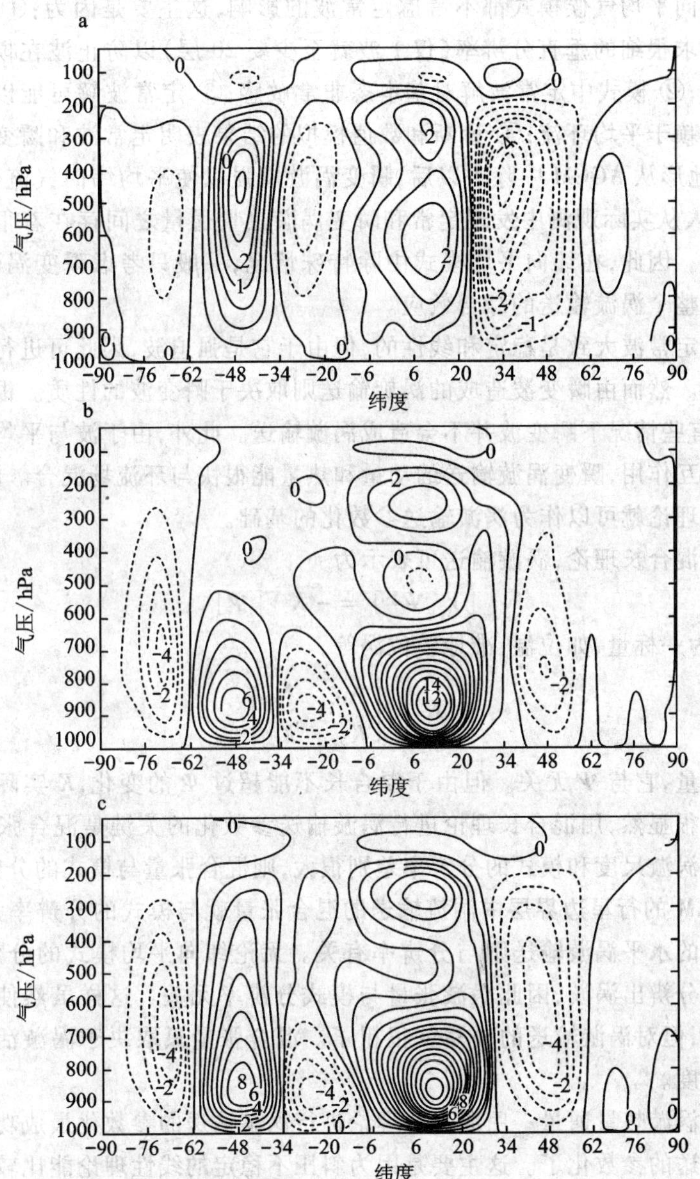

图 4.1　大气角动量的内外强迫所激发的平均经圈环流

(叶笃正,1991)

a. 角动量的涡旋输送(F_1+F_2)激发的环流,单位:10^2 kg/s^3;b. 角动量的外源(F_3)激发的环流,单位:10^3 kg/s^3;c. 角动量的总内外源共同激发的环流,单位:10^3 kg/s^3

尽管线性模式用很少的纬向模态就能成功地模拟出定常行星波,但在一般情况下纬向平均气候模式都不考虑定常波的影响,这主要是因为:① 线性定常波模式要求很细的垂直分辨率(仅1波就至少要20层)以防止波在模式层顶过强地反射;② 模式中定常波解对基本态非常敏感;③ 定常波解可能以一种复杂的方式依赖于平均环流;④ 诊断和数值模拟的结果表明定常波和瞬变涡漩是互补的,当地形从 AGCM 中除去以后,瞬变涡漩增强以使平均纬向气流保持不变。Rosen 等人从实际观测中发现定常和瞬变涡漩热量通量之间存在着很强的负的滞后相关。因此,在纬向平均模式中除特殊情况,一般只考虑瞬变涡漩输送,并用它代表整个涡漩输送的综合效应。

尽管定常波大致是稳定和线性的,但由于它是强迫波,因此可进行动量和热量的输送。然而由瞬变波造成的涡旋输送则取决于瞬变波的性质。根据无加速原理,在有些情况下瞬变波并不会造成涡漩输送。此外,由于波与平均流之间的非线性相互作用,瞬变涡漩输送的动量和热量能很快与环流场混合。因此,经典的混合长理论就可以作为涡漩输送参数化的基础。

根据混合长理论,涡漩输送可表示为

$$[\vec{V}^{*}\boldsymbol{\Psi}^{*}] = -K\nabla[\boldsymbol{\Psi}] \tag{4.60}$$

其中,$\boldsymbol{\Psi}$ 为一标量,如位温、准地转位涡等,

$$\boldsymbol{K} = \begin{bmatrix} K_{vy} & K_{vp} \\ K_{wy} & K_{wp} \end{bmatrix} \tag{4.61}$$

为混合张量,它与 $\boldsymbol{\Psi}$ 无关。但由于混合长不能超过 $\boldsymbol{\Psi}$ 的变化,K 实际上还是与 $\boldsymbol{\Psi}$ 有关。很显然,用混合长理论进行涡漩输送参数化的关键是混合张量 K 的选取。如果涡漩尺度和模式的分辨率差别很大,则混合张量与模式的分辨率无关。例如 AGCM 的行星边界层中湍流输送的混合张量就与模式的分辨率无关,但自由大气中的水平涡漩输送则与分辨率有关。无论纬向平均模式的分辨率多高,都不可能分辨出涡漩,因此涡漩张量与模式分辨率无关。这样虽然使问题大大地简化了,但对涡漩输送的描写就很粗了。混合张量只取决于涡漩活动轨迹的斜率和长度。

(1) 涡漩热量通量 用混合长理论进行涡漩输送的参数化最成功的就是涡漩热量输送的参数化了。这主要是因为斜压不稳定的线性理论能比较好地解释初生斜压涡漩的结构。由于大多数涡漩热量输送发生在斜压扰动发展的早期,因此,线性理论仍能描述涡漩的结构和轨线的斜率。例如,Reed 等人就假设在对流层中层轨线的斜率是斜压波中增长最快的波的斜率,在 Eddy 的斜压不稳定模式中它只是等熵线斜率的一半。

如果轨线的斜率确定了,混合张量就可以简单地写为

$$K = AK_{vy} \tag{4.62}$$

其中

$$A = \begin{bmatrix} 1 & \alpha \\ \alpha & \alpha^2 \end{bmatrix} \tag{4.63}$$

α 为轨线的斜率，下一步就要确定 K_{vy} 了。它可以表示为经向涡动速度和经向混合长 L_y 的函数。Stone 认为 L_y 就等于变形半径，即

$$L_y = R_d = \frac{Nd}{f} \tag{4.64}$$

式中：R_d 为变形半径；d 为波的垂直尺度；N 为 Brunt－Vaisala 频率；f 为柯氏参数。Stone 进一步假设在相同的混合长度带中涡动动能等于平均流的有效位能。

于是涡漩热量输送的参数化可以表示为

$$(V^*)^2 = \frac{g^2}{N^2}\left(\frac{\theta^*}{\theta_0}\right)^2 = \frac{g^2}{N^2}\frac{1}{t_0^2}\left(L_y\frac{\partial\theta}{\partial y}\right)^2 \tag{4.65}$$

于是涡漩热量输送的参数化可以表示为

$$[V^*\theta^*] = -\frac{gNd^2}{2\theta_0 f}\left|\frac{\partial\theta}{\partial y}\right|\frac{\partial\theta}{\partial y} \tag{4.66}$$

$$[\omega^*\theta^*] = -\frac{g^2pd^2}{4H\theta_0^2f^2N}\left|\frac{\partial\theta}{\partial y}\right|\left(\frac{\partial\theta}{\partial y}\right)^2 \tag{4.67}$$

(4.67)式表明垂直涡漩热量输送总是向上的，即逆伴温梯度。

最近，Branscome 利用 Charney 的斜压不稳定模式对上述参数化方案进行了修正。他将波的垂直尺度表示为

$$d = \frac{H}{1+\gamma} \tag{4.68}$$

其中

$$\gamma = \frac{-\beta H\dfrac{\partial\theta}{\partial z}}{f\dfrac{\partial\theta}{\partial y}} \tag{4.69}$$

对于很强的垂直切变或弱的静力稳定度

$$d = H \tag{4.70}$$

则问题简化为涡漩问题，在这种情况下波动充满整个对流层，对热量输送极为有利。

当然上述参数化方案只是其中的一个例子，这方面的研究很多，限于篇幅这里不做详细的讨论，有兴趣的读者可以阅读有关文献。

(2) 涡漩水汽通量　如果混合张量 K 由涡漩热量的参数化来定义，则根据(4.60)式就可以得到涡漩水汽通量的参数化形式。

此外,Leovy 认为水汽混合比 q 的变化取决于温度的变化而不是相对湿度,因此涡漩水汽通量可以直接从线性 Clausius – Clapeyon 方程导出,即

$$[V^* q^*] = [r]\frac{\partial q_s}{\partial T}([T_s])[V^* \theta^*]\left(\frac{p}{p_0}\right)^k \tag{4.71}$$

式中:r 为相对湿度,$k = \dfrac{R}{C_p}$。

(3) 涡漩动量通量 混合长理论最重要的假定是在混合时间内由平流输送的动量守恒。对绝热无摩擦流体熵和水汽是守恒的,但动量不守恒,因此不能将混合长理论直接用于涡漩动量通量的参数化。由于涡漩动量通量是逆递度输送,Starr 提出了所谓的"负黏性"的概念。下面是涡漩动量通量的几种可能的参数化形式

$$[V^* u^*] = -\frac{K_1}{a}\frac{\partial}{\partial \varphi}[u] \tag{4.72}$$

$$[V^* u^*] = -\cos\varphi \frac{K_2}{a}\frac{\partial}{\partial \varphi}\frac{[u]}{\cos\varphi} \tag{4.73}$$

$$[V^* u^*] = -\frac{K_3}{a^2}\frac{\partial M}{\partial \varphi} \tag{4.74}$$

$$\frac{1}{a\cos\varphi}\frac{\partial}{\partial\varphi}([V^* u^*]\cos^2\varphi) = K_{vy}\left(\beta + \frac{1}{a}\frac{\partial}{\partial\varphi}[\zeta]\right)\cos\varphi - f\left(\frac{\dfrac{1}{a}\dfrac{\partial[\theta]}{\partial\varphi}\dfrac{\partial K_{vy}}{\partial p}}{\dfrac{\partial\theta_0}{\partial p} + \dfrac{\partial K_{vp}}{\partial p}}\right)\cos\varphi \tag{4.75}$$

式(4.72)、(4.73)和(4.74)分别代表了用动量、角速度和角动量进行参数化的形式,(4.75)式是由 Green 根据准地转位涡守恒原理提出的参数化形式。前三个方案中的耗散系数 K_1、K_2 和 K_3 用最小二乘法来确定的。Green 参数化中耗散系数则是用 Branscome 的理论得到的。Oort 曾比较了这四种方案,并与实际观测资料进行了对比,结果还是比较一致的,尽管如此,由于前三种方案缺少理论基础,一般的模式中都不用。

5. 非绝热加热和边界层

在纬向平均动力模式中许多非绝热加热和边界层的处理和 AGCM、RCM 中相同。例如,太阳短波辐射和地球长波辐射的算法在这三种模式中基本是相同的。但由于采用了纬向平均处理,模式自由度减少,因此必须对有些过程进行特殊的处理,即所谓次网格尺度参数化。当然在 AGCM 中对次网格尺度过程也同样需要进行参数化,只不过处理的技巧不同而已。下面就谈谈 ZADM 中处理这类过程的一般原则。

(1) 云量 对一个三维格点模式来说,在某一时刻在同一纬圈上,有些格点完

全被云所覆盖，有些格点则可能完全是晴空，从而使得纬圈中的一部分被云所覆盖。纬向平均的云量就由有云格点在整个纬圈格点中所占的比例决定，通常整个纬圈不会同时被云所覆盖，这就给纬向平均模式中云量的参数化带来了一定的困难。

通常在AGCM中云量用与相对湿度、大气稳定度、纬度和高度的经验关系来表示。ZADM中也采用类似的形式，只是系数不同。不过这是没有办法的办法。

此外，在ZADM中云的光学特性必须连续变化，也就是说不能像AGCM中只分为有云和无云两种情况，否则会对结果造成很大的影响。

(2) 积云对流　在AGCM中常用对流调整来处理积云对流和对流性降水。为了考虑稳定度的次网格尺度的变化，有些AGCM中已对以往的"深"对流调整进行了修正，这种"浅"对流调整方案允许不稳定对流逐渐出现，对流活动可以在几个步长内增加或减弱。尽管Hansen等人的结果表明这种处理对AGCM的模拟结果并没有什么改善，但对ZADM来说是十分必要的。因为这样可以防止在某个纬度带同时发生对流。在ZADM中对于次网格尺度对流稳定性(即沿某个纬圈的变化)变化的处理要比三维AGCM中重要得多。

(3) 雪盖和海冰　冰雪-反照率反馈是决定气候敏感性的重要过程。但在许多EBM中，地表反照率被简单地用温度来表示，与实际情况有较大差距。由于引入了温度的垂直结构和水分循环，ZADM中可以更真实地对雪盖和海冰的发展进行参数化。

在AGCM中，当一个格点的海表温度降至海水的冰点以下时，海冰就会出现，但此时纬向平均海表温度可能还没有降到冰点以下。因此，在ZADM中，当纬向平均海表温度还高于冰点时，就应该允许海冰出现，并且海冰比的变化必须是连续的。陆地雪盖的处理也是如此。

(4) 辐射计算　辐射计算的基本原理与RCM和AGCM中的相同，但有两点必须特殊处理。首先是要能够处理部分的云覆盖，这与AGCM中的处理是不同的。只有在极少数情况下整个纬圈才能被云所覆盖，而在AGCM中只有有云和无云两种情况。

其次是日变化的处理。由于太阳辐射的日变化对雪盖的积累和融化有一定的影响，因此在ZADM中日变化是应该考虑的。一种方案是把它看作一个旋转球的一个剖面，或看成是行星上被太阳环所包围的纬度带。前一种近似虽然与纬向平均的定义不符，但可以在一定程度上反映日变化对雪盖积累和融化的影响。后一种近似则要计算白天的日平均太阳高度角，然后在各个纬度上对太阳辐射进行标准化，使其与实际的日积分值吻合，否则在计算大气中太阳辐射的吸收和散射、反射以及其他能量平衡项时将会产生严重误差。

上述简化模式较AGCM节省计算量，因而可以用来完成大量的气候敏感性试验，包括进行古气候模拟试验。

第 5 章

大气环流模式

5.1 基本方程和方程组

大气运动遵循三个最基本的物理定律,即动量守恒定律(牛顿第二定律)、质量守恒定律和能量守恒定律(热力学第一定律)。描述这些物理定律的大气运动学和热力学方程,连同描述系统热力学状态参量之间关系的方程等共同构成了大气环流模式(亦称为大气动力模式:AGCM)的基本方程组。

在球坐标系下,大气环流模式的基本方程组如下(黄建平,1992):

运动方程

$$\frac{\mathrm{d}u}{\mathrm{d}t}-\frac{uv}{r}\tan\varphi+\frac{uw}{r}=-\frac{1}{\rho r\cos\varphi}\frac{\partial p}{\partial\lambda}+fv-\hat{f}w+F_{\lambda} \tag{5.1}$$

$$\frac{\mathrm{d}v}{\mathrm{d}t}+\frac{u^2}{r}\tan\varphi+\frac{vw}{r}=-\frac{1}{\rho r}\frac{\partial p}{\partial\varphi}-fu+F\varphi \tag{5.2}$$

$$\frac{\mathrm{d}w}{\mathrm{d}t}-\frac{u^2+v^2}{r}=-\frac{1}{\rho}\frac{\partial p}{\partial z}-g+\hat{f}u+F_r \tag{5.3}$$

连续方程

$$\frac{\mathrm{d}\rho}{\mathrm{d}t}+\rho\left(\frac{1}{r\cos\varphi}\frac{\partial u}{\partial\lambda}+\frac{1}{r}\frac{\partial v}{\partial\varphi}+\frac{\partial w}{\partial r}-\frac{v}{r}\tan\varphi+\frac{2w}{r}\right)=0 \tag{5.4}$$

热流量方程

$$C_P\frac{\mathrm{d}T}{\mathrm{d}t}-\frac{RT}{P}\frac{\mathrm{d}p}{\mathrm{d}t}=Q \tag{5.5}$$

状态方程

$$p=\rho RT \tag{5.6}$$

水汽方程

$$\frac{\mathrm{d}q}{\mathrm{d}t}=\frac{1}{\rho}M+E \tag{5.7}$$

其中

$$\frac{\mathrm{d}}{\mathrm{d}t} = \frac{\partial}{\partial t} + \frac{u}{r\cos\varphi}\frac{\partial}{\partial\lambda} + \frac{v}{r}\frac{\partial}{\partial\varphi} + w\frac{\partial}{\partial z}, f = 2\Omega\sin\varphi, \hat{f} = 2\Omega\cos\varphi$$

这里使用的符号是一般大气动力学中常用的符号：λ、φ 和 z 是球坐标的经度、纬度和高度；$z = r - a$，r 是与地心的距离，a 是地球半径；u，v，w 是沿 λ、φ 和 z 轴的速度分量；F_λ、F_φ、F_z 是沿 λ、φ 和 z 轴的摩擦力，t 是时间；ρ 是密度，p 是气压；g 是重力加速度；q 是比湿，M 是由于凝结或冻结造成的单位体积水汽的时间变率。E 是每单位体积水汽含量的时间变率，它是由表面蒸发和大气中次网格尺度的垂直和水平水汽扩散所引起的；Ω 是地球旋转角速度。

上列方程组共包含 u，v，w，ρ，p，T，q 七个变量。牛顿第二定律的动量方程(5.1)～(5.3)将速度的三个分量和气压、密度等联系起来；连续方程(5.4)将密度、温度和气压联系起来；热力学第一定律的热量方程(5.5)则将温度和气压联系起来。若摩擦力 F、热源 Q、水汽汇 M 以及水汽源 E 可以用这些变量参数化，则方程组成为这些变量相互制约的闭合方程组。从原则上讲，在一定的边界条件和初值条件下即可求解。但是实际上要求出精确解是不可能的。因此人们根据大气的观测事实的特征尺度和物理原则对上述方程组进行简化，建立了各种各样的简化模式。

在(5.3)式中除去气压的垂直梯度项和重力项以外都是很小的项，对大气的大尺度运动可以略去，于是气压梯度力和地球重力相平衡，得到静力平衡方程

$$\frac{\partial p}{\partial z} = -\rho g \tag{5.8}$$

静力平衡关系使得人们可用气压 p 作为垂直坐标描写大气大尺度运动。在垂直 p 坐标系中大气的基本方程组变为

$$\frac{\mathrm{d}u}{\mathrm{d}t} - \frac{uv}{a}\tan\varphi = -\frac{\partial\Phi}{a\cos\varphi\,\partial\lambda} + fv \tag{5.9}$$

$$\frac{\mathrm{d}v}{\mathrm{d}t} + \frac{u^2}{a}\tan\varphi = -\frac{\partial\Phi}{a\partial\varphi} - fu \tag{5.10}$$

$$\frac{\partial\Phi}{\partial p} = -\frac{RT}{p} \tag{5.11}$$

$$\frac{\partial u}{a\cos\varphi\,\partial\lambda} + \frac{1}{a\cos\varphi}\frac{\partial u\cos\varphi}{\partial\varphi} + \frac{\partial\omega}{\partial p} = 0 \tag{5.12}$$

$$C_{\mathrm{P}}\frac{\mathrm{d}T}{\mathrm{d}t} - \frac{RT}{p}\omega = Q \tag{5.13}$$

$$\frac{\mathrm{d}q}{\mathrm{d}t} = S \tag{5.14}$$

其中，$\frac{\mathrm{d}}{\mathrm{d}t} = \frac{\partial}{\partial t} + \frac{1}{\cos\varphi}\frac{\partial}{\partial\lambda} + \frac{1}{a\cos\varphi}\frac{\partial}{\partial\varphi} + \omega\frac{\partial}{\partial p}$，$\omega = \frac{\mathrm{d}p}{\mathrm{d}t}$ 作为一个新的因变量，相当于 z 坐标的垂直速度 w。

5.2 GCM 坐标系统

在(5.14)式中 S 代表与降水过程有关的水汽源和汇。此外,由于大气的厚度远小于地球半径,所以在给出上述各式时,用地球半径 a 代替了 r,并略去了小项 uw/r,vw/r 和 $\hat{f}w$。为了更好地考虑地形的作用,还常常采用垂直 σ 坐标及 $p-\sigma$ 混合坐标。

σ 坐标的定义为

$$\sigma = \frac{p - p_t}{p_s - p_t} \tag{5.15}$$

式中:p 为气压;p_s 为地面气压;p_t 为模式顶层气压。

$p-\sigma$ 混合坐标的定义为

$$\sigma = \frac{p - p_c}{p_s - p_c} \tag{5.16}$$

式中:p_c 为转换层气压,在该层以上的为气压 p 坐标,该层以下为 σ 坐标,图 5.1 是 $p-\sigma$ 混合坐标的示意图。在不同的坐标下,模式方程组的表达式有所不同,有兴趣可参考相关书籍。

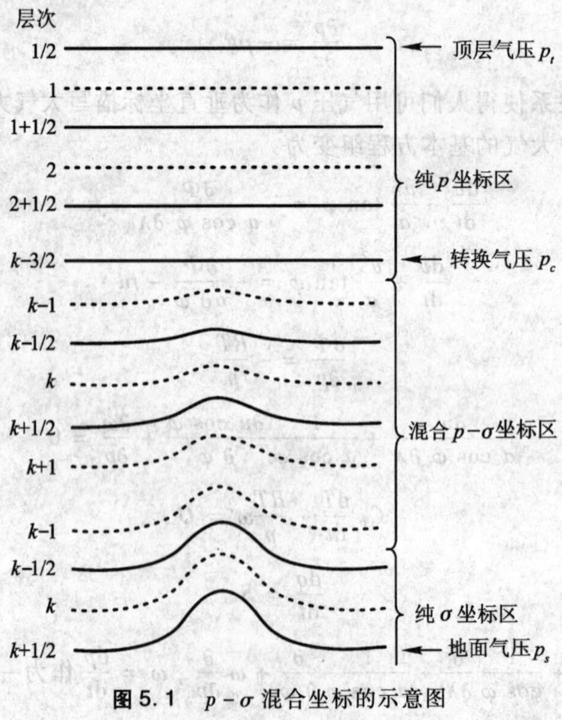

图 5.1 $p-\sigma$ 混合坐标的示意图
(Hack,1993)

5.3 初始条件和边界条件下求解

气候模拟就是在给定的初始条件和边界条件下求解上述方程组。初始条件就是大气在某一初始时刻 $t=t_0$ 时的状态,可以表示为

$$\vec{V}=\vec{V}(\lambda,\varphi,\omega,t_0) \tag{5.17}$$

$$\rho=\rho(\lambda,\varphi,\omega,t_0) \tag{5.18}$$

$$p=p(\lambda,\varphi,\omega,t_0) \tag{5.19}$$

$$T=T(\lambda,\varphi,\omega,t_0) \tag{5.20}$$

$$q=q(\lambda,\varphi,\omega,t_0) \tag{5.21}$$

边界条件分上边界条件、下边界条件和侧边界条件。对于全球环流模式,可不考虑侧边界条件。在大气上界的边界条件是 $p=0$ 时,$\omega=0$

下边界条件则为,$p=p_0$ 时,

$$w=\frac{\partial z_0}{\partial t}+\frac{u}{a\cos\varphi}\frac{\partial z_0}{\partial\lambda}+\frac{v}{a}\frac{\partial z_0}{\partial\varphi}-\frac{1}{\rho_0 g}\omega \tag{5.22}$$

式中:z_0 为下边界;p_0 为等压面的高度,$p_0=p_0(x,y,t)$。

在实际的模式设计和求解过程中,为了提高计算精度、使边界条件等的处理尽可能方便,以及在模式所采用的时空差分格式下使方程组求解更方便、简洁且高效,一般需要对上述基本控制方程组做一些处理,包括:① 将方程组做一些简化和理想化的假定,② 将方程组写在不同的垂直坐标系下;③ 将方程组做某些形式上的变形。至于如何通过简化、坐标变换及方程组变形把控制方程组的一般形式变换成适于数值求解的大气环流模式方程组的形式,这一推导过程在大多数的动力气象学、数值预报及气候模拟的书中都可找到,因而在此不再多述。

对上述控制方程组采用格点差分或谱展开的方法进行离散化,在给定的外强迫条件和边界条件下通过大型电子计算机进行数值积分运算,即可求出大气环流模式的数值解。但这是一个相当复杂的过程。因为大气环流模式中包含的方程都是非线性偏微分方程,而且其中包含着大气中相互作用着的各种复杂物理过程,这些物理过程只能在了解其实际情况的前提下依据物理学规律进行参数化,这些参数化方案包括:辐射过程、积云对流过程、边界层交换过程等等。同时,数值地求解这些偏微分方程组本身还存在计算方法问题。因此,研制和发展大气动力模式是一个非常复杂的系统工程。

目前已经建立了各种各样的三维大气动力模式。有些是采用整套原始控制方程组,而另一些仅利用一个简化的方程组;有些采用高度垂直坐标,另一些则

采用气压垂直坐标；在数值化时，有些采用有限差分方法，而另一些采用谱方法；有些包含了非常复杂的物理现象参数化方案，而另一些则仅使用非常简单的参数化方案；有些模式的水平分辨率很高，而有些模式却很低。模式的多样性反映了这样一个事实，即至今还没有一套模式尽善尽美，还需要不断地探索改进模式模拟性能的方法。

第 6 章

海洋环流模式

6.1 海洋环流模式的基本特征

海洋环流的模拟与大气环流模拟有很多共同点。如许多物理过程,运动方程和应用的数值方法都很相似。但是还有许多重要的物理和技术问题是海洋环境独有的,必须在海洋环流模式(OGCM)的设计中单独考虑。这些特点主要有:

第一,整个大气层都受热力强迫,而海洋主要受海表热力学和动力学强迫,而且海盆的几何形状很复杂。这些形成了海洋环流的特殊性:海洋的平均状态相当复杂,在所有边界附近及海洋内部有厚度小而重要的边界层;洋流的边界条件难以确定和进行参数化。由此,在海洋模式中先后发展了沼泽(swamp)海洋模式、平板(slab)海洋模式和混合(mixed)海洋模式。沼泽海洋模式的海面温度(SST)由海表能量平衡计算,没有热量储存,没有洋流;平板海洋模式将整个海洋作为大气系统的边界层,不考虑洋流的作用;混合海洋模式更多地考虑了一定深度混合层海洋中热量的垂直交换作用。

第二,世界大部分海洋存在中尺度涡漩,这种涡漩的时间尺度为几周到几个月,空间尺度为几十到几百千米。虽然许多海洋学家称为"中尺度",但动力学上,这些准地转的涡漩是与大气中天气尺度涡漩相对应的。不过它们之间具有重要的差别,一个差别是,海洋涡漩不像大气涡漩是对能量平均流的扰动,海洋动能大部分处在这种涡漩尺度,而且这种涡漩运动在向极地的热量传输中起着重要作用。另一个差别是,与大气涡漩相比,海洋中尺度涡漩的空间尺度约小一个量级,而时间尺度约大一个量级。海洋气候模式要显式地分辨它们,其分辨率须比大气环流模式高20倍。

对海洋环流的观测更困难,资料很缺乏。据估计,海洋科学家在20世纪90年代可用的资料(包括希望能得到的卫星观测的海面温度和海面高度)将仍然比大气资料数量小一个量级。而且这些资料分布很不均匀,时间和空间的连续性差,大部分是在海面和在北半球,又多是间接观测的,一般观测的是质量场而不是速度场。这给海洋的模拟和验证带来极大困难和挑战。也使借助数值模式模拟海洋的气候状态显得更加重要。为了得到模式的气候状态,特别是海流的分布,往往需要在适当的边界和初始条件下,从静止海洋开始,把模式积分数千年甚至更长的时间。

6.2 基本方程和方程组

在球坐标系中,海洋运动的基本方程组是

$$\frac{\mathrm{d}u}{\mathrm{d}t}-\frac{uv}{a}\tan\varphi=-\frac{1}{\rho_{S_0}a\cos\varphi}\frac{\partial p}{\partial\lambda}+fv+A_m\left\{\nabla^2u+\frac{(1-\tan^2\varphi)u}{a^2}-\frac{2\sin\varphi}{a^2\cos^2\varphi}\frac{\partial v}{\partial\lambda}\right\}+\mu\frac{\partial^2u}{\partial z^2}\tag{6.1}$$

$$\frac{\mathrm{d}v}{\mathrm{d}t}+\frac{u^2}{a^2}\tan\varphi=-\frac{1}{\rho_{S_0}a}\frac{\partial p}{\partial\varphi}-fu+A_m\left\{\nabla^2v+\frac{(1-\tan^2\varphi)v}{a^2}-\frac{2\sin\varphi}{a^2\cos^2\varphi}\frac{\partial u}{\partial\lambda}\right\}+k\frac{\partial^2v}{\partial z^2}\tag{6.2}$$

$$\frac{\partial p}{\partial z}=-\rho_S g\tag{6.3}$$

$$\frac{\partial w}{\partial z}+\frac{1}{a\cos\varphi}\left[\frac{\partial u}{\partial\lambda}+\frac{\partial}{\partial\varphi}(v\cos\varphi)\right]=0\tag{6.4}$$

$$\frac{\mathrm{d}T}{\mathrm{d}t}=A_H\nabla^2T+k\frac{\partial^2T}{\partial z^2}\tag{6.5}$$

$$\frac{\mathrm{d}S}{\mathrm{d}t}=A_H\nabla^2S+k\frac{\partial^2S}{\partial z^2}\tag{6.6}$$

其中

$$\frac{\mathrm{d}}{\mathrm{d}t}=\frac{\partial}{\partial t}+\frac{u}{a\cos\varphi}\frac{\partial}{\partial\lambda}+\frac{v}{a}\frac{\partial}{\partial\varphi}+w\frac{\partial}{\partial z}$$

$$\nabla^2=\frac{1}{a^2}\frac{\partial^2}{\partial\varphi^2}+\frac{1}{a^2\cos^2\varphi}\frac{\partial^2}{\partial\lambda^2}$$

$$f=2\Omega\sin\varphi$$

这里使用的符号与大气运动方程组中使用的相同:λ、φ 和 z 是球坐标的经度、纬度和深度,在海面 $z=0$,自海面向下为负。u,v,w 是沿 λ、φ 和 z 轴的速度分量;大气中的摩擦项现在由垂直和水平黏滞项代替,其中 μ 是垂直涡动黏滞系数；A_m 是水平涡动黏滞系数；ρ_S 是海水密度；ρ_{S_0} 是海水密度的常数近似；p 是压力；T 是海水温度；S 为盐度；k 和 A_H 分别是垂直和水平涡动扩散系数。

在海洋底层（这里 $z=-H(\lambda,\varphi)$）的边界条件是

$$\frac{\partial}{\partial z}(u,v)=0 \tag{6.7}$$

$$\frac{\partial}{\partial z}(T,S)=0 \tag{6.8}$$

$$w=-\frac{u}{a\cos\varphi}\frac{\partial H}{\partial\lambda}-\frac{v}{a}\frac{\partial H}{\partial\varphi} \tag{6.9}$$

在海洋顶部 $z=0$ 的边界条件是

$$\rho_{S_0}\mu\frac{\partial}{\partial z}(u,v)=(\tau_\lambda,\tau_\varphi) \tag{6.10}$$

$$\rho_{S_0}k\frac{\partial}{\partial z}(T,S)=\left(\frac{1}{C_{pw}}H_{OCN},v_S(E-P)S_0\right) \tag{6.11}$$

其中

$$\tau_\lambda=\rho C_D|v_a|u_a \tag{6.12}$$

$$\tau_\varphi=\rho C_D|v_a|v_a \tag{6.13}$$

式中：ρ 是空气密度；C_D 是拖曳系数；$|v_a|=\sqrt{u_a^2+v_a^2}$ 是大气的速度值；H_{OCN} 是流入海洋的净热量（加热为正，冷却为负）；P 是降水率；E 是蒸发率；S_0 是海表面盐度；C_{pw} 是海水的比热；v_S 是一个经验转换因子。

第 7 章

陆 面 模 式

陆面过程和参数(包括植被、土壤、湿度、雪盖、山地冰川和大陆冰盖等)对于古气候变化具有重要作用。植被是影响地表反射率的重要因素,而土壤湿度是影响地表湿度通量的重要因素。在积雪区,雪盖对所有的时间尺度都特别重要,因为雪盖大大地增加了地面反射率。但是,要正确地模拟雪盖,就要正确地模拟降雪,于是要正确地模拟云和云物理过程。雪盖的正确处理还需要对雪盖反射率与诸如地形、积雪年代以及积雪深度等因子进行参数化。山地冰川和大陆冰盖破坏了植被,大大地改变了地面反射率,同时也强迫调整了大气中的气流。在某种意义上说,冰盖的模拟比模拟大气和海洋容易些,由于冰的黏滞性非常大,可简化为类固体处理,但是它们的流量方程是相似的,也受到冰内部三维温度和密度结构的影响。本节介绍陆面模式(LSM)基本和模块。

7.1 动量通量公式

陆地表面常常是大气的相对动量汇,由地表面的摩擦消耗边界层的大气动量。其动量的边界通量公式是

$$\tau_\lambda = \rho C_D |v_a| u_a \tag{7.1}$$

$$\tau_\varphi = \rho C_D |v_a| v_a \tag{7.2}$$

式中,ρ 为大气密度,C_D 是拖曳系数,由理论和经验两方面确定,一般在洋面和平坦的陆面取 $C_D = 10^{-13}$,而对于凸凹不平的地区,那里有可观的边界层对流,拖曳系数的值较大,大约为 3×10^{-13}。$|v_a| = \sqrt{u^2 + v_a^2}$为大气的风速。

7.2　地气交界面的能量平衡方程

地－气交界面被理解为一无限薄的几何面，故质量为零。此面上的热量平衡方程常作为一边界条件，其表达式一般为

$$R_N = LE + H + S_t + Q_g \tag{7.3}$$

式中，R_N 为地表面的净辐射通量，LE 为潜热通量，H 为地表与大气之间的感热通量，S_t 为地表面与生物、化学过程有关的湍流热通量。Q_g 为地表向下的热通量。

(7.3)式中的各项都是温度、云量、湿度、降水量、下垫面状况等的复杂函数。为了对气候进行模拟，必须对方程做适当简化。下面就给出各项的常用表达式。

7.2.1　地表面的净辐射通量(R_N)

$$R_N = (1-\alpha)S^{\downarrow} + \varepsilon(F^{\downarrow} - \sigma T_g^4) \tag{7.4}$$

式中，α 为地表反照率，$S^{\downarrow}$ 为向下的太阳辐射通量；ε 为地表的红外放射率；$F^{\downarrow}$ 为向下的长波辐射通量，σ 为 Stefen-Boltzman 常数，T_g 为地表温度。

7.2.2　潜热和感热通量(LE,H)

$$LE = \rho L C_E \left|v_a\right|(q_g - q_a) \tag{7.5}$$

$$H = \rho C_P C_H \left|v_a\right|(\theta_g - \theta_a) \tag{7.6}$$

式中：C_E 是潜热交换系数；C_H 是感热交换系数，一般在洋面和平坦的陆面取 $C_E = C_H = 10^{-3}$；θ_a 和 q_a 是边界层的位温和混合比，θ_g 和 q_g 是地表的位温和混合比。

7.2.3　生物化学通量(S_t)

$$S_t = P_h + S_R \tag{7.7}$$

式中，P_h 为植物光合作用所消耗的能量，除热带雨林地区 P_h 值可达到 R_N 的2%以上，其余各地区此项均很小；S_R 是植物生长过程所储藏的能量，在果园区 S_R 可达 R_N 的1%，其余地区亦很小。对全球的大部分地方或者短期气候变化来说，S_t 的量级比(7.4)式中其余各项小得多，故可忽略。

7.2.4　地表向下热通量(Q_g)

$$Q_g = \rho_g C_g k_g \left.\frac{\partial T_g}{\partial z}\right|_{z=0} \tag{7.8}$$

式中:ρ_g,C_g 分别为下垫面的密度和比热;k_g 是垂直方向的热传导系数。

7.3 陆面热量平衡方程

陆面的热量平衡方程一般写为

$$\frac{\partial T_g}{\partial t} - k_g \frac{\partial^2 T_g}{\partial z^2} - k_h \nabla^2 T_g = \frac{1}{\rho_g C_g} R_G \tag{7.9}$$

式中:k_g 和 k_h 分别为垂直和水平热传导系数;R_G 为下垫面内的热源项(如放射性物质的放热),一般来说 R_G 很小,可忽略不计。

设厚度为 D 的陆地表层中 T_g 不变,则热量平衡方程可改写为

$$\rho_g C_g D\left(\frac{\partial T_g}{\partial t} - k_h \nabla^2 T_g\right) = Q_g + Q_D + R_G \tag{7.10}$$

或用(7.8)消去 Q_g,则有

$$\rho_g C_g D\left(\frac{\partial T_g}{\partial t} - k_h \nabla^2 T_g\right) = R_N - H - LE - S_t + Q_D + R_G \tag{7.11}$$

式中: Q_D 为通过 D 深度的下垫面向上传递的热量。

7.4 陆面水分平衡方程

裸露和雪盖陆地表面的水分收支方程为

$$\frac{\partial W}{\partial t} = P_r + M_g - E - Y \tag{7.12}$$

式中:W 为地表层的有效土壤湿度(以米为单位);P_r 为地表的降水率;M_s 为融雪率;E 为蒸发率;Y 为径流率(包括地表层的径流和土壤表层向下层的渗流)。蒸发率可按下述方式与土壤湿度联系起来

$$W \geqslant W_c \qquad E = E_{ap}$$

$$W < W_c \qquad E = E_{ap} \frac{W}{W_c}$$

式中:W_c 是土壤湿度的临界值;E_{ap}是饱和面上的可能蒸发率。

以上方程说明如果土壤湿度比 W_c 大,则蒸发率达最大值 E_{ap};如果土壤湿度比 W_c 小,则蒸发率作为 W_c 的函数呈线性减少。Manabe 假定土壤湿度的田间持水量 W_{FC}是 0.15m,W_c 是该值的 75%。

雪质量收支方程为

$$\frac{\partial S}{\partial t} = P_s - E_s - M_s \tag{7.13}$$

式中:S 是单位面积的雪质量($S = \rho_s h_s$,h_s 为雪深;ρ_s 为雪的密度);P_s 为地表面的降雪率;E_s 为地面的升华率;M_s 为融雪率,它根据地面的能量平衡来计算,假如在有雪存在时,如果地表温度 T_g 小于 273 K,则 $M_s = 0$,否则 M_s 按下式计算

$$M_s = \begin{cases} \frac{1}{L_f}(R_N - H - LE) & \text{若}(R_N - H - LE) > 0 \\ 0 & \text{若}(R_N - H - LE) < 0 \end{cases} \tag{7.14}$$

式中:L_f 是溶解潜热。

第 8 章

冰 雪 模 式

冰雪圈包括海冰和大陆冰雪,因此冰雪模式包括海冰模式和陆冰模式。下面分别介绍。

8.1 海冰模式

海冰是固体,以多重裂缝、水道(浮冰间)和冰穴所形成的复杂冰,在性质上是不连续的;同时在时间上具有一定的周期,所以海冰模式与海洋模式、大气模式有很多差异。海洋和大气模式的计算重点在于确定水和空气性质,这可是用来对大时空尺度的海冰模式。在模式的每个格点和时间步长上,首先要确定冰是否存在,然后根据冰的存在确定冰量(包括冰的厚度和区域海冰密集度)和冰的分布。相比之下,由于冰的性质变化不大,模式没有特别的处理。

与气候有关的海冰模式的计算,可以分为与海冰热力学有关和与海冰动力学有关的两大类。以能量守恒原理为基础,热力学计算确定冰的厚度及温度结构。以动量守恒原理为基础,动力学计算确定冰的运动。一些冰的数值模式仅包括热力学计算,某些仅包括动力学计算,还有一些既包括热力学计算又包括动力学计算。

海冰模式(SIM)的热力学计算重点在于平衡空气或雪,雪或冰和冰或水内界面收入和支出的能量通量。这些通量包括太阳辐射、入射和向外长波辐射、感热和潜热、通过冰和雪层的传导、海洋热通量、冰和水状态变化吸收和放射的能量等。

海冰模式的冰动力学计算以作用于冰的五种主要应力之间所产生的动量平衡为基础来进行。这五种应力是空气应力、水应力、科氏力、动力地形产生的应力(与海面的倾斜有关),和内冰阻力。在不同海冰模式中,冰动力学的主要不同之处在于这五种应力的表述,特别是冰的内应力。

8.1.1　无雪覆盖海冰系统的热力学方程组

图 8.1 给出了无雪覆盖海冰系统的能量收支，主要的能量过程包括：入射的太阳短波辐射 $S^{\downarrow}$，向下的长波辐射 $F^{\downarrow}$，向上的长波辐射 $F^{\uparrow}$，大气和冰之间的感热 H 和潜热通量 LE，通过冰层的热传导 G_i，冰融化的能量通量 M_i（Washington *et al.*，1991）。

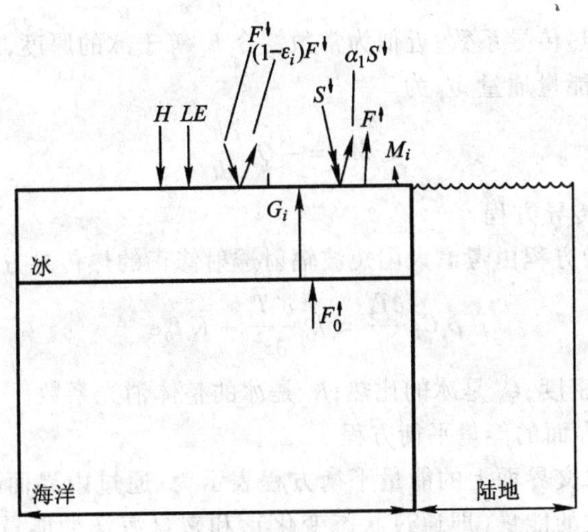

图 8.1　无雪覆盖海冰系统的能量收支
（黄建平，1992）

1. 冰气交界面的能量平衡方程

$$H + LE + \varepsilon_i F^{\downarrow} + (1-\alpha_i)S^{\downarrow} - I_0 - F^{\uparrow} + (G_i)_0 - M_i = 0 \tag{8.1}$$

式中：ε_i 为长波发射率；α_i 为冰的反照率；I_0 为透过冰层的太阳短波辐射通量；它取决于冰的物理性质，但在数值模式中一般取为常数，约为入射的 0～10%。

不同的作者，(8.1)式中几项表达的方法也不同，但是使用的总体空气动力学公式却是一致的，如感热和潜热通量一般写为

$$H = \rho C_P C_H |v_a|(\theta_a - \theta_i) \tag{8.2}$$

$$LE = \rho L C_E |v_a|(q_a - q_i) \tag{8.3}$$

式中：ρ 为大气的密度；C_H 为感热交换系数；C_E 为潜热交换系数；L 为凝结潜热；θ_a 和 q_a 为大气边界层的位温和混合比；θ_i 和 q_i 是冰面的位温和混合比。需要指出的是(8.1)式中使用的 H 和 LE 符号按惯例通量向下为正，向上为负（这个定义与(7.3)式中的定义相反，因为大气和海冰文献习惯不同。这里用海冰惯例是为了便于以后查阅文献）。

$F^{\uparrow}$ 和 $S^{\downarrow}$ 一般用经验公式计算。射出长波辐射的灰体辐射通量 $F^{\uparrow}$ 的公式为

$$F^{\uparrow} = \varepsilon_i \sigma (T_i)_0^4 \tag{8.4}$$

其中,σ 为 Stefen-Boltzmann 常数,T_i 为海冰的温度,$(T_i)_0$ 为冰面的温度。冰面的热传导通量是

$$(G_i)_0 = k_i \left(\frac{\partial T_i}{\partial z} \right)_0 \tag{8.5}$$

式中:k_i 为冰的热传导系数,近似为常数。令 h_i 等于冰的厚度,Q_i 为冰的融解潜热,则冰融化的能量通量 M_i 为

$$M_i = -Q_i \frac{dh_i}{dt} \tag{8.6}$$

2. 冰的热传导方程

冰的热传导方程由考虑太阳短波辐射透射修正的热传导方程给出,即

$$\rho_i C_i \frac{\partial T_i}{\partial t} = k_i \frac{\partial^2 T_i}{\partial z^2} + K_i I_0 e^{-k_i z} \tag{8.7}$$

式中:ρ_i 是冰的密度;C_i 是冰的比热;K_i 是冰的整体消光系数。

3. 海冰交界面的能量平衡方程

在冰和海水交界面上的能量平衡方程表示为:通过内界面融化所吸收的能量或冻结所释放的能量(即通过状态变化),和来自海洋的能量通量 $F_0^{\uparrow}$ 与通过冰向上传导通量的差相平衡,即

$$-Q_i \left(\frac{\partial h_i}{\partial t} \right)_{h_i} = F_0^{\uparrow} - k_i \left(\frac{\partial T_i}{\partial z} \right)_{h_i} \tag{8.8}$$

(8.1)、(8.7)和(8.8)构成了无雪覆盖海冰系统的热力学方程组,可由此得出海冰厚度 h_i 和温度 T_i 的变化。

8.1.2 有雪覆盖海冰系统的热力学方程组

当冰面上有雪覆盖时,情况要复杂一些。图 8.2 给出了有雪覆盖时海冰系统的能量收支。

1. 雪气交界面上的能量平衡方程

与无雪时冰气交界面的情况类似,雪气交界面上的能量平衡方程为:

$$H + LE + \varepsilon_s F^{\downarrow} + (1 - \alpha_s) S^{\downarrow} - I_0 - F^{\downarrow} + (G_s)_0 - M_s = 0 \tag{8.9}$$

式中:ε_s 为雪的长波放射率;α_s 为雪的短波反射率;G_s 为通过雪层的热传导通量,$(G_s)_0$ 是表面的 G_s 值。计算公式为

$$(G_s)_0 = k_s \left(\frac{\partial T_s}{\partial z} \right)_0 \tag{8.10}$$

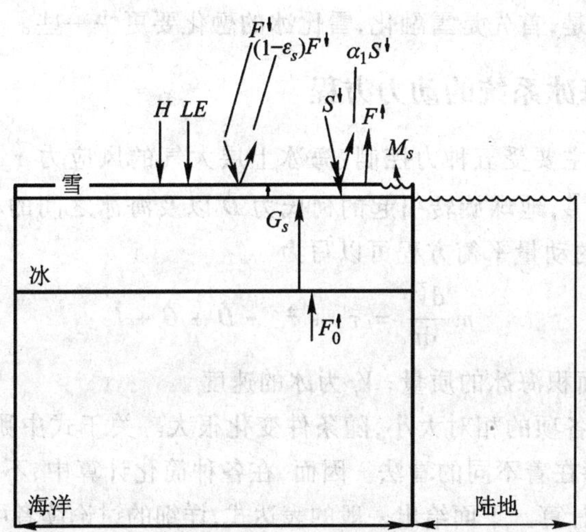

图 8.2　有雪覆盖时海冰系统的能量收支

（黄建平，1992）

这里 k_s 为雪的热传导系数，近似取为常数。M_s 为雪融解时消耗的能量通量，设雪的厚度为 h_s，Q_s 为雪的融解潜热，则有

$$M_s = -Q_s \frac{\mathrm{d}h_s}{\mathrm{d}t} \tag{8.11}$$

2. 雪的热传导方程

$$\rho_s C_s \frac{\partial T_s}{\partial t} = k_s \frac{\partial^2 T_s}{\partial z^2} + K_s I_0 \mathrm{e}^{-k_s z} \tag{8.12}$$

式中：ρ_s 为雪的密度；C_s 为雪的比热；K_s 为雪的整体消光系数。

3. 雪冰交界面上的能量平衡方程

$$k_s \left(\frac{\partial T_s}{\partial z}\right)_{h_s} = k_i \left(\frac{\partial T_i}{\partial z}\right)_{h_s} \tag{8.13}$$

下标 h_s 表示雪和冰的交界面。

4. 冰的热传导方程

与无雪的情况一样，冰的热传导方程为

$$\rho_i C_i \frac{\partial T_i}{\partial t} = k_i \frac{\partial^2 T_i}{\partial z^2} + K_i I_0 \mathrm{e}^{-k_i z} \tag{8.14}$$

5. 冰海交界面的能量平衡方程

$$-Q_i \left(\frac{\partial h_i}{\partial t}\right)_{h_s+h_i} = F_0^{\uparrow} - k_i \left(\frac{\partial T_i}{\partial z}\right)_{h_s+h_i} \tag{8.15}$$

下标 $h_s + h_i$ 表示冰和海水的交界面。

(8.9)，(8.12)—(8.15)就构成了有雪覆盖时海冰系统的热力学方程组。

当温度超过冰点是，首先是雪融化，雪比冰的融化要更快一些。

8.1.3 海冰系统的动力方程

海冰的运动主要受五种力控制：海冰上层大气的风应力 $\vec{\tau}_a$；冰下方海水的应力 $\vec{\tau}_w$，潮汐力 $\vec{G}$，地球旋转引起的柯氏力 $\vec{D}$ 以及海冰之间的相互作用的内应力 $\vec{I}$。于是海冰的动量平衡方程可以写为

$$m\frac{\mathrm{d}\vec{V}_i}{\mathrm{d}t}=\vec{\tau}_a+\vec{\tau}_w+\vec{D}+\vec{G}+\vec{I} \tag{8.16}$$

式中：m 为单位面积海冰的质量；$\vec{V}_i$ 为冰的速度。

(8.16)式中各项的相对大小，随条件变化很大。关于式中哪些项是重要的，哪些项不重要，存在着不同的看法。因而，在各种简化计算中，不同的研究者用不同的变形去进行计算。下面给出一般的表达式，详细的讨论读者可以阅读文献。

1. 大气的风应力 $\vec{\tau}_a$

$$\vec{\tau}_a=\rho_a C_a|\vec{V}_g-\vec{V}_i|\left[(\vec{V}_g-\vec{V}_i)\cos\varphi+\vec{k}\wedge(\vec{V}_g-\vec{V}_i)\sin\varphi\right] \tag{8.17}$$

式中：ρ_a 是大气的密度；C_a 是大气拖曳系数；$\vec{V}_g$ 是地转风，是大气边界层中的转向角，通常把不确定的 φ 和 C_a 值假定为常数而加以简化。

此外，一般情况下 $|\vec{V}_g|\gg|\vec{V}_i|$，因此(8.17)式常简化为

$$\vec{\tau}_a=\rho_a C_a|\vec{V}_g|(\vec{V}_g\cos\varphi+\vec{k}\wedge\vec{V}_g\sin\varphi) \tag{8.18}$$

2. 海洋的水应力 $\vec{\tau}_w$

$$\vec{\tau}_w=\rho_w C_w|\vec{V}_w-\vec{V}_i|\left[(\vec{V}_w-\vec{V}_i)\cos\theta+\vec{k}\wedge(\vec{V}_w-\vec{V}_i)\sin\theta\right] \tag{8.19}$$

式中：ρ_w 为海水密度；C_w 为海洋的拖曳系数；θ 为海洋边界层的转向角，通常也假定 θ 与 C_w 为常数，$\vec{V}_w$ 是海洋地转速度。

3. 柯氏力 $\vec{D}$

$$\vec{D}=\rho_i h_i f\vec{V}_i\wedge\vec{k} \tag{8.20}$$

式中：ρ_i 为冰的密度；h_i 为冰的厚度；$f=2\Omega\sin\varphi$ 为柯氏参数。

4. 潮汐力 $\vec{G}$

$$\vec{G}=-\rho_i h_i g\nabla\vec{H} \tag{8.21}$$

式中：g 是重力加速度；$\vec{H}$ 是海表面高度场。

5. 冰的内应力 $\vec{I}$

内应力 $\vec{I}=(I_x,I_y)$，常常表示为

$$I_x=\frac{\partial}{\partial x}\left[(\eta+\zeta)\frac{\partial u}{\partial x}+(\zeta-\eta)\frac{\partial v}{\partial x}-\frac{P}{2}\right]+\frac{\partial}{\partial y}\left[\eta\left(\frac{\partial u}{\partial y}+\frac{\partial v}{\partial x}\right)\right] \tag{8.22}$$

$$I_y=\frac{\partial}{\partial y}\left[(\eta+\zeta)\frac{\partial v}{\partial y}+(\zeta-\eta)\frac{\partial u}{\partial x}-\frac{P}{2}\right]+\frac{\partial}{\partial x}\left[\eta\left(\frac{\partial u}{\partial y}+\frac{\partial v}{\partial x}\right)\right] \tag{8.23}$$

式中：ζ 是非线性总体黏滞性；η 是非线性切变黏滞性，P 是依赖于冰厚度的压强。

8.2　陆冰模式

大陆冰以固态冰川、冰盖、河湖冰等以及地下冰掺杂的多年冻土、季节冻土等形式表现。全球冰雪圈包括海冰和陆冰，占全球海洋面积7%、占陆地面积的11%（施雅风等，1998）。由于冰雪的反射率比土和水大得多，它通过冰雪的反射率和冰川融化起作用，同时由于冰川融化热和水的汽化热分别是同体积液态水升高1 ℃所需热量的80倍和539倍，每年到达地面的太阳能大约有30%消耗于冰雪圈中，因而大陆冰在地表热量平衡中有举足轻重的作用。冰雪虽是气候的产物，但一经生成，对气候有重要的反馈作用。目前，大陆冰盖仅仅分布在极地地区，而地质史上的冰期和大冰期中，大陆冰覆盖达到中低纬度。因此大陆冰模式（LIM）在全球冰雪模式以及气候模式中扮演了重要角色，发展了许多模拟冰盖数值模型。

一维能量平衡冰盖模型能够估算冰盖年代演变的规模（Nye 1963；Dansgaard & Johnsen，1969；Paterson 1994；）。采用太阳常数利用能量平衡模式，直接模拟陆冰温度和反馈（Budyko 1969；Sellers 1969）。同时也采用太阳辐射因子、陆冰面积的大小来模拟它的稳定性以及对气温的反馈（North & Crowley 1985）（图8.3）。

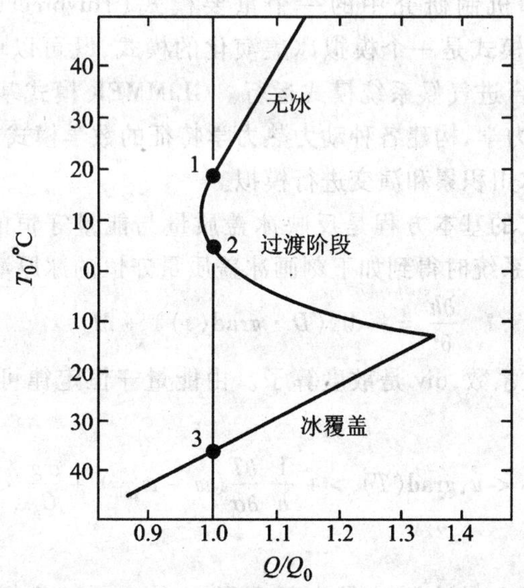

图8.3　冰盖气候模式中稳定状态下的温度与太阳常数的非线性关系求解（North and Crowley，1985）

Q/Q_0 是冰面辐射与太阳辐射比，1～3分别为太阳辐射驱动冰盖变化的三个阶段大陆冰川和冰盖与大气和海洋不同,它们的运动是一种准水平的蠕动,达到压力和黏滞力之间的一种近似平衡。因此,陆冰模式是在一般质量方程、动量方程和能量方程基础上发展起来的(Grigoryan *et al.*,1976)。根据

$$-\nabla p + F = 0 \tag{8.24}$$

$$-\frac{\partial p}{\partial z} - \rho g = 0 \tag{8.25}$$

$$\nabla V = 0 \tag{8.26}$$

获得

$$\frac{\mathrm{d}T}{\mathrm{d}t} = \left(\frac{\partial T}{\partial t} + V \cdot \nabla T\right) = k\,\nabla^2 T + \frac{qF}{c} \tag{8.27}$$

式中:∇ 是水平二维梯度;p 是压力;F 是水平二维分量;z 是冰厚度;ρ 是冰密度;V 是三维速度矢量;T 是温度;t 是时间;kq 和 c 分别是冰的热容量和扩散率(Paterson 1994)。

根据冰盖处于稳定状态并且冰盖总是向地势低处流动的假设,发展了南极冰盖模式(Bud *et al.*,1971)。此后,发展了具有垂直冰架结构并耦合地壳均衡模式的二维冰盖模式(Oerleman,1982;Budd and Smith,1982)。为进一步了解南极冰盖对气候响应的机制,人们开始考虑耦合冰温度场的三维动力热力学冰盖模式(Huybrechts and Oerlemans,1988)。在欧洲冰盖数值模拟计划(EISMINT)中,三维冰盖模式发展为三维动力热力学标准耦合模式(GLIMMER),成为模拟的南极冰盖演化和机制研究中的一个重要模式(Huybrechts 1994;MacAyeal 1996)。GLIMMER 模式是一个模拟冰盖演化的模式,既可以单独运行,也可以作为一个子模块耦合进气候系统模式运行。GLIMMER 模式基于三维有限差分冰盖的冰盖动力热力学,构建各种动力热力学特征的数学模式,并耦合冰盖深度的年代学模式,对冰川积累和演变进行模拟。

GLIMMER 模式的基本方程是反映冰盖质量与能量守恒的连续性方程组。垂直坐标为 σ 坐标系统时得到如下刻画冰盖质量守恒的冰厚演化方程

$$\frac{\partial h}{\partial t} = -\operatorname{div}(D \cdot \operatorname{grad}(s)) + M \tag{8.28}$$

这里,D 是冰的扩散系数,div 是散度算子。由能量守恒定律可以推导出冰温热力学方程

$$\frac{\partial T}{\partial t} = \frac{k}{\rho C_p h^2}\frac{\partial^2 T}{\partial \sigma^2} - \langle u, \operatorname{grad}(T) \rangle + \frac{1}{h}\frac{\partial T}{\partial \sigma}(w - w_{\mathrm{grid}}) + \frac{\sigma g}{C_p}\left\langle \frac{\partial u}{\partial \sigma}, \operatorname{grad}(s) \right\rangle \tag{8.29}$$

式中:T 是绝对温度;h 是冰厚;s 是表面高程;u 是水平速度场;w 是垂向速率;w_{grid} 为格点处的垂向速率;ρ 是冰密度;C_p 是冰的热容;$\langle\ \rangle$ 是欧式内积;grad 是 (x,y) 水平面上的梯度算子。

第 9 章

气候系统耦合模式和嵌套模式

9.1 气候系统耦合模式

气候系统是一个复杂的系统，为了模拟古气候变化，需要将大气、海洋、海冰、陆地以及气候系统其他介质的模式进行耦合，以得到符合实际的模拟结果。但是，耦合的最初工作所产生的模拟变量的分布不一定比单独模式所产生的分布有所改进。在耦合模式中，其他气候组成部分计算场中的误差似乎对任何给定的组成部分都会有不利的影响。例如，曾规定的真实大气场研制出的海洋模式，当首次与大气模式耦合时，几乎使海洋模式的结果变得很糟糕。这是主要由于种种不完善的计算方法所模拟的大气场代替了真实大气场的缘故。由于地质时代越久远，其气候状况与现代气候的差异就越大，通过预置现代大气变量、海洋变量、海冰变量及下垫面变量的方法来进行古气候模拟是不合适的，因此，对于长时期古气候模拟来说，即使耦合的最初结果不是那么令人满意，耦合工作仍是必要的。

在耦合模式的研制中，最重要的问题是关于大气、海洋、海冰和陆面很重要的各种典型的时间和空间尺度。典型地说，大气对周围环境变化响应的典型时间尺度远比海洋（特别是深海）和陆地表面响应的时间尺度要小。海冰响应的时间尺度比深海要快得多，但是一般要比大气的响应时间慢些。因此，大气模拟的时间步长要明显地小于海洋或海冰模拟所需的时间步长。另一方面，在海洋中，重要涡漩的空间尺度往往远小于大气涡漩的空间尺度，因此，如果在海洋模式中要我们分辨这些涡漩时，则要求较细的水平分辨率。另外，从总体来看，大气的响应时间往往比其他介质来得快，各个子模式耦合时，照理应设计非同步耦合的方案，使慢响应介质的计算时间步长比快响应介质的长，这样可以大大节省计算时间。但是，同步耦合可能是有效耦合的唯一可行的方法，因为上层海洋对风力的变化响应快(特别是在热带),上层海洋和深海受底水形成的影响,而底水形成的时间对高纬海冰冻结的响应时间尺度很短。用来研究古气候的海气耦合模式种类很多,研究的时空尺度差别也很大,既研究气候的热力学状况又研究其动力学问题(赵其庚,1999)。

9.1.1 海气耦合模式

在海气耦合模式中,对海洋的表示可分3种:

(1) 沼泽(swamp)海洋 海面温度(*SST*)由海表能量平衡计算,没有热量储存,没有洋流。

(2) 简单混合层或薄层(slab)海洋 *SST* 由海表能量平衡和在固定深度的混合层海洋中的热量存储来计算,海洋中无洋流。

(3) 海洋环流模式(OGCM) *SST* 由海表能量平衡和海中热量储存来计算,且包括海水水平和垂直运动的贡献。

前二种海洋模式是没有包含动力学过程的,第三类计算要求较高。对海气耦合模式中的非动力海洋模式只做简单论述,对涉及全球 CGCM 的耦合战略问题将作较深入的探讨。其中一个重要问题是耦合模拟中的气候漂移或系统误差,本章将给出处理气候漂移问题的几种方法和耦合模拟结果。这些结果是海洋与大气耦合相互作用产生的,包括 ENSO 以及耦合低频变化与海洋温盐环流的关系。

1. 大气-沼泽型海洋耦合模式

对于耦合海气系统的模拟,首先必须处理海洋与大气响应时间尺度有重大差别的问题。对于新的强迫,大气的调整时间约为一周到一个月,上层海洋为几周到几个月,中层海洋为几年,深层海洋为数百年到数千年。对海气耦合系统作长期积分,总要考虑模拟所需的计算量。模拟全球系统的任何试验都要适合所研究问题的特点并有计算条件保障。因而对于某些问题可采用需要计算时间较少的海洋模式与 AGCM 耦合。

海洋与大气相互作用的过程包括海面温度在大气强迫下的变化及大气受到新的海面温度的作用而进行的调整。为使海洋对大气强迫作出快速的响应并减少计算量,发展了“沼泽”海洋模式并使之与大气模式耦合。所谓沼泽海洋,就是仅把海洋当作一个潮湿表面,*SST* 由海表能量平衡方程计算,海洋中没有热量存储和洋流影响 *SST*。

计算 *SST* 的海表能量平衡方程是

$$S + F^{\downarrow} - F^{\uparrow} - H - LE = 0 \tag{9.1}$$

式中:S 为吸收的太阳辐射通量;$F^{\downarrow}$ 为向下的红外辐射通量;$F^{\uparrow}$ 是向上的红外辐射通量,H 和 LE 分别是感热和潜热通量;L 是蒸发潜热;E 是蒸发量。

有些项是表面温度的函数，*SST* 可由表面能量方程迭代计算。

因为沼泽海洋没有热量存储，只能用年平均太阳辐射强迫，因而没有季节循环，否则冬半球的海冰会冻结到中纬度。这种模式主要用于基本的敏感性研究。优点是与 AGCM 耦合，非常经济。海洋对大气强迫的响应几乎是同时的，几年的积分就可得到关于基本敏感性的信息。这种耦合可用来研究对太阳常数减小或大气二氧化碳浓度增加的敏感性。

2. 大气－平板型海洋耦合模式

平板海洋通常是指厚度为 50～100 m 的薄水层，如果把上层和下层划分为不同层次，则形成混合海洋。它们能简单地表示上层海水热容量的季节变化。用 AGCM 与平板海洋或混合海洋耦合可以粗略地模拟季节循环，上层海洋热量储存的季节变化，且允许研究耦合系统中一个以上的要素，随模式积分达到平衡状态。这时大气与海洋达到的平衡状态，不再向另外的气候状态漂移（如全球海面平均气温，将维持某一平均数值）。在一种热力学平衡的意义上，假设在控制试验和扰动试验中海洋的热输送是相同的（例如要使用通量订正，则通量订正必须相同），这类模式可表示气候系统的变化。在这种耦合模式中，用于计算 SST 的方程如下

$$\rho c_p h \frac{\partial T}{\partial t} = S + F^{\downarrow} - F^{\uparrow} - H - LE \tag{9.2}$$

式中：T 代表 *SST*；ρ 为海水密度；C_p 为海水比热。方程左端项是深度为 h 的混合层热量储存。右端项的总和就是表示沼泽海洋表面能量平衡的方程。

这种类型的全球耦合模式需用较多的计算机时间，因为具有热量储存的简单海洋混合层与大气耦合需要一定时间，才能达到平衡。这个时间通常为 20 年左右，比预想的 50 m 简单混合层达到平衡的时间长些。大部分平衡可在 5 年左右实现，剩下的 10%～20% 则需要 15 年左右，很明显，对于海洋－大气系统微小不平衡的收敛较为缓慢。采用混合层海洋比用沼泽海洋的模拟则更真实。但因没有包含真实海洋的主要部分——洋流，所以这种模式难以模拟出观测 *SST* 分布的各种特征。水平洋流的热输送，可使热量由热带向极地输送，不考虑洋流的模拟会使热带 *SST* 比观测暖，高纬比观测冷。海水涌升的作用使某些热带海洋和东部的副热带海洋的 *SST* 降低。排除了涌升的作用，则使发生涌升的热带东太平洋和副热带大陆西海岸附近的 *SST* 上升。对这种模拟的 *SST* 误差，常采用在模式中加一热通量订正项的方法来订正。热通量订正可看作是洋流进行热量传输产生的源项。

尽管采用混合层海洋进行耦合模拟有系统的 *SST* 误差，但用它来研究全球气候的敏感性还是有效的，已经用它评估全球气候对大气中 CO_2 增加的响应。20 世纪 90 年代古气候模拟中多采用此类耦合模式。

3. 大气－海洋环流耦合模式(CGCM)

AGCM与OGCM耦合是海气耦合模式中最复杂和计算要求最大的,海洋模式包括了前述沼泽海洋和混合层海洋的物理过程,又加上洋流,涌升和次网格混合过程对*SST*和海冰分布的贡献,它改进了沼泽海洋、平板海洋和混合海洋模式的不足之处,成为21世纪以来研究全球气候的有力工具。但在技术上也带来一些新的问题。

首先是计算量极大。如模式包括整个海洋深度,其启动调整(spin-up)时间非常长,因为要使耦合模式达到海洋与大气相互适应的平衡状态,才能开始进行敏感性试验,故需要巨大的计算资源。对于CGCM,要使中低层海洋与表面海水和之上的大气达到平衡,一般需积分数千年,而且很小的不平衡就会使海冰的范围缓慢移动(如缓慢的全球冷却会使海冰范围扩大,冰面反照率过大本身也会产生变冷趋势)。气候的敏感性试验面对同样的问题。如模式包括整个海洋,最终的模式响应时间只能与系统中响应时间最慢的深层海洋一致。不仅要花费更多的计算机时,而且试验所需的启动调整时间和可用的试验积分也长得多。计算耗费和所需长期积分等问题也影响对模式分辨率的选择。为使长时间积分在计算上实现,不得不采用分辨率相对低的CGCM。

OGCM包括计算洋流、温度和盐度的方程,*SST*方程包括各有限深层的热量存储,洋流和涌升,表面能量平衡,次网格尺度垂直和水平涡动扩散等过程。盐度的预报方程类似于温度方程,但没有辐射阻尼项。用CGCM可研究很多简单模式不能分辨的海洋物理过程和敏感性。但是系统误差对CGCM也更重要。与前面讨论的两种模式一样,误差也是由于在模式中对某些过程不能表示或表示的不合理而产生的。例如,对于粗网格海洋模式,为保持计算的稳定性,需采用大的水平热扩散,则造成高纬*SST*过高,使海冰融化,又造成海冰的系统误差。此外,由于次网格尺度过程参数化的不适当或不精确也会造成耦合模式的误差。

图9.1说明大气模式与海洋模式耦合的方式,它是通过海气界面上热量、水汽和动量交换过程或通量实现的。但是大气与海洋模式耦合之后,一般会出现系统性误差和海气通量的不平衡,前者称作气候漂移,为此必须进行订正。最常用的方法是从经验上进行通量调整以使模拟的气候最接近实际的气候条件。这是一种人为施加的调整方法。采用试验间的求差技术则可以用通量调整来修正模式产生的误差。其做法是首先用气候模式进行“控制”气候模式试验,一般至少应对过去的气候模拟20年以上。然后进行气候变化的敏感性试验,如在模式大气中使CO_2增加,并加进硫化物、气溶胶作用等,最后求取两种模拟结果的差,以了解加入上述气体后,原来的气候到底产生了什么变化。在这种差值的结果中,可消除大部分由任何人为调整在模式中产生的误差以及控制试验和敏感

性试验所共有的系统误差。但应该指出,即便如此,仍不能完全消去耦合模式中的误差,它们仍包含在模式的模拟与预测结果中,这也是气候变化模拟研究不确定性的来源之一。

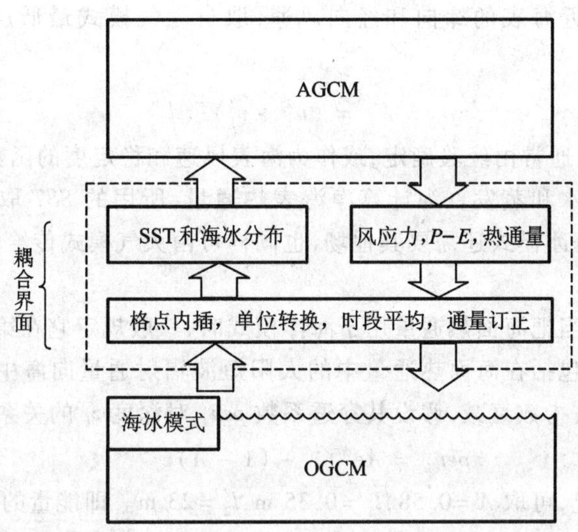

图 9.1　大气模式与海洋模式耦合的方式
通过海气界面上热量、水汽和动量交换过程或通量实现
(赵其庚,1999)

9.1.2　耦合界面和信息交换

1. 混合界面

在海气耦合模式中,大气与海洋(包括海冰)模式必须不断进行信息(某些参数)交换。在大气、海洋和海冰之间的耦合界面(见图 9.1),必须以公共的方式传递这些参数。由于海洋、海冰和大气模式通常是分别发展的,模式界面成了重要问题。例如,不仅要素场要互相匹配,而且单位和格点也要一致,否则需经换算和内插。海洋和大气模式都要建立从对方接收某些参数的程序。而且要规定合适的信息交换频率,或进行通信的平均时间间隔,并便于进行通量订正。

2. 大气给海洋和海冰信息

假设大气模式与海洋模式每个模式日交换一次信息,大气从海洋模式取得前一模式日的 *SST* 和海冰分布,并在大气模式的一个模式日积分中保持 *SST* 和海冰分布不变。而大气模式给海洋模式的要素场,则取大气模式这一个模式日的平均值。这些要素场通常包括:海表风应力 τ_x 和 τ_y,净淡水通量 F_f(降水减去蒸发,或者再减去来自大陆的径流),以及进入海洋的净热通量 H_{net},其方程是

$$\tau_x = C_D \rho_1 V_1 u_1 \tag{9.3}$$

$$\tau_y = C_D \rho_1 V_1 v_1 \tag{9.4}$$

$$F_f = P - E \tag{9.5}$$

$$H_{\text{net}} = [S + F^{\downarrow} - F^{\uparrow} - H - LE] \tag{9.6}$$

其中,u 和 v 是近海表的纬向和经向风速,取自大气模式最低层(用下标 1 表示),全风速为

$$V_1 = (u_1^2 + v_1^2)^{\frac{1}{2}} \tag{9.7}$$

C_D 是拖曳系数,通常由经验确定,或作为海表风速和稳定度的函数计算。ρ 是密度,P 和 E 是降水和蒸发。为计算净海表热通量,所用的 *SST* 取前一模式日的值。如海洋或海冰模式还需要其他场,也同样可由大气模式传给海洋,如海冰模式需要的降雪。

还应指出,当把海面热通量用于海洋模式时,一般规定它在第一垂直层被全部吸收。但是,包括在海面热通量中的太阳短波辐射通量向海中的穿透是深度的函数。能量按指数衰减,假设其穿透系数 pen_k 对深度 z_k 的关系为

$$pen_k = A\mathrm{e}^{-z_k/l_1} + (1 - A)\mathrm{e}^{-z_k/l_2} \tag{9.8}$$

在清水情况,可取 $A = 0.58$,$l_1 = 0.35$ m,$l_2 = 23$ m。即能量的58%按0.35 m的 e 折尺度衰减,能量的42%按23 m的 e 折尺度衰减。因此,如海洋模式第一层取50 m厚,将不需考虑短波辐射再向下的穿透,如果第一层小于25 m,将导致该层过大的加热,应考虑短波辐射通量传到第二层以下的情况。当第一层厚度取10 m时,其影响是显著的,在北半球夏季可达到相当大,需考虑短波辐射向下穿透作用的参数化。通常由(9.8)式求得的模式层穿透系数计算各模式层得到短波辐射。

3. 海洋和海冰给大气的信息

海洋模式从大气模式得到所需的场以后,海洋也需保持这些强迫参数不变,积分一个模式日,使海洋模式在大气的强迫下调整到新的状态。海冰模式除了受到来自大气的强迫外,还受到海洋的强迫,通常海洋有热通量传向海冰底部,也有热通量通过海冰,使海冰模式进行调整。对绝大部分实际耦合过程,大气从海洋得到的参数只有 *SST* 和海冰分布。

由于计算条件限制,通常在全球耦合中的海冰模式是比较简单的,但有证据表明,不同类型的海冰模式对全球气候有不同的敏感性。早期的全球耦合模式,几乎都只包括简单的热力学海冰模式(如 Semtner 模式),这种模式仅考虑海冰形成和融化对上面的大气和下面的海洋的温度的影响,不考虑冰的移动和任何动力学过程。也有更复杂和逼真的海冰模式(如 Hibler 模式和 Parkinson-Washington 模式),但需计算量太大。用更精练的海冰模式,更真实地估算海冰在全球气候中的作用是可能的,这些模式可包括早期简单海冰模式的热力学作用,海

冰的运动，水道和冰湖的作用以及某些简单的冰动力学过程。

海冰模式除了有来自大气强迫外，还须由海洋模式提供温度和表面洋流资料，海冰模式也要在保持这些强迫场不变的情况下积分一个模式日。在海洋和海冰模式积分一个模式日后，对该日的 *SST* 和海冰分布进行平均，把这些新值再反馈给大气模式，强迫大气模式继续往下积分。如此循环就可完成耦合过程的积分。上述例子中把海气耦合交换信息时间间隔取为 1 天有些任意，但在模式发展过程中多有采用（如在 20 世纪 80 年代末，由于许多粗网格耦合模式，通常这样取）。

9.1.3　耦合技术

把大气与海洋相耦合的最基本问题之一是有关介质的响应时间尺度不同，即大气响应较快，海洋响应较慢。在 20 世纪六七十年代，由于计算条件的限制，发展出非同步耦合方案，特别是在模式中考虑季节循环情况下应用较多。在非同步耦合中，大气模式与海洋模式积分的时间不均衡。一般大气模式需要较多的计算时间，但对来自海洋的变化的强迫响应较快；海洋模式需要的计算时间少，而对来自大气的变化的响应则慢得多。不同步耦合利用这个特点，对大气模式积分时间短，对海洋模式积分时间长，例如，大气模式积分一年，强迫条件包括季节变化，而海洋模式积分 10 年以上，以便使海洋对这一年的大气强迫做出响应。

最早发表的用 AGCM 与 OGCM 耦合的试验是由 GFDL 的 Manabe 和 Bryan 在 20 世纪 60 年代末进行的。他们建立了粗网格（5°×5°）的简单扇形大气和海洋模式。大气模式为 9 层，海洋 5 层。模式积分不同步，大气积分仅一个模式年，而海洋用年平均的太阳辐射强迫积分 100 年。对大气的每个模式日，海洋与大气交换一次信息。这项计算在 UNIVAC1108 机上花 1 200 h，这按今天的计算机标准，计算量也是不小的。

尽管在 GFDL 进行的第一次海气耦合积分，海陆设置简单，且有其他局限，但却模拟出可以接受的大气和海洋的温度（图 9.2）。此模拟中的系统误差，在今天的粗网格 CGCM 中也仍然存在。如热带 *SST* 太低，高纬 *SST* 太高，大气的热带对流层太冷。这标志着海气耦合的开始，说明两种独立的介质（大气和海洋）可以耦合，相互作用，并产生与观测相差不太远的气候。此后，发展了分辨率为 5°×5°，大气 9 层，海洋 12 层，有真实地理形状的耦合模式，仍采用不同步积分，大气积分了 310 个模式日，海洋积分 272 个模式年，海气之间每 1/4 个大气模式日交换一次信息。耦合积分中大气与海洋仍为不同步，耦合数据库随时更新，新的边界条件传给相应的模式（图 9.3），用这种方法大气 GCM 积分 4.2 模式年，海洋积分 1 200 模式年。

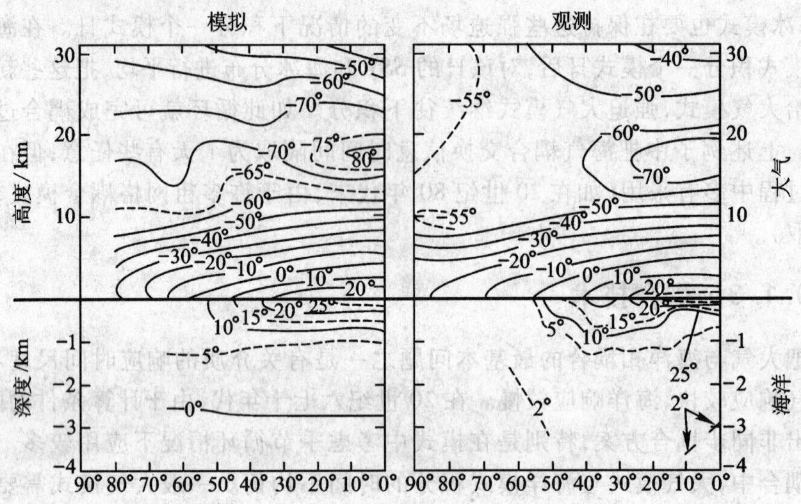

图9.2 纬向平均大气和海洋温度剖面

(Manabe,1969)

右图为观测值,左图为由GFDL早期大气-海洋模式计算值

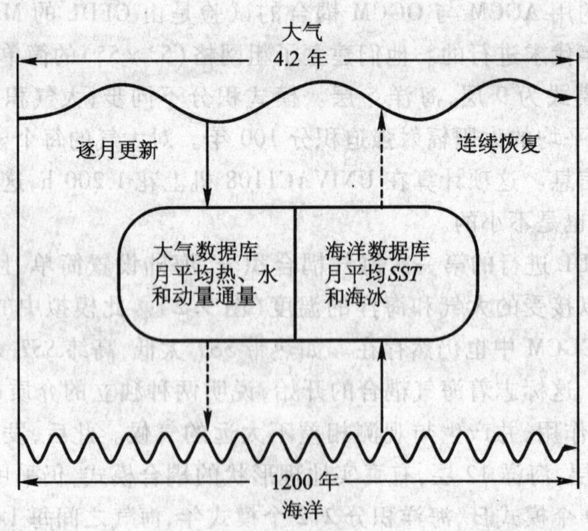

图9.3 GFDL耦合模式对季节循环积分的非同步耦合方案

(Manabe,1979)

当全球模式发展到20世纪80年代,发现了非同步耦合的问题,如不利于用来做气候敏感性试验,促使在敏感性试验中采用同步耦合,并提出海洋与大气模式信息交换的频率至少为每个模式日一次。这就是现在同步耦合通信的最小频率。不同步耦合还在耦合模拟的启动调整阶段使用。

如果大气模式没有日变化,那么每模式日一次的通信频率就够了,如果大气模式包括日变化,则海洋与大气之间的通信频率则需达每小时一次的量级。这就大大增加了计算量,因为大气模式包括日变化要求在计算中更多地调用耗计算机时较多的辐射子程序。因此到20世纪80年代末大部分全球耦合模式不包括日变化,这并不是因为日变化不重要。事实上,日变化对气候模拟可有显著的影响。但是在不包括日变化的情况下进行长期积分研究基本的气候敏感性也是可以的,可以模拟出大多数第一级的气候特征。到了90年代,更多的耦合模式包括了日变化,在海洋与大气模式之间的通信频率更高了。总之,在模式逼真细致与允许进行长期积分的计算效率之间做出恰当的选择,是确立气候模拟总体设计所要考虑的中心要素。

1. 耦合模式的初始化和耦合调整

用于气候研究的海气耦合模拟试验,一般由耦合模式初始化,短时的耦合调整积分,耦合控制试验和敏感性试验(图9.4)组成。设计一个成功的海气耦合模式试验,主要挑战之一是把耦合模式控制试验的气候漂移减到最小。因为气候漂移是偏离某种初始状态的一种非强迫的趋势,它不是对平均气候状态发生的正常变率的组成部分,积分中出现的气候漂移关系到对气候变率的分析和对敏感性试验(如对辐射强迫变化响应)的解释。除了改进海洋和大气模式以外,减少气候漂移的方法主要是:① 通过耦合模式的初始化,制成接近平衡状态的耦合积分初始场,减少因初始场不平衡引起的气候漂移;② 对模式之间的通量交换进行调整。

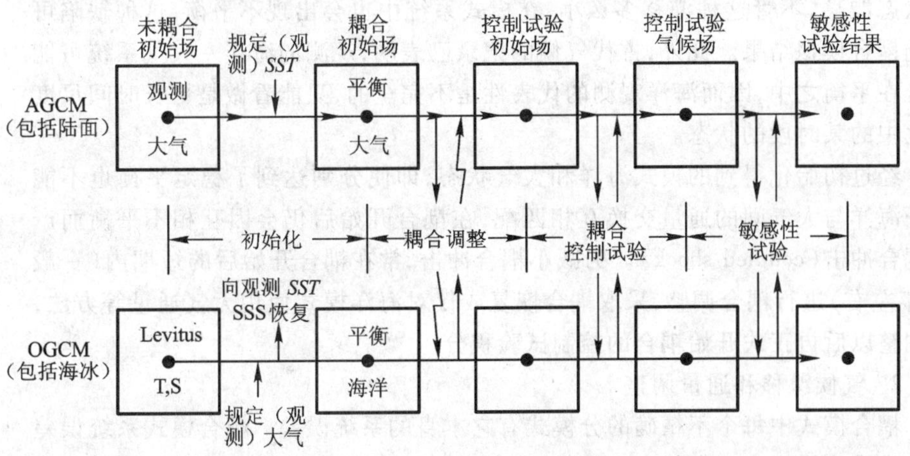

图9.4　海气耦合模拟试验流程图

（赵其庚,1999）

耦合模式的初始化有各种不同方法,从耦合模式国际比较计划(CMIP)得到的资料看,大多数是从平衡的海洋和大气初始场开始耦合积分,但也有从非平衡的初始场开始耦合的探索,如大气模式国际比较计划(AMIP)规定的 *SST* 强迫积分 10 年后的结果作初始场,海洋模式用从与大气模式相应月的观测分析温度和盐度分布起积分 10 年的结果作初始场。获得平衡初始场的方法通常是分别积分 AGCM 和 OGCM(参见图 9.4 初始化示意)。对 AGCM,一般是从观测初值出发,用规定的 SST 强迫(可包括季节变化),积分 10 ~ 20 年可得到准平衡场。对 OGCM,一般从具有观测分析的温度 T 和盐度 S 的静止海洋(因无洋流资料)开始积分,海表通量多用向观测的海表温度 *SST* 和盐度 SSS 恢复的方法计算,也有用大气参数计算的。由于深层海洋响应慢,积分几千年才能使整个海洋达到稳定平衡状态。由于 OGCM 的初始化需要的计算量太大,GFDL 还设计了一种对深层海洋加速积分的方案,即在同一积分中,下层积分步长比上层长,其优点是可使整个海洋较快达到好的稳定平衡,缺点是由于时间尺度不同,上下层之间的混合可产生自上层向下层的异常瞬时强迫。

对海洋模式还有一种初值化方法。在模拟开始,强迫海洋的三维结构与观测资料一致。如海洋积分从观测的二维(纬度 - 深度)或三维海洋温度和盐度结构开始,并强迫模式变量向观测值接近。这种方法的一个优点是,海洋模式开始状态接近观测的海洋,避免了因用加速积分方法涉及的时间尺度问题而产生的系统误差。使用这种方法的前提是,对大部分深层海洋离开初值的时间尺度应为 100 年或以上,因而所研究的气候问题的时间尺度为 100 年或以下时(如季节到年际尺度),海洋状态的这种慢的漂移比起耦合模式所研究的信号要小得多。由于初始海洋状态未达到稳定平衡,模式海洋将会慢慢地向模式自己的气候状态漂移,不管这种漂移多么小,在模式系统中也会出现不平衡,这种缺陷可影响耦合模拟结果。此外,古代气候的记录已表明,观测的海洋 - 大气系统可能不处在平衡之中,因而海洋观测的代表性是不完全的,只能看做是更长时间尺度变化中的某时段的状态。

经过初始化得到的模式海洋和大气状态,即使分别达到了稳定平衡也不能保证海洋与大气间的通量交换互相匹配,在耦合开始后仍会因互相不平衡而产生耦合冲击(coupled shock)。为减小耦合冲击,常在耦合开始后的短期内(一般 10 年左右)进行耦合调整,采取耦合恢复或仅对海洋模式使用大气通量等方法,待调整以后再正式开始耦合的控制试验积分。

2. 气候漂移和通量调整

耦合模式中每个不精确的分模式有它本身的系统误差。耦合模式系统误差定义为模式模拟中稳定的误差,它是由分模式的缺陷单独产生的误差,再加上各分模式在耦合之后产生的误差,或者说是由于不精确的各分模式之间的耦合相互作用产生的误差。有时把这样定义的系统误差称作气候漂移。本节所称的气候漂移，不是指耦合模式以几年或更短时间向相对稳定的系统误差形式的急速演变，而是指耦合系统以长时间尺度(百年量级)从海洋的一种初始状态，或从耦合分模式之间的小的不平衡开始的缓慢的状态变化。如果使用加速的启动调整方法，按定义则系统没有什么气候漂移，但在海洋分模式中可能有较大的系统误差。

面对这些系统误差，耦合模拟者必须作出合理的决定。一种处理方法是认定系统误差虽然在控制积分中是严重的，但有指示性意义，可准确地表示耦合模式的缺欠，为解释敏感性试验结果提供有意义的信息。这样做的好处是，耦合的模式在内部是一致的，模式的缺欠没有被掩饰和隐藏，可根据耦合模式的响应直接解释敏感性试验。其缺点是控制积分的系统误差可能不真实地影响敏感性试验的结果。

另一种处理方法是，模拟者可认定，在控制试验中出现的系统误差过大，对敏感性试验结果的影响已达到不能接受的程度，必须对控制试验中的误差进行某种修正，以便为敏感性试验提供一个更真实的基本气候状态。这种方法称作通量订正或通量调整，好处是使控制试验的模拟更像观测系统，基本状态的改善可为气候敏感性提供更好的评估。这里还隐含一个假设，即敏感性试验是基本状态上的一个小扰动。缺点是耦合系统已被改变，敏感性试验结果不能准确表示在没有订正情况下耦合结果的特征。

对海气界面上的变量(图9.1)有几种方法进行通量订正。对热通量的订正，一般是先在观测风应力和海面气温强迫下运行海洋模式，可得对海洋的净热通量强迫 H_o，即

$$H_0 = \gamma(T_{obs} - T_{comp}) \tag{9.9}$$

式中：γ 称为 Haney 耦合系数。此系数引进了一个对海洋模式计算的 SST(T_{comp})的时间滞后订正，使其接近观测的 SST(T_{obs})。在对海洋模式积分若干时间以后，H_o 的值(需要订正 T_{comp} 到 T_{obs} 所需的净热通量)做为时间和空间函数被储存下来。

接着用观测的 SST 强迫大气模式进行积分，把由大气模式计算的净热通量 H_a(由(9.1)式的不平衡产生)也作为时间和空间的函数存下来。则对耦合模式的热通量订正值 H_c 为

$$H_c = H_o - H_a \tag{9.10}$$

在每一时步，把它作为时间和空间的函数加在从大气到海洋的净热通量上去。从几个模式的总情况看，净海表热通量可以表示出全耦合动力学模式的问题。

在热带，大气模式净热通量的系统误差通常比海洋模式小(海洋模式有强的变冷趋势)，耦合模式的系统误差是由海洋模式主导的。如在耦合模拟中热带的热通量比观测的正值大，SST 比观测值低。在这种情况下，采用 H_c 做通量订正，

加到由大气模式计算的热通量上,就可订正海洋模式系统变冷的误差。

对于其他量的通量订正,一般首先在观测的SST强迫下积分大气模式。由大气模式计算出的风应力和淡水通量($P-E$)值减去观测的风应力和由观测盐度计算的淡水通量则得到对来自大气模式的通量的订正值,把这些值作为空间和时间的函数储存下来,在耦合积分的每一时步,把订正值分别加到由大气模式计算的风应力和淡水通量值之上。这可有效地消除来自大气模式的系统误差,使耦合模拟大致接近观测值。

进行通量订正是希望消除耦合模式向自己充满系统误差的气候的“漂移”,因订正项仅加在每一时步,耦合模式还可能存在慢的漂移,另外还有表面条件的改变问题,如所有的冰在某格点融化了,对新的裸露的海洋点的通量订正要据新情况进行处理。总之,耦合模式的系统误差很显著,如何处理还有争论。如果用通量订正方法,订正项相当大,有时达正确值的5倍以上。若不进行通量订正,则模拟将有相当大的系统误差,如在热带某些地区 *SST* 比观测值低4 ℃以上。

3. 距平耦合

为减小耦合模式的气候漂移,对于海气间的通量交换也可采用距平耦合代替完全直接耦合的方法,即对某些通量或全部通量扣除其模式气候的平均量。例如美国国家环境预报中心(NCEP)用于太平洋海温预报的耦合模式对短波辐射和风应力采用距平耦合方法。这实际上也是一种通量订正,可减小大气模式和海洋模式的系统误差。

张学洪等采用月平均通量距平耦合方案于全球大气、海洋和海冰耦合模式,对控制气候漂移取得了令人满意的结果。该方案设由大气通过海面进入海洋的通量 F 为大气状态 Φ 和海洋状态 Ψ 的函数,定义

$$F^c = F(\Phi^c, \Psi^c) \tag{9.11}$$

$$F^u = F(\Phi^o, \Psi^u) \tag{9.12}$$

$$F_0^R = F(\Phi^u, \Psi^u) \tag{9.13}$$

其中,上标 c、u 和 o 分别表示耦合、未耦合和观测的状态,F^c 为海洋模式和大气模式直接耦合时海洋得到的通量,F^u 是单独的海洋模式在观测的大气强迫下得到的通量,F_0^R 为由未耦合的海洋和大气状态计算得到的参考通量。

由大气进入海洋的通量距平定义为

$$\delta F = F^c - F_0^R \tag{9.14}$$

耦合模式中大气进入海洋的通量则为

$$F = F^u - \delta F \tag{9.15}$$

考虑到一个没有明显气候漂移的耦合系统其通量距平的长期平均值应该趋近于零,如果耦合积分开始时未耦合的大气和海洋模式都已达到自己的准平衡态,这时的 δF 值应接近于零,但这不能保证耦合开始后 δF 的长期平均值接近于

零,因为它决定于耦合模式的性能和状态。为使通量矩平的长期平均值接近于零,该方案在开始阶段先进行耦合调整试验,设耦合调整时期通量距平的平均值为

$$\overline{\delta F} = \frac{1}{T}\int_0^T (F^c - F_0^R)\,\mathrm{d}t \tag{9.16}$$

其中,T 为耦合调整积分时间,则第一次调整后得到的参考通量为

$$F_1^R = F_0^R + \overline{\delta F} \tag{9.17}$$

再用新的参考通量 F_1^R 代替 F_0^R 进行第二次耦合调整积分,得到新的 $\overline{\delta F}$ 和 F_2^R。如此继续下去,直至 $\overline{\delta F}$ 越近于零,最后得到固定的参考通量 F^R。据他们的经验,这种耦合调整积分长度为 3 ~ 5 年,只需重复进行 1 ~ 2 次即可达到 $\overline{\delta F}$ 趋近于零。用此耦合方案于全球 20 层海洋模式和 9 层大气模式进行 200 年耦合积分得到的全球平均 SST 和海冰面积变化表明,全球 SST 除前 10 年略有上升外均围绕其平均值振荡,海冰面积也基本上没有气候漂移。

9.1.4　大气、海洋、海冰耦合模拟应用

由于大气、海洋和海冰的相互作用是极为重要的,因此要能精确模拟出在大气/海洋/海冰界面附近的变化,就要求在计算中把这三个介质全部引入模式(在无冰水域情况下,只引入大气和海洋两个介质)。这个问题对长时间尺度的模拟尤为尖锐,如模拟大气中增加二氧化碳和痕量气体对未来气候的影响问题。许多研究人员终于研究出了海洋、海冰和大气的耦合模式(Washington *et al.*,1991)。

在海洋、海冰和大气耦合计算中,一个主要问题是不同介质的时间尺度不同,特别是整个大气对外部条件调整的反应远比海洋迅速得多,调整的时间尺度大约只有几天到几个月(Gates,1981)。虽然海冰、雪盖和洋面海水响应的时间尺度大约也是几个月,但是深海响应的时间尺度一般就需要几百年了。模拟高山冰川和冰盖,它们响应的时间尺度分别为几百年和几千年左右。

由于大气和海洋时间尺度不同,所以某些大气/海洋的耦合工作是非同步的。在这种情况下,大气和海洋模式是用不同的时间步长分开来相继运算的。先把大气计算的结果作为下一步海洋迭代的边界条件代入海洋模式,然后再把海洋计算的结果代入大气模式。例如,Manabe 等(1975)、Bryan 等(1975)的第一个全球环流耦合模式中,大气用的是 9 层模式,海洋用的是 12 层模式,Washington 等(1980)的 8 层大气模式和 4 层海洋原始方程模式中,都是这样处理的。早期耦合区域有限模式(Bryan,1969b;Manabe,1969a,b;Manabe *et al.*,1969)的推广用的是年平均日照,而不是有季节变化的太阳辐射;在后来的模式版本中(Manabe *et al.*,1979)改进了采用实际太阳辐射的真实季节变化值。

在另外一些模式中进行了同步运算,例如 Bryan 等(1982)的模式将大气环

流谱模式和深海模式同步耦合。Bryan 等的(1982)模式建立在 Manabe 等(1980)早期使用的模式的基础上,用9层大气谱模式与没有平流或扩散的固定深度的海洋混合模式耦合。

上述大部分耦合模式都以某种方式包括了海冰。虽然用了比上一节谈到的单独海冰模式更简化的参数化,例如 Bryan 等(1975)和 Manabe 等(1975)根据能量平衡和海冰移动,在模式中引入了海冰热力学,但没有考虑浮冰的超前,当海冰厚度超过 4 m 时,所有海冰都停止移动,当冰厚度在 4 m 以下时,海冰是严格随海洋上层的海水漂移的。由此产生的计算结果导致北极海冰随时间增长过快,平均和最大冰厚度不断增大,在模拟的 200 年内,它们的值分别达到 5.32 m 和 29.7 m(Manabe *et al.*,1975)。与此相反,模拟的南极冰盖远比实测冰盖少,这是由于模拟南极地面温度太暖的缘故(Parkinson *et al.*,1980)。

用耦合模式进行的大多数研究(例如 Manabe *et al.*,1975;Manabe *et al.*,1979;Manabe *et al.*,1980;Washington *et al.*,1980;Washington *et al.*,1984;Washington *et al.*,1986)所模拟出的海冰分布都比非耦合模式模拟的结果差。在 Washington 等(1980)模拟中,海冰是用严格的热力学方法处理的,而且没有考虑浮冰的超前,结果南大洋海冰很少。一年中大部分时间海冰主要限于罗斯海和威德尔海。模拟结果反映南大洋模拟的海面温度比实测值偏暖 1~5 K;主要是由于模式网格粗和次尺度热扩散过剩而产生的结果(Washington *et al.*,1980)。

耦合模式模拟的结果比单独模式有所改进,特别是那些已知的单独模式模拟较差的地方,因为这些模式没有详细规定边界条件。例如,单独海冰模式模拟出来的北大西洋北部海冰过剩,而在 Hibler 等(1984)海洋/海冰耦合模拟中北大西洋北部海冰大大减少了。Hibler 和 Bryan 把 Hibler(1979)海冰模式和 Bryan(1969a)海洋模式耦合,用于包括格陵兰海和挪威海有限区域的模拟。与格陵兰海和挪威海实测海冰边缘相比,冬季的海冰边缘的位置比 Hibler(1979)单独模式有了明显的改进。

9.2 全球-区域嵌套模式

由于当前的全球大气-海洋-陆地耦合模式(CGCM)的空间分辨率一般在百千米的量级,因而难以描述区域尺度的复杂地形、植被分布和物理过程,对区域尺度的气候及其变化,尤其是对降水的模拟与预报能力不高。为了克服 CGCM 在该方面存在的较大的不确定性,20 世纪 90 年代以来区域气候模式极为迅速地发展起来。

为了提高模拟区域气候变化的能力，目前主要有以下几个途径：一是增加现有全球环流模式的水平分辨率，如日本全球变化前沿研究计划（Frontier Research System for Global Change）就正在发展水平分辨率大气环流模式为几十至几空里、海洋环流模式为0.1°的全球模式，并为此而开发研制超高性能的并行计算机“地球模拟器”。二是在全球环流模式中采用变网格方案技术，在重点研究区域采用较高的水平分辨率（如T200），而远离重点研究区域的地区则取较低分辨率（如T18）。三是采用高分辨率的区域气候模式与全球环流模式进行嵌套。一些区域气候模式将全球大气环流模式范围缩小到要研究的区域，再与相应的全球模式相嵌套。而更多的区域气候模式的动力学框架则取自中尺度天气模式，并引入气候物理过程参数化方案，使之适应于气候研究。

由于第一、第二种方法受到计算机能力的限制、变网格方案的复杂性以及发展适当的物理过程参数化方案的困难，所以利用第三种方法——发展全球－区域嵌套模式进行区域气候模拟研究占多数。由于具有较高的分辨率，区域气候模式可以细致地描述研究区域内的地形、海岸线及地表植被分布等地表特征，加之相对更加完善的物理过程，进而能对区域内不同尺度系统之间的相互作用进行更好地模拟，因此，区域气候模式通常可以更准确地揭示大尺度背景下的区域气候特征。

发展区域气候模式有几个关键环节：① 物理过程参数化方案，② 空间分辨率，③ 侧边界嵌套方案，④ 初始化方案。每个模式根据其不同的发展阶段又形成了各自不同的版本，下面介绍 MM4 和 RegCM2 模式，并对侧边界条件与嵌套技术做简要介绍。

9.2.1　区域中尺度气象模式

有限区域中尺度气象模式（MM）是一个具三维原始方程数值模式（Athens and Warner 1978；Athens *et al.*，1987）。MM 模式中主要物理过程包括辐射计算、边界层处理、积云对流参数化、陆面过程模式。

第四代 MM 模式（MM4）辐射计算采用改进的 CCM2 辐射方案，将太阳辐射分为近红外和可见光部分，太阳光谱分 18 个波段进行计算，晴空辐射包括瑞利散射和 O_3、CO_2、H_2O、O_2的辐射效应，在有云的情况下考虑云顶反射、云与云、云与地面间的多次反射。模式用 Kuo-Athens 型积云方案刻画积云对流过程，包括云水和雨水的预报、可分辨尺度的平流等。模式下边界与陆面过程模式 BATS 耦合，以刻画植被、土壤和大气间的动量、热量和水汽交换，包括一层植被与三层土壤及雪被在内的陆面物理过程。它包含 18 种植被类型，土壤层分辨土壤的质地和颜色等主要物理属性。区域模式要求给出一系列 BATS 场的初始值，一般假设土壤表面温度和植被温度与大气最底层的气温一致，土壤水含量根据植被和土壤类型确定。土壤水文过程包括土壤水预报、降水、径流、积雪、蒸发、土壤水扩散等。土壤水运动从高分辨的土壤模式中求出,地表径流是降水率和土壤饱和度的函数。

边界层的计算采用中等分辨率方案,表面蒸发依赖于土壤水可获得率。在边界层通量计算中,湍流输送在稳定和近中性层结条件下由涡漩扩散决定,其扩散系数依赖于表面粗糙度和近地层大气稳定度。在不稳定条件下,湍流输送由于对流调整进行,除标准温度调整外,也重新调整湿度的垂直分布。这一方案包含了反梯度输送项,刻画了对流引起的非局地输送(陈明等,2000)。下垫面预报量包括土壤上下层的温度、植被冠层温度、叶面温度等。

由于 MM4 主要模拟天气过程,在古气候模拟中没有直接应用,但在此基础上发展了区域气候模式,被用来模拟长期气候。

9.2.2 区域气候模式

为了克服 GCM 因其网格较粗、难以捕捉中、小尺度强迫起主要作用的区域气候变化局限性,Dickinson 等(1989)首先利用一个有限区域中尺度气象模式(MM4)与其设计的生物圈－大气传输方案(BATS)相耦合,并与 NCAR 的 CCM 嵌套在一起,成功地对美国西部进行了气候模拟。以后进一步修改发展,如加入 CCM2 的辐射传输方案及 Dickinson(1993)改进的 BATS1e 方案,并对边界层、积云对流的参数化及土壤温、湿计算等方案,美国国家大气研究中心(NCAR)研制出第一代区域气候模式——RegCM1(Giorgi,1989;1990),该区域气候模式已经被广泛地用来模拟北美、西欧、东亚和非洲的区域气候变化与变率。

RegCM2 的动力框架与 MM4 一致,采用 σ 坐标上静力、可压缩原始方程。其物理过程主要包括动力方程、连续方程、热力学方程、静力平衡方程、由连续方程得到的地面气压倾向方程及各模式层上的垂直速度的诊断方程。模式的水平网格系统采用"Arakawa B"交错网格,这种网格将动量($P\times u$)及($P\times v$)定义在"圆点"上,而其他变量定义在"叉点"上。各种试验表明这种网格系统对气压梯度力及水平散度的计算比较精确。模式在垂直方向可任意分层,各变量在垂直方向也是交替分布的。其中"垂直速度"放在整 σ 层上,而其他所有变量放在半 σ 层上。图 9.5 给出了 RegCM2 中垂直和水平网格结构,为了采用高分辨率边界层方案,垂直方向采取非均匀分层,通常在大气底部分得较细。

表 9.1 给出了 RegCM2 模式的垂直分层情况。该模式在差分方案的设计上保持了质量及动量守恒,并近似满足总能量守恒。考虑到模式的精确性对所用的静力平衡方程的形式相当敏感(Anthes,1971),因而模式中位势高度 Φ 的计算是通过直接在速度层(σ 半层)上积分静力平衡方程得到的,而不是如通常那样先积分到 σ 整层再插到速度层上。

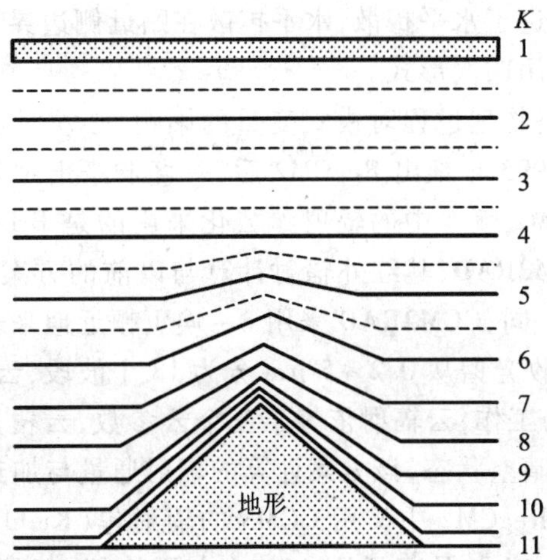

图 9.5　区域气候模式垂直网格结构

（郑益群，2000）

K 是垂直分层：1，2，...，11 层，分别对应半 σ 层，数值见表 9.1

表 9.1　RegCM2 模式垂直分层情况

垂直分层指数 K	σ 整层 Q(K)	标准气压（hPa）	σ 半层 A(K)	标准气压（hPa）
1	0.00	100	0.075	167.5
2	0.15	235	0.225	302.5
3	0.30	370	0.375	437.5
4	0.45	505	0.525	572.5
5	0.60	640	0.675	707.5
6	0.75	775	0.80	820
7	0.85	865	0.89	901
8	0.93	937	0.95	955
9	0.97	973	0.98	982
10	0.99	991	0.995	995.5
11	1.00	1000		

模式气压梯度力的计算采用静力扣除的 Corby 格式。RegCM2 的时间积分方案采用由 Madala(1981)提出的分离积分技术，该方案采用较短的时间步长来处理最快的两个重力模，而对于其他过程则采用较长的时间步长。利用该技术可在保证精度的情况下使用超过两倍的时间步长。为了克服非线性不稳定及混

淆误差,在模式中加进了水平扩散,水平扩散在贴近侧边界处的网格点上用二次形式,而在区域内部用四次形式。

为了描述次网格物理过程对模式变量的影响,必须对这些次网格过程进行参数化。NCAR 自 1993 年推出 RegCM2 后,一直未停止对其中物理过程参数化的改进。早期 RegCM2 版本中的辐射参数化采用的是 Briegleb(1992)为 CCM2 设计的辐射包 - CCM2RAD,其红外辐射计算与以前的方案类似,但短波分量的计算与以前有明显不同,CCM2RAD 采用 δ - 埃丁顿近似来表示 O_3、H_2O、CO_2 和 O_2 的影响,散射、吸收光谱从 0.2 ~5 μm 分为 18 个波段,云的散射、吸收参数化采用 Slingo(1980)的工作,云辐射依赖于三个云参数,云覆盖率 f_{cl}、云水含量 L、和云粒子半径 r_e,在晴空状态,该方案计算的辐射通量与加热率接近逐线和窄带的计算精度。此后,RegCM2 中又用 CCM3 的辐射包(Kiehl *et al.*,1996)代替了 CCM2RAD,虽然新方案中保留了原方案的主要特征,但增加了其他温室气体(NO_2,CH_4,CFCs)、大气硫物质及云冰的影响。在积云对流参数化方面,RegCM2 中原本有 Kuo-Anthes 方案及 Grell 方案两种选择,后来又加入为 CCM3 发展的深积云对流方案 - 质量通量方案(Zhang *et al.*,1995)。在 RegCM2 中,水汽可通过显式和隐式两种方法来计算,采用显式方案时,水汽、云水和雨水都作为预报量给出,但因该方案在气候模式中耗用机时过多,其后又对其进行了简化,在简化方案中仅仅包含一个云水诊断方程,并用其表示云水形成、对流和湍流混合、次饱和状态下的再蒸发及通过整体自动转换项向雨水的转变。当然,该方案的改进并不仅仅简化了微物理过程,而是将云水变化的预报直接用于云辐射计算,在此前的版本中,用于云辐射计算的云水变化是通过相对湿度诊断得到的。这种改进为水循环的模拟和能量收支计算的相互作用提供了重要基础(Giorgi,1999)。RegCM2 中设置了两种行星边界层参数化方案,即整体空气动力学方案及高分辨边界层方案。利用高分辨方案可预报水平风速(u,v)、位温、水汽混合比(q_v)、及云水(q_c)的垂直混合。在该方案中将大气层结划分为四种类型,分别是:稳定、机械驱动湍流、强迫对流不稳定及自由对流不稳定。而这四类又可归纳为两个体系,即夜间体系和自由对流体系。根据这两个体系不同的稳定状态分别采用相应的垂直扩散方法来计算湍流输送。

对于下垫面强迫过程的描述,RegCM2 中耦合了由 Dickinson(1993)改进的 BATS1e 方案,该方案在水份循环、地表感热及动量通量计算方面与较早的 BATS 方案类似,可描述 18 种下垫面类型,不同之处在于为改善土壤湿度计算加进了 3 m 深土壤层,修正了积雪区的土壤温度强迫回复计算法,并在利用粗糙度时考虑了非零的“位移长度”订正。因为陆 - 气相互作用在东亚古气候模拟中有重要影响,故有必要对 RegCM2 中的陆面过程方案作较为详细的介绍。

土壤温度对后期气候有明显的影响。BATS 将土壤温度在垂直方向分为三层。这包括具有日变化周期的表层土壤温度 T_{g1}、具有季变化周期的次层土壤温度 T_{g2} 和固定的年平均深层土壤温度 T_{g3}。

表层和次层土壤温度分别如下

$$\frac{\partial T_{g1}}{\partial t} = \frac{C_1 h_s}{\rho_s C_s d_1} - \frac{C_2 (T_{g1} - T_{g2})}{\tau_1} \tag{9.18}$$

$$\frac{\partial T_{g2}}{\partial t} = - C_3 \left[\frac{T_{g2} - T_{g1}}{\tau_1 + C_4 (T_{g2} - T_{g3}) + Q_{sf}} \right] \tag{9.19}$$

式中：$C_1 = 2\sqrt{\pi} = 3.544\,9$；$C_2 = 2\pi$；$C_3$ 是次层土壤张弛率，取为 0.2；C_4 为表层土壤温度对年平均值的减弱效应，除在永久冻土外都取为 0；$\tau_1 = 8.64 * 10^4$ s，即一天；h_s 为地表吸收的净热通量；Q_{sf} 表示由于融化或凝结造成的次层土壤温度的变化率。

对于水面、海冰或裸地表感热通量可表示成

$$F_S = \rho_a c_p C_D V_a (T_{g1} - T_a) \tag{9.20}$$

相似地，水汽通量 F_q 为

$$F_q = \rho_a C_D V_a f_g (q_g - q_a) \tag{9.21}$$

其中，q_g 是饱和混合比，q_a 是大气模式最低层水汽混合比，f_g 是湿度因子，除对扩散限制土壤表层外，取值为 1。在扩散限制土壤表层定义为地表实际蒸发率和可能蒸发率之比 $f_g = F_q / F_{qp}$，T_a、V_a 分别为冠层顶的温度和风速。拖曳系数 $C_D = f(C_{DN}, R_{iB})$，C_{DN} 为中性稳定拖曳系数，R_{iB} 为总体理查逊数。

在 BATS 中，由于考虑了植物冠层与大气之间，植物冠层内空气以及空气和叶之间、根和土壤之间的水分、热量的非常复杂的传输过程，因而必须对它们进行合理的参数化。

叶面到大气的热通量 H_f、植物冠层到大气的热通量 H_a 及地表到大气的热通量 H_g 分别为

$$H_f = \sigma_f L_{SAI} r_{la}^{-1} \rho_a c_p (T_f - T_{af}) \tag{9.22}$$

$$H_a = \rho_a c_p C_D V_a (T_{af} - T_a) = H_f + H_g \tag{9.23}$$

$$H_g = \rho_a c_p C_D [(1 - \sigma_f) V_a + \sigma_f U_{af}] (T_{g1} - T_{af}) \tag{9.24}$$

其中，σ_f 为植被覆盖率，$A_f = \sigma_f L_{SAI}$ 表示总的湿植被冠层面积，r_{la}^{-1} 为叶的热和水汽通量的传导率。

由(10.5)~(10.7)可得到叶间空气温度 T_{af}，即

$$T_{af} = \frac{c_A T_a + c_F T_f + c_G T_{g1}}{c_A + c_F + c_G} \tag{9.25}$$

式中：$c_A = C_D V_a$；$c_F = \sigma_f L_{SAI} r_{la}^{-1}$；$c_G = C_D [(1 - \sigma_f) V_a + \sigma_f U_{af}]$，分别是冠层顶、叶和地面向大气的热量传输；$U_{af}$ 为进入叶间的风速。

同样利用 $E_a = E_f + E_g$,(E_a 为植物冠层向大气的水汽通量,E_f 与 E_g 分别为叶与地面向大气的水汽通量),可求得叶间空气水汽混合比 q_{af},即

$$q_{af} = \frac{c_A q_a + c_V q_f^{SAT} + c_G f_g q_{g,s}}{c_A + c_V + c_G f_g} \tag{9.26}$$

式中:$c_V = r'' c_F$ 是叶对水汽通量的平均传输率。

通过对叶能量守恒公式用 Newton-Rophson 迭代法可求解叶温 T_f,得到 T_f 后就有

$$\Delta T_{a,f} = T_a - T_f \tag{9.27}$$

$$\Delta q_{a,f} = q_a - q_f \tag{9.28}$$

用(10.10)、(10.11)可计算有植被地表向大气的感热和潜热通量,并可通过加上蒸散与叶向大气的水汽通量之差来更新叶水分收支。

最后,考虑植被时土壤各层的湿度及雪盖液水当量就可表示为

$$\frac{\partial S_{sw}}{\partial t} = P_r(1 - \sigma_f) - R_s + r_w - \beta E_{tr} - F_q + S_m + D_w \tag{9.29}$$

$$\frac{\partial S_{tw}}{\partial t} = P_r(1 - \sigma_f) - R_w + E_{tr} - F_q + S_m + D_w \tag{9.30}$$

$$\frac{\partial S_{cv}}{\partial t} = P_s(1 - \sigma_f) - F_q - S_m + D_s \tag{9.31}$$

式中:S_{sw}、S_{tw}分别为表层、根层上以米为单位的液水含量;S_{cv}为雪盖的积雪水当量;P_r、P_s 分别为液、固态降水率;σ_f 为植被覆盖率;R_s 为表面径流;$R_w = R_s + R_g$ 为总径流量;r_w 为由根层到表层的水分扩散传输率;β 为表层土壤的蒸腾比率;E_{tr}为干叶蒸腾率;F_q 为土壤水分蒸发率;S_m、D_w、D_s 分别为雪融率、过量水及过量雪自叶面的滴落率。有关 BATS 中参数化过程的基本公式更为详细的介绍(Dickinson,1993)。

由于 RegCM 能够较稳定地模拟气候状况,在古气候模拟中多有应用(Hostetler *et al.*,1994;Zheng *et al.*,2004)。

9.2.3　侧边界条件与嵌套技术

1. 侧边界条件

由于区域气候模式在水平方向面积有限,并未覆盖整个地球表面,因而必须给出相应的侧边界条件才能使模式封闭。采用区域气候模式与全球气候模式进行侧边界嵌套,即由 GCM 提供边界值,使其能够长时间积分。在古气候模拟中,也通常采用全球气候模拟的结果作为区域气候模式的侧边界条件(郑益群,2000;钱永甫等,2001)。

由于模式积分的时间比较长,考虑到计算机机时过长等问题,一般需要首先

选择模拟的区域作为模式的积分空间。需要确定的主要参数包括模式中心点位置(经度和纬度),水平格距为(km),垂直方向分层数,对应的 σ 层高度,模式大气顶部气压(hPa)。同时还需要确定模式地形和下垫面。

2. 嵌套原理与技术

(1) 嵌套原理　嵌套模式的基本思想是,用粗分辨率的全球模式模拟全球气候,然后用其输出结果来驱动高分辨率的区域气候模式。在这种单向嵌套技术中,区域模式产生的环流并不反馈到全球模式中,但要求全球模式能够提供气候对各种强迫的正确响应。全球模式的典型分辨率在 200 ~ 400 km 左右,从区域气候模拟的角度上说,这样粗的分辨率已极大地歪曲了局地地形、海岸线及下垫面分布状况等一系列影响局地气候的因子。因此发展区域和全球模式的嵌套技术,既可以获得大尺度天气系统的基本特征,又能够获得由大量中尺度强迫引起的高分辨率信号。嵌套技术的两个主要问题是:嵌套区域模式是否能够积分足够长的时间而不引起模式误差的过度增长,嵌套区域气候模式模拟的天气系统是否代表了真实的天气特征并能够反映高分辨率的区域和中尺度强迫过程。

(2) 嵌套技术　嵌套区域气候模式有几种侧边界处理方案可供选择,分别是:① 固定边界;② 时间相关边界;③ 湿度流入流出边界;④ 海绵边界;⑤ 线性松弛边界;⑥ 指数松弛边界。

嵌套的区域气候模式要求给出初始场和随时间变化的边界强迫场,包括风场、温度场、湿度场和气压场。对一个给定的积分时段,这些变量首先从全球模式的输出结果中插值到区域模式的格点上,并通过指数松弛技术设置边界缓冲区,以有效地阻止边界波的反射。当区域与全球模式嵌套时,边界吸收是一个重要问题。边界上提供给区域模式内部大尺度的大气结构,驱动区域模式内部中尺度和天气尺度系统发展。从这个意义上讲,区域模式模拟了局地强迫引起的高分辨率环流,叠加在大尺度场上。因此,边界场必须满足的条件是由区域模式引起的大尺度环流必须与全球模式提供的大尺度强迫一致,同时区域模式必须给出基于模式内部物理过程产生的高分辨率信息。因此,大尺度强迫因子不可太强,以致于掩盖了区域内部的中尺度强迫信号。缓冲区的作用在于使大尺度强迫与区域模式得到的中尺度结果充分混合,既保持区域模式内外的一致,又使区域模式内部中尺度强迫物理过程充分发展。

第3篇

古气候重建

第 10 章

古气候时间序列重建

利用各种代用资料建立古气候序列称为古气候重建，目的在于揭示古气候变化的事实。重建的内容包括过去不同时间尺度（年级、至数百万年级）、不同空间范围（点、区域、全球）定性和定量的气候变化特征和过程。古气候模拟需要古气候重建提供的各类空间边界条件，古气候重建需要古气候模拟提供各种成因机制的解释，而气候重建和模拟结果的比较研究则提供了研究古气候变化机制的强有力工具。综合古气候重建与古气候模拟的系统研究结果，为详细恢复与重建古气候的过程、规律与机制提供了可能。

古气候重建包括时间序列和空间分布的重建。本章介绍古气候的时间序列重建，包括年代学应用、古气候代用指标，以及古温度与降水的定量重建。

10.1 年代方法概述

古气候的年代是通过对地质、地貌、沉积、考古等相对年代判定和绝对年代测定获得的，具体是通过年代学方法确立一个地质样品的时间标尺，特别是一个连续剖面的若干个样品的年龄数据。各种年代学的主要方法见表 10.1。

表 10.1 年代学方法简表

定年方法		被测参数	测年范围	测年材料	结果
岩石地层法	地层层序		任何地质时代		相对年龄
	构造期		任何地质时代		相对年龄
	沉积纹层	沉积纹理		湖泊沉积	相对年龄

续表

定年方法			被测参数	测年范围	测年材料	结果
生物法		化石	动植物化石		骨骼和牙齿	数值年龄
		孢子花粉		前寒武纪～第四纪	沉积物花粉	相对年龄
		树木年轮	年生长层	0～10 ka	树木	数值年龄
		地衣生长法	生长速率	10 aBP～几千年	地衣	数值年龄
磁性地层法		极性倒转	剩磁方向	50 ka～1 Ma	火山灰、古窑遗址、风成和水成沉积	对比标准年表可获数值年龄
		极性飘移		10 ka～50 ka		
				2.5 ka～3 ka		
考古法		考古、文物	记录	0～10^6 a		相对、数值年龄
		历史文献		0～10^3 a		
放射性定年法	放射性同位素法	K－Ar法	^{40}Ar的积累、^{40}K含量、$^{40}K/^{40}Ar$、$^{40}Ar/^{39}Ar$	100 ka～无上限	含钾物质——火成岩、沉积岩、变质岩	数值年龄
		铀系不平衡法	铀及其子系同位素的浓度和比值	（参见表10.2）	含铀、钍的各种物质	数值年龄
	宇宙成因核素法	^{14}C法	^{14}C活度、^{14}C原子数（AMS）	100 a～50 ka	有机质（如树木、木炭）、土壤、骨髓、介质、地下水	数值年龄
	核辐射法	热释光法（TL）	TL辐射	100 a～1 Ma	石英、长石（黄土、沙丘、冲积物）、陶瓷、火山灰、磷酸盐	数值年龄
		光释光法（OSL）	与光敏电子有关的OSL信号	1 ka～100 ka或500 ka	石英、长石等	数值年龄

续表

定年方法		被测参数	测年范围	测年材料	结果
放射性定年法	电子自旋共振法(ESR)	捕获电子的ESR	2 ka～10 Ma	介质、珊瑚礁、骨骼和牙齿、有机质	数值年龄
	裂变径迹法	径迹密度	100 ka～无上限	含^{238}U的物质如锆石、黑曜岩、玄武岩、火山浮岩	数值年龄
其他测年法	黑曜岩脱水法	水解层厚度	1 ka～10 Ma	黑曜岩、冰碛、沉积物、考古材料	数值年龄
	岩石漆法	显微层理			相对年龄
	氨基酸外消旋法(AAR)	*D/L*比值	100 a～2 Ma	含蛋白质分解产物的化石(骨髓、牙齿、贝壳、有孔虫)、钙质沉积物、泥炭	数值年龄

根据王将克,1986;袁海华1987;陈铁梅,1988;曹琼英等,1988;夏明,1989;仇士华,1990;陈文寄,1999;业谕光,2003。

10.1.1　岩石地层法和生物定年法

此类方法是基于岩性和生物化石群对比进行相对年代的测定,如地层层序、构造期次,用于确定地质体形成的时代和新老关系,通过采用标准地层和标准化石鉴定,可适用于任何地质时代。下面介绍几种用在沉积地层中的相对年代。

1. 纹层法

纹层(lamina)是种犹如树轮的沉积纹理(刘嘉麒等,1996)。湖泊沉积物的纹泥是由于气候的年旋回而产生的,每个层偶(couplet)包括粗的、浅色(夏季)层和细粒、暗色(冬季)层,代表了一年。这为沉积物本身提供了精确的年代,从现代沉积物表面往下数层偶,也就确定了湖泊的形成或与其有关的特征。如把纹泥确定的相对年龄与用某种沉积物测量的日历年龄相结合，便可建立起高分辨率的古气候时间序列（刘嘉麒等，1996）；而且这种季节纹泥不会因为测年技术的发展而改变其相对年龄值。

2. 孢粉地层法

孢粉地层法是一种利用生物的进化来进行相对年龄判定方法，可以用来测定前寒武纪至第四纪漫长地质历史过程的相对年龄。在第四纪年龄区间，由于时间较短，植物界的属种变化甚微，除用标准花粉类型外，主要利用花粉组合变化来确定相对时代的新老。

3. 树木年轮法

树木年轮法是利用气候周期性变化而形成的年轮计时的方法，当起始时间确定时，可以给出准确年代。以树木生长的年轮的厚度或密度变化为基础的树轮年代学主要特点是准确、连续性强、分辨率高及易于获取复本。主要建立树轮标准化年表、差值年表、自回归标准化树轮年表（邵雪梅，1997）。标准化年表是通过轮宽的标准化剔除与树龄有关的生长趋势，得到年轮指数，再根据指数序列与主序列间的相关系数，剔除相关差的标本，最后采用双权重平均法合并得到的。它是常规意义上的树轮年表。差值年表则是在标准化年表的基础上，去掉树木个体特有的和由前期生理条件对后期生长造成的持续性影响而建立的一种新年表，它只含有群体共有的高频变化。自回归标准化树轮年表则是估计采样点树木群体所共有的持续性造成的生长量，再将其加回到差值年表上得到的，因此它既含有群体共有的高频变化，又含有群体共有的低频变化。而常规标准化年表除此之外，还含有少量的树木个体持续性变化造成的低频分量。

树轮年表的建立为^{14}C测年提供了校准曲线，使^{14}C测年的精度提高（Luckman，1996；仇士华等，1997），由此建立树木年轮表。树木年轮年表目前可追溯到全新世，北美洲、欧洲、南美洲、大洋洲等都有建立全新世年表（Luckman，1996）。德国建立的树轮年表延伸到全新世以前（Kromer *et al.*，1993）。我国在天山、长白山、祁连山、青藏高原等一些地区建立了全新世树轮年表。

4. 地衣测年法

冰川融化或消退后，新近露出的冰碛沉积物或平滑的基岩面开始被地衣群落占据。Beschel（1950）提出地衣的生长速率可用来测量从地表露出以来的时间。Worsley（1981）概述了地衣用于数值定年和相对定年的原理。地衣定年法依据的是菌丝大小与年龄测定之间的关系，通常所选取的地衣种类（e. g. *Rhizocarpon geographium*）的年龄已由历史或其他已知年龄的地表面上测定，推测未知年龄的地表面。这种方法可用于冰川进退、海岸变化和河流泛滥事件与频率的研究。

10.1.2 放射性定年法

放射性定年法包括放射性同位素的自身衰变和由于宇宙成因引起放射性同位素的变化两类。前者包括 K-Ar 法、铀系法(表 10.2);后者又称作种宇宙成因核素测年法(表 10.3)。

表 10.2 铀系不平衡法概表

定年方法	测年范围	测年材料	应用领域
$^{220}Th/^{234}U$	10^3 a ~ 10^6 a	珊瑚、贝壳、碳酸盐、钙质生物软泥	海、湖相沉积年代
$^{220}Th/^{222}Th$	10^3 a ~ 10^6 a	海湖沉积物、贝壳、骨化石	海、湖相沉积速率及沉积层年龄
$^{220}Th/^{238}U$	10^2 a ~ 10^4 a	海湖沉积物、贝壳、骨化石	海、湖相沉积速率及沉积层年龄
$^{220}Th/^{231}Pa$	10^2 a ~ 10^4 a	海湖沉积物、贝壳、骨化石	海、湖相沉积速率及沉积层年龄
$^{234}U/^{238}U$	10^3 a ~ 10^6 a	珊瑚、碳酸钙	海湖相、陆相沉积物定年
$^{224}Ra/^{220}Th$	10^3 a ~ 10^6 a	海相红黏土、球状海泥、贝壳、骨化石	快速堆积盆地的沉积速度

陈铁梅,1988;夏明,1989

表 10.3 宇宙成因核素法概表

定年方法	测年范围	测年材料	应用领域
^{14}C	$n \times 100$ ~ 5×10^4 a	泥炭、贝壳、骨骼、化石碳酸盐、树木	考古、海陆变迁、生态环境、土壤、冰川年龄
^{10}Be	2.5×10^4 ~ 8×10^6 a	沉积物、红黏土	深海和陆相沉积层年代
^{26}Al	$< 10^6$ a	沉积物	宇宙尘通量、地磁倒转、定年等
^{36}Cl	5×10^4 ~ 3×10^4 a	火成岩、变质岩矿物	冰积物和地下水定年、岩石定年及侵蚀速度
^{39}Ar	< 1 000 a	天然水、冰、雪	冰川、地下水定年
^{210}Pb	< 100 a	积雪、降水、海湖相软泥等	积雪年代、湖泊沉积速率及环境污染等
^{32}Si	< 3 000 a	海湖相软泥、天然水	近代湖泊沉积速率及定年、地下水定年

续表

定年方法	测年范围	测年材料	应用领域
^{3}H	30 a	天然水、冰	冰川、地下水定年、陆地水文、水源污染
^{55}Fe	10 a	海湖相软泥、天然水	现代湖泊、港口沉积速率、环境污染
^{137}Cs	10 a	海湖相软泥、天然水	现代湖泊、港口沉积速率、环境污染

注：袁海华，1987；曹琼英等，1988；仇士华，1990；陈文寄，1999。

1. K－Ar 法测年

K－Ar 法是基于放射性母体^{40}K衰变为^{40}Ca和^{40}Ar而进行测年的，在母体衰变过程中，88.8%的^{40}K通过释放电子蜕变为^{40}Ca，11.2%的^{40}K通过捕获或释放正电子衰变为^{40}Ar，根据下式即可计算出地质体或事件的年龄

$$t = \frac{1}{\lambda}\ln\left[\frac{^{40}Ar}{^{40}K}\left(\frac{\lambda}{\lambda_e}\right) + 1\right] \tag{10.1}$$

衡量 K－Ar 法同位素定年水平高低的一个重要标志是看其可测定的最年轻时限。常规 K－Ar、$^{40}Ar-^{39}Ar$ 法可测的最年轻时限一般在 0.05～0.10 Ma。K－Ar 和其他同位素定年法一样，是以百万年（Ma）为计年单位的（穆治国等，2001）。K－Ar 法配合裂变径迹法是建立东非古人类年表的主要手段，该技术在我国已有发展。现在，用 K－Ar 法测试第四纪沉积地层中伊利石、蒙脱石等自生矿物年龄。

2. 铀系不平衡法

发展于 20 世纪 50 年代初的铀系不平衡法，是根据不平衡的中间产物的积累及衰变的原理，一种利用^{238}U、^{235}U和^{232}Th放射性系列的测年方法。它的最佳适用范围是几千年至 35 万年左右。由于它的最佳测年范围恰好介于 K－Ar 法和^{14}C法之间，可供研究的同位素甚多。本方法对珊瑚礁、纯净风化物、洞穴碳酸岩、深海沉积物和动物化石、火山岩等测年有显著的成效。由于该方法不受新、老碳的影响，而且所测年代跨度比^{14}C高，所以得到普遍采用。我国 35 万年以来的古人类进化和旧石器考古年表（陈铁梅，1988）主要是用铀系法建立的。

近年铀系法的突破是热电离质谱（Thermal Ionization Mass Spectrometer，简称 TIMS）铀系法。TIMS 铀系法使得测年精度提高了 1～2 个数量级，所需样品量和测量时间大大减少。各类铀系不平衡法的主要信息见表 10.2。

3. ^{14}C 法

^{14}C定年技术原理是由 Libby 等于 1949 年发现的（Libby *et al.*，1949），以后这一技术迅速发展，已经成为被广泛接受和应用最多的晚第四纪定年方法。

自然界中存在不断产生^{14}C的条件。^{14}C在全球很快循环混合，使处于交换状态的各^{14}C储存库中的物质都具有一定水平的^{14}C放射性。若含碳物质一旦停止了交换，^{14}C得不到补充，原有的^{14}C就会按放射性衰变规律减少。因此，^{14}C年代可以通过将样品现存^{14}C放射性水平(A_i)和它原始放射性水平(A_0)代入放射性衰变公式($Y=\tau\ln A_0/A_i$)计算而得。式中Y为样品的^{14}C年代，τ为^{14}C的平均寿命，它的半衰期为5 730±40年(Polach *et al.*，1968)。由于样品的原始放射性水平无法直接测定，所以只好用现代碳的放射性水平来代替(仇士华，1990)。

^{14}C法测定对象如木头、木炭、泥炭、黏土、贝壳、珊瑚、钙质结核、洞穴沉积物等，而且适用测年范围一般为$2\times10^2\sim5\times10^4$年(陈铁梅等，1989)。$^{14}C$测年法近年的发展主要表现在三个方面：① ^{14}C常规测定技术向高精度发展，现代碳样的测定精度可达到2%，其^{14}C年龄(非日历年龄)误差可达到±20年；② 加速器质谱技术的普及使得测定的时间短、功效高、样品用量低，能够测定重量仅0.01~0.2 μg的微量样品；③ 高精度^{14}C树木年龄校正曲线的建立，使^{14}C日历年龄误差只有±10年左右，^{14}C日历年龄数据研究，可望将校正范围延伸至20 000年BP左右。

4. $^{10}Be-^{16}Cl$法和^{26}Al法

^{10}Be和^{26}Al是宇宙成因核素。宇宙射线对大气中物质作用，产生了^{10}Be后，按照半衰期进行自然衰变。因此，保存在沉积物中的含^{10}Be、^{36}Cl物质可以用来可以测年。^{10}Be半衰期30万年，^{36}Cl半衰期160万年(Simpson1983)。一般含Si、Mg、Fe等能够转变为^{10}Be，含K、Ca、Cl物质能够转变为^{36}Cl。^{10}Be测定年代范围$10\sim10^5$年，样品采用锰结核、石英、陨石等物质。由于^{26}Al的产生和行为与^{10}Be相似，也用$^{26}Al/^{10}Be$进行测年(Taylor *et al.*，2002)。

5. ^{210}Pb法

^{210}Pb为铀系的衰变子体，半衰期为22.3年，适合于现代人类活动时间尺度环境过程的示踪，在流域侵蚀和现代沉积研究中具有很好的示踪价值。Goldberg(1963)首次利用^{210}Pb作为格陵兰冰芯计年。近30年来，^{210}Pb广泛用于现代沉积速率的测定，取得了很好的进展，显示出^{210}Pb在百年时间尺度上的沉积物计年价值。

10.1.3　核辐射法

利用核辐射效应而建立起来的测年方法——核辐射方法，以其特有的测定对象和合适的测年范围，获得了广泛应用。利用核辐射效应进行年代测定，其中从理论到技术及应用比较成熟且目前仍被广泛采用的测年技术有：热释光法(TL：Thermo luminescence dating)、光释光法(OSL：Optically Stimulated Luminescence)、电子自旋共振法(ESR：Electron Spin Resonance)和裂变径迹法(FT：Fission Track)。

1. 释光法

释光是矿物晶体接受核辐射作用积蓄起来的能量在受到热或光激发时,以光的形式释放出来的一种物理现象。受热激发的释光称为热释光,受光激发的释光称为光释光。结晶固体的释光(磷光)现象被用来作为测年技术已有40多年历史。20世纪70年代它作为一种新的测年技术测出无碳标本的年龄,弥补了^{14}C测年技术的缺陷(Faure,1986;卢演俦等,1995)。

TL法是利用矿物对辐射的热释光响应,由矿物在一定时间内积累的热释光能量计算出矿物所接受的辐射剂量(天然辐射累积剂量)。TL法适宜于对陶器和有过加热史的岩石和沉积物的测年,但用于黄土、古土壤和河湖相粉沙沉积时代的测年尚有不少问题需探讨。如有关TL的晒退效应问题,沉积物的元素、矿物组成、粒度以及地下水的变动等许多因素也影响测年精度。目前,选用单矿物、选取特定波长范围的TL信号,可以提高TL法测沉积物年龄的精度并拓延其测年范围。

OSL是在TL测年研究的基础上发展起来的。OSL测年原理与人们熟知的TL测年、ESR测年的原理相似,都是因放射性核素如U、Th、K等的辐射长期作用于有关介质(如自然样品中的石英及长石等),使介质接受到的辐射剂量不断积累,即总剂量是时间的函数。这一作用的数字关系式用于计算年龄

$$\text{样品年龄} = \frac{\text{样品接受的总剂量}}{\text{环境给予样品的年剂量}} \tag{10.2}$$

与TL测年不同,OSL测年只测量与“光敏电子”有关的OSL信号,这就大大降低了TL法测年中残余信号的干扰。尽管“光敏”与“非光敏”界线还不十分确切,但大量的实测结果表明,对于风积物及水流悬浮搬运沉积物,OSL信号可以不考虑残留的OSL信号。因为这些沉积物中碎屑矿物的OSL计时器在搬运沉积过程中已被拨回到“零”点。而TL测年必须考虑残留的TL信号,这给TL测年结果带来一定程度的不确定性。并且,样品的OSL信号测量较TL信号测量较容易、简单和准确。因此,OSL测年技术具有比TL测年更高的测量精度和测年精确度。

由于矿物的OSL信号只与矿物中光敏电子有关,只要所测样品在形成时曾短期暴光或受热,用OSL法就可测其最后一次暴光或受热以来所经历的时间(即年龄)。从目前国际上的研究结果来看,OSL法可适用于测定河流相、洪积相、湖相、海相、冰水相及风积物年龄。也可测火山喷发产物及断层摩擦生热烘烤过的产物的年龄以及考古样品年龄,测年的时间范围视测样的环境剂量率及用来测量的矿物而定。当环境剂量率在1~5 Gy/ka时,用石英作测样,可测1 ka~100 ka或500 ka;用钾长石作测样,可测2 ka~500 ka;环境剂量率越小,可测定

时间段就越长(卢演俦等,1995)。

2. 电子自旋共振法

ESR 法是根据样品中由辐射产生的电子或空穴中心含有的未成对电子,利用电子顺磁共振技术直接测量未成对电子的数量——ESR 强度,进而计算出样品所接受的累积辐射剂量。

在天然放射性元素(U、Th、K)自然衰变时产生的射线(α、β、γ 射线)作用下,结晶固体中产生辐射损伤(电子心或空穴心),这些由辐射所引起的中心均为顺磁中心,从结晶固体形成时便开始积累在恒定的辐射场作用下,顺磁中心随着时间的增加而线性增加,直到它们在结晶固体中达到饱和为止。因而结晶固体所接受的天然辐射的总剂量与它所受辐照时间成正比,并可由顺磁中心的浓度来测定。ESR 年龄可用下式计算

$$AD = \int_0^t D(t)\,\mathrm{d}t \tag{10.3}$$

式中:AD 为样品内的累计剂量;$D(t)$ 为样品内部及周围环境的年剂量率。

电子自旋共振年龄测定技术是 20 世纪 70 年代末开始应用,80 年代以来得到迅猛发展的地质年龄测定技术(Faure,1986)。其测年的范围很广,包括骨骼、牙齿、软体动物壳体、磷灰岩晶体石灰华、钟乳石、火山玻璃和长石晶体、石膏晶体及取自断裂带的变形石英颗粒等。ESR 法主要优点是所需样品量少(约 0.25 g)及可测物质年龄范围广(数百万年)。

3. 裂变径迹法

裂变径迹法是根据矿物 ^{238}U 自发裂变产生的径迹数和自发裂迹的速度一种年龄测定方法(Fleischer *et al.*,1972;Naeser *et al.*,1988)。径迹的数目与诱发它的铀的含量成比例,所以铀含量和径迹的密度是确定数字年龄的两个必备条件。通常用蚀刻来增加裂变径迹,以便在光学显微镜下计算其数量。测年范围上限不定,但 100 ka BP 之内的年轻年龄计算,由于径迹密度小,计数时间要长,而使分析带有很大的不确定性。裂变径迹定年比其他方法的优越之处主要在于它是单个颗粒分别处理的一种方法,通过每个颗粒来测定年龄,因此样品的污染容易识别。目前裂变径迹定年法主要应用于火山灰的年龄测定,还应用于热事件、考古材料的定年以及测定地貌演化和海底扩张的年龄和速度。

10.1.4　磁性地层法

磁性地层法的基础是全球性地磁场极性的周期性倒转及以此为依据建立起来的地磁极性年表。在地磁场极性变化序列中各个极性转变的界线处,配以同位素地质年龄数据,使极性变化与时间对应起来,构成一个时间尺度(地磁极性年表),进而可以确定年龄。极性倒转是地球磁场的重要特征之一。地质历史时

期中地球磁场有规律地频繁发生过极性倒转，据此得出的全球性5 Ma以来的地磁极性年表，已广泛用于确定第四纪地层的地质年龄。除地磁性倒转外，还有磁性位置极短的移动，即偏移。布容正极性时的短期极性事件和极性漂移可用于地层的进一步细分和对比，但由于这些极性事件及极性漂移持续时间短，能进行全球性对比的不多（陈铁梅，1988）。经典的地磁极性年表见表10.4（Mankinen *et al.*，1979）。

表10.4 近450万年来的地磁极性年表

极性时	年龄/(10^6 aBP)	极性时间	年龄/10^6 aBP
布容正极性时（Brunhes）	0.73—0	蒙戈事件	0.03—0.02
		拉尚事件	0.06—0.03
		布莱克事件	0.117—0.104
松山反极性时（Matuyama）	2.48—0.73	贾拉米洛事件	0.97—0.90
		吉尔萨事件	1.87—1.67
		奥尔都维事件	2.14—2.01
高斯正极性时（Gauss）	3.40—2.48	凯纳事件	3.01—2.92
		马默思事件	3.15—3.05
吉尔伯特反极性时（Gibert）	4.50—3.40	科奇蒂事件	3.92—3.70
		努尼瓦克事件	4.25—4.05

磁性年代表在不断更新，本表根据 Mankinen *et al.* (1979)

古地磁年表为第四纪地质年代表的建立奠定最重要的基础。中国的第四纪沉积物中尤其是中国北方的黄土中蕴含了丰富的古地磁学信息（朱日祥等，1995；聂高众等，1996；Kukla *et al.*，1988；Harland *et al.*，1982；刘椿等，1991），中国的黄土古地磁学取得很大的发展，中外学者对不同地区具有相同地层的代表性黄土剖面开展了大量的磁性地层研究，为我国一系列早、中更新世连续沉积地层和早期古人类遗址卡住了基本时间框架。

10.1.5 其他定年法

1．考古定年法

第四纪沉积物所含有的人类活动的许多遗存，可以进行数值测年和对比测年（陈铁梅，1988）。如沉积物中的“文化层”，陶器或铜器上黏附的烟炱、甲骨、古藏经卷、岩壁上的画像文字本身等都可以用于人类出现后的年代测定。且陶瓷、钱币可为约2 500年的沉积物提供相当精确的年龄。产出丰富的石器由于制造方法和不同类型式样异地的迁移相当缓慢，而且有些在不同的时间里，曾不止一次引进到一定地区，加之若干文化在一地共同存在的时间很长，故石器的类型不可用于第四纪早期沉积物年龄的测定，只可给出近似的年龄。

2. 氨基酸外消旋法（AAR：Amino Acid Racemization）

AAR利用氨基酸对映或非对映异构体之间转化反应是温度和时间的函数的原理来计时的方法，适用范围是几百年至几百万年（Kimber，1987）。由于该反应的另一个控制因素是温度，因此理想的样品就要求有一个稳定的古温度环境（Rutter *et al.*，1988）。配合其他测年方法，推算出古环境温度后，可以得到较理想的结果。该法可用于骨骼、软体动物、珊瑚、有孔虫和木头、深海沉积、洞穴堆积物的年代测定。

3. 黑曜岩测年法

黑曜岩是一种火山玻璃，其新鲜裸露表面能够吸收大气水分，大气水分向黑曜岩内的扩散是黑曜岩形成时间、受热史以及化学组成的函数（Friedman *et al.*，1976；Ericson，1981）。黑曜岩外壳水化环的厚度指示样品的年龄，时间范围从数百年至数百万年，经校准分辨率可达10%，不经校准也有20%～30%（Goudie，1981）。当它们用放射定年法校准时便可得到数字定年。

4. 岩石漆测年法

岩石漆中的显微层理有可能记录了古气候干湿变化的信息，而显微层理的结构是地貌面新老的一种反映，因此，岩石漆用于年龄测定具有重要的地质意义。目前，岩石漆测年法是一种仍在尝试阶段的相对测年方法。周本刚等（1999）利用特殊的超薄片磨制技术，初步建立了天山北麓晚更新世以来岩石漆显微层理的标准层序，在经过年代校正后，给出了该层序的大致年代控制。

10.2　古气候代用指标

过去的气候信息已经消失，人们只能通过发掘地质记录（如黄土、冰芯、海洋、湖泊以及生物化石等地质载体）来认识。因此，针对某些承载环境信息的载体而言，选取合适的代用指标来解密过去的环境变化信息，就成了研究过去气候环境变化的基础。本节重点介绍各类环境地质载体的古气候代用指标。

古气候重建可以通过器测记录、历史记载、考古信息、环境地质载体等多个信息渠道进行，这些载体包括海洋沉积、冰芯、黄土、湖泊、石笋、树轮等，每种环境地质载体的古气候古环境的指示意义不同、分辨率不同、代用指标体系也并不相同，综合归纳见表10.5。

表10.5 古气候重建的环境指标信息

信息类型	信息对象	信息载体	气候指标	时间尺度/a	时间分辨率
器测记录	气象观测		温度、降水、风、水汽、云、物候	10^1	小时、日
	水文观测		降雨、水位、径流、地下水等	10^1	小时、日
	遥感	微量和温室气体、气溶胶、地表植被指数、土壤湿度、土地利用类型	太阳能、紫外线、大气温度、降水、风、反照率	10^1	日
		海洋叶绿素、海冰、海面等;地球物理变量(重力、大地水准面、地震、地磁、板块运动等)	辐射、海面温度、气压、CO_2、大洋环流	10^1	日
文献考古	文献记载	动植物类型及分布、物候、土地利用方式、农事活动、收成、社会经济状况、风俗习惯、人口聚落等	天气日记、雨量观测、自然灾害	10^3	日、年
	考古信息	遗址位置、层次;骨骼、器皿;动植物大化石、孢粉、微体化石;文化类型和分布区域、作物和畜禽类型、生活用品、随葬品特点等	温度、降水、气候带的推测	10^4	年
代用指标	树木年轮	树轮宽度及密度、化学元素、同位素等	太阳辐射、雪线、温度、湿度、植被气候带类型	10^4	季节、年
	湖泊沉积	纹层、粒度、盐类、矿物成分;同位素、常量和微量元素;孢粉、介形虫、植物硅酸体等	水位、温度、蒸发-降水、盐度	10^6	年
	冰芯	冰晶、微粒含量和粒径、同位素、化学元素、大气成分、pH、电导率等	温度、大气环流、冰雪累积量	10^5	季节、年

续表

信息类型	信息对象	信息载体	气候指标	时间尺度/a	时间分辨率
代用指标	花粉	花粉百分比、浓度、通量	温度、降水	10^5	10～100 年
	珊瑚	生物结构、化学成分；宽度 $\delta^{18}O$,Sr/Cs 同位素、海面位置等	海水表面温度降水－蒸发、海平面	10^3	季节、年
	黄土和古土壤	粒度、磁化率、土壤类型和微形态；同位素、化学成分；蜗牛、植物硅酸体、孢粉、大化石、昆虫、有机质和文化层、黄土分布范围等	风向、粉尘通量以及气压场、CO_2、气候带类型	10^6	10～100 年
	风沙层和古土壤	粒度、风沙层理、磁化率、土壤层类型、大化石、昆虫、孢粉、有机质；文化层；分布范围等	风向、粉尘通量以及气压场、气候带类型	10^5	10～100 年
	洞穴沉积	石笋纹层；同位素、化学元素；孢粉、大化石、植物硅酸体；文化层等	洞穴温度、降水	10^3	季节、年
	地貌形态和堆积	湖泊、海岸线；古河道、河流阶地、夷平面；冰斗、冰川末端位置、冰川冰缘堆积；古岩溶等	海面湖面水准面、雪线、气候带类型	10^5	100～1 000 年
	海洋沉积	碳酸盐及分布、同位素、化学成分；风成及冰筏碎屑含量、粒度、沉积速率；化学成分、同位素；生物化石和微体化石等	全球冰量、海洋环流、海水表面温度	10^6	100～1 000 年
	海岸带	蒸发岩、碎屑沉积、贝壳堤、古沙丘、珊瑚礁、红树林、孢粉等	海面、冰量	10^4	10～100 年

根据 Saltzman,2002；伍永秋等,2000。本文有增减。

不同载体的指标体系均不相同，比如黄土重点集中在物理代用指标，包括磁化率、粒度等，这与黄土的堆积与风场密切相关，海洋沉积的代用指标应用于古气候研究时，集中在氧同位素反映的全球冰量变化与海洋水温。本节选择黄土、冰芯、深海沉积、湖泊沉积和花粉等近年来研究进展较多、相对比较成熟的几类代用指标进行介绍。

10.2.1 黄土

世界第四纪黄土主要分布在欧洲第四纪冰盖外围地区和中国黄土高原地区。黄土地层由多层黄土和古土壤叠覆而成，是一种记录第四纪气候波动历史的十分理想的信息载体。黄土中蕴涵着多种古气候指标。

1. 黄土沉积粒度

中国黄土是粉尘沉积物，主要由风力搬运形成。黄土粉尘沉积物的粒度变化反映了其搬运动力——季风的相应变化，因此黄土粒度可以定量化地重建降水和风力两个古气候指标。粒度被广泛的应用于冬季风的替代性指标，指示东亚冬季风变迁的常用替代指标有中值粒径、平均粒径、>30～40 μm 粗颗粒含量等，用提纯石英颗粒的含量作为反映冬季风的代用指标（Xiao *et al.*，1992）。由于受到沉积后成壤等作用的影响，粒度指标影响到完整的古气候变化的信息。黄土高原中部黄土粒度表明，粒度>30 μm 粗颗粒百分含量是冬季风敏感的替代性指标（鹿化煜等，2000）。黄土高原西部两个剖面的粒度分析，表明>40 μm 粗颗粒含量是该区更为敏感的冬季风替代性指标（汪海斌等，2002），反映出黄土高原不同地区的粒度敏感指标可能不同。

2. 黄土磁化率

黄土磁化率是物质被磁化难易程度的一种量度。碳酸盐作为黄土、古土壤的重要组分，在黄土层中的含量可高达 20%。在某些古土壤的发生层中，碳酸盐可淋失殆尽，使古土壤中的铁磁性矿物相对富集，导致磁化率增高。古土壤磁化率增强的机制，即磁化率如何记录气候变化的问题学者们提出了各种假设，如碳酸盐淋滤作用，弱磁性颗粒对相对恒定输入的强磁性颗粒的稀释作用，黄土、古土壤原始物质的源区差异，成土过程中强磁性矿物的生成，自然条件下植被燃烧，植物残体分解产生超细粒的磁性颗粒等（Kukla *et al.*，1988；郭正堂等，1999；Kletetschka *et al.*，1995；吕厚远，1998）。

黄土中古土壤磁化率增强的土壤成因模式被广泛接受（Zhou *et al.*，1990；Maher *et al.*，1991），其成因机理认为是通过低温氧化、燃烧、纤铁矿脱水和还原－氧化循环作用等土壤中四种途径形成磁赤铁矿（LeBorgne1955；Mullins1977）。中国黄土、古土壤的磁化率的测量表明黄土、古土壤磁化率变化与古气候具有很好相关（Heller *et al.*，1982；安芷生等，1977），对比洛川黄土的磁化率变化曲线与深海氧同位素变化，表明磁化率是陆相地层中灵敏的气候代用指标（Heller，*et al.*，1982；Kukla *et al.*，1988）。

10.2.2　冰芯

从冰川上钻取冰芯加以分析，得到冰芯的气候环境记录，是目前古气候环境演变的最好地质档案之一。南极和北极地区是冰芯研究的最佳地区（Grootes *et al.*，1993），青藏高原的冰芯也成为记录过去全球气候的优秀载体。

1. 冰川积累

冰川是大气降水的天然接收器。一般情况下，在海拔较高、温度低于融点的冰川积累区夏季降水也以固态形式发生。这样如果不存在风吹雪影响和无蒸发、消融等物质损耗，那么记录在冰芯中的净积累率就完全反映了年降水量状况。但由于提取冰芯的冰川形态（山谷冰川、冰帽或冰盖）、钻孔位置（位于不同的冰川带）等的差异和雪的迁移，会影响到净积累率对于降水量的代表程度。我国冰川的积累系数（即总积累量与固态降水量的比值）一般在 0.90 ~ 1.30 之间（施雅风等，1988），反映总积累量对于降水量的代表程度。冰川上雪崩、风吹雪补给较强的部位，积累系数较大，即总积累量大于固态降水量，而在无雪崩补给、强风吹雪严重的部位，积累系数较小，即总积累量小于固态降水量。冰川上积雪物质的总积累量，受到融化、蒸发及升华等物质损耗过程的影响，使得净积累率小于总积累量。一般情况下，由于冰川附加冰带下部冰雪物质的融化流失，使之净积累率不仅受降水量的影响，而且还受气温的影响，此时，净积累率作为降水指标就受到严重影响。而一些冰川（如古里雅冰帽）由于高海拔等因素造成的低温环境的影响，在其附加冰带上部虽有融化，但融水迅速冻结而无流失或流失很少，此带成冰时间仅为 1 年，在这种情况下的冰面积累率就可以作为降水量的一个可靠指标。

2. 冰雪地球化学

阴离子　冰雪化学研究中，阴离子分析的主要项目包括 SO_4^{2-}，Cl^- 和 NO_3^-，最近还开展了 $HCOO^-$，$CHCOO^-$ 项目的分析（孙俊英等，1998）。冰芯化学成分的环境意义与其来源密切相关。山地冰川的外围环境比极地冰盖外围环境复杂得多，因此其可溶杂质的来源也较极地地区复杂。目前对于山地冰芯化学成分的环境指示意义研究进展比较缓慢，主要依据冰雪化学中的 Cl^-/Na^+ 比率来判断降水是否受海洋气团的影响，以及用 SO_4^{2-} 及 NO_3^- 来检测工业化以来人类是否已对降水无机化学状况等环境因素产生了影响等。

阳离子　冰芯中阳离子分析的主要项目包括 K^+，Na^+，Ca^{2+}，Mg^{2+} 四种离子。对于我国古里雅冰芯及雪坑剖面中阳离子的分析，认为这四种阳离子主要受陆源物质控制（李月芳等，1993；姚檀栋等，1995）。因为古里雅冰帽冰雪中 K^+，Na^+，Ca^{2+}，Mg^{2+} 含量的大小顺序为 $Ca^{2+} > Na^+ > Mg^{2+} > K^+$，这与上述四种元素在地壳中的含量大小顺序 Ca > Na > K > Mg 相似，而与它们在海水中的含量大小顺序 Na > Mg > Ca > K 不同。古里雅冰芯小冰期以来这四种阳离子浓度的变化，表现出暖期时含量低，冷期时含量高的特征，并且其峰值浓度出现在由冷变暖或由暖变冷的过渡期。

微粒冰芯中的微粒有多种来源，如地壳物质、火山灰、宇宙尘埃等。地表尘埃物质依靠风力扬起进入大气，并随风飘落在冰川表面，因此通过冰芯中微粒含量可以提示大气环流的强弱变化。另外不同粒径的尘埃物质，其起动风速和沉降风速是不同的，据此可以定量估计风速强弱的变化，还可以依据微粒的粒径及矿物成分等判断其源区。南极、格陵兰冰芯和我国西部冰芯中的微粒，提供了大量第四纪大气微粒以及大陆沙尘暴频率与强度的信息。

3. 冰雪稳定同位素

大气中水汽主要来源于海洋。当海洋气团向高纬或内陆移动时，水汽中的重同位素随着降水的发生而离开气团，其剩余水汽中的 $\delta^{18}O$ 或 δD 就变得越来越偏负。而气团只有在冷却时，其水汽才会凝结，可见气温是影响降水中 $\delta^{18}O$ 或 δD 的一个重要因素。一般而言，洋面温度变化比高纬或内陆的气温变化要稳定得多，因此某一地点降水中的 $\delta^{18}O$ 或 δD 对于当地降水时的气温有很大的依赖性。

在获得某一地区 $\delta^{18}O$ 与气温之间的定量关系之后，就可根据取自这一地区的冰芯中 $\delta^{18}O$ 记录定量地恢复过去气温的变化。南极和格陵兰冰芯中 $\delta^{18}O$ 值的变化可以完整地反映古气候、古海面的全球变化。在青藏高原地区，大气降水中的 $\delta^{18}O$ 与温度具有很好的正相关关系，表现为降水中 $\delta^{18}O$ 夏季高、冬季低（施雅风，1999）。对古冰芯 $\delta^{18}O$ 分析，指示 $\delta^{18}O$ 低值是末次冰期的特征。由此根据 $\delta^{18}O$ 和温度的关系，推测末次冰期温度比现在低 4 ~ 6℃（Thompson *et al.*, 1989）。

10.2.3 海洋沉积

海洋沉积记录中保存了多种气候环境信息，例如，浅海沉积物变化反映了沉积时的水动力条件和风力大小，深海 SiO_2 和 $CaCO_3$ 沉积互为消长关系可间接反映温度变化，沉积速率总量和陆源碎屑增减可指示与气候的内在联系；有孔虫 $\delta^{18}O$ 转换函数能够提供冬夏季节 *SST*，微体古生物指标（如钙质超微化石丰度、种类组成变化以及其碳同位素）可直接指示初级生产力古生态环境，等等。下面介绍几种常用方法。

1. 氧同位素

现代海洋碳酸盐中氧同位素含量取决于海温、海水盐度、碳酸盐的矿物学组成和生物化学分馏，在平衡条件下从海水中析出的碳酸盐的氧同位素组成是海水同位素组成和海水温度的函数，这是用海洋沉积物的氧同位素剖面重建古气候的理论基础。在间冰期，由于气候温暖，极地冰雪融化注入海洋，使得海水中的 $\delta^{18}O$ 值变轻；冰期时，极地冰雪增大，海水中的 $\delta^{18}O$ 值变重。海水中 $\delta^{18}O$ 值的涨落记录保存在有孔虫的壳体中，从而可以完整地反映古气候、古海面的全球变化。

有孔虫氧同位素分析主要根据有孔虫分泌的碳酸盐与海水碳氧同位素的动态平衡，但有些有孔虫没达到平衡也会分泌碳酸盐，大多氧同位素结果是由混合的有孔虫类化石同位素分析所得，这就带入了不确定性的误差。另外的问题是某些有孔虫仅在一年的特定月份才分泌碳酸盐，还有许多有孔虫的介壳在沉降至钙补偿深度以下时就会溶解，即使有的能够得以掩埋保存，在海底滑坡和浊流的作用下会产生相对位变，同样也会受到一定的破坏作用。

2. 碳同位素

海相碳酸盐碳同位素受海洋生物量的影响，后者又受全球气候以及海面变化的影响。在地球环境适宜期，表层水的营养成分充足，光合作用的藻类大量繁殖，它们可以优先吸收轻同位素 ^{12}C，导致水体中重同位素 ^{13}C 的组分含量相对增加，对应地史沉积的碳酸盐岩中相对富集 ^{13}C；环境恶化期，对生物生产能力造成巨大影响，导致大量死亡或灭绝时，海洋生物对轻碳的分馏就急剧减少或中止，使得海水中的 ^{12}C 富集，^{13}C 相对贫化。而整体反映在沉积物中则是生物大量繁殖对应着 $\delta^{13}C$ 的高值，生物大量减少或灭绝对应着 $\delta^{13}C$ 的低值。此外，冰期海平面下降和全球的温度降低，温度的大幅度变化，必然导致狭温生物的大量死亡或灭绝，海洋生产力也随之降低，导致海水的 ^{13}C 的下降。

3. 锶同位素

锶在海水中存留的时间为 4×10^3 年，而锶同位素在海水中的混合作用只需 1 000 年，所以某一地质历史时期全球范围内海水中锶的同位素组成是均一的（McArthu *et al.*，1992）。具体反映在锶同位素的组成上：海洋中的锶主要有两个来源，由大陆河流排入海洋的大陆古老岩石风化成因锶（$^{87}Sr/^{86}Sr$ 的全球平均值为 0.711 9）和由洋中脊热液交换和海底玄武岩的热液蚀变供应的锶（$^{87}Sr/^{86}Sr$ 的全球平均值为 0.703 5）（Palmer *et al.*，1985；Palmer *et al.*，1989），因此，锶同位素是海平面变化的灵敏指示剂（黄思静，1997；李忠雄等，2001）。当海平面下降时，陆地暴露面积增大，由大陆风化作用进入海洋的陆源锶增加，从而引起海水 $^{87}Sr/^{86}Sr$ 比值的相对增高，当海平面上升时，一方面由于陆地面积减少，由风化带入海水的陆源锶减少，另一方面，海平面上升期多对应海底扩张加速期，此时海底热液活动剧烈，由此进入海水的幔源锶增加，使得海水的 $^{87}Sr/^{86}Sr$ 比值相对变小。

4. 分子有机地球化学

分子有机地球化学通过海洋沉积物中的长链烯酮化合物的分子地层学信息

(U_{37}^{K})来评估古海水表面温度。海洋有机地球化学家常常首先在沉积物中发现新的化合物,荷兰代尔夫特大学的有机地球化学家在黑海和西非鲸鱼海岭的海洋沉积物中发现了一类含有37~39个碳原子,带有2~4个碳—碳不饱和双键的长链烯酮化合物,后来人们进一步发现这类化合物主要由颗石藻中的*Emiliania huxleyi*合成,至少在海洋中已经存在了27万年。生物培养实验发现,由这种浮游藻类合成的长链烯酮化合物所带的双键个数与其生长的环境温度关系十分密切,而且这种信息也不会随有机质溶解作用和成岩作用而改变。这些研究为人们利用分子地层学方法评估古海水表面温度奠定了基础(Brassell *et al.*,1986)。利用该方法已经在低纬度海区第四纪海洋沉积物中开展了冰期—间冰期的分子古气候学研究(Kennedy,1992)。

5. 元素地球化学比值

(1)Sr/Ca比　自从20世纪90年代初期,Beck等(1992)和deVillers(1994)利用高分辨率取样、高精度同位素稀释质谱仪技术恢复用珊瑚Sr/Ca的测温以来,这种替代物已应用于研究气候变化的许多重要问题。Beck等(1992)首先对现代珊瑚做了Sr/Ca测定,所恢复的SST温度与当地台站记录的10 d平均值相差0.34 ℃,进一步证实了海洋珊瑚骨骼的Sr/Ca与海水温度间有很好的相关关系,说明这一方法确实是SST的代用指标。Sr/Ca比值主要受控于两个因素:海水的Sr/Ca比和纹石与海水之间的Sr/Ca分布系数。虽然珊瑚的Sr/Ca变化主要归因于Sr含量变化,然而测温计是根据珊瑚和水体之间Sr和Ca分离对温度的敏感性,因此珊瑚骨骼Sr/Ca温度计的应用,成功地恢复过去海洋SST纪录。

(2)Mg/Ca比　珊瑚Mg/Ca比值温度计的优势在于珊瑚骨骼中的Mg/Ca比值相对SST的温度变化率为±2%,是珊瑚Sr/Ca比值温度变化率-0.75%的3倍。这种较高的温度灵敏度对测试方法的分析精度的要求可以降低。Mitsuguchi等在1996年成功地建立了太平洋西部琉球群岛的滨珊瑚(*Porites Lutea*)的Mg/Ca温度计:$Mg/Ca = 12.9 \times 10^{-5} T + 0.001\ 15$;分析误差$2\sigma$对应的SST为±0.5 ℃,时间分辨率为3周。

6. 生物种群法

在重建海洋古环境时还可以采用研究生物种群的方法,建立种群组合与控制它们的生态环境,尤其是海水表面温度之间的关系。这样动物群组合和它们的组成可以用来计算古气候的参数。选用特定冷、热种群计算它们的比率,并以此作为这些动物群所生活的那个环境温度的指示。比如更新世地层中所含大量冷水型浮游生物是冰期的标志。通常对某一层位中喜暖种和喜冷种的数量作统计处理,求出两者的相对含量,便可作为海水温度高低的指标。此外,浮游有孔虫某些种的外壳的旋卷方向也与水温有关,冷水环境中以左旋占优势,暖水环境以右旋占优势,对于某一时代海底沉积物中的有孔虫化石,统计左旋型和右旋型数量之比，也可以推断该时代的海水温度。

10.2.4　湖泊沉积

湖泊沉积以其沉积连续性好、沉积速率大、时间分辨率高，成为准确而可靠的高分辨率记录的环境指标。湖泊沉积的信息丰富，但具有混合性，多环境指标分析是进行合理解释的前提。湖泊环境指标包括物理指标（粒度、矿物结构与组合、磁性参数等），化学指标（元素组成、碳酸盐含量、氢指数、氧碳稳定同位素、有机化合物等）和生物指标（孢粉、藻类、介形类、摇蚊、细菌、大植物化石、色素等）（Hakanson *et al.*，1983；王苏民等，1999）。多环境指标的综合判识在恢复古温度、古降水、古盐度、古生产力和历史时期人类活动影响方面显示了较强的优势。

1. 沉积粒度与矿物

采用沉积学方法，通过揭示沉积相来恢复湖泊沉积环境，进而对湖泊和流域的温度、降水、湿度（有效降水 $P-E$）进行重建，可以获得古气候代用指标的信息。湖泊沉积物的性质变化（岩性、粒径、有机含量、化学成分等）、沉积结构变化（纹层的出现或缺失、湖相层空间分布、沉积透镜体和间断面、二次沉积、沉积速率等）以及沉积物分布等，还可以用来重建湖面变化（Digerfeldt，1986；Harrison *et al.*，1993）。

（1）沉积物粒度特征　沉积物的粒度组成与搬运营力、搬运距离和水动力条件有关，因此可以通过分析沉积物的粒度构成来推断其形成环境。就湖泊而言，尤其是封闭湖泊这种大型地表水体其物质来源主要是陆源碎屑物，按照理想的沉积作用模式，从湖岸到湖心，随着水深的不断加大，其水动力条件由强变弱，湖泊沉积物具有环带状分布的特点，即从湖岸到湖心大致出现砾沙—粉沙—黏土的规律，粒径逐渐减小。通常认为，当水位较高时，同一采样点离湖岸距离变远，陆源颗粒必须经过长距离的搬运才能到达采样点，因而沉积物中粗颗粒物质较少，导致平均粒径减小，同时长距离的搬运对悬浮颗粒起到了很好的分选作用，沉积物常具有较好的分选性。所以细粒沉积物指示湖泊扩张、湖水较深的湿润气候期。当湖泊水位降低时，同一采样点离湖岸的距离变短，陆源颗粒未经长距离的搬运就开始在采样点沉降，沉积物分选性差，同时沉积物粗颗粒物质增多，导致平均粒径变大。因此，粗粒沉积物指示湖泊收缩、湖水较浅的干旱气候期。沉积物粒度是重建古湿度的重要指标之一。

（2）沉积物矿物组合与结构　矿物组合与结构的变化反映了湖区风化作用的强弱，具有一定的气候指示意义。黏土矿物是气候敏感性矿物，从伊利石、绿泥石至高岭石的变化，指示了气候由干到湿的变化。黏土矿物组合不仅受气候变化制约，还受到地形、构造、母岩性质及时间因素的影响。然而，由于黏土矿物加入到沉积物后几乎不受成岩作用的影响，黏土矿物组合的古气候意义仍是较为突出的。伊利石的结晶度变化与气候的冷暖有关，冷期形成的伊利石结晶度高，暖期形成的伊利石结晶度则变低。

湖泊中自生矿物的形成及转化是湖泊水化学及水体环境的反映。湖泊中自生矿物分为自生碳酸盐、自生铁锰矿物、自生硅酸盐及一些硫酸盐矿物。其中以自生碳酸盐和铁锰矿物环境指示意义最大。在盐湖的演化过程中，首先形成方解石，其晶格中 Ca 可被 Mg 置换，形成镁方解石乃至白云石。Fe、Mn 矿物常常是湖泊中形成的重要自生矿物，它们的形成是沉积物成岩作用的直接结果，可以一定程度地指示成岩环境（氧化或还原环境、酸性或碱性等不同水体环境等）。

2. 地球化学

(1) 碳、氧同位素　湖泊沉积中动植物化石、灰泥、泥炭均是碳、氧同位素的载体。影响碳、氧同位素变化的因素是多种多样的。对于生物体来说，不同种类生物对碳、氧同位素的分馏作用是不同的。因此，在选择生物体碳、氧同位素作为气候变化代用指标时，生物体应尽量限于同一种属，这样可以大大提高碳、氧同位素指标的准确性。利用湖泊沉积碳酸盐碳、氧同位素反映过去环境变化要充分考虑当时降水的同位素变化，以及湖水与沉积物之间的同位素交换（Schwalb *et al.*，1994）。湖泊沉积碳酸盐氧同位素指示了温度及水体氧同位素的变化（Edwards *et al.*，1988；Talbot，1990）。

(2) 有机碳、碳酸钙含量　沉积物中有机碳及碳酸钙含量往往被作为一种辅助指标，在湿热条件下，湖区植物繁茂，入湖有机碳含量就较高；而在较冷期间，植物生长受到抑制，保存在沉积物中的有机碳含量就低。对于封闭的陆源物质输入非常稳定的湖泊，沉积物碳酸钙含量较为有效地指示了气候变化：当气温升高时，可导致湖水碳酸盐过饱和，从而形成自生碳酸盐沉淀。湖泊沉积物年纹理之所以较为普遍，就是因气温、降雨量的变化导致了湖水化学及初级生产力的变化，从而形成明暗相间的微层理结构（韦朝阳等，1999）。

(3) 分子化合物　分子化合物是近年来发现的一种有效的气候代用指标。在沉积物中保存的单细胞生物颗石鞭毛虫类，其个体中具有含碳长链的烯烃化合物，其长链中可含有两个、三个和四个不饱和甲基及乙基酮，这种长链烯烃化合物含酮不饱和性随水温而变化。因此，提取湖泊沉积中烯烃化合物，用气相色谱法加以鉴定，就能获得酮不饱和性指标，可用来推断湖水温度变化。

3. 微体生物化石

(1) 孢粉　植物孢子和花粉简称孢粉。沉积物中的孢粉可以指示陆生植被和水生植被，进而对气候主要指标温度和降水具有一定的指示意义。由于植物花粉是全球陆地分布最广的古气候环境信息来源，已经成为重建全球古植被环境一个重要途径。花粉和植物大化石的古植被转换，在大空间尺度上（洲际或次大陆范围)可通过转换函数、现代气候与植物类比、空间趋势面以及花粉植被化技术(biomization)等多种途径获得(Prentice *et al.*,1996)。

(2) 硅藻　硅藻因其对湖泊水体环境的反映十分灵敏,已经成为古湖沼学中研究最为广泛的一个微体化石指标(Douglas *et al.*,1994;Moser *et al.*,1996;Stoermer *et al.*,1999)。硅藻的研究可以指示海水进退及古地理环境变迁、湖泊的营养状态变化、湖水的温度、盐度和 pH,以及湖泊水生生态系统对人类活动的响应等(Findlay *et al.*,1992;Charles,1985)。

(3) 介形类　介形类是湖泊中广泛存在的一种微体生物,介形虫的生存条件主要与湖水盐度、温度有关,其生存的湖水盐度最低极限值约为 180 mg/L。不同的介形类组合能够指示湖水盐度和温度的变化。

(4) 昆虫　水体中的昆虫动物寿命短,对水温变化反应敏锐。几丁质、钙质、硅质等昆虫壳体能够长期保存在沉积地层中。Walker 等(1991)根据现代 26 个典型的昆虫分布受温度变化控制的湖泊实际观察分析结果,建立了昆虫的平均重量转换方程,并据此得到了加拿大 Splan Pound 湖水温度变化史,表明在距今 11 kaBP 年前后温度突然降低的 YD 气候事件。

10.3 古气候要素定量重建

前节主要介绍定性范畴的古气候重建,多用于长时间序列的研究,恢复相对冷暖及干湿的古气候演化序列;随着学科的发展,古气候的研究正从定性走向定量。古气候代用指标的定量重建,常采用“将今论古”的方法。将今论古是地球科学的基本思想方法,也是一种比较的方法。它依据人们对现代大陆、海洋等地球环境的了解,与过去进行对比获得对地质时代相同对象的认识。采用“将今论古”的方法对古气候定量重建,依据对现代温度、降水、气压、风场等与地形、海洋、湖泊、冰芯、黄土与土壤、植被和微体生物等的关系,用来认识过去地质时代的气候,揭示沧海桑田的古气候变迁历史。定量重建古气候,对地质记录要求精度高、时间序列连续,对气候的指示意义,要求地质载体与气候关系的物理机制相对明确。

目前定量重建古温度比较成熟,在海洋沉积、极地冰芯、大陆湖泊黄土沉积、植被和微体生物等多种地质载体有广泛应用。对古降水量的定量恢复,在中国和欧洲百年时间尺度的重建较多采用历史记录;树轮记录被用来千年时间尺度、冰芯与湖泊等记录被用来千年至万年时间尺度的古降水重建。本节主要介绍古温度和古降水的定量重建方法。

10.3.1 古温度序列

不同地质记录的环境载体用于古温度重建的指标较多，如孢粉与古气温，摇蚊与古水温，海洋沉积物生物壳体 $\delta^{18}O$、地球化学参数比值 Sr/Ca 比、Mg/Ca 比、有机地球化学成分与海洋表面温度（SST），以及树轮与古气温、历史记载与古温度等。这里重点介绍根据海洋沉积氧同位素对古温度的定量重建。

海洋是地球表面上分布最大的水体，碳氧同位素广泛地存在于海洋中的有机物质（生物、微生物）和无机物质（碳酸盐、溶解氧、溶解二氧化碳）之中，这些有机物质在形成过程中，不断地与外界开放环境中碳氧同位素发生交换作用。因此海洋中碳氧同位素和大气中的碳氧同位素处于动态的平衡状态——当外界环境（如海温、大气温度、海水盐度等）发生变化时，平衡随之移动，碳氧同位素的分布随之发生变化。如果此时形成的有机物质和无机物质被掩埋，即成为封闭体系，不与外界发生物质和能量交换，那么此时的碳氧同位素分布就被固定在掩埋的物质中。于是，通过研究这些过去被掩埋的海底物质（即海底沉积物）的碳氧同位素特征，可以反演历史时期的气候及环境的特征及变迁状况。

海水中的氧和碳酸盐离子中的氧之间存在着同位素平衡，这一平衡偏向取决于温度。在盐度不变的情况下，$\delta^{18}O$ 随温度升高而降低（Faure，1986）。Epstein 等（1953）根据不同温度下生成的海洋软体动物骨骼中 $CaCO_3$ 的氧同位素分析，总结出据 $\delta^{18}O$ 计算古温度的公式（邵龙义，1994；孟繁莉，2002）。下面是后来经 Craig（1965）修改过的古温度计算公式

$$t = 16.9 - 4.2(\delta_c - \delta_w) + 0.13(\delta_c - \delta_w)^2 \tag{10.4}$$

式中：t 代表碳酸盐岩形成的海水古温度；$\delta_c - \delta_w$ 是 $CaCO_3$ 和 H_3PO_4 作用（25 ℃下）生成的 CO_2 及 H_2O 平衡的 CO_2 之间的氧同位素的千分偏差。

Craig（1965）的实验结果证实，$CaCO_3$（PDB）与 H_3PO_4 作用（25 ℃）生成和与 H_2O（SMOW）平衡得到的 CO_2 之间的氧同位素 δ 值的差别为 +0.22。据此，在实验室中采取以 PDB 为标准的 $CaCO_3$ 的 $\delta^{18}O$ 值（$\delta^{18}O_{CaCO_3}$）和以 SMOW 为标准的水的 $\delta^{18}O$ 值在用上式计算古温度时，需加一校正值，近似为（郑椒蕙等，1986）

$$\delta_c - \delta_w = (\delta^{18}O_{CaCO_3} - \delta^{18}O_{H_2O}) + 0.22 \tag{10.5}$$

式中：的 $\delta^{18}O_{CaCO_3}$ 是实测的以 PDB 为标准的碳酸盐岩样品的 $\delta^{18}O$ 值；$\delta^{18}O_{H_2O}$ 是以 SMOW 为标准的水的 $\delta^{18}O$ 值，目前石炭纪古大洋水 $\delta^{18}O$ 仍为未知数，只能暂时假定与现代大洋水 $\delta^{18}O$ 值相同，即使 $\delta^{18}O_{H_2O}=0$（SMOW），所以上式成为

$$\delta_c - \delta_w = \delta^{18}O_{CaCO_3} + 0.22 \tag{10.6}$$

在平衡条件下，从海水和湖水中析出的自生碳酸盐矿物的氧同位素组成是水体温度和水体氧同位素组成的函数，Gasse 等 1987 年在前人研究的基础上给

出了以下关系式

$$SST(℃) = 16.9 - 4.38(\delta^{18}O_c - \delta^{18}O_w + 0.27) + 0.1(\delta^{18}O_c - \delta^{18}O_w + 0.27)^2 \quad (10.7)$$

式中:SST(℃)为碳酸盐矿物沉淀时的水体温度;$\delta^{18}O_c$ 为自生碳酸盐矿物的氧同位素组成;$\delta^{18}O_w$ 为当时水体的氧同位素组成。对于海洋沉积物而言,通常假设海水的氧同位素组成自更新世以来保持不变,其 SMOW 值为零,因而公式 10.7 可改写为

$$SST(℃) = 16.9 - 4.38(\delta^{18}O_c + 0.27) + 0.1(\delta^{18}O_c + 0.27)^2 \quad (10.8)$$

根据海洋沉积物中自生碳酸盐矿物(或化石壳体的碳酸盐成分)的氧同位素组成,利用公式 10.8 即可获得古海水温度。

10.3.2　古降水序列

降水变化同温度变化一样,是研究气候变化最主要的因素之一。但降水变化的恢复比温度变化的恢复更困难。古气候研究中可以采用多种代用指标来研究古降水,目前运用比较多的如历史文献、树木年轮、冰芯积累量和湖泊古水量平衡方法等多种气候代用资料,此外在黄土磁化率、地球化学参数、有机质同位素 $\delta^{13}C$ 等代用指标恢复古降水方面也有很多突破性的工作。

1. 历史文献

我国历史记载定量恢复历史时期旱涝分布状况已经建立起一套相对成熟的方法(张德二等,2005)。利用清代宫廷档案“晴雨录”记录的南京、苏州和杭州的逐日天气,复原了 18 世纪三地的年、季和月降水量序列,将逐日降水时数和降水类型转换成 7 级降水日数和逐步回归推算月降水量的方法,重建了长江下游地区 18 世纪典型多雨、少雨年份的降水量值。其中日降水量的 7 级划分方法:1 级为 0.1~2.0 mm/d,2 级为 2.1~5.0 mm/d,3 级为 5.1~10.0 mm/d,4 级为 10.1~25.0 mm/d,5 级为 25.1~50.0 mm/d,6 级为 50.1~100.0 mm/d,7 级为 >100 mm/d。王绍武等(2000)利用近 30 多年公布的 15 种经过整编的旱涝记载,对 1880—1998 年我国年降水量进行了详细研究,其中,月或季降水量级别均分为 5 级。1 级为涝,2 级为偏涝,3 级为正常,4 级为偏旱,5 级为旱。月降水等级图主要考虑概率分布划级,即 1 级与 5 级的概率为 1/8,其余 3 级的概率为 1/4。该等级已经应用在《中国近五百年旱涝分布图集》绘制,对过去 500 年来降水的重建也用以上标准(张德二等,2005;王绍武等,2000;袁玉江等,2001)。

2. 树木年轮

树木年轮常用来定量恢复历史时期降水。一般采用器测时期的多年降水记录与相同时期的树木年轮进行回归分析,并将相关回归方程应用于历史时期的

降水恢复。利用青海省境内不同区域的3条树木年轮资料重建了青海省1479—1991年共513年的夏半年降水序列,利用26个站加权平均计算的降水资料与51个树轮年表进行相关普查,并利用回归方法筛选出3条树轮年表建立了夏半年的降水序列。重建和实测平均值是一致的,但重建序列的标准差小于实测资料,说明重建降水的变幅较小,这是线性回归方法局限所致。为了检验重建序列和实测序列的相似性和可靠性,采用乘积平均数和误差缩减值检验,结果均通过检验。

树轮重建降水量的大致步骤:

(1) 树木年表的研制及选择。

(2) 采样点选择　根据年表特征参数选择质量较好的采样点的树轮年表。

(3) 相关分析　根据器测站点的降水资料选取树木年表的最佳相关时段。

(4) 建立最佳转换函数。

(5) 最终转换函数的建立及降水重建。

(6) 重建值的检验

由于树木年轮的生长过程即使在森林的下限,也不仅仅是由降水这一因子决定的。在树木年轮重建古降水变化时,需要多方面考虑。

3. 冰芯沉积

冰芯能够划分出每一个年层的厚度,冰芯年层的积累量可以代表冰川的年降水量。对于冰芯中的年层而言,它都在后来所降新雪的压实作用下,不断进行密实化而变成冰,而在成冰后就无疑遵从冰川的可塑变形特征,即垂直的压缩引起水平方向的扩展。因此,年层在可塑变形特征下,随深度的增加而愈变愈薄。近年来,通过研究提出了各种不同的校正模型,主要有Nye模型、Reeh模型、Whillans模型和Raymond模型(姚檀栋等,1996,1999)。

Nye(1963)首先提出了一种校正方法,假设:① 冰川底部与基岩冻结在一起;② 冰川中沿任一垂线上的垂直应变率在任一时刻是相同的,亦即任意年层的应变量等于该年层以下冰川的总应变量

$$\lambda_i/\lambda_0 = \frac{Y}{H} \tag{10.9}$$

式中:λ_i 是冰芯中第 i 层厚度;λ_0 是校正后的厚度值;Y 是第 i 层冰距底部的距离;H 是冰川厚度,单位均采用冰当量进行计算。

Reeh(1987)将年层厚度记录、冰川上游流线方向上的积累以及冰川自沉积以来的总应变量等3方面进行校正后,把格陵兰三个孔的冰芯年层厚度转化为积累量,其中最长的积累量记录是1 426个积累年。

Whillans(1979)根据设立在南极伯德站应变网的资料,在建立冰川流动模式的时候,也推导出一个由冰芯年层厚度转化为过去积累的校正公式:

$$\lambda_i = \lambda_0 \exp\int_{t_0}^{t_i} e(t)\,dt, \tag{10.10}$$

式中：$e(t)$是冰川随时间变化的垂直应变率；t_i和 t_0是 λ_i 和 λ_0 对应的时间。

Raymond(1983)分析冰岭附近的变形时也给出了一个冰川表面垂直沉积速度和冰芯中第 i 层垂直速率的关系。据此亦可进行年层厚度计算

$$\lambda_i = \lambda_0 \frac{V}{V_s} = \lambda_0\left\{1 - \left(1 - \frac{y}{H}\right)\left[1 + \frac{1}{n+1} - \frac{1}{n+1}\left(1 - \frac{y}{H}\right)^{n+1}\right]\right\} \tag{10.11}$$

这里 n 是流动定律指数。

根据古里雅冰芯层状序列的变化，可以选取更适合实际情况的校正模型，按照冰芯年层分析和时间模型的分析比较，可以肯定地讲，据流动模型建立的积累量的变化反映了降水量的变化，求算净积累以及年层厚度变化趋势(姚檀栋等，1999)

$$\lambda_i = \lambda_0\left(1 - \frac{Y}{H}\right)^{p+1} \tag{10.12}$$

由方程 10.12 求算出古里雅冰帽 309 m 冰芯 400 多年来的降水量。

4. 湖泊沉积

湖泊水位升降主要反映了流域降水(P)与蒸发(E)的水量平衡变化($P-E$)。现代湖泊模型的研究表明，降水是控制水量平衡变化最主要的气候参数，而温度、云量以及蒸发的影响则相对要小得多(Benson，1981；Hastenrath *et al.*，1983)。因此，湖泊水位变化可以反映出区域降水(P)和有效降水($P-E$)的气候变化(Street-Perrott *et al.*，1985，1989)。

在对逐个湖泊地貌、沉积、生物、地球化学等湖泊记录的系统分析上，将湖泊各种地质证据，转化成相对现代湖面高程、面积、深度、盐度的湖泊水量指标。最终根据这些指标的综合判断，划分出湖泊状况(lake status)的数字化等级。根据每个湖泊在地质时期出现的最小和最大记录，每个古湖泊不同水位状况可分别数字化编码为 0(湖泊干枯)，1(最低水位)，2(次一级低水位)，...，N(最大高度水位)。每级水位之间并非是线性关系，而是定量的不同水位变化记录。由于在同样的气候条件下，不同的湖盆大小和形状对水位变化幅度反应不一样，因此，各个湖泊水位记录详细程度都不尽相同。例如，有些湖泊仅仅能分辨 2 级变化(最高水位和最低水位)，而有些湖泊可分辨多至 7 级甚至更多，如对青藏高原的兹格塘错的古湖泊水位资料，可以分出 2 级水位变化，而甜水海可区分出多达 7 级(Yu *et al.*，2000)。

根据瑞典南部 Ljustjärnen 湖 8 个钻孔的沉积地层、水生孢粉和硅藻组合变化(图 10.1a)恢复了 10 kaBP 以来湖面变化，反映该湖泊在全新世至少发生了

五次较明显的湖水位变化(Almquist-Jacobson,1994)。采用编码法,能够半定量给出湖泊水量变化,由此半定量出流域 $P-E$ 的相对5级变化(Yu *et al.*,1995),反映全新世在相对现代水位1级到5级之间的变化(图10.1b),由此采用编码法对该流域全新世 $P-E$ 变化的半定量重建。

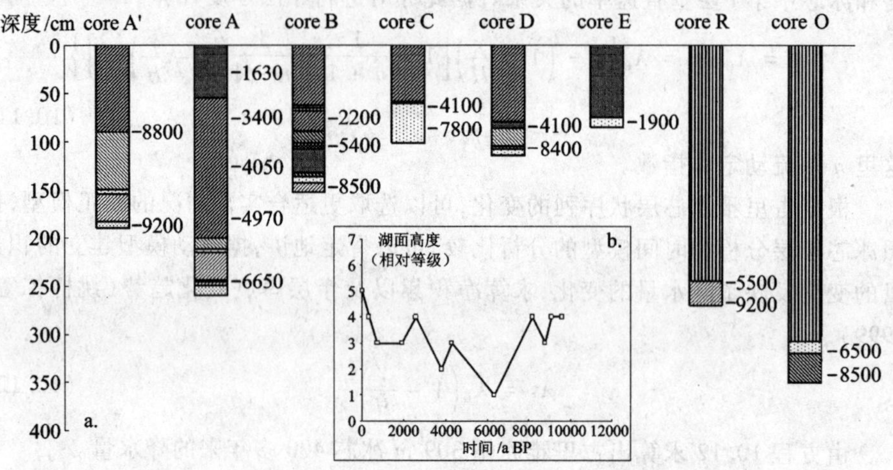

图10.1　重建瑞典 Ljustjärnen 湖全新世以来的流域有效降水变化

(Yu *et al.*,1995)

a. 湖泊沉积钻孔和测定年代(aBP);

b. 湖面高度变化曲线,并采用编码法对流域 $P-E$ 的半定量重建

第 11 章

古气候空间重建

第十章介绍了各个点的地质记录恢复不同的古气候，本章进一步介绍如何从各个点的地质记录恢复具有空间分布的古气候。从地质点到古气候面，需要进行以下几方面的数据处理：① 通过年代学研究，集合多个地质记录在相同的地质时期；② 各个地质记录统一到相同量纲的气候参数；③ 分布在不同地理位置上的各个地质记录点，采用空间统计学方法，处理成空间分布的数据。它们是构成不同的地质环境数据库的基本内容。例如，在全球范围内，有全球和各个大洲的古湖泊水位数据库（Street-Parrot *et al.*，1989；Yu *et al.*，1995），全球和各个大洲的古植被据库（Prentice *et al.*，2000；Yu *et al.*，2000），均满足地质年代一致、古气候参数一致、空间分布一致的基本要求。

11.1 方法和途径

11.1.1 相同地质时代的多个地质记录集合

年代学：当截取一个地质空间时，每个点的时间应该在一个地质时代内。地质记录年代通过年代学完成。年代学包括放射性碳、热释光年代学、铀系年代学，以及相对年代学方法，例如火山灰年代学、孢粉年代学、沉积地层学、地文期和考古年代等等。详见 10.1 年代学介绍。

年代控制：因为各种地质记录的年代利用了不同的测年方法，年代精度差异也很大，需要进行必要的质量控制，包括文字记载与评述、年代学及其可靠性评价等。不同地质时代有不同年代范围的误差，例如在中国中全新世植被制图时，采用了 118 个花粉点资料。大部分数据点来自于全新世地层的序列，截取中全新世的标准是 ^{14}C 年代测定在 6 000 ± 500 aBP（Yu *et al.*，2000）。采用正、负 200 年误差范围，截取的年代就相当于在 5 500 ~ 6 500 aBP 之间。对末次冰盛期的花粉资料点，采用了 18 000 ±2 000 aBP，相当于 16 000 ~20 000 aBP 的年代范围。

一个钻孔/剖面上测年数据的多少和距离的远近，是评价年代可靠性的重要参数。数据库要求对每一个测定的年代有可靠性评估，常常采用年代学控制法(DC：dating control)。在一个钻孔或剖面内，评价测年数据与气候变化事件的远近采用了 Webb 的 1 ~7 级可靠性评价方法(Webb，1985)。该方法自 COHMAP 计划(1988)采用以来得到了较广泛的应用。

Webb 年代学控制准采用 7 级别。根据它们的可靠性由大到小，依次从第 1 级到第 7 级：

如果上下层位有两个年代数据限定，气候变化事件可根据以下判断：

第 1 级：两个年代距离该事件都在 2 ka 以内；

第 2 级：一个年代距离该事件在 2 ka 以内，另一个距离该事件在 2 ~4 ka；

第 3 级：两个年代距离该事件都在 2 ~4 ka；

第 4 级：一个年代距离该事件在 2 ~4 ka，另一个距离该事件在 4 ~6 ka；

第 5 级：两个年代距离该事件都在 4 ~6 ka；

第 6 级：一个年代距离该事件在 4 ~6 ka，另一个距离该事件在 6 ~8 ka；

第 7 级：两个年代距离该事件都在 8 ka 以外。

如果只有上层位或下层位一个年代数据限定，气候变化事件根据以下判断：

第 1 级：所测年代距离该事件在 0.25 ka 以内；

第 2 级：所测年代距离该事件在 0.25 ~0.5 ka；

第 3 级：所测年代距离该事件在 0.5 ~0.75 ka；

第 4 级：所测年代距离该事件在 0.75 ~1 ka；

第 5 级：所测年代距离该事件在 1 ~1.5 ka；

第 6 级：所测年代距离该事件在 1.5 ~2 ka；

第 7 级：所测年代距离该事件在 2 ka 以外。

例如，Harrison 等(1996)对欧亚北部大陆的晚第四纪湖泊水位变化分析时，采用年代控制标准的 1 ~3 级以内的数据点($DC \leqslant 3$)。

由于对定性的古气候代用资料进行定量和半定量数字化，并对测年数据进行可靠性判定，这些数据能够较方便地为不同精度的研究进行资料筛选和使用。

11.1.2 统一到相同量纲的气候参数

为了进行古气候空间场的重建，各个地点的地质记录需要转化成相同量纲的气候参数。古气候参数转化详细见 10.3 节。古气候代用指标已经转化成气候参数，例如，海洋沉积和冰芯沉积转化的年平均温度(℃)，历史文献直接获得的或树木年轮提供的降水年或月总量(mm)，都比较容易集合各个点在一个平面空间上。但对一些半定量气候指标则需要进一步工作，获得统一的气候参数。

例如，在恢复湖泊原始水位变化过程的基础上，各个湖泊点的变化有的只有大、小 2 级，有的则多达 10 级。可根据不同水位记录在整个湖泊历史中出现的频率，采用了三级重新分类。例如基于类比和模拟现代湖泊，对闭合的内陆湖盆采用了频率在 0% ~30%、30% ~85%、85% ~100% 分别划分为高、中、低三级水位，如牛津古湖泊数据库（OLLDB：Street-Perrot *et al.*，1989），而对温带湖盆则采用了与之相适应的 0% ~25%、25% ~75%、75% ~100% 为高、中、低三级水位，如欧洲古湖泊数据库（ELSDB：Yu *et al.*，1995）。最后，计算每个湖泊的古水量相对现代的距平值，分别得到五级指示盆地的干湿变化：湿润（+2）、较湿润（+1）、无变化（0）、较干燥（-1）和干燥（-2）。由此，可以获得一定地质时间上气候代用参数 $P-E$ 的空间分布（图 11.1）。

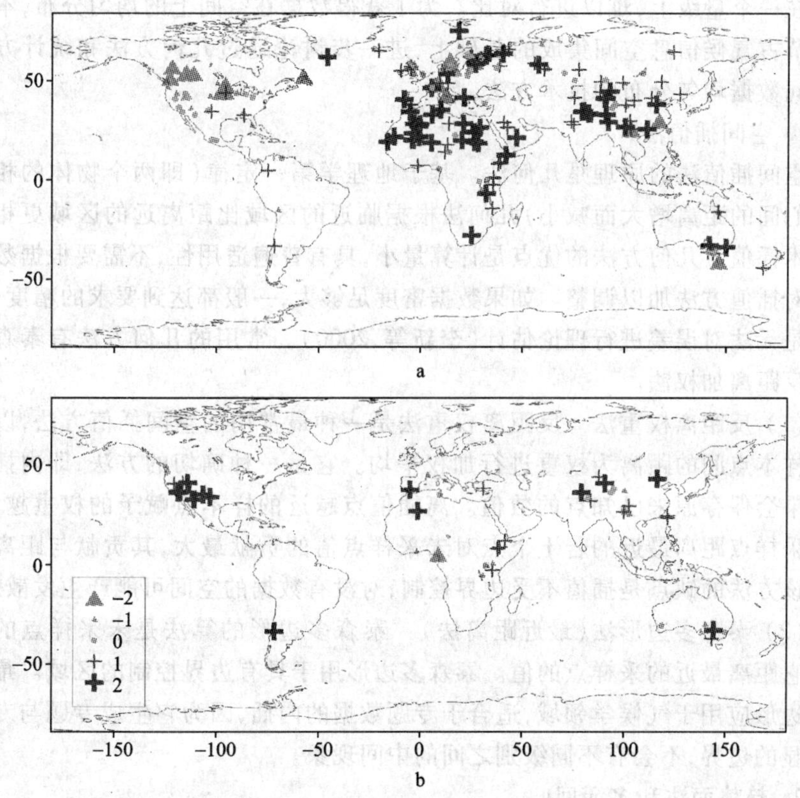

图 11.1 全球古气候湿度状况的空间分布

采用与现代相比的湿度变化表示，共分 5 级：湿润（+2）、较湿润（+1）、无变化（0）、较干燥（-1）和干燥（-2）。采用年代控制标准在 3 级以内（$DC \leqslant 3$）。

a. 中全新世（6 kaBP）；b. 末次冰盛期（18 kaBP）（据（Street-Perrot *et al.*，1989；Trasove *et al.*，1994；Yu *et al.*，1995，2000）

建立地质环境数据库,是集成地质记录、转化成相同量纲的气候代用指标的一种有效途径。近20年来国际上合作开展了不同地质环境数据库的研究工作。这些数据库根据国际统一标准建立,具备了空间化、年代数据和控制、定量或半定量、连续时间序列(参见图0.4)。例如,古降水和湿度方面有牛津古湖泊数据库(OLLDB)、欧洲古湖泊数据库(ELSDB)、中国古湖泊数据库(CLSDB),古植被方面有欧洲的花粉数据库(EPD)等。

11.1.3 由点到面的空间数据处理

重建古气候古环境的代用记录,通常是以单个地质样点的形式存在。与古气候模拟的输入或输出的空间格点形式相比,地质记录在空间分布密度、分散度都不在一个量级上,难以进行对比。为了获得数据在空间上的均匀分布,本节在上一节古气候信息空间集成的基础上,进一步讨论通过几何方法和统计方法处理空间数据均匀分布的技术方法。

1. 空间插值法

空间插值法的原理是几何法。基于地理学第一定律(即两个物体的相似性随它们间的距离增大而减小)几何法根据临近的区域比距离远的区域更相似进行算术插值。几何方法的优点是计算量小,具有普遍适用性,不需要根据数据的特点对插值方法加以调整。如果数据密度足够大,一般都达到要求的精度,但其缺点是无法对误差进行理论估计(李新等,2000)。常用的几何方法有泰森多边形和反距离加权法。

(1) 反距离权重法 反距离权重法是一种最常用的空间插值方法,以插值点与样本点间的距离为权重进行加权平均。它是一种确切的方法,即内插以后的结果会保存原来已知点的数值。离插值点越近的样本点赋予的权重越大,即与未采样点距离最近的若干个点对未采样点值的贡献最大,其贡献与距离成反比。该方法的缺点是插值不受边界控制,对没有数据的空间可能产生发散效应。

(2) 泰森多边形法(最近距离法) 泰森多边形的算法是未采样点的值等于与它距离最近的采样点的值。泰森多边形用于具有边界控制的区域。最早泰森多边形应用于气候学领域,适合于专题数据的内插,因为它生成专题与专题之间明显的边界,不会有不同级别之间的中间现象。

2. 趋势面法和多元回归

空间插值的前提条件是要有好的采样设计,如果采样不能反映出表面变化的重要因素,则插值不一定能取得好的效果。采用趋势面法和多元回归法则可以加以改进。

(1) 趋势面法 趋势面是根据有限的观测数据拟合曲面进行内插(李新等,2000;2003)。它适用于:① 能以空间的视点设置趋势和残差;② 观测有限,内插也是基于有限的数据。当趋势和残差分别能与区域和局部尺度的空间过程相联系时,趋势面分析最有用。

趋势面方法可以定义为:

$$\boldsymbol{Y} = \boldsymbol{A}\boldsymbol{\theta} + \boldsymbol{\varepsilon} \tag{11.1}$$

式中:$\boldsymbol{Y}$ 是 $n \times 1$ 维矩阵;$\boldsymbol{A}$ 是 n 个样本的坐标矩阵;$\boldsymbol{\theta}$ 是趋势面参数矩阵。$\boldsymbol{A}$ 和 $\boldsymbol{\theta}$ 依赖于趋势面的次数。趋势面的次数是它最重要的特征。$\boldsymbol{\varepsilon}$ 是残差,通常是一个独立随机变量。当残差是独立随机时,统计检验是有效的;但实际上,趋势面中残差常是自相关的(特别是趋势面的次数较低时),因此,检验是有显著偏差的,残差是空间自相关可以用随机过程模型模拟。由于趋势面的以上特性,它的目标有时并非最佳拟合,而是把数据分成区域趋势组分和局部的残差。

(2) 多元回归法　回归分析是最常见的统计分析方法之一,它是通过一组(一元回归)或者是多组(多元回归)试验(或者观测)数据研究随机变量之间的相关关系,建立起一个数学模型,以用于预测或者是控制。多元回归在数学形式上和趋势面很相似,但也有显著的不同,首先,在趋势面分析中,$\boldsymbol{A}$ 是坐标矩阵,而在回归分析中,它可以是任意变量。其次,在趋势面方法中,模型的拟合严格地遵从常数、一次项、二次项、三次项等的顺序,主要的问题是确定模型的次数,因此,趋势面分析有内在的多重共线性问题;而在多元回归中,尽管也存在多重共线性,但它是非内在的,继而以通过逐步回归的办法解决。因此,相当于趋势面的选择次数,多元回归的核心是选择变量和区分模型(徐建华,2002)。

3. 空间统计法

空间统计又称为地统计学,通常主要用 Kriging 方法和 Cokriging 法(李新等,2000)。

(1) Kriging 法　Kriging 法也称为空间局部估计或空间局部插值,是由南非矿山工程师 D. G. Krig 发明并因此而命名(王政权等,1999)。该方法在插值过程中根据优化准则,决定函数动态的变量数值。它的分析工具是半变异函数(Semivariogram),对空间分布随机性与结构变量的研究具有独特的优点。该方法优点是可以克服内插中误差难以分析的问题,能够对误差做出逐点的理论估计;它也不会产生回归分析的边界效应。缺点是复杂,计算量大,尤其是变异函数(variogram)是几个标准变异函数模型的组合时,计算量很大;另一个缺点是变异函数需要根据经验人为选定。

(2) Cokriging 法　Cokriging(共协 Kriging)是 Kriging 的变种,其内插的基本原理和 Kriging 相同,但是它通过考虑一个以上的变量而优化估计;内插由于考虑了变量之间的关系而得到改善。Cokriging 内插包括以下过程:① 确定多个观测值之间空间相关的特征;② 借助于变异函数和交叉变异函数(cross-variogram),对相关变量建模;③ 利用这些函数估计内插值。

11.2 古气候空间重建的实例

空间古气候重建在逐个点的资料基础上,对不同地质点的气候信息进行综合集成。各种古气候代用指标的建立在10.2节中已经做了介绍;把各个地质记录统一到相同量纲的气候参数上进行点到面的数据处理方法见11.1节。本节介绍两例空间尺度的古气候重建实例,一是通过化石花粉恢复古气候空间场,二是利用湖泊水位变化资料建立区域降水和有效降水的空间变化。

11.2.1 类比法与欧洲中全新世气候重建

Cheddadi 等(1997)运用类比法对6 000年前欧洲的气候进行了重建。采用的数据包括湖泊水位数据、现代花粉数据、距今6 000年的花粉数据、现代气候数据。113个湖泊点资料是从欧洲湖泊数据库(Yu *et al.*,1995)、前苏联及蒙古湖泊数据库(Tarasov *et al.*,1994)和牛津湖泊水位数据库(Street-Perrott *et al.*,1989)中筛选出来的;现代花粉数据来源于欧洲、北亚及北非的1 331个花粉组合,外加北美的148个花粉组合,花粉百分数是根据44个花粉类型计算的;距今6 000年的花粉数据来源于 Huntley 和 Brisk(1983),另有93个源自欧洲的花粉数据库(EPD),花粉百分数也是根据上述44个花粉类型计算的;现代气候参数包括最冷月平均温度 T_c、大于5 ℃生长日 GDD、年实际蒸发与计算蒸发比值 α 和有效降水 $P-E$。

采用现代与古代的相似性与差异性进行对比和推理,即"类比法"。根据现代花粉和现代气候参数的关系,从距今6 000年的花粉组合类比到当时的气候参数。现代和6 000年以前的花粉组合的相似程度是用弦距(chord distance)来度量的(Overpeck *et al.*,1985;Guiot,1990;Prentice *et al.*,1991),即花粉百分率经过平方根转换后的欧几里得距离。

现代花粉组合重建气候变量并将其结果与实测值进行比较,显示相关关系是显著的(>0.90),有效降水 $P-E$ 的结果稍逊(0.78)。采用这个关系对6 kaBP的古气候重建,结果不显著的古气候重建区集中在欧洲东南部,主要由于资料的稀少、达不到统计样本最低限度的要求所致。最后,删除了重建区域不显著区域,完成欧洲中全新世气候重建图(图11.2),古气候指标有最冷月平均温度(T_c)、积温(GDD)、蒸发率(α)和有效降水($P-E$)。

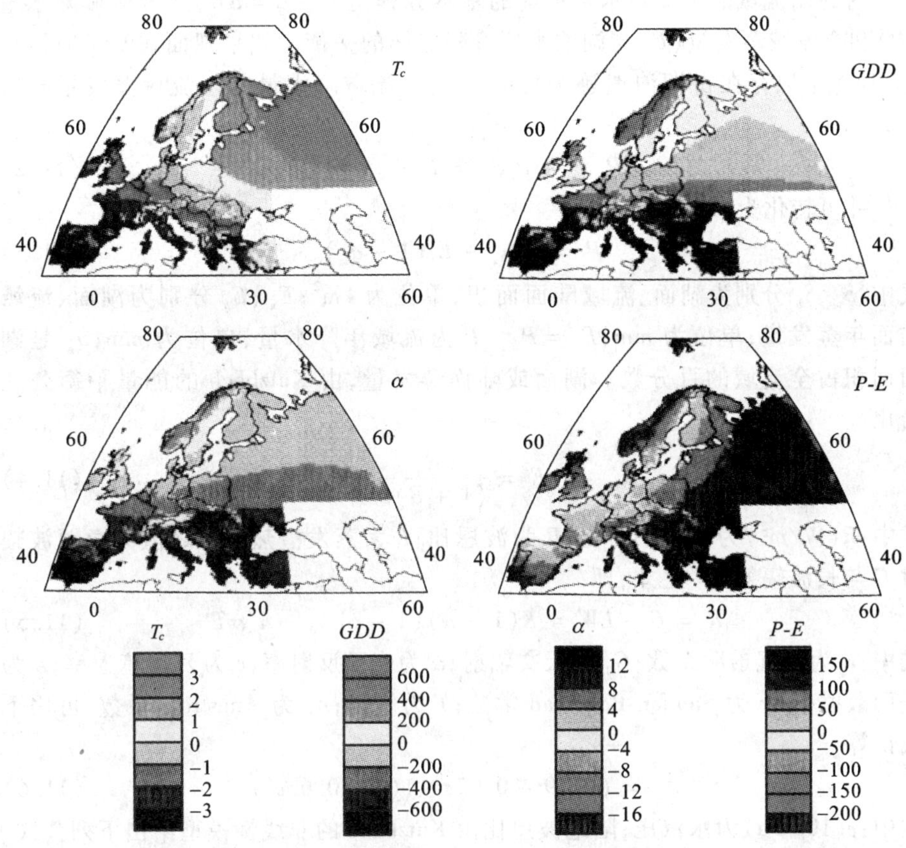

图 11.2　欧洲中全新世气候重建图

T_c:最冷月平均温度(℃),GDDT > 5 ℃积温(℃),α:蒸发率,$P-E$:有效降水(mm/a),均以现对现在的变化值表示(Chaddad *et al.*,1996)

11.2.2　水量平衡法与古降水空间重建

内陆湖泊具有封闭的集水盆地,水位变化是该地区气候干、湿变化非常好的指示器(施雅风,1991),成为定量估计古降水与古河川径流的首选对象。1980 年 Kutzbach 提出用水量平衡的方法估算蒸发量,并假定在湖泊水量收支平衡时全流域降水量等于蒸发量而推得降水量(Kutzbach,1980)。此后,东部非洲的湖泊(Hasterrath *et al.*,1983),印度的 Rajasthan 古湖盆(Swain *et al.*,1983)和美国中、西部的一些湖盆(Winkler *et al.*,1986),我国干旱、半干旱地区湖泊(秦伯强 1997;吴敬禄,1993;贾玉连等,2001;Xue, *et al.*,2000),都曾采用水量平衡模式恢复古降水。

对封闭流域的全流域水量平衡的基本方程是 $P-E=\Delta H$，即全流域降水量(P)和全流域蒸发量(E)与湖泊水位升降之间的平衡。如果湖面在某一时段稳定(地貌上以存在古湖泊遗迹为标志)，则全流域降水量与全流域蒸发量相等(11.2)

$$P_w S_w + P_b S_b = E_w S_w + E_b S_b \tag{11.2}$$

并可转化为(11.3)

$$P = E_w a_w + E_b (1 - a_w) \tag{11.3}$$

式中：S_w、S_b 分别为湖面、流域陆面面积，单位为 km^2；E_w、E_b 分别为湖面、流域陆面年蒸发量，单位为 mm；$P_w = P_b = P$ 为流域年降水量，单位为 mm；a_w 是湖面面积占全流域的百分数。湖面或陆面蒸发量，由 Kutzbach 的能量平衡公式给出

$$E = \frac{R}{(1+B)L} \tag{11.4}$$

式中：R(W/m^2)为辐射平衡值；B 为波恩比；L 为蒸发潜热。R 之值为净短波辐射 G 与长波辐射 LW 之差，即

$$R = G - LW = K(1-\alpha)(1-c)G_0 - A_n^{\varepsilon}\sigma T^4 \tag{11.5}$$

式中：K 为大气透明系数；G_0 为天文辐射；α 为表面反射率；c 为云量遮盖率；ε 为表面散射率；σ 为 Stenfan-Boltzman 常数；T 为气温；A_n 为 Angstrom 系数，可用下式计算

$$A_n = (0.39 - 0.05e^{0.5})(1 - 0.65c^2) \tag{11.6}$$

式中：e(100 Pa)为水汽压；陆地波恩比由 Kutzbach 的非线性模型给出下列公式

$$B_b = \frac{\frac{R_b}{LP}}{1 - e^{-\frac{R_b}{LP}}} - 1 \tag{11.7}$$

式中：R_b(W/m^2)为陆地辐射平衡值；$R_b/LP = D_b$，D_b 为干燥比。将(11.7)代入(11.3)并化简得到封闭湖泊流域全流域水量与能量平衡联合方程(11.8)

$$\frac{R_w a_w}{(1+B_W)LP} + \left\{1 - \exp\left[-\left(\frac{R_b}{LP}\right)\right]\right\}(1 - a_w) = 1 \tag{11.8}$$

对于现代湖区，上述参数如云量遮盖率、地面反射率、地表水汽压，一般均可从相关气候图集中查知。地质时期上述参数可用多次逼近法取得，并通过孢粉资料与湖泊补给系数等方法加以佐证。对我国青海湖进行研究发现了湖泊水位高低(或面积大小)与流域降水及蒸发之间的定量关系，并用水热平衡的方法来重建古湖泊水量平衡(秦伯强，1997)。Xue 等(2002)采用该方法对中国10多个古湖泊 30 kaBP、18 kaBP、6 kaBP 进行了古湖泊水量平衡研究，重建了这三个时期古降水的空间分布(图 11.3)。

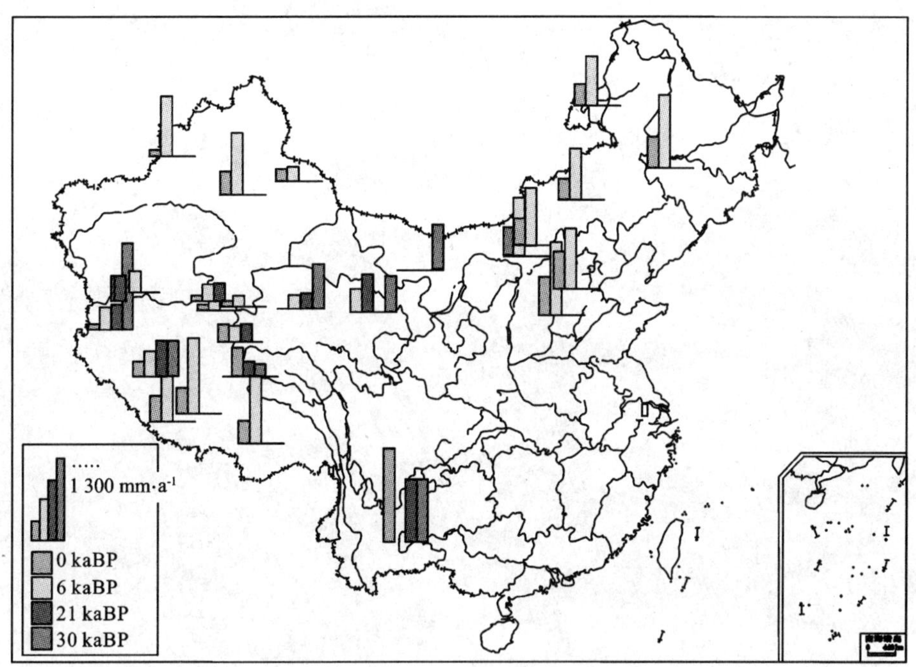

图 11.3　根据水量平衡法计算的中国湖泊流域 3 万年来古降水
（根据于革等，2001）

第4篇

古气候模拟边界场

第 12 章

地球系统的外部边界场

古气候模拟边界场是在一定的地质时期作为强迫模拟试验的空间场，它包括了试验的初始场和强迫条件，以空间分布设置和参数设置为具体形式。构建古气候模拟边界场是古气候动力模拟的重要基础，地球系统的外部环境和内部系统是边界场构建的基本内容。本章主要介绍地球系统的外部动力因素，包括了太阳辐射变化与太阳活动影响、行星摄动引起的地球轨道运动、外部天体对地球产生的动力作用等设置和示例。

12.1 太阳辐射变化驱动

12.1.1 太阳辐射绝对量变化

太阳辐射是地球上光和热的主要来源，太阳散发的总能量为 4×10^{26} W，其中的十亿分之一（2×10^{17} W）到达大气圈的顶层。它的微小变化都会给地球带来重大的影响（Lean，2005）。太阳辐射总量基本上稳定，但是也有 0.1% 至 0.2% 的变化，特别是在紫外和 X 射线波段有较大幅度的涨落。根据天文观察，太阳光球表面黑子是光球层上的巨大气流涡漩，大多呈现近椭圆形，在明亮的光球背景反衬下显得比较暗黑，但实际上它们的温度高达 4 000 ℃左右。日面上黑子出现的情况不断变化，这种变化反映了太阳辐射能量的变化。1999 年美国科学家雷特分析、研究太空资料，发现在 11 年太阳活动周期内，太阳总辐射的变化量约为总辐射的 0.1% 左右，当太阳黑子活动处于极大值时，太阳总辐射量也最大。在这辐射变化量中，紫外线波段和较短波长的太阳辐射约占 20%，它们在地球的对流层顶部就被吸收掉，而其余的 80% 的辐射对气候变化有重大影响，绝大部分在大气的对流层下部被吸收，加热了陆地和海洋，给植物光合作用提供能量，驱动气候变化。

设置太阳辐射量的边界参数一般采用太阳辐射强度或太阳常数。太阳常数用来表示到达大气上界的太阳辐射，与太阳辐射强度存在着下面的数学关系

$$I = I_0 \cdot \sin h \tag{12.1}$$

式中：h 为太阳高度角；I_0 为太阳常数；I 为投射到大气上界水平面上的太阳辐射强度。

上式表明，大气上界水平面上的太阳辐射强度，随太阳高度角的增大而增强。当太阳高度角为90°时，太阳辐射强度就等于太阳常数。因此，太阳常数就是到达水平面上的太阳辐射强度的最大值。

由于到达大气上界的太阳辐射与日地距离的平方成反比，因此，在远日点和在近日点的太阳辐射强度与太阳常数就有一定差异。在近日点垂直于大气上界的太阳辐射强度比太阳常数大3.4%；而在远日点则比太阳常数小3.5%。根据上述太阳辐射强度和太阳常数的关系公式，到达大气上界的太阳辐射与太阳高度角的正弦成正比。太阳高度角随纬度和时间而变化。因此，在不同纬度上不同时间的太阳辐射强度都不同。由于南、北回归线之间地区的太阳高度角较大，而北回归线以北和南回归线以南地区的太阳高度角随纬度增高而减小，所以，到达地球大气上界的太阳辐射沿纬度的分布是不均匀的，低纬度多，随纬度的增高而减少；由于南、北回归线之间地区的太阳高度角在一年中的变化较小，而中、高纬度地区的太阳高度角在一年中的变化较大，因而，低纬地区太阳辐射强度的年变化小，高纬地区太阳辐射强度的年变化大。

根据不同的时间尺度，过去太阳辐射变化通过多种途径获得。根据欧洲的历史文献，太阳黑子的记录被反演到15世纪。尽管太阳黑子的变化存在复杂现象，观察发现平均活动周期为11.2年，由此计算出历史时期太阳黑子活动以及太阳辐射的绝对量变化（Fairbridge，1987；Magny，1993）。

长达千年的太阳辐射变化的重建是根据多种记录综合分析获得的：① 从格陵兰冰芯中，获得火山灰记录用来重建北半球太阳辐射变化；② 根据对火山灰 ^{10}Be的测量重建的太阳黑子变化序列；③ 根据 ^{14}C 残留量的测定和计算重建的太阳辐射变化。Crowley（2000）对三种不同方法获得的太阳辐射变化进行了评估和调整，最终获得公元1000—1998年的太阳辐射变化，并用来作为强迫场对过去1 000年的古气候模拟试验（图12.1）。

在地质历史上，人们通过地球自转速度的地质记录（如珊瑚记录、岩石地层证据等），发现了400 Ma以来随着每天长度的增长，太阳常数也持续增大（图12.2）。

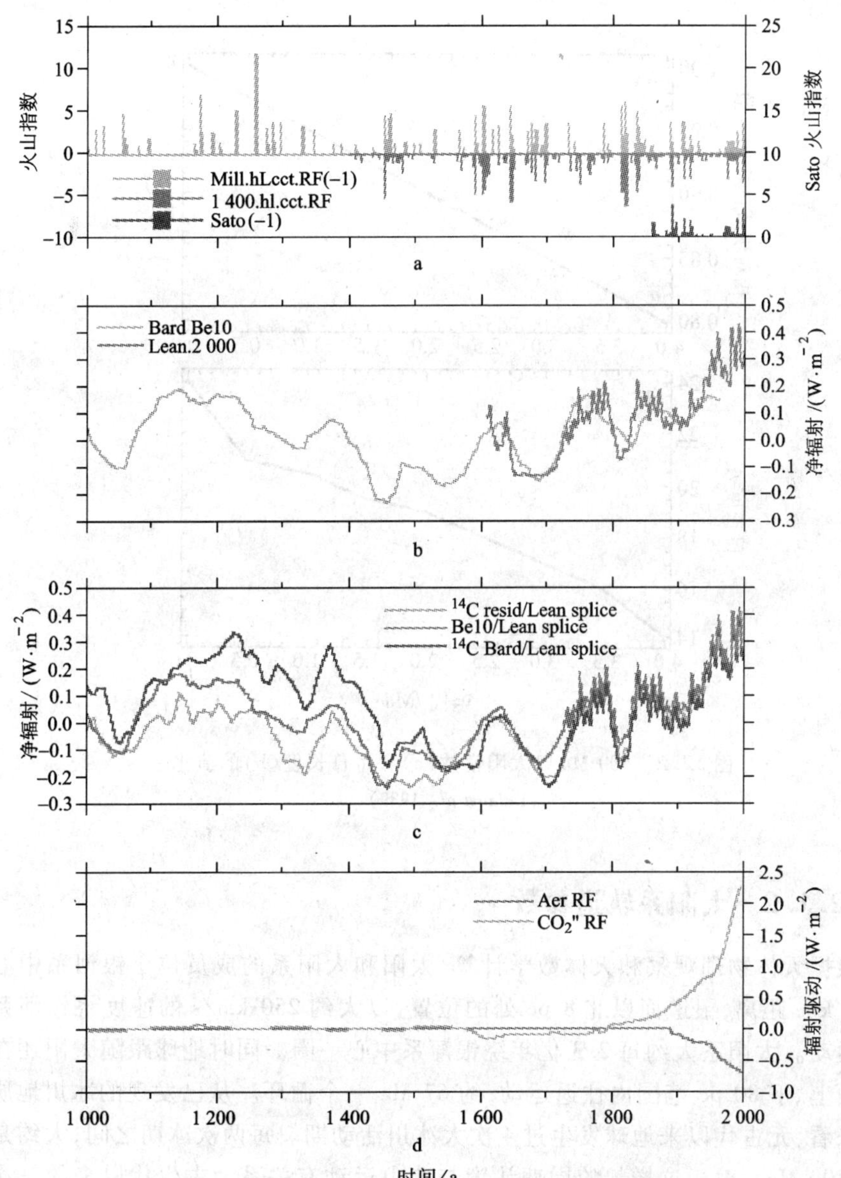

图 12.1　采用的太阳辐射变化驱动过去千年气候模拟

(Crowley,2000)

太阳辐射变化根据了多种记录综合分析获得:a. 冰芯记录的火山灰序列(红色和蓝色,Robock *et al.*, 1996)和重建的北半球太阳辐射变化(绿色,Sato *et al.*,1993);b. 根据 Bard 等(2000)^{10}Be 测量(红色)和根据 Lean 等(1995)记录(蓝色)重建的太阳辐射变化序列;c. 三种重建太阳辐射变化的比较:^{10}Be 测量(蓝色),^{14}C 残留(红色,Stuiver *et al.*,1993)和根据^{14}C 计算的^{10}Be 变化(绿色);d. 公元 1000—1850 年 CO_2 影响的辐射变化(红色,Etheridge *et al.*,1996)和 1850 年以来人类活动温室气体和大气气溶胶变化(蓝色)

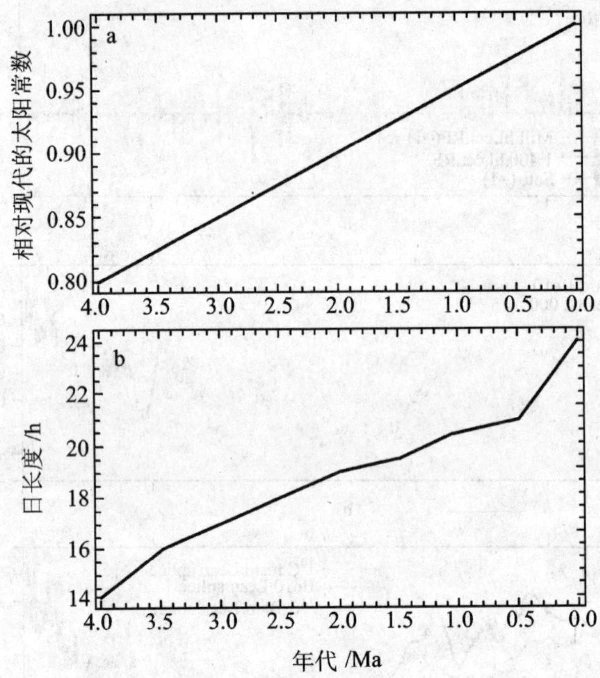

图 12.2 400 Ma 以太阳常数(a)和每日长度(b)的演化

(Kuhn *et al.*,1989)

12.1.2 太阳系轨道参数

根据天体物理观察和天体数学计算,太阳和太阳系的成员位于银河系中心约 8.5 kpc 距离,银道面以北 8 pc 处的位置,以大约 250 km/s 的速度绕银河系中心运动。太阳系大约每 2.3 亿年绕银河系中心一圈。同时地球跟随太阳还在银道面上、下 80 pc 范围内往返运动,约 67 Ma 一个循环。从已发现的冰川地质证据来看,元古代以来地球发生过 4 次大冰川活动期。每两次冰期之间,大约是 200 ~ 300 Ma。对于这样长的周期认为与造山运动有关系。古生代以来的三次大冰期与地质时代三次强烈的造山运动是相对应的。然而,追问造山运动为什么会有 200 ~ 300 Ma 的周期,就会发现地质历史上的四次大冰期周期与太阳绕银河系运转一周的时间吻合,造山运动和板块运动也包含着 200 ~ 300 Ma 基本周期(Fairbridge,1987)。

太阳系轨道参数变化通过影响太阳辐射对地球气候发生作用。尽管太阳系绕银河轨道周期与地质历史上大冰期周期以及板块运动周期相似,但由于在驱动理论上存在着许多不确定性，目前尚未见到直接采用太阳系轨道参数驱动的古气候模拟，但一些科学家通过对太阳光谱和辐射变化进行了古气候模拟（李俊美等，2006）。6 亿年前元古代晚期发生了全球性大冰川和“雪球”覆盖的大冰期气候（Kirschvink，1992）。Warren 等人（2002）对“雪球”气候采用太阳光度、辐射大大减少为动力进行模拟。以 320 W/m^2 的太阳光谱和 0.5 的反照率为边界条件，采用光谱模型模拟赤道地区冰盖的厚度，发现了当地球表面温度在 -12 ℃以下时，冰盖的厚度达到 100 m 以上。Hyde 等人（2000）利用能量平衡模式与冰盖模式耦合进行古气候模拟试验。在与现代大气 CO_2 浓度相当的试验条件下，设置太阳光度下降 6% 的强迫条件，由此模拟出“雪球”的产生，即除赤道地区外，地球普遍被 1 ~ 10 m 厚冰盖所覆盖。

12.1.3　太阳辐射变化边界层参数设置

无论是太阳系绕银河轨道周期变化，还是其他天体与太阳系的相对运动，它们对地球气候系统的作用总是通过影响太阳能量实现的。在古气候模拟中，太阳动力因子的边界条件一般通过参数进行设置，以改变太阳辐射的波长、太阳辐射的强度和太阳常数等为主要途径。

太阳辐射强度是太阳在垂直照射情况下在单位时间内，单位面积上所得到的辐射能量。单位用毫瓦/平方厘米（mW/cm^2）或者瓦/平方米（W/m^2）。近年来通过各种先进手段测得标准值为 1 368 W/m^2。一年中由于日地距离的变化所引起太阳辐射强度的变化不超过 3.4%。在单位时间下测量太阳辐射强度，叫做太阳常数，定义为在日地平均距离（1.5×10^8 km）的条件下，在地球大气上界，垂直于太阳光线的 1 平方厘米的面积上，在 1 分钟内所接受的太阳辐射能量。单位为卡/（平方厘米·分）（$J/(cm^2 \cdot min)$）。现代太阳常数的数值，由于观测年代不同，以及观测方法和推算方法的不同，在不同的书籍和资料中，其数值常不一致，变动幅度在 1.9 ~ 2.9 $J/(cm^2 \cdot min)$ 之间。1957 年国际地球物理年决定采用 1.98 $J/(cm^2 \cdot min)$。80 年代以来，经过大量观测和分析，测得太阳常数为 1.95 $J/(cm^2 \cdot min)$。

在古气候模拟试验中，对太阳常数变化的设置是以现代值为基础，在不同的地质时期设置不同的太阳辐射强度或太阳参数。在地质历史上，与现代年速率的 68×10^{-9} $W/(m^2 \cdot a)$ 相比，随着日长度的增加，相对现代的太阳辐射强度在不断增强。根据地质记录和由此进行的理论计算，一些古气候模拟设置了太阳辐射参数或太阳常数变化，作为边界场的强迫条件驱动模拟试验（表 12.1）。

表 12.1 不同时期古气候模拟试验中的太阳参数的设置

时间	古气候模拟	太阳辐射强度	气候模式	参考文献
现代	控制试验	1 350 ~ 1 355 W/m^2		
1860—1997 AD	太阳辐射敏感试验	1 350 ~ 1 650 W/m^2	OGCM (HadCM3 - T42)	Collins *et al.*, 2002
300 aBP	小冰期气候敏感性试验	0.5% ~ 1% 变化	GCM - SSiB (L9R15)	刘健等, 2002
1 000—0 aBP	1 000 年以来气候模拟	± 10 W/m^2 变化	EMB + GCM (GFDL - R15)	Crowley, 2000
1 000—0 aBP	1 000 年以来气候模拟	1 357 ~ 1 377 W/m^2	EMB	Bertrand *et al.*, 2002
90 Ma	白垩纪气候模拟	1 337 W/m^2	OGCM (GENESIS)	Kump *et al.*, 1999
~600 Ma	晚元古代冰期模拟	320 W/m^2	EMB	Warren *et al.*, 2002

12.2 地球轨道变化

12.2.1 地球轨道参数

太阳系中各星体各有其运动轨迹和运动速度，从而使地球处在不断变化的重力场中，导致地球轨道沿时间不断变化。地球绕太阳公转运动中会受到其他大行星(主要是木星)的引力干扰使轨道参量数变化，引起了太阳辐射相对变化。米兰科维奇论证了地球轨道三个参量：偏心率、黄赤交角和岁差三个参数变化，影响到地球大气层顶部所接受的太阳辐射相对变化(Milankovitch, 1941)。米兰科维奇认为偏心率、黄赤交角和岁差的周期变化改变着地表的日照量，从而导致地球接收太阳辐射的季节和地区分布发生变化，夏半年日照量的减少是冰期形成的主要因素。其假说较好地解释了北半球冰盖的大规模进退，认为地球轨道周期的变化是形成第四纪冰期 - 间冰期更替的主要原因。

(1) 地球轨道偏心率 地球轨道运动是椭圆的,在行星摄动下,轨道偏心率在0.000 5~0.060 7之间变化,主周期有40万年和10万年。地球轨道偏心率变化,使得地球接收太阳辐射的日照量变化,最大是±1%左右。当地球轨道偏心率大时,一年中在近日点附近接收的辐射量增加,北方的冬季变暖。偏心率对太阳辐射的影响,能调节季节差别大小,所产生的南北两半球的效应相反。北半球夏季大时,南半球夏季小。冬夏两季最大辐射差达到30%。

(2) 黄赤交角 地球自转轴的倾角变化引起的黄赤交角在22°~20°30′变化,变化的周期约为4.1万年。由于地球上南北回归线和南北极圈的位置是由黄赤交角决定的,因而会影响到高纬地区的日照量改变。黄赤交角减小时,中、高纬度地区,尤其是高纬地区接收到辐射量会明显减少;黄赤交角增加时,纬度越高,接收辐射量增加越多。黄赤交角达到最大值时,在极地全年接收到的太阳辐射量可增加4.02%。黄赤交角变化决定极圈、回归线纬度位置以及极昼、极夜天数。黄赤交角越大,高纬夏季辐射越多,冬季越少。这个效应在南北两半球一致,高纬地区受到的作用明显,赤道和低纬地区受到的影响较小。

(3) 岁差 由于行星摄动,地球轨道的近日点有进动,平均周期约为2.17万年。现在北半球的冬季位于近日点附近,再过12 750年,近日点将位于目前的远日点附近,北半球的冬季将位于远日点。这会引起南北两半球在不同季节日照量的变化,影响到全球气温的变化。目前,地球过近日点的时间是每年的1月3日或4日,过远日点的时间为每年的7月2日或3日。近日点进动的方向和地球公转方向一致。经过周期分析(Berger,1978),岁差具有1.9万年与2.3万年两个变化主周期。岁差变化的太阳辐射效应决定了近日点在一年周期中出现的早晚,它的效应在南北两半球相反。与黄赤交角的效应相反,对低纬影响大于高纬。此外,岁差的作用受到了偏心率调控,当偏心率越大,其岁差的效应增大。

12.2.2 地球轨道参数变化

20世纪70年代Berger教授研究计算了地球轨道参数及地表不同纬度和季节接收的太阳辐射在过去几百万年的实际数值,探讨了各自的周期变化以及轨道参数变化对地表气候变化的影响。对过去40万年到未来10万年的轨道参数变化(图12.3)和相应的太阳辐射在不同纬度分布的计算(Berger and Loutre,1991),已经成为百万年以来古气候模拟边界场的重要依据。

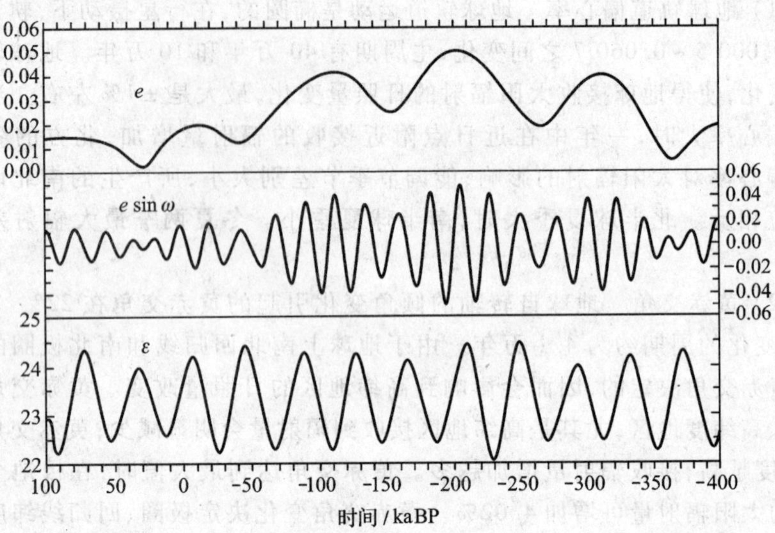

图 12.3 过去40万年到未来10万年的轨道参数变化序列

(Berger,1978)

e:地球轨道偏心率;$e\sin\omega$:岁差;ε:黄赤交角

在晚第四纪古气候模拟中,地球轨道的三个参数设置已经被国际 PMIP 合作计划采纳(Joussaume *et al.*,1995),成为多个国家和组织进行古气候模拟共同采用的边界场标准(表 12.2)。

表 12.2 第四纪古气候模拟试验的地球轨道参数

时代(天文年代标准)	地球轨道参数		
	偏心率	近日点/°E	黄赤交角/°
现代(0 kaBP)	0.016 7	282.04	23.446
末次间冰期(126 kaBP)	0.039 7	111.24	23.928
末次间冰期(115 kaBP)	0.041 4	291.02	22.405
末次冰盛期(21 kaBP)	0.018 7	294.42	22.949
晚冰期(11 kaBP)	0.019 5	98.408	24.201
中全新世(6 kaBP)	0.016 7	180.92	24.105

根据 Joussaume *et al.*,1999;de Noblet *et al.*,1996;Kutzbach *et al.*,1998

除了地球公转以外,地球自转受日、月引潮力的影响,会引发海洋潮汐摩擦,产生与地球自转角速度相反的力偶矩,这导致地球的自转有长期减慢效应,使日长单位以每百年 0.002 秒的速度增加(图 12.1)。此外,由于海、气耦合与日、月引潮力的影响,地球自转除了长期减慢以外,还有年际、半年、季节性与短时标的周期变化,也成为驱动气候模拟的外强迫因子(Saltzman,2002)。设置地球自转速度驱动,采用GCM模拟了在一个高速自转的地球气候(Hunt,1979;Jenkins,1993),在相当于400 Ma前以14 h/d自传速度设置的敏感性试验中,发现了地球转速的减慢引起了大气的水平运动减弱,径向温度差增大,云层减少,导致了地球表面的温暖。

12.2.3　地球轨道参数的设置实例

在气候模式中,地球轨道参数依据了一系列日－地关系的天体物理和天体数学公式构成。下面介绍在气候模式中应用的地球轨道参数设置(郑益群等,2004),该工作已经成功的应用在晚第四纪古气候模拟中(Zheng *et al.*,2004)。

由于太阳对于地球的相对运动也遵循开普勒定律,即太阳对于地球的行径是一个椭圆,地球在其一个焦点上;太阳相对地球运动的面积速度不变。因而,日－地距离 r 可由极坐标中的椭圆方程(Danjon,1980)给出

$$r = a(1 - e\cos u) \tag{12.2}$$

式中:a 为椭圆的长半轴;e 为偏心率;u 为太阳的偏近点角。

根据开普勒第二定律

$$u - e\sin u = \frac{2\pi}{A}(t - t_0) = M \tag{12.3}$$

式中:太阳过近日点的历元 $t_0 = t_{sp} - \frac{A}{2\pi}(360 - l_p)$;$A$ 为一年的天数;t_{sp} 为春分点(黄经度数为0)的日期;而 t 为实际时间;l_p 为近日点的黄经度数;M 为平近点角。因而,(12.2)式还可写为

$$r \approx a(1 - e\cos M + \cdots) \tag{12.4}$$

而日－地平均距离 r_0 可表示为

$$r_0 = \frac{a + b}{2} = \frac{a(1 + \sqrt{1 - e^2})}{2} \tag{12.5}$$

式中:b 为椭圆的短半轴。任一时刻的太阳黄经度数 l 可近似表示为

$$l \approx l_p + M + 2e\sin M \tag{12.6}$$

对于气候模拟问题,公式(12.4)、(12.6)仅取到含有 e 为止的项已经足够精确。由太阳黄经度数 l 和黄赤交角 ε 即可计算出太阳的直射纬度,也就是赤纬 δ:

$$\delta = \arcsin(\sin\varepsilon\sin l) \tag{12.7}$$

而太阳时角 ω 可表示为

$$\omega = \frac{2\pi}{\tau}(t_1 - 12) \tag{12.8}$$

式中:τ 为一昼夜所需的时间;t_1 为平均太阳地方时。这样就可得到不同纬度 ϕ 的太阳天顶角余弦

$$\cos Z = \sin\delta\sin\phi + \cos\delta\cos\phi\cos\omega \tag{12.9}$$

并进而计算出地球任一经、纬度大气上界处的太阳入射通量

$$S_h = \frac{r_0^2}{r^2}S_0\cos Z = \frac{\left(1+\sqrt{1-e^2}\right)^2}{4(1-e\cos M)^2}S_0\cos Z \tag{12.10}$$

式中:S_0 为太阳常数。

在上述计算中所需要的偏心率 e、近日点出现时的黄经度数 l_p 及黄赤交角 ε,现代值可采用近似公式或从有关天文表中得到,地质时期的变化则根据了米兰柯维奇地球轨道参数变化理论(Milankovitch,1941)以及第二节介绍的相关研究(Berger,1978;Berger *et al.*,1991)。晚第四纪一些重要气候期的古气候模拟的边界场设置可参见表12.2。

12.3 小行星碰撞

在太阳系中地球轨道附近,存在100亿个直径约10 km的小行星。小行星对地球的碰撞是一种突发性事件,它难以通过天文计算其轨道和周期,但地质证据记录了它的行踪。根据白垩纪末期小行星或彗星与地球发生碰撞的地质记录,当时地球上有70%的物种消失了。这一事件发生在6 500万年前,在国际地层学上称作白垩纪/第三纪(K/T)界线。由此恐龙绝灭了,许多裸子植物和蕨类绝灭了,但是被子植物有了空前的发展和繁衍。尽管这些重大地质生命演化的机制尚无定论,但无不与气候的巨大变化有关,对中生代温暖气候的结束都产生了重大影响。

Thompson和Crutzen(1990)根据小行星对地球的碰撞产生大量宇宙尘埃物质和大气化学成分发生变化作为主要气候强迫因子,设置K/T边界场进行了GCM气候模拟。设定小行星对地球的碰撞后,一年内宇宙尘埃物质的沉降速率(图12.4)。这个由地球外部系统造成的动力驱动气候模拟,证实了一个核冬季天气出现,1年内中低纬的大陆降温达到了10 ℃以上。

因此,对外部天体碰撞这一类的地球外部的动力因子,可通过产生的宇宙尘降和大气化学成分改变等方式进行强迫条件设置,采用参数的初始值(如改变初始场中大气成分的参数)或者使用时间强迫(如一年内逐日的尘降速率变化)作为边界条件,进行古气候模拟试验。

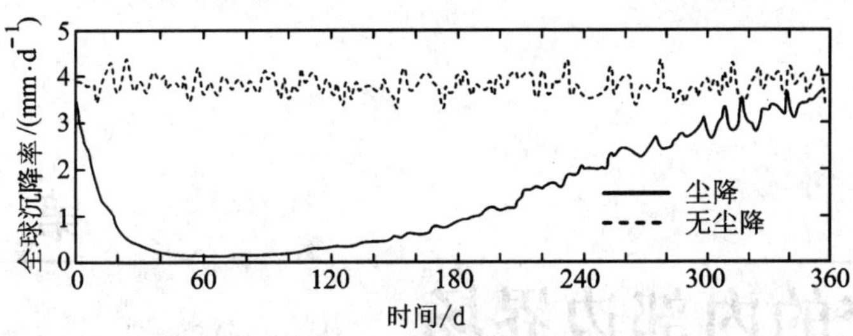

图 12.4　设置 K/T 小行星碰撞后一年宇宙尘埃物质的尘降变化

(Thompson *et al.*, 1990)

(以 360 天计,速率单位 mm/d)

第 13 章

地球系统的内部边界场

本章主要介绍地球内部气候系统边界场,包括了海陆分布、地形高度、海洋、冰盖、植被、大气成分等的设置。

13.1 海陆和地形边界场

地质历史上构造板块的漂移、会聚、拼合、碰撞、造山、成盆等过程不可逆地控制了全球气候的演变。根据地球板块构造演化,500 Ma 以来地球海陆分布发生了巨大变化(图 13.1)。中生代以来随着大陆漂移和海底扩张,南半球中纬度地区大陆面积减少 5% ~10%,北半球中、低纬度地区增加 5% ~15%。300 Ma 以来的海陆变迁导致了洋底加深和海面下降,大陆山地增高。至 100 Ma 前,地形高度也与现代相比存在巨大差别(图 13.2)。这些构造驱动的气候变化,在时间尺度上为几十万年至千万年。300 Ma 海陆板块变化使大陆型气候的增强、极地降温,地球表面反照率改变,引起植被带和干旱区的巨大变化;构造变化引发的地热对流和火山活动改变大气圈温室气体浓度;高原和山地抬升在动力和热力方面作用于行星风系和区域大气环流。因此,海陆和地形变化是构造时间尺度上气候模拟的重要动力因子。对早期地球气候,Jenkins 等人(1993)采用水体行星(大面积海洋分布),通过 GCM 模拟了低反射的地球表面,地表温度升高 4 K,地球呈现出温室气候。

古生代以来发生的震旦纪、石炭纪 - 二叠纪和第四纪大冰期,冰期间隔时间大约是 2 亿 ~3 亿年。这样长的周期与造山运动密切相关。从气候理论上来说,地质上的大造山运动,往往使地面起伏程度加大,全球变冷。因为山脉越高,引起大气的热机效率就越高,上升运动增强,云雨增多,反射率增大,地面接收的太阳辐射能量减少,地表变冷。而地质证据表明,三次大冰期与地质时代强烈的造山运动是相对应的。震旦纪大冰期产生在元古代末地壳运动以后,石炭纪 - 二

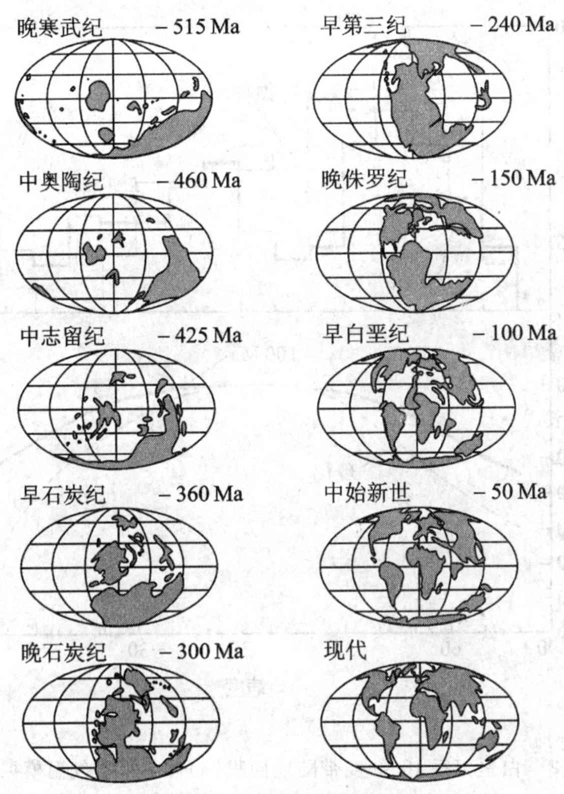

图 13.1　过去 500 Ma 以来海陆分布演化
(Scotese,1997)

叠纪大冰期与海西运动相对应,第四纪大冰期与喜马拉雅运动对应。因此,与海陆水平变化成因相伴,垂直方向的地形变化也成为古气候模拟的重要动力因子。Barron 等(1980)重建了 100 Ma 前古地理,包括了大陆地形高度、大陆架深度,用来对中生代末期古气候模拟。对 100 ~ 300 Ma 以来的古气候模拟中,采用海陆分布和地形高度变化作为重要边界场进行 GCM 模拟,在边界场的设置时需要做一定的理论假设:① 地表侵蚀的深度补偿了山地抬升的高度;② 地球总体海水体积为常数;③ 海底扩张速度决定洋盆体积变化和海面升降幅度。对构造变化的边界场的设置,一般采用定性物理量设置,包括海底扩张速度、火山喷发、地热通量、海面高度、地热温度、地热水汽浓度、大气 CO_2、海洋温跃层深度和范围、大陆高度、冰川量、基岩风化率、径向温度梯度、大气海洋环流、海陆面积比、大陆与极地距离等(Saltzman,2002)。对大量不确定的动力因子简化后进行古气候模拟(图 13.3)。

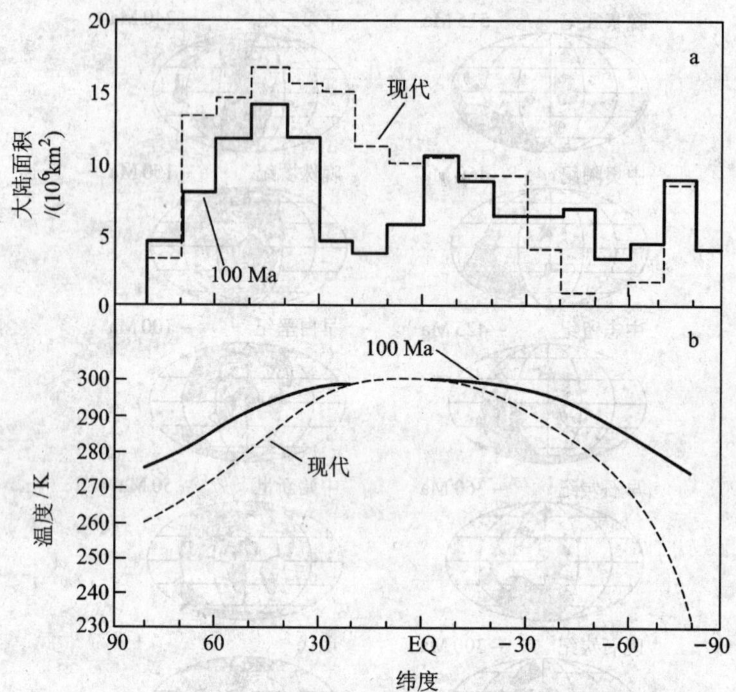

图 13.2 白垩纪每10°纬度带陆地面积(a)和年平均气温模拟(b)

(Thompson *et al.*,1981)

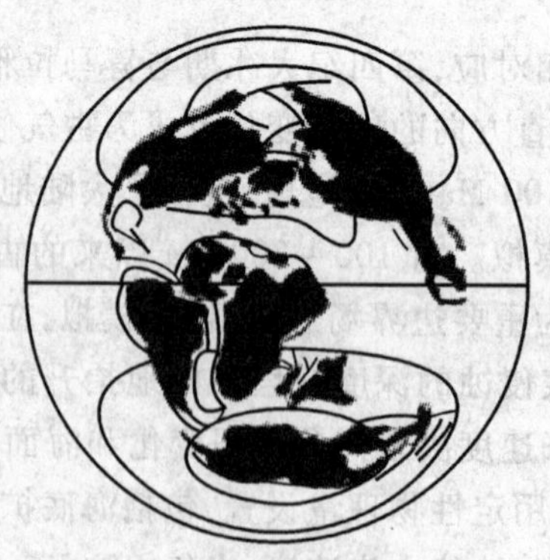

图 13.3 100 Ma前古地理重建

(根据 Barron *et al.*,1980)

大陆上的浅色区域表示被浅海淹没的地区,最大水深 100~200 m

13.2 海洋边界场

13.2.1 海水和海洋表面温度(SST)

海洋占地球表面 71%,面积达 3.6×10^{8} km^2,水体达 $1\ 350\times10^{6}$ km^3。海洋无论是它的比重还是它的属性,均是全球气候系统的重要组成部分。海洋与大气的相互作用在很大程度上决定了全球气候变化。海洋具有较大的热容量和较长的"记忆"能力,在很大程度上控制着气候变化的幅度与速率,在全球能量循环、水循环和碳循环中扮演重要角色,在季节、年际、十年际甚至更长时间尺度的气候变率中起着关键作用。海洋水体表层温度(*SST*)、盐度(*SSS*)和密度(*SSD*)等物理属性的变化,对海洋表面的冷却和蒸发、海洋冷暖水团的下沉和上涌、温盐环流(TH)与洋流迁移和变性、海冰分布和规模、海洋 CO_2 的吸收和释放等均产生了重要影响,构成了气候系统中影响风场、气压场、环流等的动力源。通过海洋表面由淡水通量和热量驱动的海洋温盐环流,是热量从低纬度向高纬度输送的主要媒介,它使得热量在全球范围内重新分布。环流强度的变化,以及随之而来的经向热量输送的变化所引起的温差、水团、洋流等变化对高低纬度间海洋热能的输送与交换、全球热量平衡、行星风系和季风产生了重要的热源作用。

由于海洋的巨大质量、厚度和热容量以及缓慢的热量输送过程,海洋在气候系统中的影响在百年～千年时间尺度上,在辐射强迫变化之后,近地表大气的平均温度要用几百年的时间才能最终接近"平衡"温度。热量从大气进入海洋表层即"混合层"一般要几十年,但热量进入深海的传输则需要几百年(IPCC,2001)。

在古气候模拟中,海洋水体状况、温度和海冰是海洋边界场中的两个重要条件。SST 指海洋 1 m 水体深度内的温度。古海洋 SST 通过深海沉积物、海洋生物、稳定同位素、珊瑚礁地球化学等重建方法获得。图 13.4 和图 13.5 展示了全球 100 Ma 和 20 kaBP 海洋表层水温的重建,应用在白垩纪古气候模拟(如 Barron *et al.*,1982)和第四纪末次冰盛期 LGM 古气候模拟(如 Kutzbach *et al.*,1998;Pinot *et al.*,1999;Yu *et al.*,2002)的海洋边界场中。

在 GCM 模拟试验中,海洋状况(海温和海冰等)平均态可以作为一个初始场(经度×纬度×1 年),也可以采用不同时间多维输入场,如采用 30 年的海温场,以逐年为步长,形成(经度×纬度×30 年)输入。在古气候模拟试验中,气候平均态模拟采用了前者,气候瞬时态模拟采用了后者(Clauseen *et al.*,1999)。

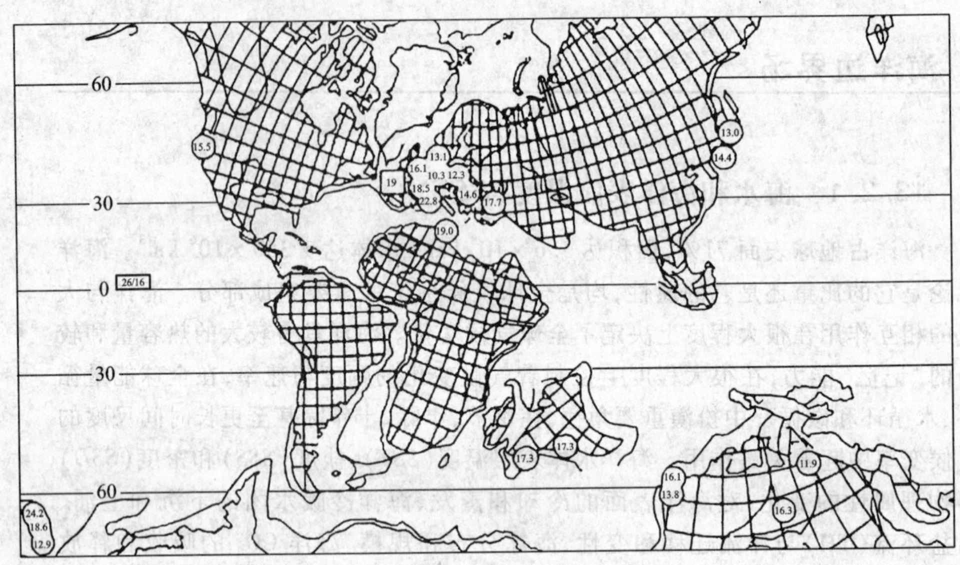

图13.4　根据同位素研究估计的白垩纪地表水温度(℃)

(Barron *et al.*, 1982)

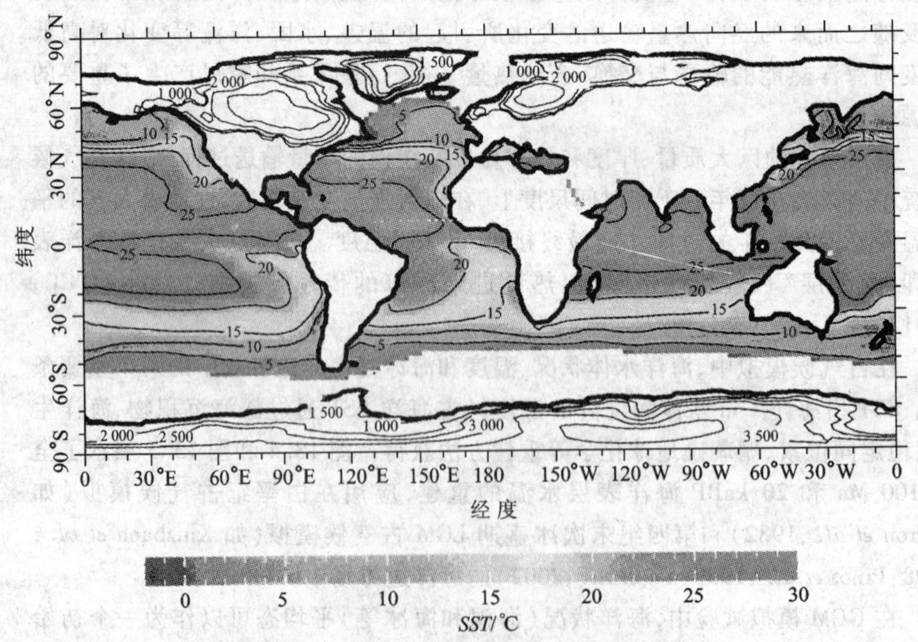

图13.5　末次冰盛期古气候模拟采用的 *SST* 和陆冰

(根据 CLIMAP Member, 1976)

大陆轮廓根据低于现代海面120 m估计。海洋等值线为 *SST*(℃),大陆等值线为冰盖厚度(m)

由于海温具有季节变化，*SST* 的边界场需要设定逐月变化。根据地质资料的重建，一般只能够获得最冷月和最热月 SST。在古气候模拟试验中，需要内插处理获得 12 个月的 SST。例如，CLIMAP Members(1976)提供了 LGM 最冷月(2 月)和最热月(8 月)平均海温场，可按正弦函数拟合，得出逐月的海温变化

$$SST_i = \frac{1}{2}(SST_2 + SST_8) + \delta \left| SST_8 - SST_2 \right| \sin\left(\frac{i-5}{6}\pi\right) \qquad (13.1)$$

式中：i 代表月份，分别为 1，3，4，…，7，9，10，…，12；δ 为符号函数，对北半球 $\delta = 1$，对南半球 $\delta = -1$，表示南北半球的季节差异(于革等，2001)。

由于海洋面积巨大，海洋表层与大气 CO_2 交换的数量可观。海洋释放到大气里的碳通量达每年百万吨量级(图 13.6)。冷海洋能够更多的吸收 CO_2，同时冷海洋抑制了硅质浮游生物(硅藻、放射虫等)生长因而海洋释放到大气的 CO_2 减少。可见，海温变化影响到海洋 CO_2 通量，表现出正反馈效应(Saltzman，2002)。碳从海洋表层到深海的迁移要花费几百年，而与海洋沉积物达到平衡则需要几千年。根据现代海洋酸化模式估计，大气中 42% 的 CO_2 可以被海洋吸收(IPCC，2001)。因此海洋与大气 CO_2 交换在古气候模拟中也成为一项重要边界场。

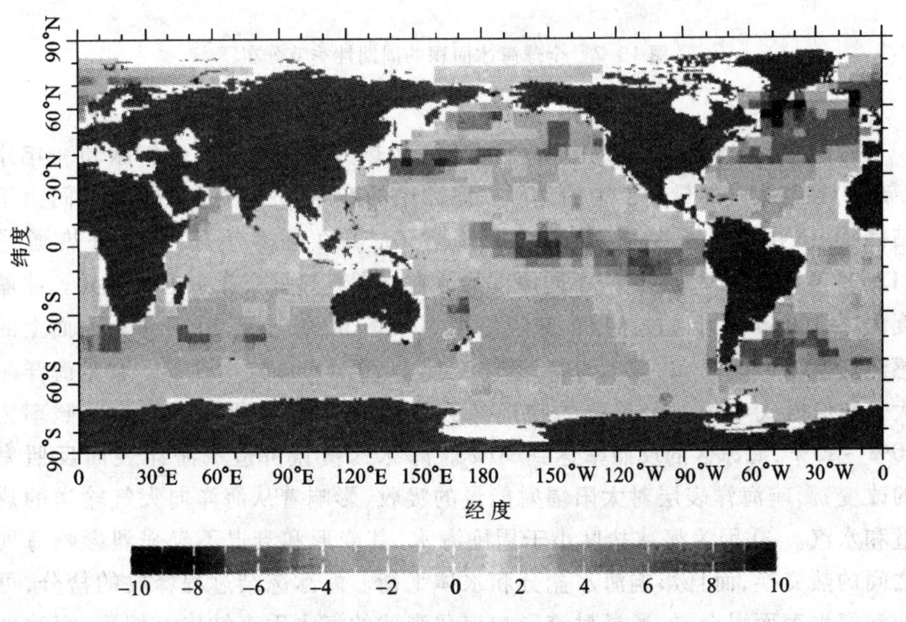

图 13.6　海洋到大气圈的碳净通量的全球分布

(Takahashi，1989)

碳通量(每 4 × 5 格点为 10^{12} g/a)

13.2.2 海冰

海冰的覆盖面积占海洋约7%,地球上的海冰主要分布在两极地区,由于夏季消融,全球的海冰面积分布具有季节周期性,从夏末最小到晚冬最大(图13.7)。北极海冰分布面积在(7~14)×10^6 km^2,南极海冰在(4~20)×10^6 km^2,形成多年海冰和季节海冰的分布差异。一年内生消的季节性海冰厚度较薄,小于1 m,与多年冰比较,含盐度较高。

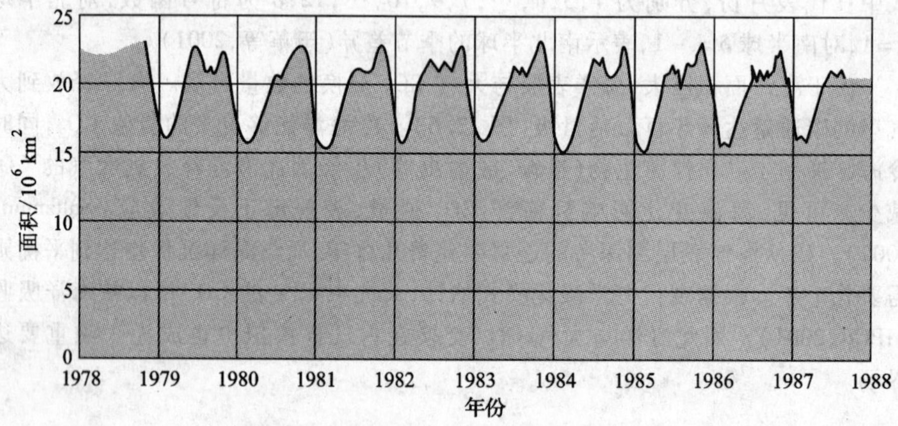

图13.7 全球海冰面积的周期性季节分布

(Gloersen *et al.*,1992)

海冰在大气和海洋系统中重要的动力和热力作用有:① 多年冰和一年冰(新冰)在与大气热量交换中的差异。海冰中的新冰(一年冰)在生成期间由于结晶而产生的月平均热通量(33.50 W/m^2)约为多年冰月平均热通量(12.95 W/m^2)的2~3倍。不同厚度的冰在与大气热量交换中也有差异。冰厚度为1~100 cm时,通过冰层的热通量由500 W/m^2减小到50 W/m^2;冰面上的感热交换由330 W/m^2减小为零;潜热交换由70 W/m^2减小到零。它是海洋-大气数值模式中的一个重要的物理参数。② 通常无冰覆盖的海面反照率为10%~15%,海冰区的反照率达到90%。海冰的覆盖可造成海洋表面反照率的改变,影响海洋表层对太阳辐射能量的吸收,影响着从海洋向大气输送的热量和水汽。③ 因为海冰盐度小于周围海水,其变形和衰退不仅强烈影响海气之间的热交换,而且影响海水盐分和水体平衡。海冰冻结过程释放的盐分,可加深海水表面混合层,通过对流影响南北半球的海水垂直结构。相反,海冰融化时释放的淡水,使混合层变浅,深刻地影响到全球海洋环流。在冰期与间冰期气候中,海冰的冻结与融化,在全球热平衡和全球温盐的循环方面起到关键的作用。④ 海冰具有海气之间的绝缘层作用。海冰的扩大和缩小在地峡和水道地区，能够形成地理屏障。在地质历史上，白令海峡、德雷克海峡由于海冰变化造成的打开与闭合，对大洋环流和气候系统产生了重要作用。南极半岛变暖使海冰大量融化，扩大了德雷克海峡通道，拓宽了绕南极环流，并隔断了对南极洲的经向热输送，因而使南极极区变冷，构成一个间冰期向冰期的气候发生模式。

海冰在海洋－气候系统中的作用，成为古气候模拟中一个重要的海洋边界场。主要通过海冰分布面积（包括季节变化）和海冰厚度的设置，在气候模拟中完成海冰表面反照率反馈、海冰绝缘作用、海冰生成/融化过程中释放/吸收盐分、表面海水盐分浓缩/淡化对全球温盐环流的影响等一系列物理过程。古海冰资料主要根据海洋钻孔中放射虫、有孔虫等微体化石、氧同位素测试，进行地球生物和地球化学研究获得。图 13.8 重建了北大西洋在 LGM 时期海冰季节分布的月长度。表 13.1 列出了在 LGM 古气候模拟中，采用的海冰冬季和夏季分布面积和海冰厚度的具体设置。

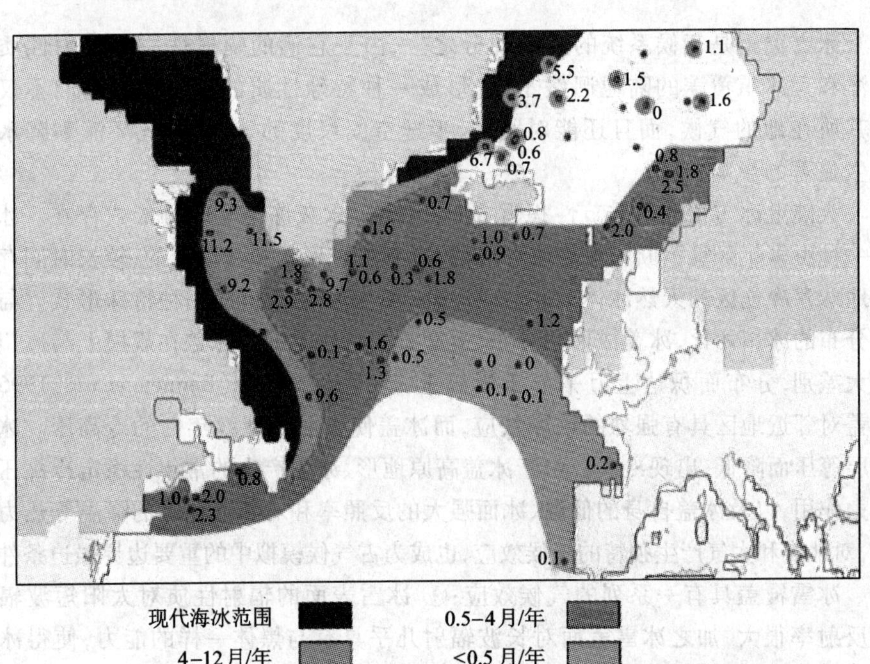

图 13.8　末次冰盛期北大西洋海冰季节分布的月长度

古海冰资料根据海洋钻孔中放射虫、有孔虫等微体化石、氧同位素测试等进行地球生物和地球化学研究获得

（de Vernal *et al.*，2000）

表 13.1 LGM 古气候模拟中南大洋、北冰洋和北大西洋海冰

分布面积和海冰厚度:冬季(DJF)和夏季(JJA)(Peltier,1994)

	海冰覆盖总面积/10^6 km^2		海冰平均厚度/m	
	现代	LGM	现代	LGM
南大洋				
DJF	4.9	11.2	1.9	2.0
JJA	15.0	29.6	1.0	1.1
北冰洋和北大西洋				
DJF	12.4	8.2	1.4	4.2
JJA	7.2	6.6	2.0	5.0

13.3 大陆边界场

13.3.1 大陆冰雪

冰雪覆盖是气候系统的组成部分之一,由于它们的辐射性质和热力性质与海洋和无冰雪覆盖的陆地迥然不同,形成一种特殊性质的下垫面。它们不仅影响其所在地的气候,而且还能对大陆、半球空间尺度的气温、大气环流和降水等产生显著的影响。

大陆上冰雪覆盖以季节性积雪、冰川、冰盖、永久冻土等多种形式存在。冰川是一种由多年降雪不断积累变质形成的,具有一定形状和运动着的,较长时间存在于地球寒冷地区的天然冰体。冰盖(ice sheet)是广义冰川的一种特殊形式。与线状分布的冰川相比,冰盖成面状分布,运动方式有所差异。冰盖在规模上与冰川有很大差别,分布面积达上万平方千米以上,厚度达数千米(Bennett *et al.*,1996)。冰盖对邻近地区具有强烈的致冷效应,而冰盖使地面出现终年性的冷高压。冰盖高层等压面降低,出现冷涡。由于冰盖高原地形、冰盖产生的常年性稳定冷高压等动力作用,以及冰盖自身的低温、冰面强大的反照率和对邻近地区的降温等热力作用,对地表和大气产生独特的气候效应,也成为古气候模拟中的重要边界强迫条件。

冰雪覆盖具有一系列的气候效应:① 冰雪表面的辐射性质对太阳短波辐射的反射率很大,加之冰雪表面对长波辐射几乎具有与黑体一样的能力,使得冰雪表面的有效辐射在相同温度条件下要比其他地表下垫面大;② 冰雪表面与大气间的能量交换和水分交换能力很微弱。冰雪对太阳辐射率和导热率都很小。当冰雪层厚度达到 50 cm 时,地表和大气之间的热量交换基本上被切断,冰雪表面的饱和水汽压比同温度的水面低,冰雪供给空气的水分甚少,造成空气反而向冰雪表面输送热量和水分,所以冰雪不仅具备对空气制冷的作用,还有致干作用。

冰雪表面上形成的气团冷而干，其长波辐射因空气中缺乏水汽而大量逸散到宇宙空间，大气逆辐射微弱，冰雪表面上有效辐射失热更难以得到补偿；③ 冰雪覆盖的致冷效应，使地面出现冷高压，而高层等压面降低，出现冷涡。冰盖上空具有终年性冷高压系统。

地球历史上的冰期均发育了比现代更大规模的冰盖。大陆上的现代冰川仅出现在高纬度和高山地区，冰盖仅仅分布在南极和格陵兰，格陵兰冰盖的南界和南极冰盖的北界均大于在 60°。然而第四纪大陆冰盖扩大，北半球冰盖的南界可达到 38°N。现代南极冰盖和格陵兰冰盖的面积占大陆面积的 1/10，第四纪冰期中古冰盖占大陆面积的 1/3，而晚元古代冰盖占大陆面积 90% ~95%，使地球成为一个“雪球”。在古气候模拟试验中，根据上述冰雪覆盖的致冷效应、致干效应、冰盖冷高压场等气候效应，以及现代不复存在的古冰盖规模和属性，设置冰盖的地理属性和冰盖的物理属性边界场。

(1) 冰盖地理属性和边界场　包括了冰盖分布的地理位置、分布面积等。由于第四纪冰盖在 6 000 年前已经消融，边界场主要根据了来自于冰川地貌、冰川地质、深海生物稳定同位素、冰川海面物理等地质证据重建的大陆古冰盖。例如，两万年前北半球发育了北美和北欧的第四纪冰盖。巨大的冰盖吸收海洋水量(50 ~60) $\times 10^6$ km^3，由此造成世界性海面下降 120 m 以上。反过来说，由于从沉积和地貌等证据发现了海面下降 120 m 以上，可由此推导海洋水体积聚在北美和北欧大陆上的冰量可达到厚度 3 500 ~4 000 m(Peltier,1994)。国际 CLIMAP 计划重建了末次冰盛期冰盖的分布和厚度(CLIMAP Members,1981)广泛被古气候模拟采用(COHMAP Members,1988;Pinot *et al.*,1998)。

在古气候模拟中，冰盖的设置除了空间分布以外，冰盖厚度和体积也是重要的参数。表 13.2 列出第四纪冰期与现代冰盖规模的几何参数，以及冰－水转化效应产生的海面变化(Flint,1971)，为古气候模拟的冰盖和海面边界场设置提供了依据。

表 13.2　第四纪冰期(G)与现代(P)大陆冰量对比

(Flint,1971)

冰盖	时间	面积 $/10^6\ km^2$	厚度 /km	冰体积 $/10^6\ km^3$	折合水体 $/10^6\ km^3$	相当于海面升降/m
南极冰盖	P	12.53	1.88	23.45	21.50	59
	G	13.81	1.88	26.00	23.84	66
格陵兰冰盖	P	1.73	1.52	2.60	2.38	6
	G	2.30	1.52	3.50	4.01	11
劳伦泰冰盖	G	13.39	2.20	29.46	27.01	75
科迪勒拉冰盖	G	2.37	1.50	3.55	3.25	9

续表

冰盖	时间	面积 $/10^6\ km^2$	厚度 /km	冰体积 $/10^6\ km^3$	折合水体 $/10^6\ km^3$	相当于海面升降/m
斯堪的纳维亚冰盖	G	6.66	2.0	13.30	12.21	34
其他冰盖	P	0.64		0.20	0.18	0.5
	G	5.20		1.14	1.04	3

(2) 在气候模拟试验中 冰盖的物理属性包括冰盖的冰面地形(冰峰到冰缘)、冰底压力、冰面温度、垂直和水平温度梯度、冰面降雪量、冰盖运动速度等参数(Saltzman,2002)。这些参数的设置可直接来自地质记录证据,如冰面地形。一些参数则通过现代物理常数(表13.3)结合地质证据的估计间接获得。冰底压力是冰密度、重力加速度和冰盖厚度的函数,对该参数的设置则根据地貌、沉积等恢复的冰盖厚度与冰密度、重力加速度的积分计算后,用在古气候模拟冰盖的边界场中。

表13.3 冰盖的物理属性常数

(Saltzman,2002)

物理量(代号)	参数	单位
冰密度(ρ)	917	kg/m^3
冰黏性系数($\mu_{n=1}$)	3.4×10^{12}	Pa s
冰黏性系数($\mu_{n=3}$)	4.8×10^{20}	$Pa^3 s$
重力加速度(g)	9.8	m/s^2
热量常数(c)	2.0×10^3	J/kg/℃
热量扩散率(k)	1.0×10^{-6}	m^2/s
上升热通量(G)	0.04	$W/m^2/s$
热量垂直梯度(γ)	6.5×10^{-3}	℃/m

冰盖、冰川和永冻层构成的冰雪圈是形成气候系统在千年时间尺度上的物理惯性的主要原因。冰盖的消融和崩塌,导致海面的快速变化,引起了气候的快速反应。气候模拟表明现代南极冰川崩塌,到2100年极地温度会与末次间冰期(~129 kaBP)一样温暖,融化的冰川和冰盖导致海平面比今天约高出6 m(Otto-Bliesner,1996)。末次冰期在百年时间尺度上发生了多次气候变化(*H*-事件),受到了第四纪冰盖的周期性消融和崩塌、入海冰阀等的控制(McManus *et al.*, 1999)。由此发展了模拟冰盖与气候H-事件的冰盖冰崩模式(Binge-Purge Model),它们的边界条件集合大气、冰盖和海洋参数,也包括冰盖高度,冰阀量,海温,温盐环流强度,海洋 CO_2 浓度等(图13.9)。

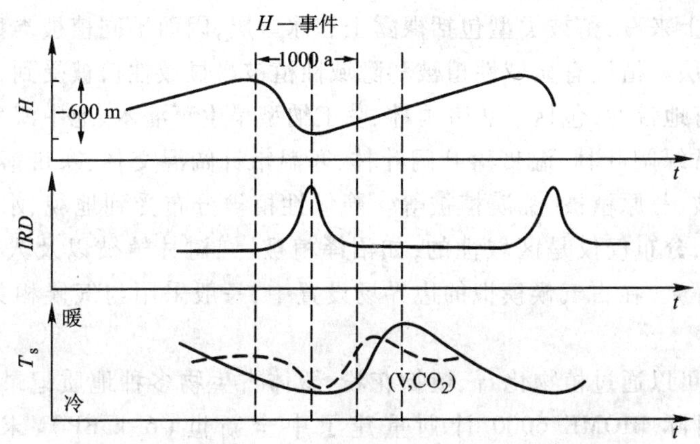

图 13.9　伴随 Heinrich 振荡气候事件的可能发生模式

(Saltzman,2002)

包括冰盖的高度(H)、冰阀碎屑沉积(IRD)、海洋表面温度(T_s)。T_s 根据左旋型有孔虫(*N. pachyderma*)百分含量(实线)、温盐环流(ψ)和 CO_2 振荡强度(虚线)重建

13.3.2　大陆植被

广泛分布在地球表面的植被通过对太阳辐射的吸收和反射,对近地层附近感热、潜热和蒸发等一系列效应可以改变和影响气候的形成和特征。在古气候模拟中,陆面的边界条件包括了植被、土壤、冰雪等不同地表类型设定。表 13.4 列出了 PMIP 中 5 个 GCM 对 6 kaBP 地表边界场设置。

表 13.4　国际 5 个 GCM 对 6 kaBP 下垫面设置

(引自 Yu *et al.*,1996)

GCM 模式	LMCE	UKMO	UGAMP	ECHAM	CCM
地表类型	未分	根据地理变化的土壤植被类型	未分	根据植被划分面积类型	28 种地表类型
积雪	精确模式	精确模式;冰融点大于 0 ℃积雪表层温度	精确模式;冰融点大于 0 ℃地表温度	精确模式;冰融点大于 2 ℃地表温度	精确模式;冰融大于 0 ℃积雪表层温度
植被	不精确模式;反照率来自气候学	精确植被模式;树冠模型	不精确模式;反照率来自卫星资料	不精确模式;反照率来自卫星资料	精确植被树冠模式
土壤水文	单层模式;0.15 m 含水层	单层模式;空间非均匀含水层	三层扩散模式;底层为不透水层	三层扩散模式	6 层扩散层模式

其中 LMCE 是法国气候与环境模型站 GCM,UKMO 是英国气象局 GCM,UGAMP 是英国大学大气联合 GCM,ECHAM 是德国马普气象研究所 GCM,CCM 是美国国家大气研究中心 GCM

从广义上来看,植被类型包括裸露土和冰雪层,因而不同植被类型覆盖了所有大陆的表层。植被有显域性植被和隐域性植被。显域性植被受到了气候的控制,分布具有地带性,包括了热带雨林、萨王纳型旱生草灌木、地中海型旱生草灌木、暖温带常绿阔叶林、温带落叶阔叶林、寒温带针阔混交林、寒带落叶林、泰加林、草原植被、苔原植被、荒漠植被等。隐域性植被分布受到地貌、水文、小气候条件的影响,分布仅仅是区域性的,如沼泽植被、红树林植被以及人工植被(农田、经济林等)。在古气候模拟的边界场设置中,一般采用与气候相关的显域性植被类型。

古植被可以通过植物化石、植物花粉、微体古生物多种地质记录获得,详见10.3节。国际 BIOME 6000 计划重建了中全新世(6 kaBP)、末次冰盛期(18 kaBP^{14}C 年代,与21 kaBP 天文年代相当)和现代(0 kaBP)全球植被,共重建40个植被类型(Prentice *et al.*,2000;Harrison *et al.*,2001;Bigelow *et al.*,2003),包括现代点11 166个,6 kaBP 1 794个,18 kaBP 318个植被点。

采用这些古植被重建都为点状数据分布,需要转化成全球格点分布陆面。0 kaBP,6 kaBP,21 kaBP 和 35 kaBP 时段的古植被,转成全球格点分布的植被类型,结合第四纪冰盖、海陆分布,用来进行陆面边界场设置,已经应用在古气候模拟中。图13.10是投影到 GCM - R15 精度的全球植被类型分布图。

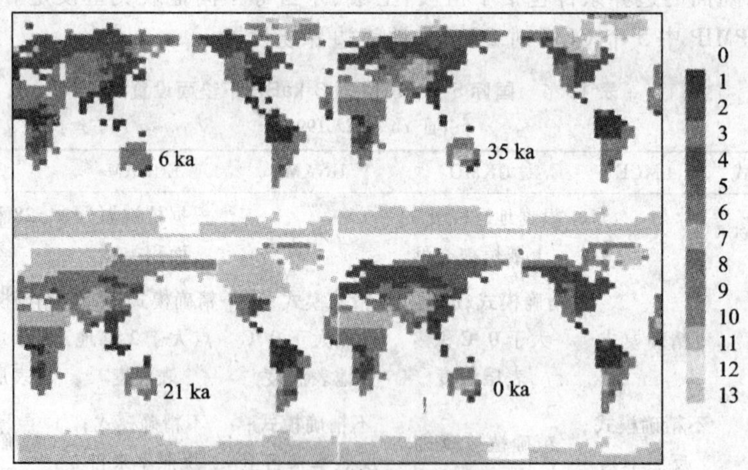

图13.10 全球格点分布的0 ka,6 ka,21 ka和35 kaBP的陆面类型分布图

包括第四纪冰盖、海陆分布、11种植被,投影到 GCM - R15 精度的网格。资料来源和作图根据于革等(2001)和 Yu 等(2005)综合。0. 海洋;1. 常绿阔叶林;2. 落叶阔叶林;3. 针阔混交林;4. 常绿针叶林;5. 落叶针叶林;6. 稀疏草原;7. 草原;8. 热带灌丛林;9. 干旱灌木林;10. 苔原;11. 荒漠;12. 农耕植被;13. 永久冰在古气候瞬时模拟中，古植被设置成连续时间变化，在 2.5 维的动力 - 统计气候模式（SDM）中进行连续 9 000 年的气候模拟（Claussen *et al.*，1999）。古植被变化采用植被覆盖系数作为具体指标，即植被覆盖面积与裸露面积的比例，变化率在 0 ~ 1 之间（图 13.11）。由于气候系统的内部反馈，在非洲撒哈拉地区，全新世的植被驱动比轨道驱动的气候变化更加剧烈。

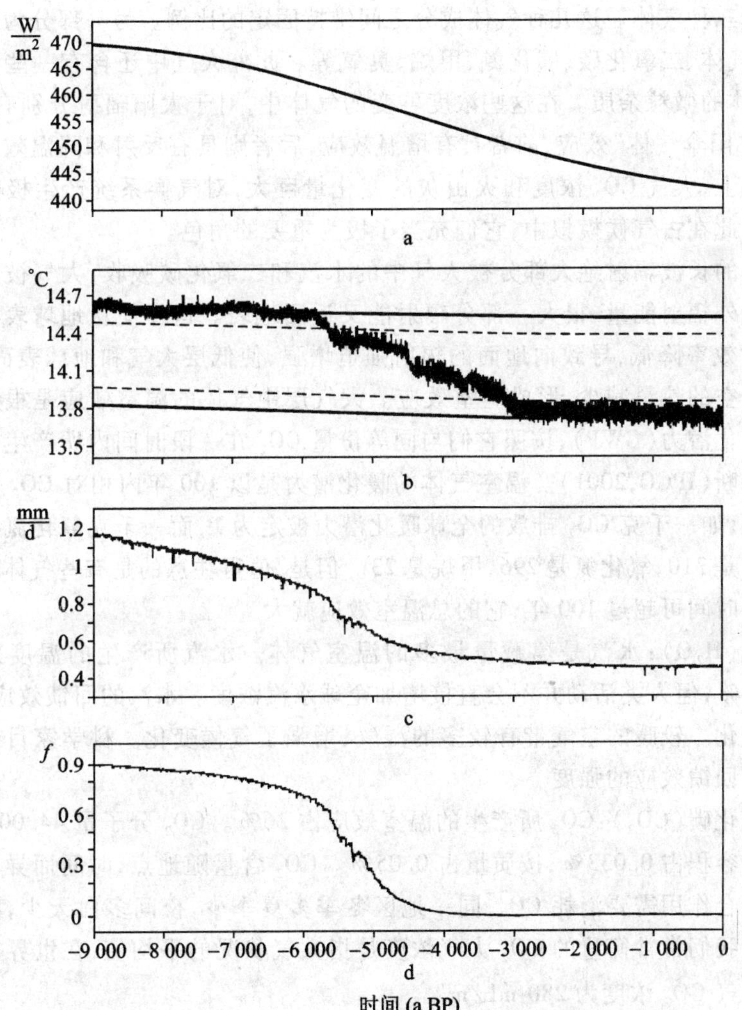

图 13.11　SDM 模式对 9 000 年以来的古气候模拟

（Claussen *et al.*，1999）

采用太阳辐射和植被变化驱动。a. 北半球夏季（6—8 月）太阳辐射平均值（单位：W/m^2）；b. 全球近地表温度模拟的平均值（单位：℃）；c. 非洲撒哈拉地区（20 ~ 30°N 和 15°W ~ 50°E）年平均降水模拟（单位：mm/d）；d. 撒哈拉地区植被覆盖变化，*f* 为植被与裸露面积之比

13.4 大气成分

在地球大气层80～100 km以下的低层大气中，一部分是常量气体，主要指氮、氧、氩三种气体。这几种气体成分之间维持固定的比例。另一部分为变量气体，包括气体、二氧化碳、氧化氮、甲烷、臭氧等。此外大气中还含有一些水汽和固体、液体的微粒杂质。在这些浓度可变的气体中，对于太阳辐射分别有“温室气体”和“阳伞气体”效应，前者具有增温效应，后者则具有反射和降温效应。在地质历史上，大气CO_2浓度和火山灰的变化量巨大，对气候系统产生极其重要作用。因此在古气候模拟中，它们充当了极为重要的角色。

地表的长波辐射绝大部分被大气中的水汽和二氧化碳吸收，大气被加热并以长波向外辐射能量，很大一部分辐射能又返回地表。这样使从地球表面到太空的辐射效率降低，导致向地面的辐射强迫增强，使低层大气和地球表面增温，逃逸到太空的热量减少，形成温室效应。大气层中气体的温室效应是根据它们的全球暖化潜力(GWP)，按照它们与同等份量CO_2在一段时间内所产生的暖化效应来判断(IPCC,2001)。温室气体的暖化潜力是以100年内相对CO_2的暖化潜力测定，如一千克CO_2排放的全球暖化潜力被定为1，而一千克氧化氮的全球暖化潜力是310，氧化氮是296，甲烷是23。但是，值得注意的是有些气体停留在大气层的时间可超过100年，它的总温室效应就大。

水汽(H_2O)：水汽是蕴藏量最多的温室气体。水汽所产生的温度效应占60%～70%，但人类活动并不会直接增加全球水汽浓度。水汽的回馈效应，造成了气候变化。较暖的空气带有较多的湿气，增强了气候变化。科学家目前仍在测定这种回馈效应的强度。

二氧化碳(CO_2)：CO_2所产生的温室效应占26%。CO_2分子量44.009 9，在大气中按容积占0.033%，按质量占0.05%。CO_2含量随地点、时间而异。因为植物的光合作用需要消耗CO_2，同一地区冬季多夏季少，夜间多白天少，阴天多晴天少。我们常常衡量的CO_2大气浓度是指大气状况的平均值，在世界工业革命以前大气CO_2浓度为280 mL/m^3。

甲烷(CH_4)：是地球大气中仅次于CO_2的温室气体。尽管CH_4在大气中体积占比例(0.000 15%)较小，作为温室气体，CH_4比CO_2强23倍，而在大气层的寿命也长达12年。

氧化氮(N_2O)：作为温室气体，氧化氮比CO_2强296倍，而在大气层的寿命也长达114年。氧化氮可从海洋和泥土释放出来，但人类的活动也增加氧化氮在大气中的浓度。

臭氧(O_3):它可从大自然和人类活动产生。大气上层的臭氧形成臭氧层,保护地球表面免受太阳紫外线的伤害,而大气下层的臭氧是光化雾的主要成分。破坏臭氧层的人造化学物质和它们的替代品也是温室气体。当下层大气层暖化,笼罩热能,上层会变得较冷,引起破坏臭氧层的化学作用。

13.4.1　温室气体变化和设置

古大气温室气体的浓度主要通过保存在沉积物中的空气测定(Raynaud *et al.*,1985)。地下冰层为研究大气温室气体含量提供了一个在时间上相当连续性的样本,因此冰芯可以提供过去大气组分的记录。南极和格陵兰冰盖的冰沉积则能提供大量的古空气气泡,被冰芯封闭的气体与颗粒能够分析出含有珍贵的 CO_2、CH_4 等温室气体的信息。

根据冰芯钻孔研究,大气温室气体在格陵兰可以恢复到过去 10 万多年(Raynaud *et al.*,2000),南极 Vostok 冰芯达到 48 万年(Petit *et al.*,1999;Barnola *et al.*,2003)。欧洲南极冰芯计划(EPICA)对南洲东部的 DOME C 冰芯分析,温室气体记录可追溯到距今 74 万年前(Hopkin,2005;Siegenthaler *et al.*,1986,2005;Spahni *et al.*,2005)。根据格陵兰和南极冰盖冰芯测定,冰期中 CO_2 浓度为 190～200 mL/m^3,比工业革命前 CO_2 浓度(280 mL/m^3)约低 30%,甲烷含量则是现代的一半(图 13.12)。

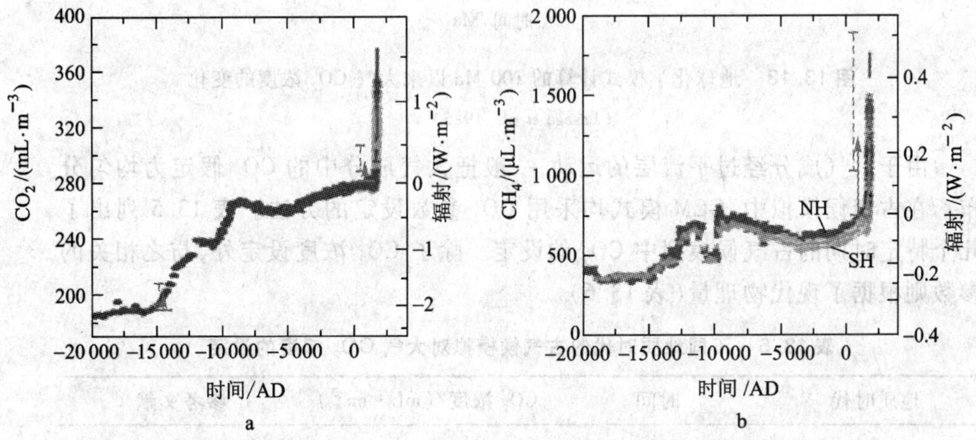

图 13.12　综合多个南极冰芯资料的大气温室气候记录

a. CO_2,b. CH_4。太阳辐射变化以工业化前(1 750 AD)的温室气体浓度为标准计算(Joos,2005)。红色箭头表示在气候系统模型中,在 LGM 和工业化前之间的辐射变化的极限值,假定内部气候变幅 0.2 ℃,气候均衡中值为 3 ℃。红色虚线箭头表示与气候敏感性范围(1.5～4.5 ℃之间)不确定性估计的变幅上限

新生代以来大气 CO_2 浓度主要根据火山活动的地质记录、大陆硅酸盐风化和大洋边缘有机质沉积，由此进行大气 CO_2 产量变化的分析和估算。白垩纪以来洋脊扩散速度的减少是洋脊体积随时间变化的主要原因。Kominz(1984)根据扩张速度和洋脊长度变化，估算的过去 80 Ma 以来平均洋脊体积。该指标可以用来估算火山活动规模和 CO_2 产量。Lasaga 等人(1985)通过地球化学模式，计算了距今 100 Ma 以来大气 CO_2 浓度的波动(图 13.13)。这个总体效应造成了新生代大气 CO_2 浓度的降低，是白垩纪—早第三纪温室气候向晚新生代冰期气候转型的一个重要驱动因素。

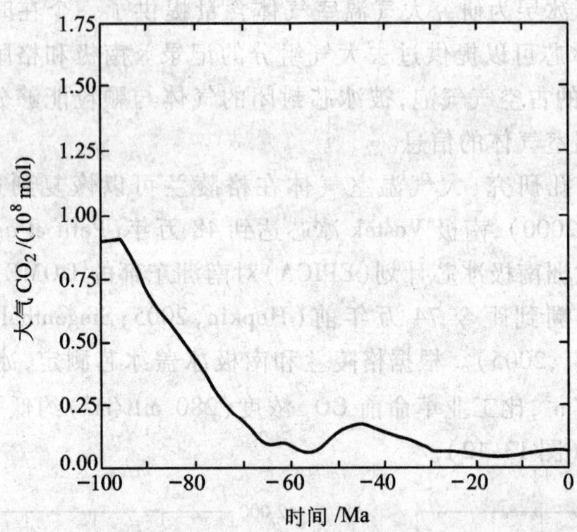

图 13.13 地球化学模式计算的 100 Ma 以来大气 CO_2 浓度的变化

(Lasaga *et al.*, 1985)

由于大气成分经过平流层的运动，一般把大气成分中的 CO_2 假定为均匀分布。在古气候模拟中，GCM 模式均采用 CO_2 参数设定的方法。表 13.5 列出了几个特定时期的古气候模拟中 CO_2 的设定。除了 CO_2 浓度设定外，与之相关的参数则根据了现代物理量(表 13.6)。

表 13.5 不同地质时代的古气候模拟对大气 CO_2 浓度的设定

地质时代	时间	CO_2 浓度/(mL·m^{-3})	参考文献
现代/工业革命前	1950/1850 AD	340/280	Joussaume *et al.*, 2000
中全新世	6 kaBP	280	Joussaume *et al.*, 1999
晚冰期	11 kaBP	267	Kutzbach *et al.*, 1998
末次冰盛期	21 kaBP	200	Pinot *et al.*, 1999

续表

地质时代	时间	CO_2 浓度/($mL \cdot m^{-3}$)	参考文献
末次间冰阶	35 kaBP	210	Yu *et al.*, 2005
末次间冰期	125 kaBP	267	Montoya *et al.*, 2000
始新世	50 Ma	560	Huber *et al.*, 2003
白垩纪	90 Ma	1 360	Berner *et al.*, 1983; Arthur *et al.*, 1991

表 13.6　有关 CO_2 边界场中的物理量参数

(Saltzman 2002)

物理量(符号)	参数
响应 CO_2 的温度常数(B)	11 ℃
垂直速度系数(c_H)	1 $m^{1/2}$
冰盖响应时间(K_I)	1.0×10^{-4}/a
海洋响应时间(K_θ)	2.5×10^{-4}/a
阻尼系数(υ_D)	1/3 ka
冰与水密度比(ρ_i/ρ_b)	0.25
海洋热扩散系数(k_θ)	0.5
空气热功率系数(k_R)	0.1 ℃/($W \cdot m^2$)

13.4.2　火山灰评估和设置

火山灰属于大气中固体杂质、微粒类。它自身直接影响大气的能见度,但它能充当水汽凝结核,加速大气中成云致雨的过程。它能吸收部分太阳辐射,又能削弱太阳直接辐射和阻挡地面长波辐射,对地面和大气的温度产生了一定的影响。火山灰和火山气体由于改变大气成分、参与大气环流、影响进入大气太阳能量,从而对气候变化产生深远的影响。随着对全球现代气候的观察和研究,证明了火山灰进入平流层滞留后随环流扩散成为太阳辐射的屏障层,从而引起气候降温,因而火山活动被认为是气候致冷的原因之一(Francis 1993)。

从火山爆发的规模、火山灰屏蔽太阳辐射效应,以及火山灰在大气平流层中作用等不同角度,定量评估火山活动对气候的影响主要有三种指标(DVI、VEI、IVI)。对历史时期的火山活动,主要根据了大量有关火山爆发的历史记录(Lamb,1970),采用了火山灰屏蔽指数(DVI:dust veil index)进行描述。

地质时期火山爆发采用保留在地表的火山地质体恢复火山爆发规模，采用0到8级火山爆发指数(VEI：volcano explorsion index；Newhall *et al.*，1982；Simkin *et al.*，1994)。VEI数值从小到大代表着火山爆发强度、范围、能量释放以及对周围的破坏程度由弱到强(表13.7)，可用来间接分析它对大气成分、大气环流状况以及物理效应产生的气候效应。火山柱高度是估计火山爆发对气候影响的一个重要参数，通过火山地质的重建和模拟获得。例如，冈底斯新生代火山研究，证明火山柱达到了平流层顶部(郭正府，1997；刘嘉麒，1999)。

表13.7 火山爆发指数及其特征

(Newhall *et al.*，1982)

VEI	火山柱	体积	爆发类型	发生频率	爆发景观	典型火山
0	<100 m	1 000 m^3	夏威夷型(Hawaiian)	数日	非爆炸	Kilauea火山
1	100～1 000 m	10 000 m^3	夏威夷－斯特龙博利(Strombolian)混合型	数日	和缓	Stromboli火山
2	1～5 km	1 000 000 m^3	斯特龙博利－武尔卡诺(Vulcanian)混合型	数星期	爆炸	Galeras火山，1992爆发
3	3～15 km	10 000 000 m^3	武尔卡诺型	数年	严重	Ruiz火山，1985爆发
4	10～25 km	100 000 000 m^3	武尔卡诺－普里尼(Plinian)混合型	10^1年	剧烈	Galunggung火山，1982爆发
5	>25 km	1 km^3	普里尼型	10^2年	突然发作	St. Helens，1981爆发
6	>25 km	10 km^3	普里尼－超普里尼混合型	10^2年	巨大	Krakatau火山，1883 AD爆发
7	>25 km	100 km^3	超普里尼型	10^3年	超巨大	Tambora火山，1815 AD爆发
8	>25 km	1 000 km^3	超普里尼型	10^4年	特超巨大	Yellowstone火山，2 Ma内爆发

火山指数(icecore volcanic index：IVI)常用来度量第四纪和历史时期火山记录，主要通过冰川、深海、湖泊和冰芯等沉积物获得。南极EPICA Dome冰芯可追溯到过去11 000年的硫酸盐浓度与火山灰通量。格陵兰冰盖GISP2冰芯保存的火山灰，不仅测量碱度或硫化物，并能够估算火山灰在大气平流层中对太阳

光的反射，引起太阳辐射有效强度的变化（Sato *et al.*，1993；Crowley *et al.*，2003）。估算影响有效太阳辐射变化的平流层光学厚度，均采用了冰芯 IVI（Robock *et al.*，1996）。原理与 IVI 相似，但参数有所不同。例如 Sato 指数和 Michell 指数（Robock，2000）。

在 GCM 模拟的边界场中，平流层光学厚度通过硫化气溶胶的吸收和散射作用参与太阳辐射的改变，从而影响热力平衡以及大气动力过程。Free 和 Robock（1999）采用 ECHEM 模式对小冰期气候模拟，采用三种火山指数作为试验强迫，计算光学厚度的变化在 0.05～0.10 之间，最大可达 0.25～0.40。该模拟产生了北半球的显著降温。

在地球更早的历史中，通过火山岩成分以及宇宙尘埃等地质记录，可追溯到 600 Ma 前寒武纪以来的火山灰记录（图 13.14），以此估算火山灰产生的 CO_2（Budyko，1977），用来设置大气 CO_2 的浓度。

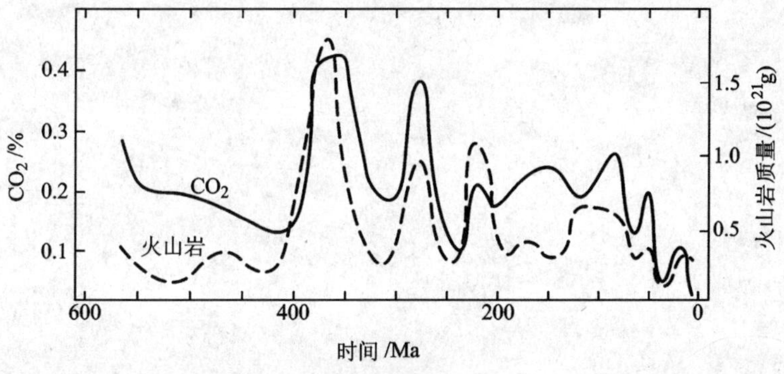

图 13.14　前寒武纪 600 Ma 以来的火山灰质量与之产生的 CO_2 的估算

（根据 Budyko，1977）

第5篇

古气候模拟试验

第14章

中生代气候模拟

中生代历时约1.6亿年(距今251.0—65.5 Ma),包括三叠纪、侏罗纪和白垩纪。整个中生代期间,全球气候都比较温暖,气候具有显著的温室效应,被称为温室时代。温暖气候一直保持到中生代末才有开始衰落的趋势(Barron,1987)。白垩纪中期,被子植物以树木、灌木、草本等多种类型适应气候的变化迅速繁荣,成为植物王国的主宰。哺乳类和鸟类均已出现,称霸于陆上的动物是爬行类。在统治地球1亿年之后,活跃于陆上、海洋及能滑翔于空中的各种恐龙突然绝灭,爬行类中只有龟、蛇、鳄、蜥蜴四个目的少数种得以遗存下来(周廷儒,1982;1986)。

白垩纪经历约七千万年(145.5—65.5 Ma),是个无冰气候时代(Barrera *et al.*,1999)。大量地质记录反映出白垩纪中期大气CO_2浓度为现代的4倍以上(Berner *et al.*,1983)。当时南极无冰,北美阿拉斯加北部地区的年平均气温约为10 ℃,最热月份的气温可超过20 ℃。北极海温15 ℃,极地气温达到了现代全球的平均温度。白垩纪时地球上曾发生过海面上升数百米,热带、温带植被覆盖全球,大气热交换减弱等温室气候现象。

在地球的地质历史中,温室时代虽然出现过数个,白垩纪是最后一个。因此,白垩纪气候是理解温室气候成因、基于真实地理基础(有别于白垩纪以前采用假想地理分布)的一个重要古气候模拟时期(江新胜等,2000)。根据古地理的巨大变化,白垩纪气候模拟集中在几个典型气候期,如白垩纪早期(Alian时期,~100 Ma;Turonian时期,~90 Ma)、中期(Campanian时期,~80 Ma;Maastrichtian时期,~74 Ma)和晚期(65 Ma)(Barrera *et al.*,1999)。

较早的白垩纪古气候模拟采用了概念气候模式(Conceptual model)。早在1906年Chamberlin采用这样的概念模式模拟白垩纪海洋深层的温暖水体。海洋能量平衡模式的采用进一步模拟了海洋热量传输和运动(Barron and Peterson,1990;Barron *et al.*,1995)。采用大气海洋耦合模式解决三维空间海气作用和季节变化(Bush and Philander,1997;Brady *et al.*,1998;Poulsen *et al.*,1999)。例如GENESIS(Global Environmental and Ecological Simulation of Interactive Systems)大

气环流模式，它的母体是以 NCAR－CCM1 大气环流模式为核心，特别为古气候模拟试验改进设计的，增建了 50 m 水层的海洋模式与大气模式耦合。除了海－气耦合模式外，进一步发展了大气圈、海洋圈和陆圈耦合的气候模式，例如英国陆地生态系统模式耦合 GCM（UGAIM－SDVVM；Beerling *et al.*，1999）、美国植被生态模式耦合 GCM（GENESIS－EVE；DeConto *et al.*，1999）这一类陆－海－气耦合模式在白垩纪气候模拟试验中发挥了重要作用。21 世纪以来，发展了气候系统模式（CSM），较全面地考虑到气候系统各个圈层，包括了海洋模式、植被模式、冰雪模式和大气化学模式的耦合，特别是引入大气化学模式并使之与气候模式耦合，发现白垩纪温室气候 CO_2 不仅对低纬海暖海洋的贡献，而且成为提供高纬海洋温暖、维持全球弱海温梯度的主要动力（Otto－Bliesner 2002）。

14.1 古 地 理

随着晚古生代泛大陆的分裂，以中央海岭为扩张中心，北大西洋的扩张大致开始于 2 亿年以前，南大西洋和印度洋的扩张大致开始于 1.5 亿年以前，同时太平洋洋盆受挤压缩小。中生代末期的白垩纪，海陆分布、地形高度与现代有着显著的差异。Barron 和 Washington（1985）根据白垩纪海陆分布，采用美国大气海洋局 GCM 进行气候敏感性试验，发现纬度平均温度在南极地区比现代高 30 ℃，在北极地区高 15 ℃（图 14.1），海陆分布作用提高全球平均温度 4.8 ℃。

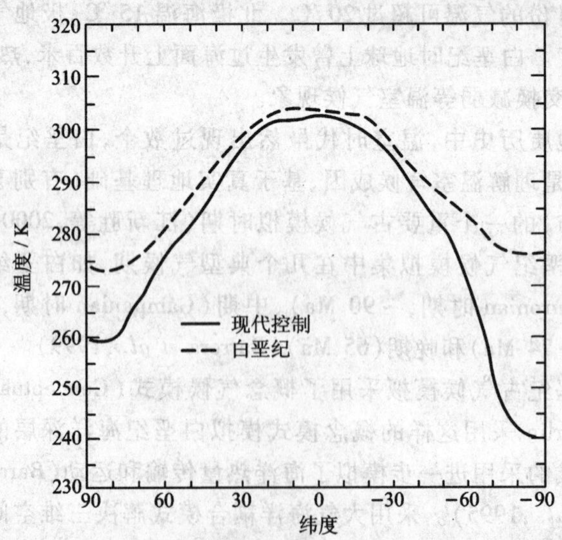

图 14.1 白垩纪地理位置敏感性试验中纬度平均温度模拟

（Barron *et al.*，1985）

除了海陆分布外，白垩纪地形高度对气候产生了一定的影响。Barron 和 Washington(1984)设置了高海面与低海面地形、有与无地形起伏的不同古地理边界条件，进行白垩纪地形高度变化的敏感性试验。结果表明海面变化对全球温度影响主要在赤道和低纬地区，而地形变化主要对高纬地区产生气候效应(图 14.2)。

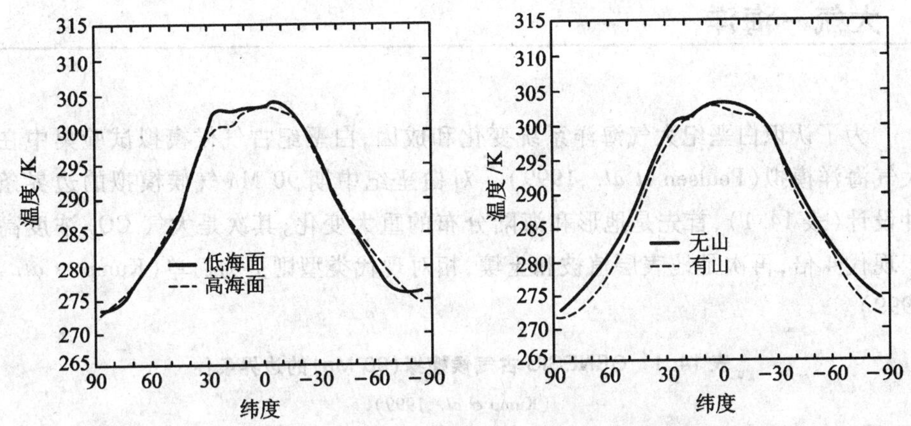

图 14.2　白垩纪地形高度敏感性试验的温度纬度平均值模拟

(Barron *et al.*, 1984)

在高、低海面(左图)和地形起伏(右图)的气候敏感试验中的变化

白垩纪的古地理造就了古海洋分布(图 14.3)，引起了洋流和气压的巨大变化。Barron 和 Peterson(1989)采用海洋耦合大气环流模式，在古海洋边界场上模

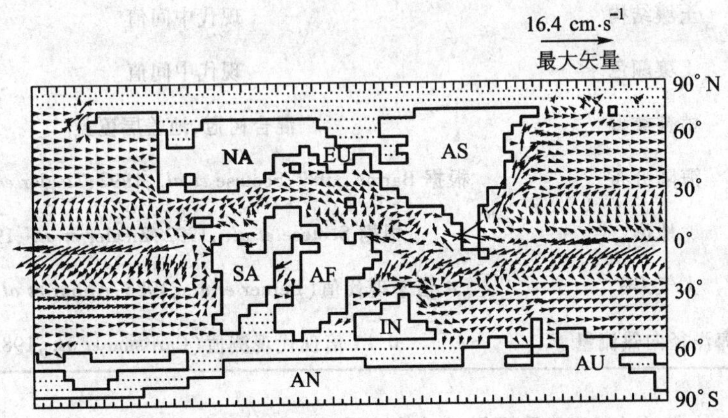

图 14.3　白垩纪古地理、古海洋下的洋流和风场模拟

(Barron *et al.*, 1989)

图中 7 个大陆板块分别是，NA：北美，EU：欧洲，AS：亚洲，SA：南美，AF：南非，IN：印度，AN：南极，AU：澳大利亚

拟了海洋海流的流向和流速(图 14.3)。模拟显示了特提斯海处于西风带下,海流自西向东运动,几乎没有季节变化。中纬度西风带与赤道东风带结合,在特提斯海地区产生了一个巨大的旋转海流。

14.2 大气-海洋

为了认识白垩纪大气海洋系统变化和成因,白垩纪古气候模拟试验集中在大气海洋模拟(Poulsen *et al.*,1999)。对白垩纪中期 90 Ma 气候模拟的边界条件设计(表 14.1),首先是地形和海陆分布的重大变化;其次是大气 CO_2 浓度高于现代4倍;再次是地表层植被和土壤,相对现代类型则更为简单(Kump *et al.*,1999)。

表 14.1 GENESIS 古气候模拟(90 Ma)的边界条件

(Kump *et al.*,1999)

边界条件	设置
太阳常数	1 337 W/m^2
轨道参数(偏心率、地轴斜率、岁差)	现代值
臭氧混合率	现代值
土壤结构	现代中间值
土壤颜色	现代中间值
植被类型	混合树冠,地盖层覆盖
海陆分布	根据 Barron,1987;Scotese *et al.*,1992;Ziegler *et al.*,1983
地形	根据 Scotese *et al.*,1992;Ziegler *et al.*,1983
大气 CO_2	4倍于现代值(Berner *et al.*,1983;Arthur *et al.*,1991)
海洋径向热流量	0.15 倍现代观测值(Carrismo *et al.*,1985)

Poulsen 等人(1999)采用风速和气压场、湿度、热流量等海洋边界场强迫,根据板块构造的地质证据,在白垩纪早、中期北美西部内陆海洋通道和欧亚特提斯海的古地形基础上,设置大陆海拔高度 500 m、1 500 m 和 2 500 m 三个等级,用来模拟古大陆地形下古海洋与气候系统的反馈和响应。模拟表明极地年温度最高增加了 15 ℃,高纬度地区大于现代降水率两倍。该试验模拟出南北向的环流

和降水分布,以及微弱的赤道 - 极地温度梯度。模拟白垩纪古地形和古海洋夏季地表气压场与现代有巨大差异,能够解释经向热量传输和降水分布。在古气候模拟的一系列敏感性试验中,Poulsen 等人发现海洋边界场对地形变化非常敏感,特别是北美西部水道的南北开通和横跨欧亚大陆的特提斯海,控制了风场和温度的分布,有效地减弱了赤道 - 极地的温度梯度,提升了从低纬海区来的海洋热量传输。海洋边界场对 4 倍 CO_2 浓度的响应也相当敏感,导致了高于现代 30% ~156% 的南北向海洋热量的传输,引起高纬区降水增加和高、低纬度区温度的增加。

14.3 大气 - 植被

海洋过程的 GCM 模拟,认识了古海洋热量传输、洋流交换等对气候的影响和作用。然而,与地质资料对比,这类 GCM 模拟仍然难以捕捉白垩纪气候的低缓经向温度梯度和大陆内部无冬两大主要气候特征。对这个难题的突破,科学家探索到除了海洋过程外,大陆下垫面应具有极其重要的功能。英国大气环流与陆地生态系统耦合模式(UGAIM - SDVVM)对白垩纪中期 100 Ma 气候进行模拟(Beerling *et al.*,1999)、美国大气环流与植被生态耦合模式(GENESIS - EVE)对白垩纪晚期 80 Ma 气候进行模拟(DeConto *et al.*,1999),均对这个重要气候现象的成因机制认识有了长足的进步。

白垩纪的大陆植被和气候属于炎热型和温暖型,分布在极地地区的植被也为落叶森林。根据植物化石揭示的白垩纪植被类型和主要物理参数设置(Upchurch *et al.*,1999),与常用简化的 12 种植被类型(SiB 类型,Sellers *et al.*,1986)相比,白垩纪类型仅仅占一半(表 14.2)。主要为热带和温带的植被类型,缺少寒带和极地型。

表 14.2 白垩纪晚期植被类型和定义特征

(Upchurcht *et al.*,1999)

代号	植　被	最接近的现代植被类型(SiB)	树冠高度/m	叶面覆盖系数
1	热带雨林	1	35	0.98
2	热带半落叶森林和林地	1,6	26	0.64
3	亚热带常绿阔叶森林和林地	1,2	30	0.72
4	荒漠和半荒漠	9	0.5	0.1

续表

代号	植　被	最接近的现代植被类型(SiB)	树冠高度/m	叶面覆盖系数
5	温带常绿针叶和阔叶森林	4	17	0.75
6	极地落叶森林	2,5	17	0.62
7	裸露土地	11	0.05	0

在地表生态模型中,植被类型中各类植被的树冠高度、叶面覆盖系数、气孔阻力、反照率在陆面2-D分布到每个网格点。根据这些植被类型、土壤结构和冰雪覆盖物理特性,模型计算大气与陆面之间的动能、热量和水量。由此模拟的植被层和树冠层空气温度和湿度,及时反馈到上层大气模块和下层的土壤和冰雪层模块,达到耦合效应。经过地表生态过程耦合的气候模拟,表明白垩纪中期分布在南极大陆和北半球高纬带的大面积森林是这个气候过程的重要因素。高纬森林的气候效应首先减低了地表反照率,尤其在晚冬和初春积雪消融之前的地表反照率的减少,明显造成净辐射的增强和感热流的加快。对流层增温和大气湿度增加,由此增加了经向感热传输,有助于大陆内部的热扩散(Upchurch *et al.*,1999)。

DeConto等(1999)分别进行15年和30年的白垩纪晚期气候平衡态模拟,结果表明纬度年平均气温在南北两极达到零点以上,比现代两极地区高出20 ℃(图14.4),与地质记录的温度重建基本一致。模拟出降水中纬度平均达4 mm/d,相当于现代海洋湿润带降水量(图14.5),降水分布呈现出极缓的纬度温度梯度和大陆内部无冬气候特征。苔原和森林植被类型的下垫面强迫的敏感性试验表明,高纬度地带对苔原代替森林极其敏感,这种陆地生态系统重新调整,仅在15年的计算机模拟年中达到平衡。苔原的出现对中生代晚期的气候变冷起到了重要的贡献。

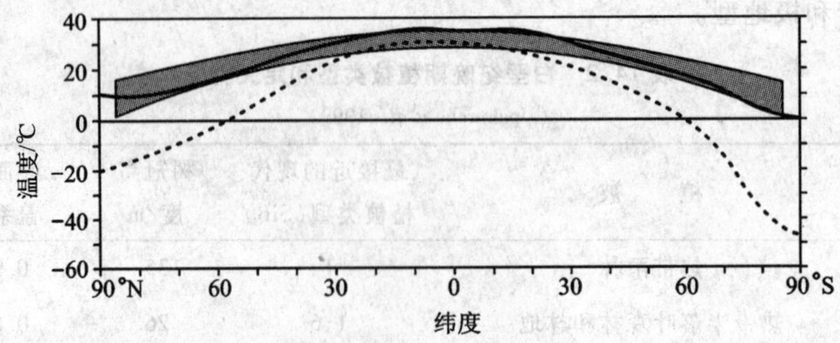

图14.4　白垩纪中期(~80 Ma)年平均温度的纬度平均值模拟

(DeConto *et al.*,1999)

直线为白垩纪模拟值,点线为现代值,阴影为地质估计的温度范围作为对比模拟的目标

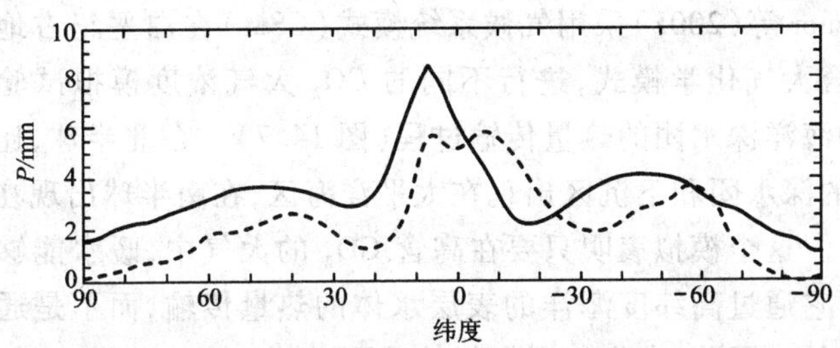

图 14.5 白垩纪中期（~80 Ma）年降水的纬度平均值模拟
（DeConto *et al.*，1999）
直线为白垩纪模拟值，点线为现代值

14.4 大气 CO_2 浓度

根据化石研究，白垩纪中期开始出现有花植物。当时的有花植物的光合作用能力是现代的 5 倍（Leopold，1964）。根据火山构造估计，当时的火山喷发的规模是现代的 10 倍（Berner *et al.*，1983）。因此估计白垩纪中期大气 CO_2 浓度为现代的 4 倍以上。Barron 和 Washington（1985）进行了大气 CO_2 浓度高于现代 4 倍的气候敏感性试验，发现同样在白垩纪古地理的边界场上，高浓度 CO_2 试验模拟出全球平均气温增加了 5 ℃。模拟的降水比较复杂，中低纬大陆内部出现干旱，而中高纬地区的降水增加（图 14.6）。

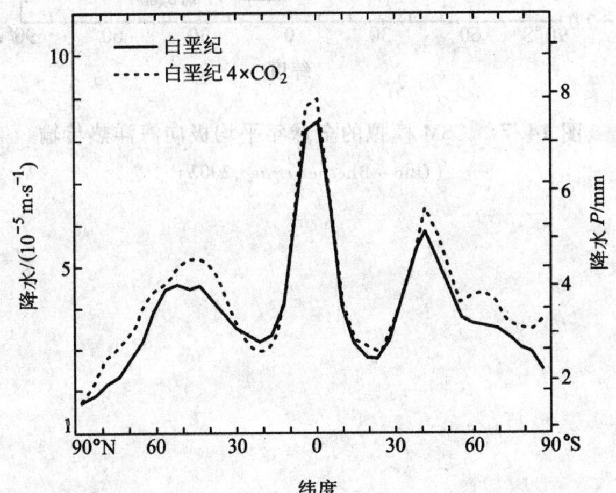

图 14.6 白垩纪地形和 4×CO_2 浓度下的纬度平均降水模拟
（Barron *et al.*，1985）

Otto-Bliesner 等(2002)采用气候系统模式(CSM)在白垩纪古地形和古海洋场强迫下,耦合大气化学模式,进行不同的 CO_2 大气浓度模拟试验。模拟发现了半球规模的海洋深水团的热量传输过程(图 14.7)。在北半球,比现在温度更高、盐度更大的深水团和下沉区出现在太平洋海区,在南半球出现在南极洲南部和印度洋海区。这个模拟表明只要在高含 CO_2 的大气中,暖水能够达到高纬度的深层海洋。它通过高纬度海洋的表层水体的热量传输,而不是通过极向的低纬度海洋传输的。因此,在大气温室气体达到 1 120 mL/m^3 以上时,高纬大气自身的热量加热和扩散,足以使深层海洋温度达到与表层的混合。

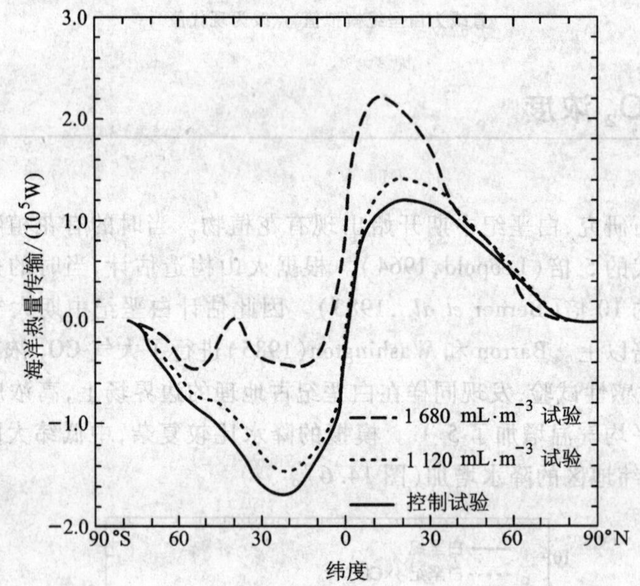

图 14.7 CSM 模拟的全球年平均极向海洋热传输

(Otto – Bliesner *et al.* ,2002)

第 15 章

新生代气候模拟

新生代约始于 65 Ma 前，包括了第三纪和第四纪，其中第四纪历时约 200 万~300 万年，因而第三纪占了新生代绝大部分的时间。第三纪包括五个世，即：古新世、始新世、渐新世、中新世和上新世，其中前三个世被称作早第三纪，后两个世称为晚第三纪。新生代是地球岩石圈构造发生巨大变动的时期。印度洋、大西洋继续扩大，太平洋带的海沟－岛弧－海盆体系形成，大陆内部出现活跃的裂谷作用，使海陆分布及地形都逐渐接近于现代（杨怀仁，1984）。新生代初期的古新世－始新世是一个温暖气候，此后全球气候变化从温室期趋向冰期气候（图 15.1）（Crowley *et al.*，1991）。

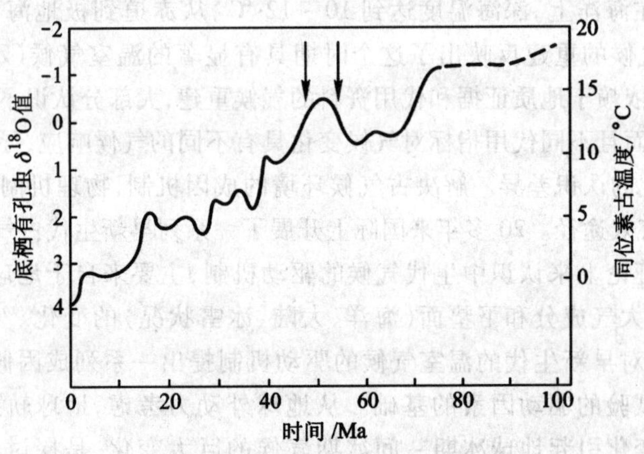

图 15.1　60 Ma 以来海洋氧同位素记录的海水温度变化

（Crowley *et al.*，1991）

除了箭头所指新生代早期温暖气候外，显示了自新生代以来地球气温的总体下降趋势

新生代晚期一般地球进入了最后一个大冰期的 1 000 万年以来，在地质时间上包括了晚第三纪和第四纪。由于晚第三纪（中新世）时南极冰盖已达到相当规模，上新世晚期北大西洋地区出现冰川活动，北美冰盖（劳伦泰冰盖）和北

欧冰盖(堪迪纳维亚冰盖)开始形成,终至进入第四纪冰期。在地质史上把包括第四纪在内的冰期称为晚新生代大冰期(杨怀仁,1984)。因此,对新生代晚期古气候模拟主要集中在大冰期气候发生和演化、冰期与间冰期气候特征和转化、气候快速变化变率的模拟和机制探讨。

本章重点介绍新生代早期古气候模拟。晚新生代包括第四纪气候模拟,由于第四纪气候模拟内容众多,另章介绍。

15.1 古气候模拟的关键问题

早在19世纪,人们从地质记录中就认识到古新世—始新世是全球极端温暖的一个地质时代,它延续了中生代温暖气候,至始新世早期结束。来自俄罗斯、北美和南半球大量的地质证据表明(Wolfe,1980;Frakes,1979;Hickey *et al.*,1983),厚达40 m的高岭土风化壳和碳酸盐层分布在高纬地区,伸展到极地海岸(70 °N)。海洋沉积物普遍含热带型软体动物和珊瑚礁化石,分布最北达到极地盆地(60 °N)。根据古地磁研究(Barron,1983,1985;Hickey *et al.*,1983),古新世晚期大陆板块的分布已经和现代大致相同,古纬度与现代纬度仅相差2°~5°。在大陆上,气候与现代显著差异是赤道与极地的温差极小,而且大陆内部的季节几乎不变。在海洋上,深海温度达到10~12 ℃,从赤道到极地海温垂直梯度几乎不变。古气候的重建反映出了这个时期具有显著的温室气候(Zubakov *et al.*,1990)。由于依赖于地质证据和代用资料的气候重建,大部分认识不仅受资料性质和地域限制,而且不同代用指标对气候变化具有不同的气候响应,导致对早第三纪温室气候变化的认识差异。解决古气候环境的成因机制,物理机制的古气候模拟研究提供了有效途径。20多年来国际上开展了一系列早新生代古气候模拟。

从气候理论上来认识中生代气候的驱动机制,主要来自于地球内外动力,包括太阳辐射、大气成分和下垫面(海洋、大陆、冰雪状况)的变化。根据地质证据和分析,人们对早新生代的温室气候的驱动机制提出一系列成因假说,构成设计古气候模拟试验的驱动因素的基础。从地球外动力考虑,地球轨道参数造成太阳辐射相对变化引起地球冰期-间冰期气候的巨大变化,是探讨早新生代气候的重要驱动力。从地球内动力来看,早新生代是地球岩石圈构造发生巨大变动的时期。板块运动引起南美和澳洲板块北移,中美洲地峡闭合、德雷斯和塔斯曼海峡形成。这些地理位置和海陆分布变化引起了地表接受太阳辐射能量和海洋环流系统等重大气候效应的改变。同时,由于印度洋、大西洋继续扩大,太平洋带的海沟-岛弧-海盆体系形成,大陆内部构造抬升,在我国构成喜马拉雅造山期。地质上的大造山运动,往往使地面起伏程度加大,全球变冷。因为山脉越高,引起大气的热机效率就越高,上升运动增强,云雨增多,反射率增大,地面接收的太阳辐射能量减少,地表变冷。因此,与海陆水平变化相伴,垂直方向的地形变化也是古气候模拟的重要动力因子。

海洋在气候系统中占有重要地位,古新世－始新世的古海洋是该时期温室气候形成的一个重要因素。地质记录反映出古新世的海洋从赤道到极地的温差极小,因此古气候模拟旨在解决这一特殊的海洋低温度梯度以及相关气候机制问题:包括了① 古新世温室效应的气候下海洋环流是减弱还是增强? ② 海水盐度、深海水层的结构与现代分布差异? ③ 有无强于现代的极向热流传输? ④ 极向低温度梯度怎样产生的?

海底火山和天然气喷发、海底沉积物的水合物释放、大陆风化作用加剧,导致进入大气的温室气体增加,造成温室效应。近来的研究表明古新世全球快速的气候变化主要受控于气候－生物反馈机制(Wing *et al.*,2003),大气 CO_2 浓度变化、气候－生物反馈机制是古新世全球快速的气候变化的影响因素,构成古气候模拟的重要内容。

由于极地不存在冰盖和海冰,大气缺乏快速反馈机制,引起了一系列气候响应,包括了① 物理和化学成因的气候变化;② 海洋生物的气候效应;③ 大陆生物的气候效应,由此认识早新生代海洋的“低温度梯度”和大陆的“弱季节性”的气候成因。这些都是早新生代气候模拟需要考虑的各个环节。

15.2　岁差强迫的气候响应

人们推测,地球轨道参数影响造成太阳辐射相对变化引起了晚新生代地表的降温。然而,轨道参数引起的相对太阳辐射变化对更新世以前的计算有较多的不确定性(Berger *et al.*,1989)。因此,到目前为止,在白垩纪的古气候模拟的边界场中,大部分试验轨道参数预置为现代值(Kump *et al.*,1999;Otto-Blisner,2002)。在欧洲和北美的白垩沉积具有显著的旋回,反映出周期在万年到百万年振荡,是否相当于地球轨道偏心率和地轴倾斜周期;从白垩纪的海洋发现的黑色页岩、缺少底栖类生物,证实了白垩纪洋底是强烈的缺氧水体沉积环境。这类沉积具有明显的循环,最短的为 2 万年,有人推测与地球轨道的岁差周期有关。

Lawrence 等人(2003)采用 GENESIS v2 模式,设置地球参数边界场,模拟早第三纪始新世太阳辐射驱动的气候效应,以认识地球从无冰气候向有冰气候转变的外部动力机制(表 15.1)。根据 Berger 等人计算,始新世(55 ~ 35 Ma)岁差经度与偏心率的调整参数在一个循环周期的结束点与起始点间隔11 500年。岁差结束点时的北半球春分点位于冬季,而起始点时位于夏季,两个时期的岁差经度相差180度。分别模拟这两个点的气候温度和降水状况发现岁差的偏移引起了冬夏季的温差增大,达到12 ℃。从岁差循环结束点到起始点的11 500年内,北半球夏季与冬季降水差减少0.3%~23%,季节差异不明显。随着温度增高,降水率减少增大。该模拟反映出万年时间尺度地球气候的显著降温,基于岁差模拟的温度变化仍然小于地质记录,说明在轨道参数驱动外,还有更为重要的气候变化因素(Lawrence *et al.*,2003)。有关轨道参数驱动的太阳辐射变化以及引起的气候效应是白垩纪气候模拟的今后需要探讨的问题。

表15.1 始新世地球轨道参数驱动的气候效应试验

(Lawrence *et al.*,2003)

时间	偏心率	黄赤交角/°	岁差经度/°	时间间隔/a
岁差循环结束点	0.053 1	22.78	90	0
岁差循环起始点	0.052 4	23.83	270	11 500

15.3 地球板块构造驱动

新生代初期从无冰气候到南极有冰气候的模拟时间跨度20~60 Ma。为了捕捉这一气候变化的重大特征和验证其发生机制,Barron(1985)采用了地球板块构造变化和地球轨道参数变化驱动GCM,模拟60 Ma以来气候变化。模拟每20 Ma间隔变化(图15.2)。这样长尺度古气候模拟可以看出全球年平均地表温度对冰盖的高、低反照率影响的敏感性,以及现代全球地表温度自晚白垩纪以来几个重大地质阶段,温度不断降低,引发的温室气候向冰期气候转型。

Hyde等人采用能量平衡模式模拟过去1亿年以来,海陆分布变化引起的地球南北两极温度变化(Hyde *et al.*,1990)。模拟结果表明,当南极大陆板块漂移到极地位置后所产生的气候效应,在地理位置变化后引起的气温变化,以及积雪反照率对夏季气温的反馈作用,使格陵兰大陆夏季气温直线下降,南极夏季在80~60 Ma大陆漂移期间快速降温(图15.3)。

洋壳和板块运动造成了海洋体积和平面分布的巨大变化,从而引起洋流和气候系统的变化。Maier-Reimer等人采用GCM模式设置海陆分布和古海洋深度变化,当南美板块北移使中美洲地峡闭合后,大西洋洋流的极向洋流加强,引起了海洋的热传输能量的增强(Maier-Reimer *et al.*,1990)。对比现代边界条件(中美洲地峡闭合)与早第三纪边界条件(中美洲地峡开放),模拟出大西洋极向海洋热量传输增强(图15.4)。

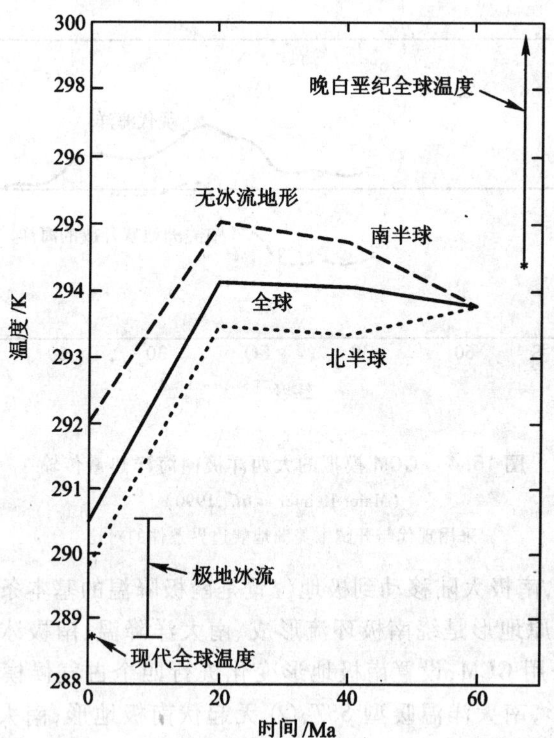

图 15.2　60 Ma 以来全球和南北半球平均地表温度模拟

(Barron,1985)

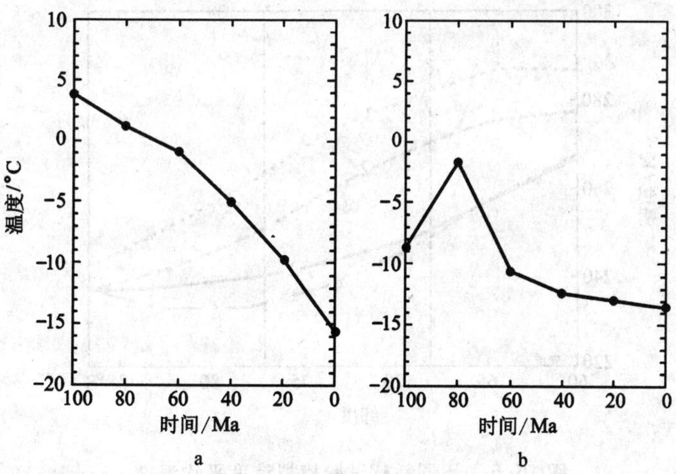

图 15.3　EBM 模拟 100 Ma 以来海陆变化引起的夏季气温

(Hyde *et al.* ,1990)

a. 格陵兰岛;b. 南极

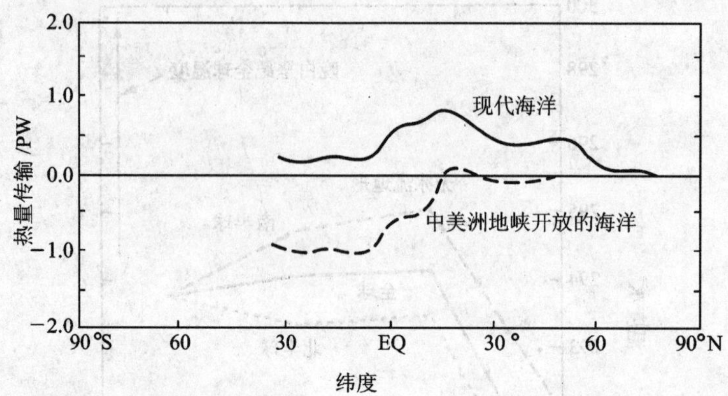

图 15.4　GCM 模拟的大西洋极向海洋热量传输

(Maier-Reimer *et al.*, 1990)

采用现代与开阔中美洲地峡边界条件的对比

新生代早期,南极大陆移动到极地位置是南极降温的基本条件,但南极大陆的不断隆升成高原地形是绕南极环流形成、南大洋降温、南极冰盖生成的关键。Oglesby(1989)采用 GCM,设置南极地形变化进行四个古气候模拟敏感性试验:① 现代南极地形,南大洋温暖型 *SST*;② 无起伏南极地形,南大洋现代的 *SST*;③ 无起伏南极地形,南大洋温暖型 *SST*;④ 现代南极地形、现代的 *SST*。从模拟结果(图 15.5)看出,不考虑边界条件的选择,即采用现代的大陆分布状况,南极

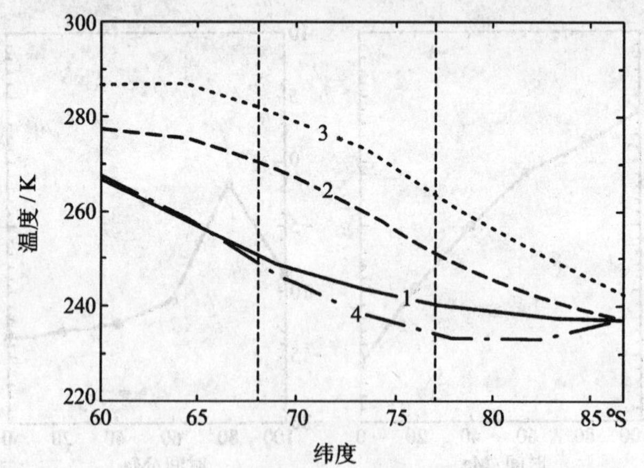

图 15.5　不同敏感试验模拟纬度平均温度

(Oglesby, 1989)

图中数字:1. 古 *SST* 和现代地形;2. 现代 *SST* 和古地形;
3. 古 *SST* 和古地形;4. 现代 *SSTs* 和现代地形

洲内部不可能获得显著高于冰点的温度（Oglesby,1989）。这个模拟试验证明了南极冰盖形成不仅受到了 34 Ma 南极大陆板块漂移到极地位置所致，而且需要在南极高原隆升下的地理条件。

15.4　海洋系统反馈

在模拟早第三纪气候的古海洋系统中，由简单到复杂发展了不同的数值动力模式（DeConto *et al.*,2000）。早期由固定海温分布的海洋边界场强迫 GCM，以后发展了具有极向热流量和扩散功能的混合层的海洋耦合模式，近 10 年来发展了由海温、$P-E$ 和风场驱动的海洋耦合模式。Huber 等（2003）分析认为，第一类模式能够解决海温场驱动的气候变化，但不能产生大气－海洋的双向作用。在这种模式中，海洋系统不能成为主导气候系统变化的控制因素。第二类模式能够解决海温与 CO_2 的交互作用，但限制在假定的海洋深度之内（一般设定的海洋深度在 50 m 以内）。实际上，早第三纪海洋的热传输与 CO_2 变化并不是线性的，因而该模式的局限性很大。第三类模式克服了上述模式的问题，较好地解决海温、CO_2，以及海洋传输和扩散。

Huber 等（2003）采用美国气候系统模式（CSM），大气环流模式精度为 T31（3.75 经度 ×3.75 纬度），耦合海洋模式（NCOM）和海冰模式（CSIM），精度 1.8 经度 ×0.9 纬度。海洋模式积分运行 3 000 年，采用最后 20 年模拟的平均分析。边界场主要设置了全球地形海陆分布、海底地形深度。全球地形分布与现代相比，欧亚大陆几乎被特提斯海割断，北大西洋和印度洋仅仅是大陆的内海。而太平洋无论东西岸，都没有与现代一样的宽阔的大陆架。根据地质记录，中生代到新生代大气 CO_2 浓度高于现代 2～4 倍，达到 500～1 100 mL/m^3。该模拟设置始新世大气 CO_2 浓度为 560 mL/m^3，控制试验为 280 mL/m^3。

该模拟试验结构和参数见表 15.2。年平均 SST 和盐度模拟（图 15.6）显示了 SST 赤道到极地温度分布从 24 ℃到 15 ℃，远比现代的温度梯度小。高纬深海水温比现代温暖 7 ℃，北半球海水达到 12～15 ℃，海水盐度高于现代（35.5 ‰），南半球海水较冷（1～4 ℃），但海水盐度低于现代（32 ‰），表明南北半球在早第三纪的巨大差异。所有试验结果显示大陆温度梯度和海洋热量传输仅仅是现在的 30%，说明早第三纪赤道与极地比现代小得多的温差不是通过经向热传输造成，其机制尚待研究（Huber *et al.*,2003）。

表15.2 早第三纪海洋模式设置

(Huber *et al.*, 2001)

Sv:希沃特(剂量当量),1 Sv = J/kg;

	现代	始新世	单位
温度	3.28	8.115	℃
盐度	34.670	-34.771	‰
温度变化趋势	-0.068	0.004	℃/100 a
盐度变化趋势	0.000 8	-0.000 4	‰100 a
北大西洋深水结构速率	22	10	Sv
特提斯海深水结构速率	—	8	Sv

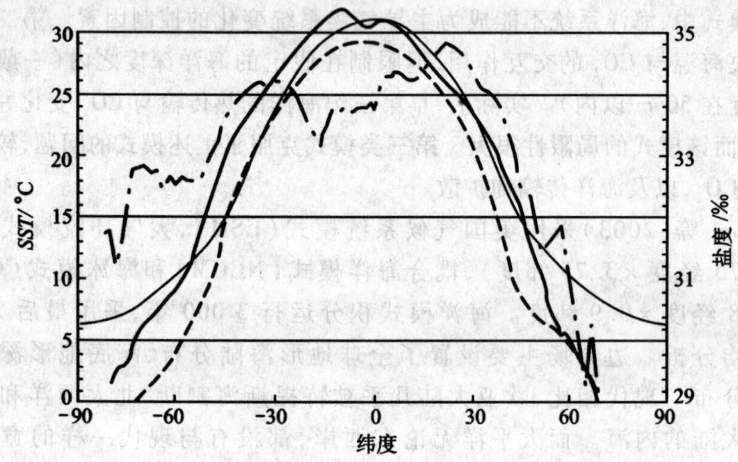

图15.6 模拟始新世纬度年平均 *SST* 和盐度

(Huber *et al.*, 2001)

灰线为初始 *SST* 值;绿线为 *SST* 模拟平衡值,红线为盐度模拟平衡值

第 16 章

第四纪气候模拟

第四纪始于 2 ~ 3 Ma,是地质历史上的一个冰期时代。地球气候从新生代开始衰落(Cenozoic Decline),第四纪进入地质史中的最后一个冰期。

尽管第四纪处于一个冰期时代,但全球具有次一级的冰期 - 间冰期变化,反映出第四纪的冷、暖的周期变化。进入第四纪时,现代大洋和现代大陆的格局已经奠定,但随着冰期、间冰期气候的波动,海平面曾多次发生幅度可观的升降,影响到海、陆的轮廓和范围发生消长。植物界和动物界在第四纪复杂的环境下进一步发展、演化;特别是高级哺乳动物的进化,最终出现了人类,成为生物发展史和环境过程中的飞跃。现代自然环境的面貌得到奠定,自此以后的环境变化不再是纯粹的“自然”变化,而是在自然演变的背景上加上了深刻的人类活动影响所共同产生的结果。第四纪时期,我国西部高原、山地强烈隆起,东部平原不断沉降,自西向东地势高差日益扩大,从南到北的纬度分带、沿海到内陆的分区、平原到高原的垂直分异等气候特征逐步形成。而从长期气候演化来看,气候在总的变冷趋势下多次发生冷暖变化。

16.1 第四纪构造 - 气候

在地球的演化史中,大规模的构造运动往往导致大幅度的气候变化,比如大冰期总与强造山运动相伴,第四纪大冰期亦与青藏高原的隆升相伴。关于其间相互联系的原因,李四光(1972)曾认为“大陆上升使气温下降,积雪扩大”,这显然是正确的,但缺少中间环节。中低纬度高山的冰雪地区,由于大陆上升而直接导致积雪扩大,而南极和格陵兰高原本身已在冰雪圈中,即使地势不高也应有冰雪覆盖(如北极海)。问题的确切提法似乎应该是:大陆上升为什么会导致两极冰雪圈的存在并扩大,一些大气环流模式的应用为构造 - 气候的模拟研究提供了机制的解释。本节围绕第四纪地球最显著的构造运动——青藏高原隆升,做相关的气候模拟介绍。

16.1.1 高原隆升对气候系统作用

北半球在新生代以来,随着古特提斯海的消失和青藏高原的隆起,行星风系萎缩和转型,季风系统的发生和演化,这一过程不断被古气候模拟结果可证实。真锅淑郎等(1977)的研究表明,在有青藏高原存在时,北半球的大气活动中心的位置和环流形势,无论冬夏都与目前的实测结果一致。但是在数值模拟中设置青藏高原为1 000 m a. s. l. 以下的地形,即无山模式,情况完全不同,冬季的西伯利亚高压不复存在,夏季的印度热低压消失,也不存在给大陆带来水汽的西南季风,在这种环流形势下,青藏高原地区上空盛行下沉气流,气候炎热干燥。对流层下部的季风环流系统是由与海陆分布相联系的非绝热加热场决定的,地形仅对它们产生次一级的作用,但若无地形作用,则模拟不出对流层上部的南亚高压(Kuoet al. ,1982)。Ruddiman和 Kutzbach 采用 GCM 模式,设置了亚洲青藏高原和北美科罗拉多高原在不断隆起的两个典型阶段进行古气候模拟(Ruddiman and Kutzbach,1989),检验北半球地形变化对季节性地表压力的影响和大气环流的变化。模拟采用两个试验方案:亚洲和北美的有山地形和无山地形。与无山地形试验相比,模拟结果表明有山地形试验在夏季(7 月)的北美和亚洲产生了明显的季风环流(图 16.1),东亚和北美东部降水增多,而北美西海岸和地中海地区降水减少。冬季(1 月)北美,北欧和亚洲北部、北冰洋降温,亚洲内陆和北美的北部降水显著减少。

16.1.2 青藏高原隆升对亚洲季风形成的影响

1. 南亚季风形成

德国著名气象学家 Hahn(1968)最早指出青藏高原在大尺度南亚季风中的重要性,Manabe 等(1974)利用大气环流模式 GCM 进行了有山、无山的对比试验才使得这一问题得到全面而深入的认识。青藏高原大地形不仅直接控制着冬季西伯利亚高压的位置和强度,而且决定着夏季风的建立与发展。Hahn 和 Manabe(1975)(图 16.2)应用 GFDL 十一层大气环流数值模式,模拟了青藏高原对南亚季风环流的作用。他们以风向的改变作为季风爆发的标志,发现风向的改变如同雨季开始一样有突发性。根据地面经向风的转变和高空纬向风的突变的结果,反映青藏高原的存在引起这种突然的季节变化现象。在无山的实验中,高空副热带急流并不发生突然的北跳,相反,是缓慢地向北移动的。在地面风向的变化中,南风向北推移的日期比有山要早,但推移速度缓慢,其北界也只能到达印度南部15 °N附近。

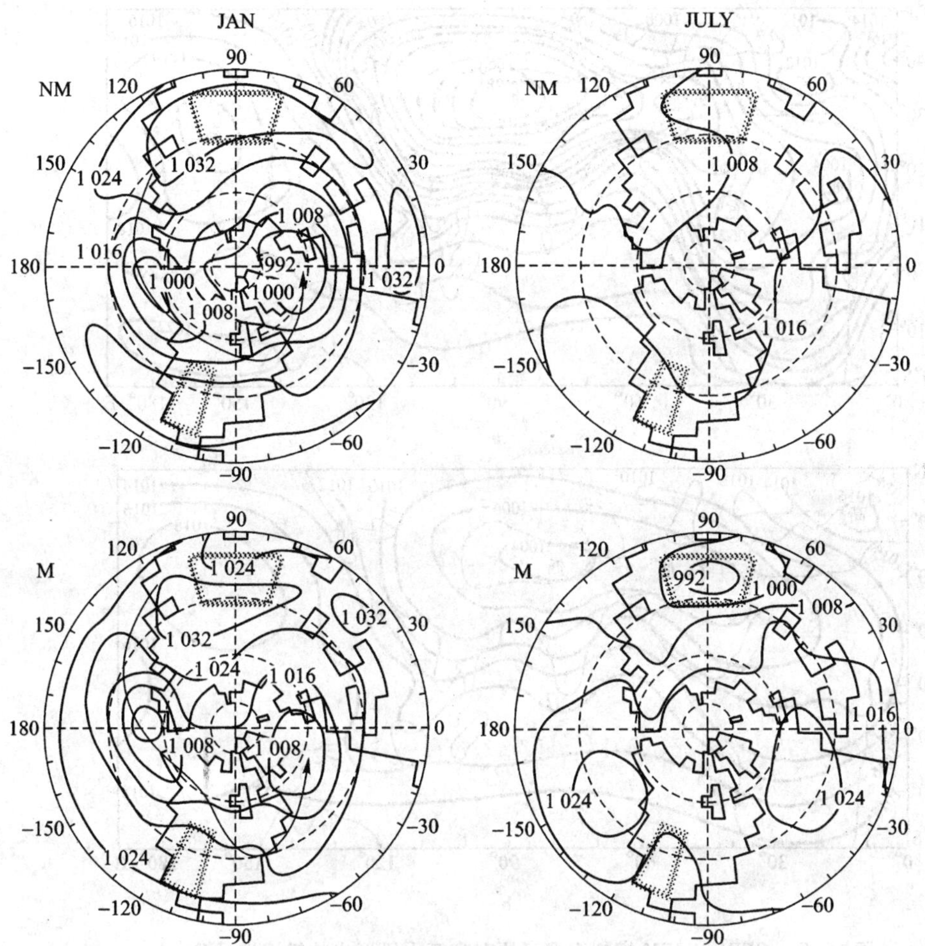

图 16.1　GCM 模拟北半球地形变化下的古气压场(hPa)

(Ruddiman and Kutzbach,1989)

M:有山试验,NM:无山试验。图中深色箭头表示高空急流路径

通过一系列 GCM 敏感性试验的分析得出,高原地形对南亚季风的作用比地球轨道参数、大气 CO_2 含量及冰期—间冰期下边界条件的影响都更为重要(Prell *et al.*,1992)。Ramstein 等(1997)的数值试验表明,由于从早渐新世到晚中新世,欧亚大陆的古地理环境发生了巨大的变化,古特提斯海(Paratethys)海的退缩导致欧亚大陆面积扩大,从而使亚洲季风及其降水(主要指 30 °N以南地区)显著增强,所以他们认为古特提斯海退缩引起的海陆分布变化在对亚洲季风的驱动方面与高原隆升的作用同等重要。

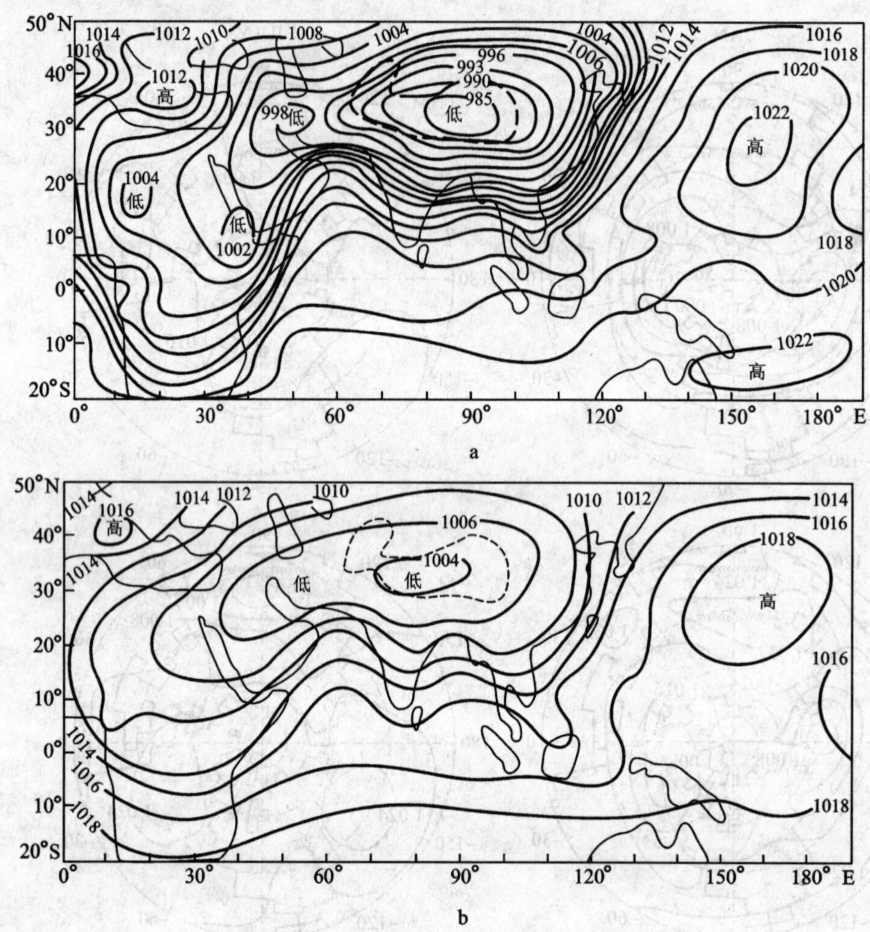

图 16.2　GFDL - GCM 模拟青藏高原对南亚季风形成的敏感性试验

（Hahn *et al.*, 1975）

7月海面气压场模拟：a. 有山试验；b. 无山试验

2. 东亚季风演变

古气候模拟试图反演和证实青藏高原大地形对大气环流的影响，特别是对亚洲夏季风的影响。青藏高原大地形的对比试验，表明大地形对亚洲冬季风的环流型的维持作用是重要的（Manabe，1974）。采用一个8层的两维模式，模拟了夏季的气候状况，即有地形和无地形两种情况下夏季风环流敏感性试验。发现只有在模式中引入山脉后方能模拟得到比较实际的纬向风（Murakami 1970）。东亚季风环流系统的形成，大气的非绝热作用比地形的动力作用更重要；而对印度季风环流系统的形成，地形的动力作用和大气的非绝热热力作用同等重要（骆美霞等，1991）。

Kutzbach 等(1989,1993)等利用大气及海气耦合 GCM 模拟的结果说明东亚夏季风的确是随着高原高度的上升而不断向北发展。夏季高原东侧的偏南风随着高原隆升逐渐向北扩展。无地形时夏季地面南风一般不越过 20 °N,当高原地形上升到现代的一半左右时,地面南风可以向北扩展到 30 °N附近。只有在高原完全隆起之后,高原东侧的偏南风才能向北推进到 40 °N以北。在无地形时亚洲夏季风及其降水主要分布在 30 °N以南。在高原东侧 30 °N以北地区,冬季对流层低层的风是随着高原隆升从偏西风逐渐转变成偏北风的(de Menocal *et al.*, 1993)。一系列改变青藏高原地形高度的敏感性模拟试验表明,东亚季风、特别是东亚长江以北地区的冬季风比夏季风更为敏感地响应于高原隆升。再考虑到低纬度的印度季风主要来源于南半球的马斯克林高压,而中纬度的东亚夏季风主要源于澳大利亚高压,即使在高原尚未大幅度隆起的情况下,南亚地区海陆之间的经向热力对比就足以激发具有一定强度的热带季风;但只有当高原隆升达到较高的高度时,主要受东西向热力对比控制的东亚季风才能出现在 30 °N 以北的中纬度地区(刘晓东等,2000)。

3. 高原季风演化

对流层气温随高度升高以大约 6.5 ℃/km 的递减率下降,因此随着高原隆起,广阔的高原面上地面气温自然会较该地区隆起前降低。据推算,目前高原上的年平均气温比上新世晚期低 12 ~20 ℃。按 Kutzbach 等(1993)的数值模拟结果,青藏地区在高原隆起后比隆起前 1 月气温下降了 14 ℃,而 7 月气温下降达 22 ℃;冬季降水变化不大,但夏季降水大大增加。可见,青藏高原的隆起不仅造就了全球最高的一个巨型构造地貌单元,同时也形成了一个独特的高原气候区。

高原季风是大气环流对高原与其周围平原地区热力差异季节性改变的响应在风场上的响应。冬(夏)季高原上大气是个冷(热)源,所以在高原近地面为反气旋(气旋)式环流,这样高原邻近地区的大气环流就呈现出冬、夏季反向的盛行风。气候模拟研究表明(汤懋苍等,1993,1995;刘晓东等,1996),在高原隆起过程中,高原季风也是逐步发展的。当高原隆起水平尺度超过斜压大气地转适应的临界尺度时,高原热力作用所形成的气压场才能维持,风场向气压场调整。由于冬、夏季高原大气具有反向的热力作用,于是形成一种浅薄的高原季风。当高原隆起的垂直高度大于影响气候的临界高度(1 500 ~2 000 m)时,纬向气流明显受到地形阻挡,并从以爬坡分量为主,转变成以绕流分量为主。冬季高原大气相对于周围的冷源作用增强,夏季地面净辐射开始增加,水汽的相对凝结高度降低,高原上大气浑浊度大大减小。当高原大气因感热加热变得不稳定时,便导致积云对流活跃,大量的凝结潜热随上升气流被输送到对流层高层,并在那里建立起青藏高压,于是深厚而稳定的高原季风从此建立。

由于高原季风的建立大大破坏了原来准纬向的气候带,使高原东、西两边,以及南、北两侧气候出现了巨大的差异。高原冬季风增强了高原周围的反气旋式环流,从而使高原东侧受到来自北方大陆性气团的偏北气流控制,结果在那里形成干燥寒冷的冬季气候;高原西侧受到来自低纬海洋性气团的偏南风影响,造成相对温和潮湿的冬季气候。夏季的情况正好相反,对流层低层环绕高原的气旋式环流大大增强,于是在高原东南侧形成潮湿气候,而在高原西北侧形成干旱气候。

16.1.3 高原隆升引起的气候变化

1. 新生代以来的全球气候变冷

很早就有人提出造山运动能引起全球变冷,甚至导致冰期出现的论断。Ruddiman 等(1997)提出新生代构造隆升导致气候变化的假设。认为以青藏高原为主的构造隆升,不仅对大气和海洋环流具有大规模的影响,而且通过风化和侵蚀等作用,使大气 CO_2 浓度降低,从而造成新生代以来的全球气候变冷。高原隆升可以通过各种直接和间接的作用使气候变冷。一方面,高原抬升使当地因气温直减率效应而变冷,同时像青藏高原这样的大地形隆起之后,会使部分地面进入冰冻圈,促使高原面上大范围冬季雪盖形成,并通过反射率——温度反馈而影响到半球、甚至全球的气候。另一方面,高原隆升可以通过间接的生物化学作用使全球,特别是高纬地区变冷。在高原隆起地区,硅酸盐矿物化学风化的增强可以吸收大气中更多的 CO_2 以生成碳酸钙,从而减少了大气中 CO_2 的含量,结果使高原隆起的气候效应扩大到全球。关于高原隆升导致全球气候变冷的机制还有其他观点。通过气候模拟证实,高原隆起使地球大气的热机效率增大,造成行星西风增强,从而引起高纬地区降温,以至形成大冰期(汤懋苍等,1998)。

2. 北半球中纬度干旱气候发展

大量的地质证据揭示了亚洲中部及北美内陆自晚新生代以来气候在向着干旱化方向发展。现代高原气象学研究表明,包括中亚和我国西北在内的高原邻近地区的干旱气候,与过山气流的动力性绕流以及夏季高原上升气流在高原外围的补偿性下沉有关。对比 Broccoli 等(1992)的 GCM 对北美大陆模拟,通过有、无北美山地地形敏感性试验,表明北美内陆干旱与中亚中纬度内陆干旱形成机制的差异。北美中纬度干旱区主要位于地形强迫形成的驻波槽的上游,处于大尺度下沉区,抑制了风暴扰动的发展。与经向分布的落基山地形引起的西风气流强迫上升及其随后的下沉相联系的“雨影”效应,是造成北美内陆干旱的重要原因。但中亚干旱的成因与此不完全相同。在欧亚地区夏季西风带北撤,以致西风带主流几乎碰不到青藏高原。青藏高原是通过激发夏季风环流而影响中亚干旱的,即与低层相对干燥的气旋式流动、中亚的下沉气流以及风暴路径的北移密切相关。此外,地形也减少了进入大陆内部的水汽输送和地表蒸发,因而对周围干旱的形成有贡献(刘晓东等,2000)。这些数值试验肯定了高原隆升对中纬度干旱气候形成的作用。

3. 高原隆升引起的气候突变与渐变

高原隆升是地质气候变化的重要驱动力。高原隆升的形式不同，则对气候的影响也不一样。在线性驱动的情况下，当高原逐步隆起时，将导致气候逐渐而缓慢地变化；但当高原跳跃式阶段性隆起时，则会引起气候突变。实际情况并非如此，由于气候系统中的非线性作用，在某些气候突变点附近，渐变式的高原隆起却可以导致气候突变。Birchfieid 等（1983）曾利用一个纬向平均能量平衡模式的研究发现，在无地形条件下北半球平均的地面气温随太阳辐射增强基本上呈线性增加；但当中纬度存在高原时，在某个临界值附近，当太阳辐射略有变化即可导致气候突变。该模式气候敏感性增加是由于中纬度高原存在使高原积雪反射率 - 温度反馈机制增强造成的。大气动力学和热力学分析表明，就地形对大气环流的影响而言，存在着某个（或几个）临界高度。当高原隆起突破临界高度时，能对大气产生强烈作用，从而造成大气环流、大气热力结构、亚洲季风乃至全球气候的一系列巨大转变（刘晓东等，1996）。从考虑高原动力作用考虑，青藏高原的动力临界高度大约在 1.5 ~ 2 km 之间或更低，一旦高原超过这一临界高度，过山气流将从以爬坡为主转变为以绕流为主，这必然引起大气环流格局的一次大调整。高原大气的水汽凝结高度也大致在这一临界高度附近，因此高原上升达到这一高度，会使相对凝结高度大大降低，有利于水汽凝结和潜热加热的增强，从而在动力和热力作用的共同影响下造成气候突变（汤懋苍等，1995；刘晓东等，1996）。

基于大气角动量守恒的简单理论分析指出（Plumb *et al.*，1992），对季风影响而言，高原热源的变化存在一个临界值。当高原热源强度超过这个临界值时，才能在青藏高原南侧夏季形成与 Hadley 环流反向的经向季风环流圈，维持与现代相近的强季风形势。与达到这个热源临界值相对应的地形高度（估计不低于 3 km）便被认为是晚新生代以来亚洲季风突变的一个重要原因（Molnar，1997）。敏感性试验表明，在高原隆升达到现代高度的一半之前，东亚大约 30 °N以北地区近地面风冬夏反向意义下的季风现象是不存在的。因此在高原高度超过现代的一半左右时，东亚季风可能经历了一次从量变到质变的飞跃（刘晓东等，2000）。

16.2　末次间冰期

根据深海岩芯 V28 - 238 氧同位素的划分方案，晚更新世包括介于终点 Ⅰ 和 Ⅱ 之间的这个时段（平均年代为 128—11 ka）。这是一个完整的冰期旋回，包括氧同位素 2 ~ 5 四个阶段（Emiliani，1955）。对末次间冰期与末次冰期的划分，一种意见认为末次间冰期包括了氧同位素阶段5,持续时间约58 ka,而末次冰期起始于70 kaBP(Bowen,1978)。另一种观点认为末次间冰期只包括氧同位素5e阶段,持续时间约20 ka(Shackleton *et al.*,1973;2003),末次冰期始于115 kaBP。

根据地质资料记录,海洋氧同位素阶段5e时期气候比中全新世温暖,海面也比现在高4 m左右,在北美被称为Eemian间冰期。然而,在5e阶段末全球气候向冷的方向发展。从125 kaBP到110 kaBP气候发生了重大变化,在不到1.5万年的时间里,气候迅速由暖转寒,海面不断下降,从0 m下降到-60~-100 m(图16.3)。与此同时,极地冰川扩张,北美的高纬地区冰盖积累扩大,已经达到LGM2/3规模(Suggate,1974)。这些都标志着末次间冰期气候结束,进入到末次冰期。模拟这段时期的气候变化过程,有利于认识现代气候的温暖极限和规律,成为认识冰期向间冰期转化的关键时段。

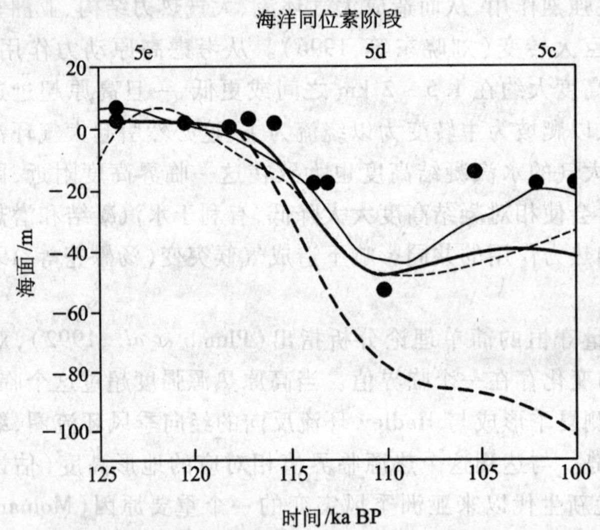

图16.3 125 ka—100 kaBP时期的海面高度变化
(Calov *et al.*,2005)

不同曲线和数据点分别根据 Imbrie *et al.*(1984);Bard *et al.*(1990);Chappell *et al.*(1996);Eisenhauer *et al.*(1996);Cutler *et al.*(2003);Gallup *et al.*(2002);Zhu *et al.*(1993)等资料

16.2.1 125 kaBP 末次间冰期

自20世纪90年代以来,末次间冰期气候模拟先后采用能量平衡模式模拟(EBMs;Crowley *et al.*,1994)、海洋边界场设置的大气环流模式模拟(AGCMs;Royer *et al.*,1984;Prell *et al.*,1987;Kutzbach *et al.*,1991;de Noblet *et al.*,1996a,1996b)、稳定的海洋模式耦合的大气环流模式模拟(AOGCM;Harrison *et al.*,1995),以及动力的海洋模式耦合的大气环流模式模拟(AOGVCM,Montoya *et al.*,2000;Kubatzki *et al.*,2000)。这里主要介绍 Montoya 等人的模拟试验。

Montoya 等(2000)采用耦合海洋大气环流模式(ECHAM-1)对末次间冰期(the Eemian)进行古气候模拟。ECHAM-1 模式为三角形截断 21 波的谱模式,空间尺度 5.6×5.6°经纬度网格,垂直方向是 19 层混合的 $s-p$ 坐标系统。模式运行的时间步长 40 分钟。耦合的海洋模式(LSG)采用了真实的海底地形,具有热量和盐度传输、重力波扩散等物理功能。模式经度与大气模式相同,11 层海水分层。海冰、海温和盐度积分的时间步长为 24 h。模拟试验采用的地质资料涵盖了 120~130 kaBP,模拟集中在 125 kaBP。在 600 年的控制试验基础上进行了 510 年的计算机积分。

末次间冰期模拟试验的边界场设置,根据了 Berger(1978)计算的 125 kaBP 地球轨道参数(表 16.1)。125 kaBP 偏心率和黄赤夹角均大于现代,春分点晚于现代(4 月 20 日),因而近日点在夏至点,与现代的冬至点位置相差 180 度(图 16.4)。根据冰芯记录(Barnola *et al.*,1987),设置 267 ppm 的大气 CO_2浓度,相对于控制试验 330 ppm。

表 16.1　125 kaBP 气候模拟的地球轨道参数边界场

(Montoya *et al.*,2000)。

	偏心率	黄赤夹角/°	岁差经度/°
控制试验	0.017	23.45	282.16
125 ka	0.040	23.79	127.27

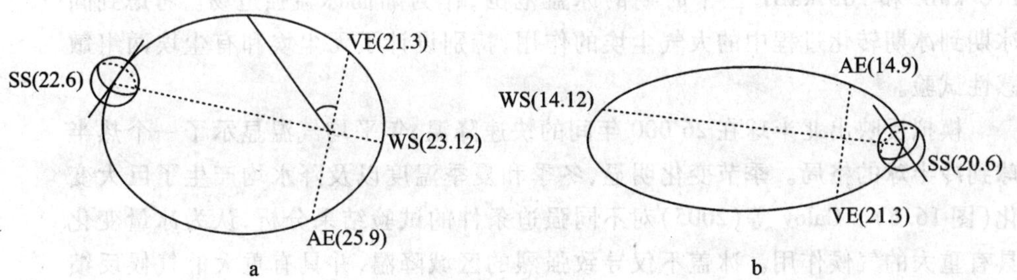

图 16.4　125 kaBP 地球轨道参数图示

(Montoya *et al.*,2000)

a. 现代;b. 末次间冰期。VE:春分点;AE:秋分点;SS:夏至点;WS:冬至点。现代的偏心率接近圆形轨道,近日点在冬至附近;末次间冰期偏心率接近椭圆轨道,近日点在夏至附近模拟表明,125 ka 气候有几个重大变化。在全年的气候场中,以夏季变化最为显著。由于夏季太阳辐射的相对增加,高纬海区 SST 增加,北冰洋海冰减少。北半球大陆夏季温度增加 4～5 ℃,西南季风增强,推到 30 °N,北大西洋和北太平洋海区纬向平均温度增加 1 ℃。

125 kaBP 模拟结果证实了受到岁差驱动,引起的太阳辐射在北半球季节分配变化,从而使地表温度变化。而海洋的变化对大陆气候产生了较大的反馈作用,增大海陆温差,导致季风强度增强。由于 CO_2 比控制试验减少 60 mL/m^3,区域性降水的增加与之相关。

16.2.2 气候转型

125—110 kaBP 是间冰期 - 冰期气候转变时期。Calov 等人(2005)利用 CLIMBER - 2 模式,采用瞬时模拟方式连续积分模拟 26 000 年,获得了 115 kaBP,110 kaBP 和 105 kaBP 等几个重要气候转型时期的认识。

CLIMBER - 2(Petoukhov *et al.*,2000)是一个统计型动力大气模式,由大气、海洋、陆面和冰雪模块构成。虽然模式精度低(全球划分 7 个经度带和 18 个纬度带),并且地理分布仅仅设置大西洋、印度洋和太平洋三块大洋。但该模式根据能量流和水量交换连接大气与海洋,运行速度快,能够胜任长期地质时间的瞬时模拟。

在边界场中,相对太阳辐射变化根据地球轨道参数(Berger,1978)设置,大气 CO_2 浓度根据冰芯记录(Barnola *et al.*,1987)。模拟试验采用了时间独立的瞬时强迫。强迫的时间步长为 1 000 年。冰盖的发展变化是该时期瞬时气候模拟的重要强迫条件。Calov 等人(2005)根据北美冰盖在 8 000 年中增厚到 3 000 m 以上的地质资料(图 16.5),相应设置了 115 kaBP,110 kaBP和 105 kaBP 三个时期的冰盖范围,作为陆面冰盖强迫场。考虑到间冰期到冰期转化过程中的大气尘埃的作用,特别设计了无尘埃和有尘埃两组敏感性试验。

模拟反映出北半球在 26 000 年间的快速降温,年平均气温显示了一个热半球到冷半球的格局。季节变化明显,冬季和夏季温度以及降水均产生了巨大变化(图 16.6)。Calov 等(2005)对不同强迫条件的试验结果分析,认为冰量变化具有重大的气候作用。冰盖不仅导致强烈的区域降温,并具有重大的气候反馈作用,使得冰面进一步扩大,引起北美、北非、欧亚大部分地区的降水减少。陆面植被、海洋条件和大气 CO_2 浓度的变化在气候转型中不是主要贡献,但放大了冰量作用,加速气候降温和干旱化。轨道参数变化不足以满足间冰期到冰期气候转变的热量条件。

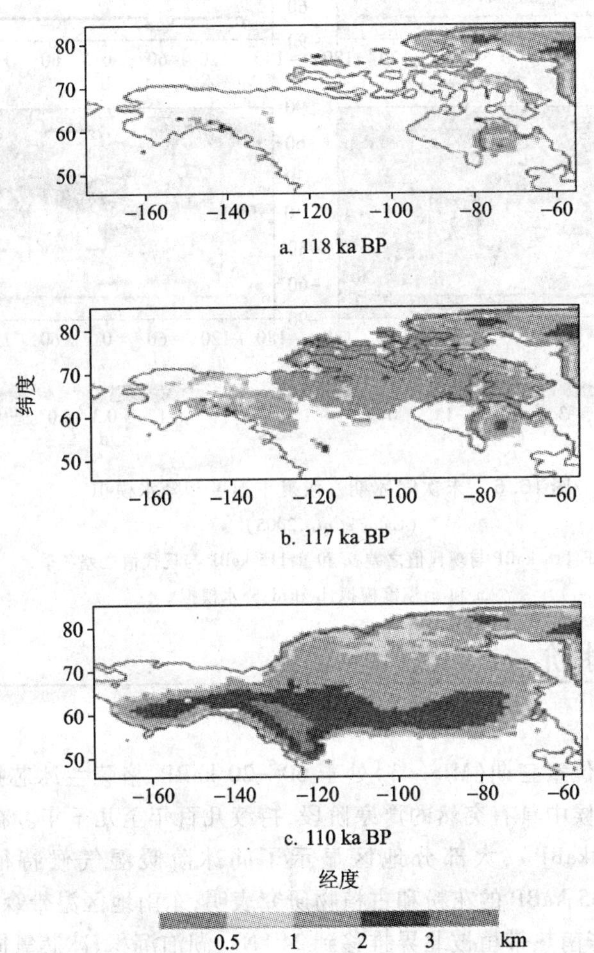

图 16.5　末次间冰期北美大陆冰盖高度分布

(Calov *et al.*, 2005)

a. 118 kaBP; b. 117 kaBP; c. 110 kaBP

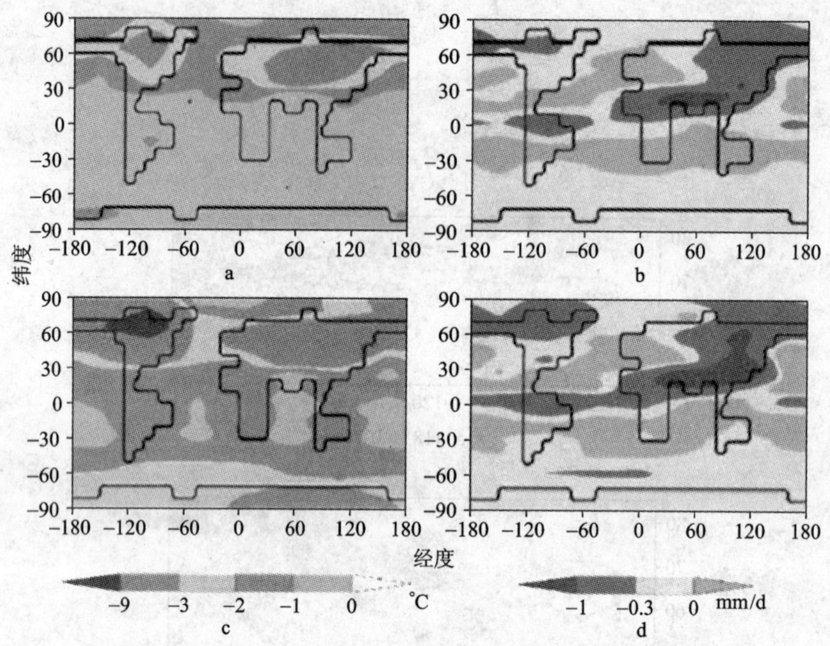

图 16.6 末次间冰期气候夏季温度和降水模拟

(Calov *et al.*, 2005)

a 和 b:118 kaBP 与现代值之差,c 和 d:115 kaBP 与现代值之差冬季,

a 和 c:温度模拟,b 和 d:降水模拟

16.3 末次间冰阶

海洋氧同位素三期(MIS-3)处于60—20 kaBP,格陵兰冰芯揭示出OIS-3在相当温和气候中具有突然的严寒阶段,持续几百年至几千年。在中国,MIS-3晚期(30~40 kaBP),大部分地区显示了间冰阶暖湿气候特征(施雅风等,2003)。我国35 kaBP的花粉和古植物研究表明,东南地区温带森林植被带向北方草原扩伸,华南热带植被北界推移到24 °N。湖泊沉积、冰芯氧同位素、黄土磁化率、花粉、洞穴沉积等记录反映了我国西部和华南温度比现代高2~3 ℃,内蒙高原和黄土高原年降水比现代增加100~300 mm不等,而青藏高原降水高出现代3~5倍(Shi *et al.*, 2001)。在欧洲,60~20 kaBP跨旧石器中晚期(van Andel, 2002),是欧洲人类发展的重要时期。因而认识海洋氧同位素三期气候变化,不仅有利于对人类演变和考古学的认识,不稳定的气候影响了动物植物迁移、地貌景观变化等环境演变(Huntley *et al.*, 2003)。

末次间冰阶气候模拟研究起步较晚。Barron 等(2002)对 MIS-3 阶段中的两个时期(30 kaBP 和 42 kaBP)进行古气候模拟,对高纬和欧洲地区进行模拟与资料的对比和分析。30—40 kaBP 东亚地区的气候特征与欧洲有着显著不同(施雅风等,2003),集中对 35 kaBP 气候模拟分析显示出中低纬地区与高纬气候的差异(Yu *et al.*,2005)。本节主要介绍这两个模拟试验。

16.3.1　欧洲区域古气候模拟

Barron 等(2002)采用大气环流模式与区域气候模式嵌套,对 MIS-3 欧洲气候进行模拟试验。大气环流模式采用 GENESIS,区域模式 RegCM2。采用 GENESIS 模式分布的 8 个网格点,包括了 20 W—50 E,30—60 N 的欧洲地区,网格精度 60 km^2。根据地质记录 MIS-3 阶段在欧洲的冷期集中在 30 000 aBP,暖期集中在 42 000 aBP,因而对 MIS-3 进行冷期、暖期、热期三套敏感性试验方案(表 16.2)。由于地质资料的有限,MIS-3 边界场设置采取了利用相对 0 ka 和 21 ka 边界场变化进行设置。北欧的冰盖根据了海面在 -80 m 的证据进行海面-冰盖效应估算,分别设置了冷期时的大冰盖(相当于新仙女木阶段,ca 11 000 BP)和暖期时的小冰盖(冰盖仅仅分布在芬兰,瑞典无冰盖)两种分布规模。北大西洋和地中海 SST 的设置,根据 GLAMAP2000 研究成果,综合 38 个海洋沉积钻孔资料的^{14}C 年代测定、氧同位素地层和冰筏事件证据(Coope,2002)。30 kaBP对应了 Heinrich 冷期事件 3,42 kaBP对应了 Heinrich 暖期事件 4,因此 42 kaBP 比 30 kaBP 海温稍高。但无论暖期还是冷期,表层海温均比现代海温稍微低。对陆地表面植被设置,暖期集中在 42 000 aBP,冷期集中在 30 000 aBP(Alfano *et al.*,2003),图 16.7 展示暖期试验和冷期试验欧洲植被分布。

表 16.2　MIS-3 古气候模拟采用的边界条件

(Barron *et al.*,2002)

试验方案	方案一	方案二
气候特征	冷期/Heinrich 事件 3	暖期/Heinrich 事件 4
太阳辐射	30 kaBP 轨道参数	42 kaBP 轨道参数
CO_2	200 mL/m^3	200 mL/m^3
冰盖	大规模斯堪的纳维亚冰盖	小规模斯堪的纳维亚冰盖
海岸线	-80 海面	-80 海面
植被	BIOME3.5 冷期植被	BIOME3.5 暖期植被
海温	CLIMAP/GLAMA/30 ka SSTs	CLIMAP/GLAMA/42 ka SSTs

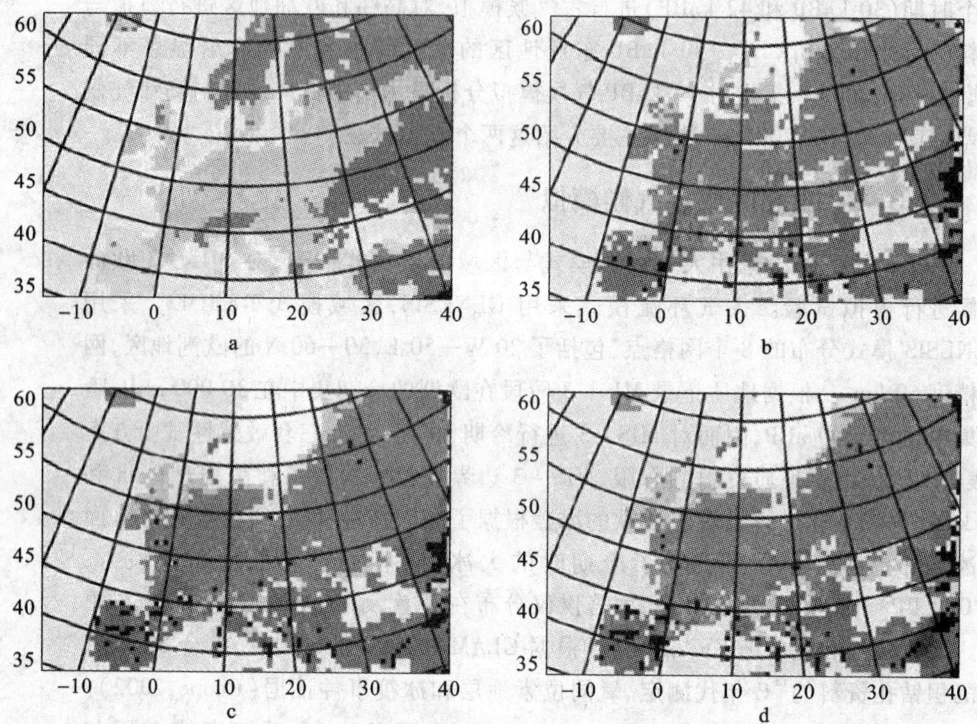

图 16.7 MIS－3 欧洲植被分布

(Barron *et al.*,2002)

a. 现代,b～d MIS－3 阶段试验,其中 b 为暖期,c 为冷期,d 为热期

模拟采用三套敏感试验,轨道参数试验(试验 A),轨道参数、低 CO_2 浓度和冰盖试验(试验 B),轨道参数、低 CO_2 浓度、冰盖和海温(试验 C)。模拟结果表明,在轨道参数变化的驱动下,欧洲冬季在暖期和冷期气温均降低。由于冷期辐射低于暖期 3%,冷期降低幅度稍大于暖期。在冰盖效应模拟中,北欧冰盖的邻近地区降温约 2 ℃,但降水不明显。在海温变化的试验中,冬季北欧降温 7～10 ℃,中欧降温 4～7 ℃,南欧降温 0～0.5 ℃。夏季北欧降温 0～4 ℃,中欧－南欧降温 4～10 ℃。模拟表明南欧地区冬季降水大大降低(－4～－8 mm/d),北欧较现代稍有增加(0～1 mm/d)。气压场的模拟显示了冬季欧洲大陆由高压系统占据,具有更强的西风带,引起了北欧降水增多和南欧的干旱。欧洲大陆由高压系统控制,大部分地区的降水减少。

MIS－3 模拟表明,欧洲大陆中高纬度地区的气候变化,轨道参数、CO_2 和冰盖规模的变化驱动不具有显著性,而北大西洋 SST 变化对气候的贡献较大。*SST* 试验捕捉到海面气压场和降水场基本特征。该气候模拟出欧洲降温和显著的降水变化,能够捕捉到 MIS－3 冷期和暖期的平均气候场,但还难以解释三阶段暖期和冷期气候变率。

16.3.2 东亚古气候模拟

对东亚 MIS-3 的古气候模拟研究，Yu 等（2005）采用全球气候模式对该时期晚期的暖期进行模拟试验，主要集中在^{14}C 测年 35 000 ± 3 000 aBP 期间。该试验采用含陆面过程的大气环流模式（AGCM + SSiB）（Wu *et al.*，1996）进行古气候模拟。AGCM 是改进的 9 层 15 波谱模式，水平分辨率相当于 7.5°×4.5°。该模式耦合了简化了的生物圈模式（SSiB：Simplified Simple Biosphere Model）（Simmonds，1985；Xue *et al.*，1991）。SSiB 把下垫面陆地垂直方向上分为 1 层植被和 3 层土壤层；在水平空间上把植被类型分为 12 类。通过 SSiB 运算后输出的土壤温度与湿度、植物冠层温度与水分存储量、地面温度和地面积雪量等诊断变量，与 AGCM 相耦合。

35 kaBP 气候模拟的边界场设置见表 16.3。根据天文计算，在 40～30 kaBP 期间太阳辐射最大在 35～34 kaBP（Berger *et al.*，1991）。35 kaBP 近日点与现代（1950 AD）相比相差大约 200 天。这个效应将会调节辐射量的季节变化，改变不同纬度地表的辐射接受量。35 ka 时期的地球轨道偏心率和黄赤交角变化复合效应的计算表明，北半球 90 °N，60 °N，30 °N 和赤道地区纬向辐射量 6 月份比现代分别增加 18.4，21.3，28.0 和 27.1 W/m^2，其中中低纬地区增加 5.9%；12 月份比现代变化分别为 0，+2.17，-9.11 和 -23.1 W/m^2，其中中低纬地区减少 4.0%。

表 16.3 35 kaBP 气候模拟边界条件设置

（Yu *et al.*，2005）

边界条件		0 kaBP	35 kaBP
地球轨道参数	黄赤交角	23.446	22.75
	偏心率	0.01672	0.01539
	近日点	282.04	71.28
北半球第四纪冰盖分布		相当 0% LGM 冰盖	相当 50% LGM 冰盖
CO_2 含量/（$mL \cdot m^{-3}$）		345	210
植被		现代	东亚古植被

地质证据反映 35 kaBP 冰盖面积大于现代（占陆地 1/10），但小于 LGM 冰盖（占陆地 1/3）（Peltier，1994）。根据冰川遗迹分布的地质、沉积证据，35 kaBP 北美冰盖（Laurentide）和北欧冰盖（Fennoscandia）的规模相当于 LGM 的 50%～

70%（Clark *et al.*，1993；Stumpf *et al.*，2000）。从冰川型海面的高度变化来看，在低纬赤道地区的印度尼西亚太平洋群岛，35 kaBP 海面在 -65 ~ -80 m a. s. l.，估计当时全球冰盖规模相当于 LGM 的 50% ~70%（Clapperton *et al.*，1995）。在南北 30° ~40°纬度区域的智利海岸、法国和土耳其地中海沿岸、澳大利亚南海岸等地，35 kaBP海面在 30 ~40 m a. s. l.，推断当时全球冰盖规模相当于 LGM 的 20% ~30%（Lambeck *et al.*，2001）。根据海洋氧同位素证据并经过温盐场校正后，北半球35 kaBP冰盖相当于 LGM 的 40% ~60%。根据上述 3 种方法推断，北半球35 kaBP大陆冰盖分布规模相当于 LGM 平均冰盖规模的 40% ~70% 左右（Winograd，2001）。因此预置了 35 kaBP 冰盖分布相当于 LGM 的 50% 左右，并参照了 0 ka 冰盖分布边界（图 16.8a）。根据花粉和古植物地质证据的综合成果（Yu *et al.*，2000，2002），获得了 35 kaBP 东亚植被分布（图 16.8b），再进行格点处理后设置东亚陆面边界场。大气 CO_2 浓度根据南极和格陵兰冰芯研究（Raynaud，1993），大气 CO_2 浓度取平均值（210 mL/m^3）。

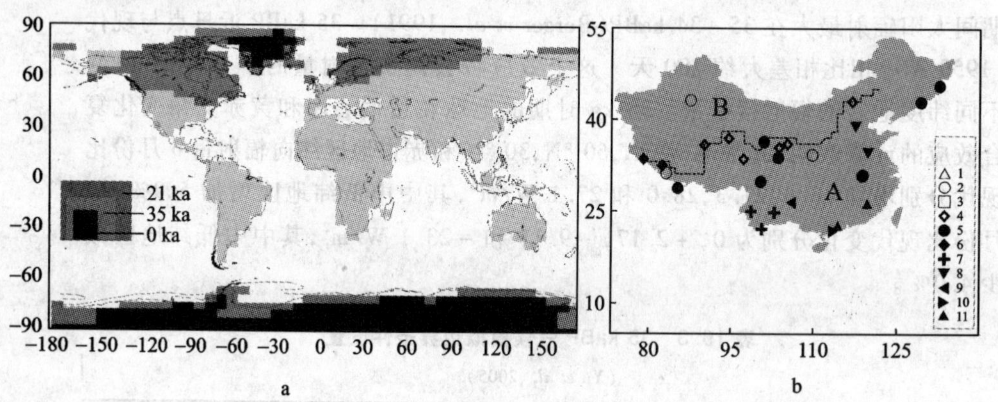

图 16.8 35 kaBP 气候模拟采用的冰盖和东亚植被分布

（Yu *et al.*，2005）

a. 冰盖分布；b. 古植被以及森林植被与荒漠草原边界。A. 森林植被区；B. 非森林植被区.
1. 草甸；2. 草原；3. 荒漠；4. 草原 - 针叶林；5. 针叶 - 阔叶混交林；6. 针叶林；7. 针叶 - 常绿阔叶混交林；8. 落叶阔叶林；9. 常绿阔叶林；10. 常绿 - 落叶阔叶混交林；11. 稀疏草原 - 常绿阔叶林

为了测试35 ka 不同强迫因子对东亚季风气候的影响，共设计了 3 组 35 ka 试验和 2 组敏感试验（表 16.4）。试验一（E1）采用 35 ka 时地球轨道三项参数控制下的太阳辐射，北半球冰盖分布和东亚植被为现代设置。试验 2（E2）采用 35 kaBP太阳辐射与北半球冰盖分布，但东亚植被为现代设置。试验 3（E3）的太阳辐射、北半球冰盖分布和东亚下垫面植被均采用35 ka 设置。大气 CO_2 浓度在 3 个试验中均采用 210 mL/m^3。为了测试大气 CO_2 浓度和太阳辐射因子的气候效应，还进行了 2 个敏感试验（表 16.4）。

表 16.4 35 kaBP 气候模拟试验方案

(Yu *et al.*, 2005)

试验	编号	35 ka 值设置 a)	现代值设置 a)	运行时间/a	目的
35 ka 试验 1	E1	Ins + CO_2	Ice + Veg	30	35 ka 太阳辐射和 CO_2 强迫
35 ka 试验 2	E2	Ins + Ice + CO_2	Veg	30	35 ka 太阳辐射,冰盖和 CO_2 强迫
35 ka 试验 3	E3	Ins + Ice + Veg + CO_2		30	35 ka 太阳辐射,冰盖,植被和 CO_2 强迫
敏感试验 1	EM1	CO_2	Ins + Ice + Veg	4	测试 CO_2 降低气候效应
敏感试验 2	EM2	Ins	CO_2 + Ice + Veg	4	测试太阳辐射变化气候效应
控制试验	E0		Ins + Ice + Veg + CO_2	20	测试古气候相对现代的变化

a:Ins,Ice,Veg,CO_2 分别代表太阳辐射、冰盖、植被和大气 CO_2 浓度

E1 模拟了东亚地区年平均气温增高,在 120 °E以西地区增温集中在 70 °N 以北,120 °E以东增温区伸向鄂霍次克海区(图 16.9a)。全年太阳辐射在中高纬地区比现代增高,是引起增温的主要因素。尽管 E1 设置了较低的大气 CO_2 浓度(210 mL/m^3),敏感性试验 EM1 显示低 CO_2 浓度引起东亚高纬地区(60°~90 °N,60°~150 °E)平均温度降低(-0.29 ℃);EM2 由辐射变化造成相同区域的温度增加(+0.89 ℃)。模拟出东亚中低纬度大部分地区(20°~60 °N)的降温(图 16.9a)。低纬冬季辐射低于现代、夏季高于现代,反映了辐射变化的年效应,特别是在东亚地区,冬季降温可导致全年平均温度降低。

E2 模拟结果显示东亚基本温度场普遍降低,高纬地区(俄罗斯北部及远东地区等)出现了 1~3 ℃的降温(图 16.9b),反映了第四纪冰盖在高纬地区强大的反馈效应。采用 35 ka 的辐射、冰盖和植被边界条件强迫的 E3 试验,模拟了东亚高纬地区的降温区域和幅度变小,而中低纬出现了增温(图 16.9c)。对比 E1 和 E2 两个试验结果,E3 显示了中国东部年平均温度出现 1 ℃增温,反映了植被的净气候效应。E1 模拟了南亚和青藏高原中西部的年平均降水比现代显

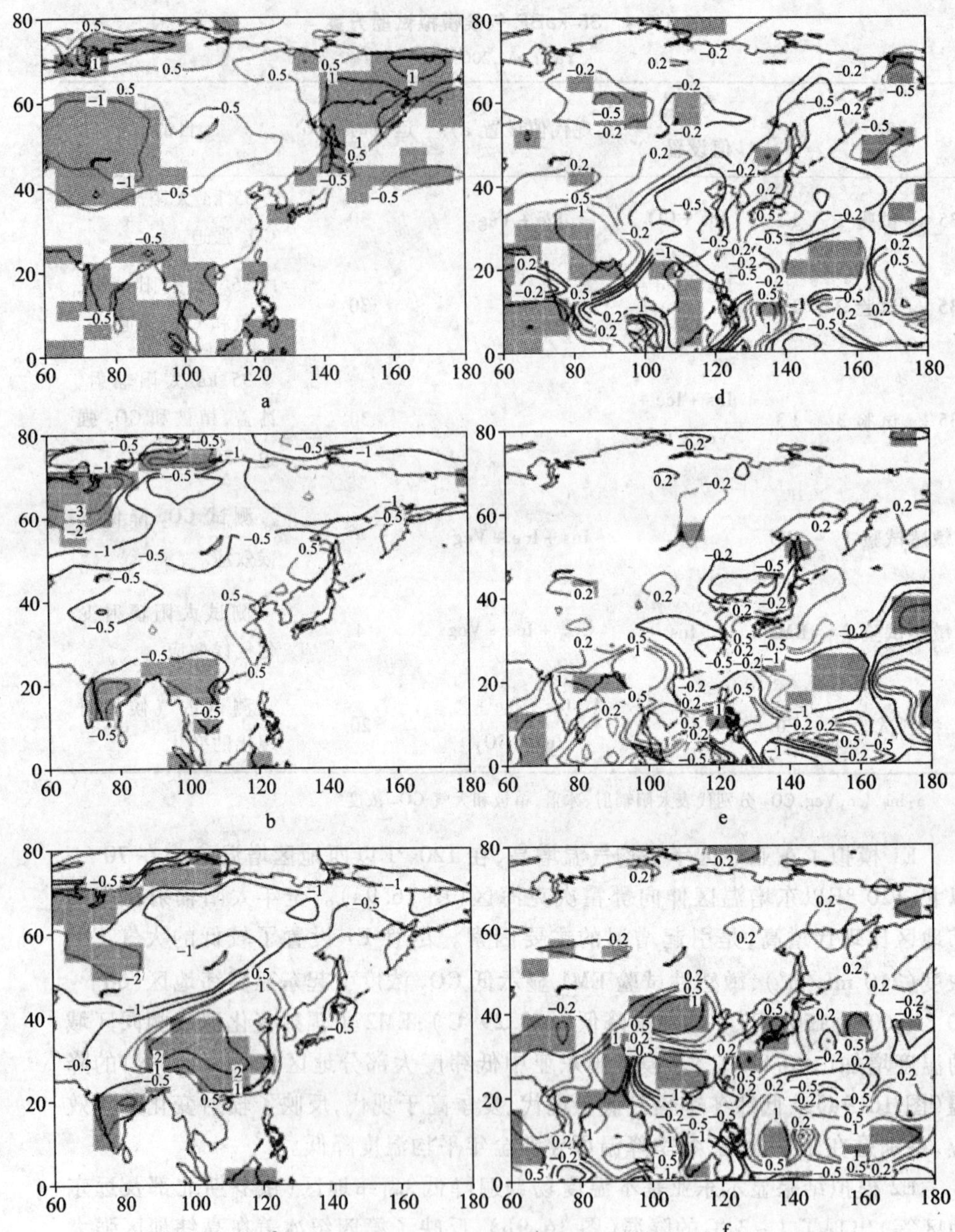

图 16.9 35 kaBP 年平均温度(℃)和年平均降水(mm/d)模拟

(Yu *et al.*, 2005)

采用各试验与控制试验(E0)的差值表示:a. E1 温度;b. E2 温度;c. E3 温度;d. E1 降水;e. E2 降水;f. E3 降水。深色区域表示 t-检验差异显著性达到 95%

著增加(图 16.9d),增幅 0.5~1 mm/d。这可能反映了辐射变化的高低纬差异引起了赤道与极地的热力对比加大,加快了南北热量及水汽交换。赤道海洋和低纬大陆对这种效应反应敏感,使得中低纬度季风区降水带受益。在冰盖参与的 E2 模拟中,东亚年降水场变化基本与 E1 相同,但南亚高降水带向南退缩,我国东北低降水区范围显著增加(图 16.9e)。反映了冰盖气候的净效应,它使近海平原的大陆度增加,使沿海低地降水减少。

E3 模拟反映了中国降水增加区域北移,华北增加幅度达到 1.0 mm/d。青藏高原东部降水变化增加的显著区扩大,而华南降水有所减少(图 16.9f)。说明 35 ka 的热量、环流,以及下垫面条件,虽然不利于东亚现代湿润带的降水变化,但有利于干旱半干旱地区的降水显著增加。

16.4 末次冰盛期

末次冰盛期是地质史上最后一次冰期盛期,世界上不同的地点对它的命名有所不同,在西欧称为威赫塞尔冰期(Weicheselian),在阿尔卑斯山地称为玉木冰期(Würm),在北美东部称为威斯康星冰期(Wisconsin),在我国西部山地称为晚大理冰期或玉木冰期。这一时期的地质和古气候资料反演表明,其平均温度较现代低 5~10 ℃,中高纬度低 20 ℃ 以上,赤道地区约低 2~3 ℃。与低温相伴随的是大部分地区降水和蒸发减少,因纬度和植被分布的影响,除全球陆地大部分是干燥气候特征外,一些高纬和高海拔地区因蒸发减少而出现轻度的偏湿气候。用气候模式对这一时期的气候进行数值模拟,就是试图寻找其动力机制和主要控制因子,给出动力学解释,并与古气候代用资料进行比较,考察气候模式对古气候的模拟能力。

16.4.1 国际 PMIP 合作开展的 21 kaBP 模拟

为了认识过去全球气候变化的内在机制并预测未来气候变化,国际过去全球变化(PAGES)和气候变率与可预测性研究计划(CLIVAR)于 20 世纪年代联合制定了古气候模拟比较计划(PMIP),并将末次冰盛期(21 kaBP)和中全新世暖期(6 kaBP)作为晚第四纪两个重要的气候特征时期来研究。对于 21 kaBP 气候的模拟是基于该时期有着较丰富的环境、气候资料和较完整的可用于模拟的强迫边界条件资料,因而其相应的模拟结果可以与古气候资料进行对比,并探讨可能的气候动力机制。

1. 气候模式

1999 年以前国际上共有 18 个模拟组织参与了国际古气候模拟对比计划的

21 kaBP 气候模拟试验。在参加的18个模式中,有5个来自美国,有3个来自法国,英国、澳大利亚和日本各有两个,俄罗斯、加拿大、德国和韩国各有一个(Joussaume *et al.*,1999)。这些模式按照模式结构分,有格点模式和谱模式,按所采用的海表面温度方案分,有预置海温模式和计算海温(海气耦合)模式。模式简称、设计者、版本号及空间分辨率如表16.5所示。

表16.5 国际PMIP计划中18个气候模式的有关信息

序号	模式	设 计 者	版本号	空间分辨率
1	CCM3	NCAR 国家大气研究中心(美国)	v.3	T42,L18
2	GFDL	地球物理流体动力实验室(美国)		R30,L20
3	GENESIS2	全球环境和生态模拟交互系统(美国)	v.2	T31,L18
4	GISS	Goddard 太空研究所(美国)	v.II	72×46,L9
5	UIUC11	Illinois 大学(美国)		72×46,L11
6	CNRM2	国家气象研究中心(法国)	v.2	T31,L19
7	LMD4	气象动力实验室(法国)	v.4ter	48×36,L11
8	LMD5	气象动力实验室(法国)	v.5.3	64×50,L11
9	UGAMP	英国大学全球大气模型项目(英国)	v.2	T42,L19
10	UKMO	英国气象局(英国)	v.3.2	96×73,L19
11	CSIRO	联邦科学和工业研究组织(澳大利亚)	v.4-7	R21,L9
12	BMRC	气象局研究中心(澳大利亚)	v.3.3	R21,L9
13	CCSR1	气候系统研究中心(日本)	v.5.4.02	T21,L20
14	MRI2	气象研究所(日本)	v.II.b	72×46,L15
15	MSU	莫斯科州立大学(俄罗斯)		10×15,L3
16	CCCMA2	加拿大气候模拟与分析中心(加拿大)	v.2	T32,L10
17	ECHAM3	马普气象研究所(德国)	v.3.6	T42,L19
18	YONU	韩国 Yonusei 大学(韩国)	Tr7.1.1	72×46,L8

注:表中R或T代表谱模式,R代表菱形截断,T代表三角形截断,后面的数字为截断波数。如R15表示菱形截断的15波谱模式;72×46等表示格点模式中的格点数;L表示垂直分层,后面的数字表示分层数。如L19表示垂直方向共分19层

由表16.5可以看出,这些模式的空间分辨率相差很大,垂直分层介于3~20层之间,水平分辨率介于10×15至128×64格点数之间。在物理过程的处理及参数化过程上也有很大的差别。但在PMIP 21 kaBP模拟框架下,都进行了标准

的或改变某些条件的模拟试验，并与 0 kaBP 的控制试验和古气候资料进行了对比。

2. 边界条件

PMIP（Joussaume *et al.*，1995）的古气候模拟试验边界强迫条件包括太阳辐射入射（由地球轨道参数决定）、大气中 CO_2 含量、陆冰（冰盖）分布、海冰分布、地形高度（包括冰盖高度）、海陆分布、海表面温度（SSTs）、及地表植被类型等。

太阳辐射：21 kaBP 太阳辐射主要依据地球轨道参数（偏心率、黄赤交角和近日点）来确定，统一使用 Berger（1988）的方法得出。在此参数控制下可以得到 21 kaBP 时太阳辐射在地球上随纬度的分布。这些参数的变化会改变辐射的空间分布和季节分配，但不改变地球所得到的总的辐射能，太阳常数取值为 1 367 w/m^2。21 kaBP 试验所用的太阳辐射参数见表 12.2。

PMIP 21 kaBP 模拟试验中 CO_2 含量统一取 200 mL/m^3。尽管 PMIP 中的一些模式中也有全面考虑了大气化学成分的构成的，大部分模式因其他相关的大气温室气体含量较少未加以考虑。21 kaBP 的全球陆冰达到最大，特别是北半球两大冰盖在水平和垂直方向都达到最大，南极陆冰也增大。PMIP 采用 Peltier（1994）的全球冰盖分布，并转换到模式网格精度（图 16.10）。可以看出，由于冰盖范围的扩大，白令海峡已消失，北美大陆和欧亚大陆已连成一体。海冰采用的是 CLIMAP（1981）资料，将其内插到本模式网格，得出空间分布范围。这里仅仅

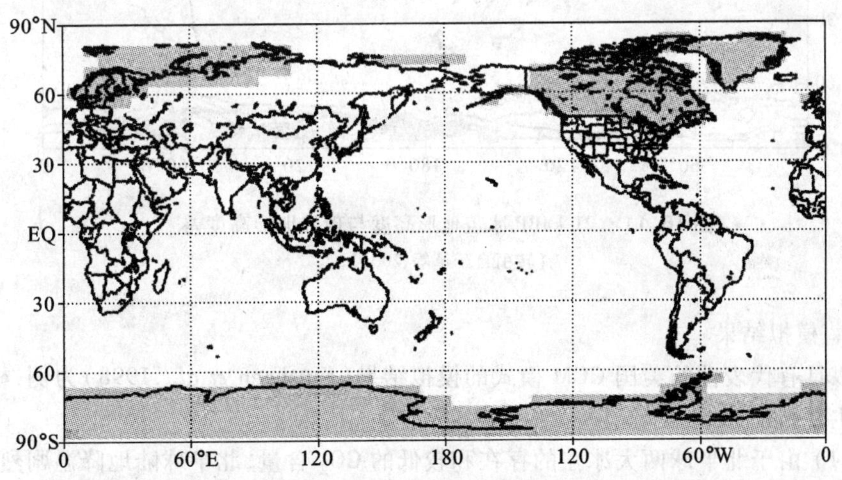

图 16.10　21 kaBP 冰盖分布

（转引自于革等，2001）

考虑水平范围，未考虑高度变化。CLIMAP 的海冰资料只有2月和8月的值，对海冰作了内插按逐月给出。由于末次冰盛期寒冷气候造成海平面下降和冰盖增大，此时的地形高度要较现代大，特别是在北半球两大冰盖地区和南极，因冰盖的增高而使地形增高 1 000 m 以上，形成了除青藏高原以外的另两大高原地形。此外，高山冰川的加厚也使得个别山脉最高高度上升。根据 Peltier(1994)给出的 21 kaBP 含冰盖在内的地形高度内插到本模式的网格上，得出如图 16.11 的 21 kaBP 地形等高线图。21 kaBP 的海陆分布是根据 Peltier(1994)的有关资料得出再转化为本模式网格分布的。因海平面的下降和冰盖的扩展，21 kaBP的陆地范围要较现代大(图 16.12)。21 kaBP 的海温场 PMIP 采用分布取自 CLIMAP (1981)重建的古海温。虽然对 CLIMAP 的海温有不少质疑，但目前它仍是 21 kaBP 唯一可采用的海温分布。古海温资料只有最冷月(2月)和最热月(8月)的平均海温场，一般需要进行正弦函数内插到12个月，获得具有季节变化的逐月平均海温场。模拟试验采用了现代植被的预置 21 ka 的植被，同时采用了地质记录重建的古植被，如 CCM 对 LGM 的古气候模拟(Kutzbachet *et al.*,1998)。

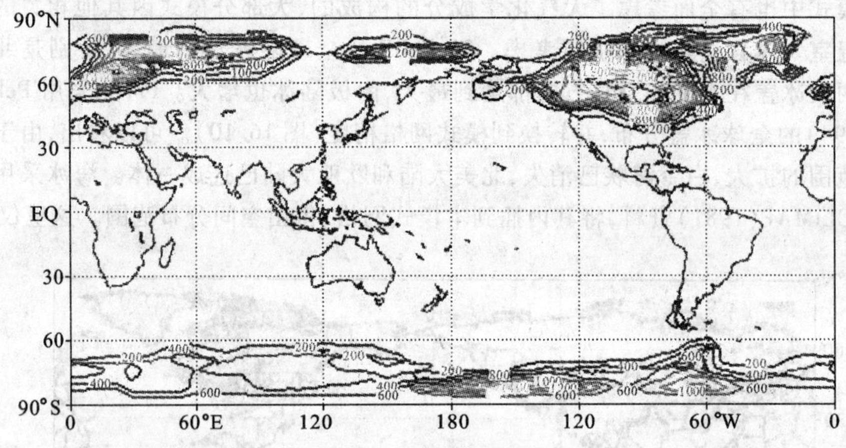

图 16.11 21 kaBP 冰盖地形高度与现代地形高度差

(转引自于革等,2001)

3. 模拟结果

以具有代表性的美国 CCM 模式的模拟结果(Kutzbach *et al.*,1998)为例，模拟的主要结果如下：

(1) 由于北半球两大冰盖的存在和较低的 CO_2 含量，北半球陆地降温剧烈，北美和欧洲冰盖区的夏季温度在 -20 ℃以下，而冬季随着海冰的扩展，北半球从 30 °N至极地的大部分陆地和 50 °N以北的海洋区域温度均在 -20 ℃以下。

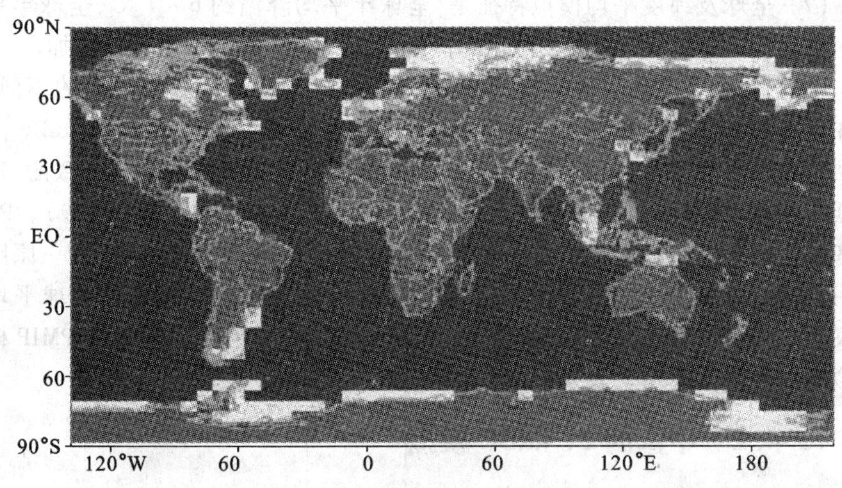

图 16.12　21 kaBP 海陆分布与现代的差异

(转引自于革等,2001)

(2) 赤道以外的大多数地区的降水减少,气候变干。21 kaBP 时的年降水率约为1 ~2 mm/d,在北极及冰盖区,夏季降水少于 1 mm/d,而冬季约1 ~2 mm/d。赤道地区的季风仍很显著,夏季最大降水约为 8 ~16 mm/d,但与现代气候相比,其季风降水有明显减弱,尤其是东亚季风减弱明显。有效降水($P-E$)与降水的分布相似。

(3) 从模拟的21 kaBP 气候与现代气候差异看,地面气温的最大降温出现在两极和冰盖附近地区,可达 16 ℃以上,赤道地区降温在 2 ~4 ℃左右。与此相应的是全球降水普遍减少。统计检验显著的降水减少区域为北半球的中高纬度,如北美洲。欧亚大陆北部、东南亚和南半球海洋,反映出夏季风的减弱。由于低温和降水的减少,21 kaBP 的蒸发亦减少,因而有效降水 $P-E$ 在北半球大部分大陆地区略有增加,相比而言,亚洲的南部、中部和东部有明显的变干趋势。

(4) 从季节循环看,21 kaBP 各月的温度普遍要较现代低,中纬度陆地(30° ~60 °N)降温 10 ~15 ℃,赤道地区(0° ~30 °N)约降温 5 ℃左右。中纬度地区(30° ~60 °N)4 至 6 月($P-E$)增加而 10 至 1 月减少。

(5) 植被模型与气候模型的耦合结果表明,随着温度降低和降水的减少,北半球大多数地区出现荒漠化趋势,植被类型分布变化明显。

(6) 预置海温和模式计算海温对模拟结果有一定影响。从降温的空间分布看,两者的结果相似,但由计算海温模式模拟出的降温强度较大。从降水的模拟结果看,使用计算海温模式得出的变干程度没有预置海温模式模拟的显著。

(7) 全球及纬度平均模拟特征是，全球年平均降温约6～7 ℃，全球年平均降水较现代减少12%，因温度降低和蒸发减少，$P-E$ 在高纬度有所增加。

PMIP各个模拟之间的比较，由于模式的空间分辨率和物理过程的不同，以及在海温场选择上的两种不同方案（预置海温和计算海温），各个21 kaBP的模拟结果有较大的差异，但对21 kaBP气候的总体特征的模拟基本是一致的，特别是低纬度地区较好，而高纬度地区的变化和差异较大（Pinot *et al.*，1999）。PMIP的各模式对21 kaBP气候的模拟结果的差异的来源一是模式本身，另一原因是采用不同的海温场——预置海温或计算海温。例如，CCM0模拟的全球平均降温仅为3～9 ℃，降水减少为5%左右，均较CCM3的结果要小。18个PMIP模式模拟的热带地区的结果表明，差异十分显著。

16.4.2 中国的21 kaBP模拟

1. 全球古气候模拟试验

中国第四纪冰期气候十分典型，是全球冰期气候变化的最敏感区域之一。近年来不断开展了21 kaBP气候模拟，研究东亚冰期气候特征、东亚和西南季风和大气环流变化机制、太平洋、印度洋以及南海的海洋作用、亚洲大陆下垫面植被反馈、青藏高原冰川等重大气候变化和机制，对国际PMIP的21 ka气候模拟在东亚的局限性做了改进和提高。

海温强迫场的改进 PMIP所采用的CLIMAP海温资料目前大多使用的预置海温场（SSTs）来自CLIMAP（1981），有一定的缺陷。根据20世纪90年代以来大量资料，该海温场给出的21 kaBP海温偏高，尤其是在赤道附近及南半球的海温偏高（Farrera *et al.*，1999）。这就直接影响降水和温度的模拟结果。虽然海气耦合模式的计算可以避免这一问题，但计算海温是否真实仍有待于古气候资料的验证。国际上普遍认为其对21 kaBP海温的估计值偏高，研究表明若将CLIMAP的海温资料普遍降低2 ℃，模拟结果将与重建的21 kaBP气候吻合得更好。

在PMIP标准试验方案下，采用西太平洋暖池和南海地区重建的*SST*，而在其他海区仍旧采用CLIMAP资料，利用CCM3全球大气环流模式进行了21 kaBP气候模拟（赵平等，2003）。与CLIMAP的海温资料相比，重建的热带西太平洋海温在夏季较高，在冬季相对偏低。模拟结果显示，末次冰盛期中国大陆降温在2～7 ℃之间；冬季风在中国北方显著加强，夏季风在南方和南海地区显著减弱；中国东北、华北大部分地区、黄土高原和青藏高原东部年降水量比现代显著减少，其中青藏高原东部、黄土高原西部显著变干，青藏高原中部一些地区由于蒸发减小使得地面变湿润，从而有利于当时这些地区的湖面上升。

通过与PMIP标准试验的对比分析评估了西太平洋和南海*SST*重建差异对末次冰盛期东亚区域气候模拟的影响分析（Zhao *et al.*，2004），显示*SST*不同导致了热带和北半球高纬度地区的大气环流异常。热带纬向季风气流减弱、沃克环流的季节性增强、同时导致北半球高纬度地区和北极地区地表气温降低。分析了古海洋SST差异对亚洲夏季风的影响，由于夏季热带西太平洋SST相对较暖，使得南非高压、南印度洋经向哈德莱环流、印度季风区纬向季风环流、南海夏季风加强，东亚副热带地区夏季风变弱（隋伟辉等，2005）。

海温强迫场的改进也可通过大气－海洋耦合模式（AO），使用计算海温，能更好地反映真实海气相互作用过程，改善模拟结果。但由于采用的海洋模式及气候模式的不同，其耦合效果亦会有很大差异。

植被反馈作用 大量研究表明，气候变化会导致植被变化，植被变化反过来会通过改变地表反照率、蒸发、蒸腾、表面粗糙度来影响地气系统的热量交换和大气中的水汽含量，从而进一步引发气候变化。较今冷干的气候导致了末次冰盛期植被在很大程度上有别于当代植被的地理分布，然而，在PMIP设置的标准方案中并未考虑植被变化所引起的气候反馈作用，用于21 kaBP气候模拟的古植被仍不完整和不确定，而在未考虑植被模式耦合时，预置植被对模拟结果有很大影响。

在PMIP标准试验的基础上，我国古气候模拟工作者采用东亚区域重建植被作为21 ka气候模拟的陆面边界场，进行模拟试验（陈星等，2000；Liu *et al.*，2002；Yu *et al.*，2003）。模拟结果证实了大陆植被的气候反馈作用，末次冰盛期总体上较当代更为稀疏的植被引起了进一步的降温作用，其中青藏高原和华南地区的降温幅度尤为显著，植被所引发的额外冷却作用在华东和华南地区能达到PMIP标准试验下降温幅度的30%。同时反映了植被所引发的上述降温作用主要可以归结为植被变化所引起的地表反照率增加，因为重建植被总体上更为稀疏，对应的地表反照率更大，从而导致了地表气温的相应降低。与地表气温相比，重建植被对降水的影响很弱，引发的降水变化仅占PMIP标准试验下降水变化的0～10%。因此，在末次冰盛期东亚季风区古气候模拟研究中，植被的反馈具有重要的气候意义。

高原冰雪的反馈作用 针对东亚青藏高原在LGM的气候环境，采用古气候模拟有利于在机制层面上的认识。基于LGM青藏高原绝大部分地区的冬季积雪比现代厚的冰雪的设置，通过分析模式资料计算的冰川平衡线高度，表明尽管青藏高原的降温幅度较小，但是冰川平衡线高度相比现代降低了300～900 m，从现代的5 400 m降至4 600～5 200 m（赵平等，2003）。采用德国马普生物地球化学研究所的BIOME3生态模式，在地球轨道参数和200 mL/m^{3}大气CO_2浓度强迫下，模拟的LGM大陆地表植被呈退化状态。在降温5 ℃、降水减少10%气候下，青藏高原约一半地区已经被冰覆盖。降温和干燥增加的气候敏感试验中，模拟出高原冰的覆盖面积增大（姜大膀等，2004）。

在 PMIP 标准试验的基础上，通过在青藏高原部分地区预置冰下垫面模拟了高原可能大范围冰川在东亚区域的气候效应，显示冰的加入导致了青藏高原的冷却作用，中国中东部年均降水显著减少。在引入东亚区域重建植被的基础上进一步模拟青藏高原地面状况，引起冰川扩大（姜大膀等，2002；Jiang *et al.*，2003）。

2. 区域古气候模拟

利用区域气候模式单向嵌套全球大气环流模式，尝试性地模拟了末次冰盛期东亚区域7月份的气候状况，反映了大尺度强迫和中尺度强迫通过不同的物理过程对区域气候的变化产生影响，而大尺度强迫所引起的全球大气环流背景的变化是形成末次冰盛期东亚区域气候的主因（钱云等，1998）。

以 RegCM2 单向嵌套全球大气环流模式 CCM1 的模拟试验（郑益群等，2002；Zheng *et al.*，2004），表明 LGM 东亚大陆年均降温导致了东亚冬季风强盛、夏季风萎缩；夏季西太平洋副热带高压较今西伸、加强，造成了中国东部夏季降水的减少；青藏高原地区的降水及有效降水均有所增加，有效降水增加主要是由降水增加所致，地表蒸散对其贡献较小。此外，东亚区域重建古植被的引入使得模拟结果与代用资料的重建记录更为一致。使用 RegCM2 单向嵌套全球大气环流模式 CCM2，显示嵌套系统对于 LGM 东亚区域气候的模拟的总体效果要优于单独 CCM2 模拟（Zheng *et al.*，2004）。

3. 实例介绍（陈星等，2000；Liu *et al.*，2002；Yu *et al.*，2003）

模拟采用了含陆面过程的全球大气环流模式（AGCM + SsiB）。模拟的设计和试验按照国际 PMIP 的基本框架，标准试验的边界条件根据统一的 21 kaBP 太阳辐射、海陆分布、地形、大气 CO_2 含量、海温、海冰、大陆冰盖等设计. 试验方案按不同的强迫边界条件和情景组合来进行，包括 PMIP 标准——现代植被预置和 21 ka 古植被预置两种。对太阳辐射分布特征相关的地球轨道参数（见表 12.2）和程序作了相应的改变。此外，还进行了冰盖高度、不同预置海温场、大气 CO_2 等敏感性试验。在 PMIP 标准试验框架下，海温分别有预置海温（CLIMAP Members，1981）和海气耦合的模式计算（见 16.4.1 节）两种方案，该试验采用的是预置海温方案。

21 kaBP 的植被与现代植被有很大的差别，一是大面积的冰盖和海冰，二是荒漠草甸植被面积增大。因此，采用古植被作为陆面边界场能够更好地模拟 LGM 真实气候状况。21 kaBP 植被来自于欧洲、非洲、俄罗斯和东亚地区的综合的花粉资料（Yu *et al.*，1998，2000）。根据国际 Biomizition 方法对花粉数据转化（Prentice *et al.*，1998），获得 21 kaBP 古植被的类型和分布。最后将点状植被数据通过空间内插到 7.5°× 4.5°的经纬网格分布，满足 AGCM + SSiB 模式所需的分类。

主要模拟结果、主要强迫因子贡献和动力机制分析如下。

（1）冰盖高度对模拟结果的影响　在对比试验中，冰盖水平范围相同，但冰盖高度不同，一种是无冰盖高度，一种是有冰盖高度。图 16.13 给出的是两种情况下降水、温度、海平面气压场的分布图。可以看出，其主要差别在冰盖及其周围地区，冰盖地区的气压系统增强，降温更为显著，同时对中纬度的降水有间接影响，降水空间分布有明显差异。

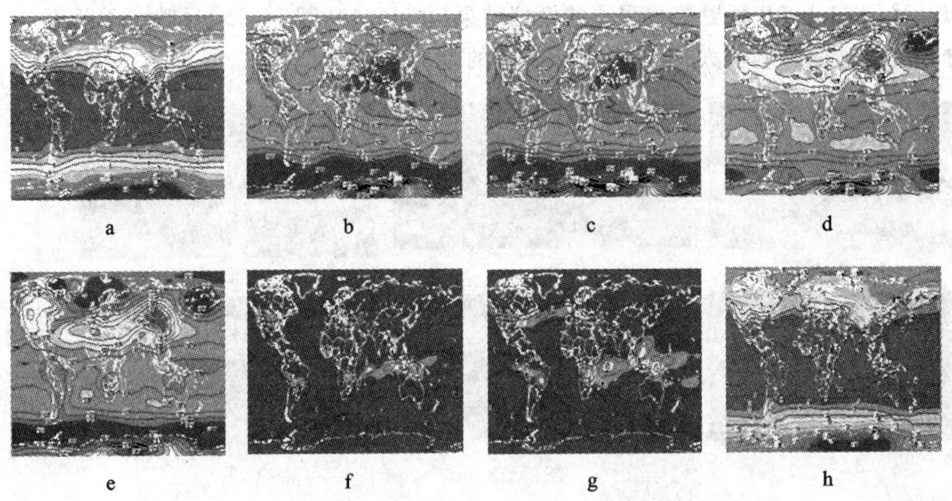

图 16.13　LGM 冰盖与无冰盖条件下降水、温度和海面气压模拟
（于革等，2001）
a，c，e，g 为无冰盖试验，b，d，f，h 为有冰盖试验。a，b 夏季海平面气压场（hPa）；
c，d 冬季海平面气压场（hPa）；e，f 冬季降水（mm/d）；g，h 年平均温度（℃）

模拟表明，北半球两大冰盖是造成 21 kaBP 全球及东亚地区降温的主要原因。冰盖降温的主要机理是对大气环流的动力作用和巨大的冷源作用（高反照率减少太阳辐射以及水的相变耗热），致使西风带加强且南压，大陆冷高压系统增强。CO_2 的低含量和地球轨道参数的变化虽然对全球降温也有影响，但其贡献很小，其产生的差异达不到统计检验的显著水平。

（2）不同预置海温场对模拟结果的影响　不同预置海温场对模拟结果有很大影响。因为海温在模拟中是一个恒定的逐月逐年加入的强迫场，加之海洋占据全球面积的 70% 左右，所以海温场的真实性直接决定模拟结果的真实性。具有月际变化 SSTs 预置强迫下的气压场模拟，反映出西太平洋夏季海平面气压低于现代海平面气压，气压差为负值，东亚大陆夏季海平面气压差大部分地区为正值，即夏季 21 kaBP 大陆低气压系统较现代弱。其结果是东亚地区海陆气压差异减小，使得东亚夏季风相对减弱，由此带来东亚东部夏季风降水减少，气候变干。但与此同时，中国西部地区出现负气压差值，表明有低压系统增强现象，使得西部部分地区降水有所增加，夏季气候较现代湿润。冬季 21 kaBP 和现代海平面气压差的分布表明，蒙古高压和阿留申低压均加强，使得冬季风增强，气候更为寒冷，整个东亚大陆降温显著，相应的冬季降水亦有减少。

（3）不同植被强迫的模拟比较　采用两种现代植被模拟结果的比较：现代植被的两种类型分布主要是自然植被和农作物的区别以及相近植被类型的变化，没有反映出像21 kaBP植被那样的巨大变化，模拟结果在大多数区域基本相似。采用21 kaBP预置植被强迫的模拟结果（图16.14，图16.15）反映冬季降温分布受植被的影响较大，夏季与全年平均的差异不明显。

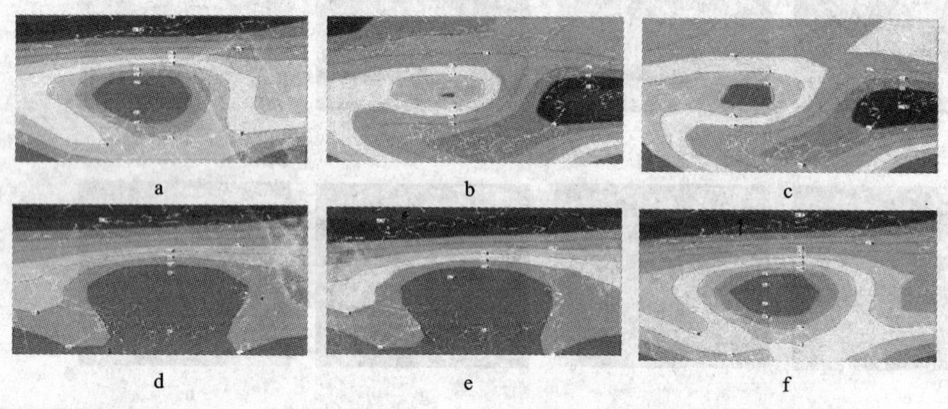

图16.14　21 kaBP与0 kaBP试验的温度差值模拟

（于革等，2001）

a. 现代植被驱动21 kaBP冬季（DJF）；b. 21 kaBP植被驱动冬季；c. 现代植被驱动夏季（JJA）；d. 21 kaBP植被驱动夏季；e. 现代植被驱动年平均；f. 21 kaBP植被驱动年平均（温度单位：℃）。

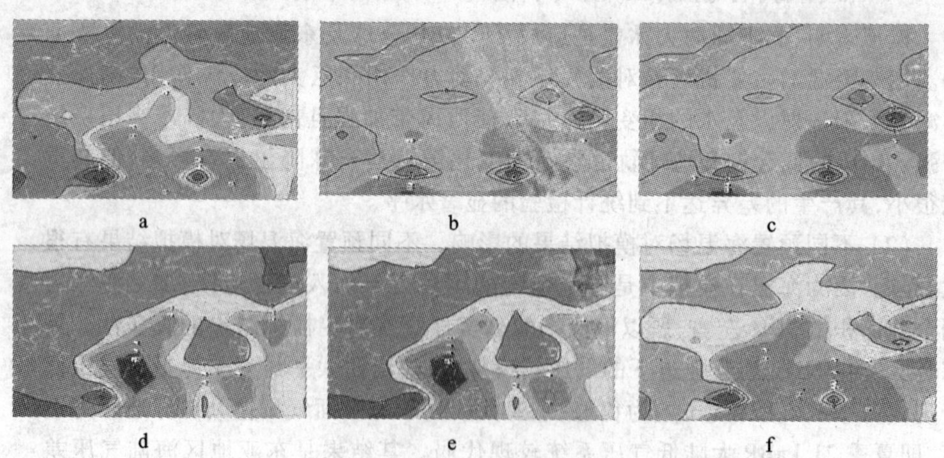

图16.15　21 kaBP与0 kaBP试验有效降水差值模拟

（于革等，2001）

a. 现代植被驱动21 kaBP冬季（DJF）；b. 21 kaBP植被驱动冬季；c. 现代植被驱动夏季（JJA）；d. 21 kaBP植被驱动夏季；e. 现代植被驱动年平均；f. 21 kaBP植被驱动年平均（降水单位：mm/d）

（4）大气流场和水汽输送的作用　海平面气压场所揭示的控制东亚地区气候的主要气压系统蒙古高压、印度低压、副热带高压和阿留申低压在 21 kaBP 的强度和空间位置均有一定变化。冬季蒙古高压明显增强，且范围更大，与大范围降温相关。夏季大陆上的印度低压系统减弱，季风气候特征不明显。阿留申低压在冬季亦增强，这样强化了东亚大槽附近的冷空气。对中国东南部夏季气候影响最为重要的副热带高压系统变化较大，其强度虽然较现代稍弱，但其空间范围变化较大，西伸使整个中国东南部夏季在副热带高压控制之下，形成了干旱少雨的气候特征。21 kaBP 和 0 kaBP 700 hPa 流线图的对比（图 16.16），反映了21 kaBP 时我国夏季东部水汽来源已不存在。因副热带高压的西伸，水汽主要辐合区已移到西部及青藏高原部分地区以及副热带高压北缘的华北地区，从而形成与现代气候完全不同的降水格局和干湿气候分布格局。

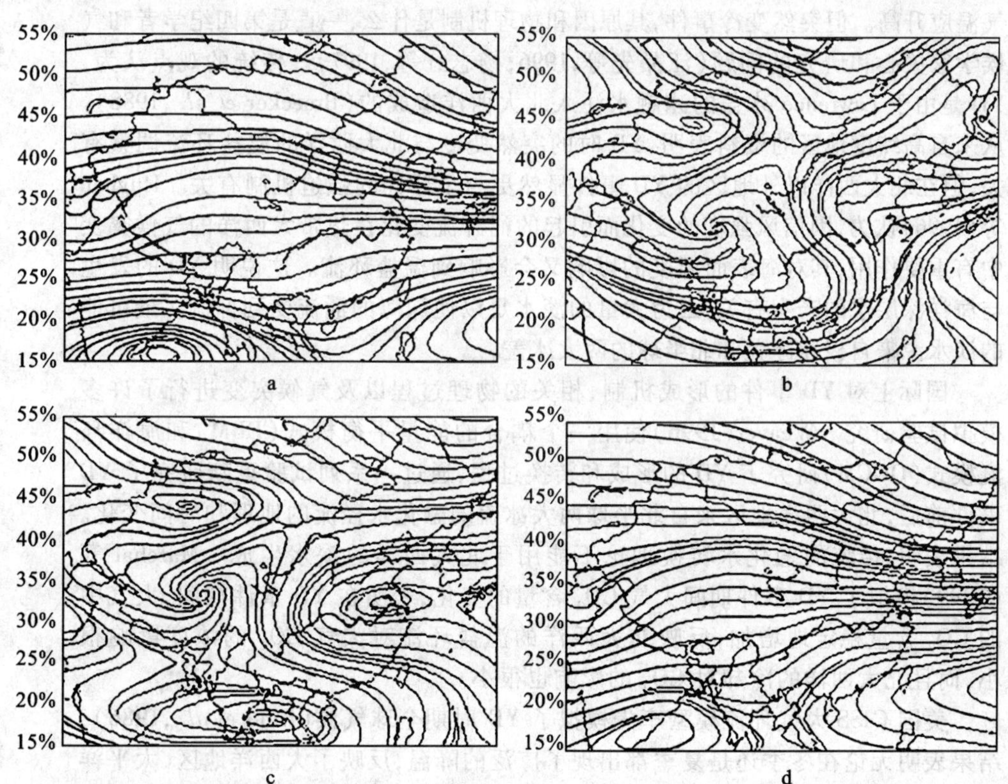

图 16.16　21 kaBP 和 0 kaBP 700 hPa 流线图的对比

（于革等，2001）

a. 0 kaBP 夏季；b. 21 kaBP 夏季；c. 0 kaBP 冬季；d. 21 kaBP 冬季

16.5　晚冰期

晚冰期(15～10 kaBP)介于末次冰期到全新世之间,以出现多次气候快速降温为主要气候特征。根据位于格陵兰中部 GRIP2 冰芯,新仙女木(YD)时期介于 12.94 kaBP～11.64 kaBP(Stuiver *et al.*,1995)。YD 从 11.5 kaBP 至 12.5 kaBP 持续约 1000 年,但突然降温约在 200 年之内,根据其氧同位素推算出夏季温度,降幅达到 1.5～4 ℃左右,而从 YD 迅速升温约发生在 100 年左右,幅度达 2～5 ℃(Mathewes 1993;Schwander *et al.*,2000)。根据米兰科维奇的轨道理论,第四系冰期－间冰期旋回的原因在于地球轨道几何形态的波动,造成太阳辐射量的周期性变化。在北半球高纬度区夏半年,辐射量在 11～10 kaBP 期间达到最大值,理论上气温应升高。但突然变冷事件,其原因和物理机制是什么,一直是第四纪学者和气候学家关心和研究的问题(汪品先等,1996;杨志红等,1997)。传统的观点认为,YD 是由于 Lawrence 冰盖的冰融水注入北大西洋造成的(Broecker *et al.*,1988)。从来自高纬度地区的资料表明,YD 时的突然变冷与北大西洋的温盐环流调整有关,但在北大西洋以外地区的 YD 事件显然更与全球性的强迫机制有关。Hughen 等(1996)认为,因信风强度的变化而引起的涌升流变化在热带大西洋的气候突变中有重要作用,其对海表面温度的影响又会影响到温盐环流。这说明 YD 的发生与海洋深层水的产生有关,因为大量的淡水足以使深海的涌流受到抑制。最可能的淡水源来自极冰冰盖和北半球的两大冰盖。

国际上对 YD 事件的形成机制、相关的物理过程以及气候突变进行了许多模拟试验研究。Weaver(1996)使用一个耦合的能量平衡模式(EBM)和海洋环流模式(OGCM)研究了 YD 的形成和转换过程,通过一系列试验重新研究了 YD 事件前后,北大西洋地区来自北半球两大冰盖的融化水径流的地理和时间变化。结果表明,传统的融化水转换理论不能用于北大西洋的深水生成。Marchal 等(1999)模拟了 YD 事件期间大气 CO_2 含量的变化,表明在 YD 事件期间,大气中的 CO_2 含量稳定地增加,反映北大西洋的温盐环流对大气 CO_2 的浓度影响很小,而且北大西洋的冷却对 CO_2 的影响也很小。

美国 GISS 大气环流模型率先模拟了 YD 时期全球气候(Rind *et al.*,1986),结果表明无论在冬季还是夏季都出现了广泛的降温,反映了大西洋地区、太平洋地区以及南半球等地对 YD 降温的敏感响应。美国流体动力实验中心模型(GFDL－T32)采用冰芯、深海沉积、湖泊沉积等地质记录设置海洋温度和大陆下垫面,进行了 1250 年积分模拟,模拟出北大西洋 SST 变率在 500 年内降温 6 ℃后升温达到 6 ℃(Manabe *et al.*,2000)。德国 ECHAM 耦合海洋模式成功地模拟了晚冰期中快速变化气候(Ganoplski *et al.* ,2001)。Goosse 等(2002)利用全球大气环流耦合海洋模型(ECBilt-CLIO,T21),采用海洋温盐环流和太阳辐射变化驱动对 YD 时期百年尺度的突变气候进行长达 5 000 年积分模拟。其结果表明不仅仅海洋温盐环流的强迫作用,太阳辐射变动也具有触动机制(Renssen *et al.* ,2001)。通过这些模拟,北大西洋以及欧洲在晚冰期气候的突变得到较为合理的动力解释。YD 气候模拟与地质资料的对比研究(Manabe *et al.* ,1997),反映了冰盖 - 冰融水、陆面和海洋温度密度的边界条件驱动,能够较好地模拟出在冰盛期向冰后期由冷向暖转变的趋势中,具有寒冷气候的逆向转变,反映出受冰盖与洋流变化驱动的动力机制。

下面根据我国学者(陈星等,2004)对 YD 古气候模拟做一介绍。采用全球大气环流模型进行数值模拟,对东亚地区 YD 事件期间的气候突变特征和 YD 形成原因,包括太阳辐射、高纬第四纪冰盖、SST、陆面植被、大气 CO_2 的若干理论和假说进行模拟试验和敏感性试验。

该模拟分别采用了预置海温的全球气候模式 IAPL9R15 和海气耦合气候模式 ECHO - G。YD 气候模拟的试验方案设计:① 采用地质资料恢复的北美 - 北欧冰盖分布、SST 和陆面因子进行强迫试验。由此分别设计试验一:北大西洋区域(32.5° ~45 °N)*SST* 强迫;试验二:北大西洋(32.5° ~45 °N)和南半球海洋(62.5° ~70 °S)*SST* 强迫。② 海气耦合模拟试验:由海洋环流模式 GFDL MOM 和大气模式 CGCM2 进行耦合 1 000 年长时间积分。从模式年积分中选取了北大西洋区域 *SST* 为负距平的时段作为对比试验期,检测全球气候对北大西洋 *SST* 负距平期的响应,以及东亚海陆区域的响应。

采用的 ECHO - G 海气耦合气候模式是由德国马普气象研究所发展的海气耦合模式(Legutkes *et al.* ,1999),该模式的大气部分使用的是 ECHAM4 T30/L19 版本(Stendel *et al.* ,1998),其水平分辨率相当于 3.75° ×3.75°,垂直方向共 19 层。海洋模式 HOPE - G,采用高斯 T42 Arakawa - E 格点方案,相当于 2.8° × 2.8°的水平分辨率,随着接近赤道,经向格点更细,最小为 0.5°。垂直方向有 20 层(Wolff *et al.* ,1997)。该试验进行长时间积分,从所得的 500 个模式年积分中选取了北大西洋区域 *SST* 为负距平的时段作为对比试验期,积分稳定后的 *SST* 完全由模式系统自身产生,从而检测全球气候对北大西洋 *SST* 负距平期的响应。在整个 500 个积分年中,在从 20° ~80 °W,20° ~60 °N的北大西洋区域内的 *SST* 对整个时段的负距平时段共有四个,选择 2 个时段,分别为强耦合时段与弱耦合时段。

预置海温的模拟结果,反映出北大西洋 *SST* 异常降温的作用。在北大西洋出现 *SST* 负距平时,整个北半球年平均温度显著降低,东亚地区的年平均降温在 2 ~4 ℃之间,以东部沿海地区降温最大,可达 4 ℃以上。北大西洋的 *SST* 降低可以引起东亚地区全年的明显降温。北大西洋和南半球 *SST* 异常降温所示，南半球 *SST* 降低机制的引入使欧亚大陆的年平均降温有所减弱，降温幅度约在 0.5～3.5 ℃之间，最大降温中心为 3.5 ℃，且降温中心在西太平洋。由此可见，南半球海表面温度的降低对东亚地区的降温有明显的抑制作用，同时指示 YD 的气候突变不仅与大陆融冰的突发有关，而且与影响全球气候背景的某些重要因子相关联，从而也进一步表明 *SST* 在气候突变中的重要作用。

海气耦合模式试验显示，在海温异常出现强耦合（S）和弱耦合（W）两种情况。在强耦合情况下，当北大西洋出现表面海温持续降低时，北半球地面气温亦出现显著下降。年平均温度距平分布（图 16.17a）显示欧亚大陆和北美大陆降温均在 0.5 ℃以上，最大降温中心在欧亚大陆中部高纬度地区，可达 3.0 ℃以上。

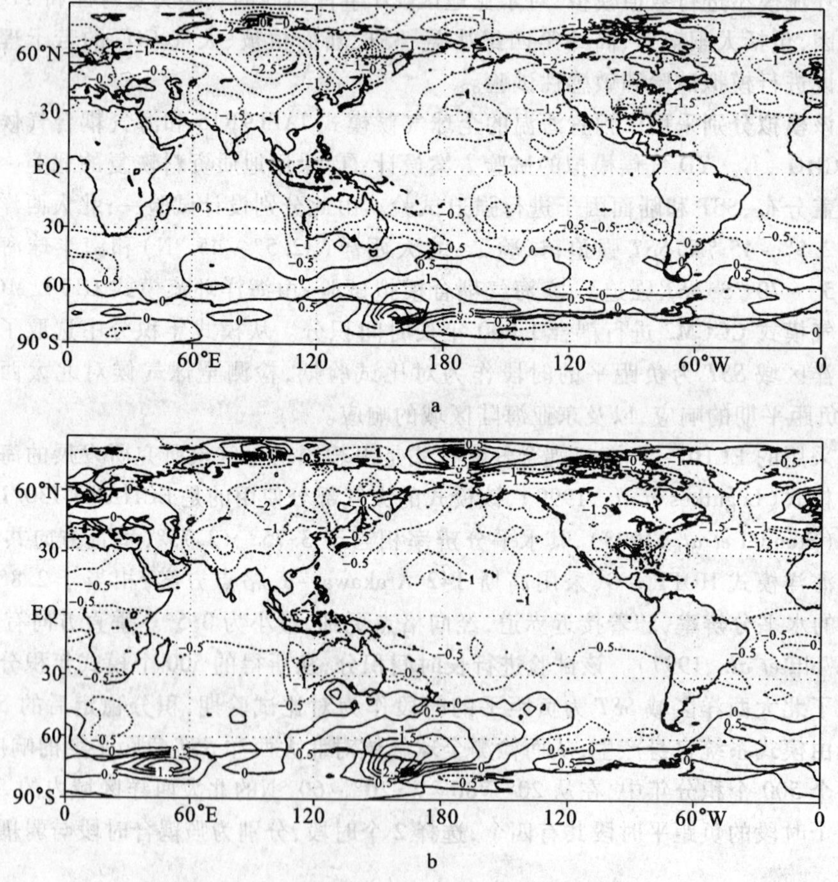

图 16.17 晚冰期不同强度耦合下年平均温度模拟

（陈星等，2004）

采用与控制试验差值（℃），a. 强耦合阶段；b. 弱耦合阶段东亚地区中低纬度降温在 0.5 ~2.0 ℃之间。北美洲降温幅度小于欧亚大陆，最大降温约为 2.0 ℃。南半球降温较小，在 1.0 ℃以内，且在高纬度地区有增温现象。

在弱耦合情况下，全球年平均降温分布趋势与强耦合相似，但降温幅度不超过 2 ℃(图 16.17b)，比强耦合有明显减小，且区域性的增温较强耦合时更为突出，表明总体降温强度要较强耦合弱得多。但东亚地区降温强度与强耦合情况相当，幅度在 0.5 ~2.0 ℃之间。

上述两种强度耦合的对比表明，北大西洋的海面温度对于东亚及全球的温度变化具有重要意义，因而任何引起该地区的海面温度变化的触发机制，均可能导致全球其他区域的温度变化。因此，大陆冰盖融化淡水进入北大西洋并使其海面温度和盐度下降，很可能是 YD 气温突降的重要原因。预置海温和耦合海温的强迫试验模拟结果显示，北大西洋海温异常对北半球降温具有重要影响，但对南半球温度没有显著影响，在北大西洋海温异常降低时，北半球出现大范围降温，而南半球温度变化不大甚至出现升温。这一现象可能指示因地球气候系统内部反馈过程引起的温度分布差异是以热量传输为主要机制的，对于南北半球的温度和热量差异，除大气过程外，全球性的温盐环流可能起着重要作用。

利用模拟晚冰期 440 个模式年的北大西洋 *SST*，对其正交函数分析(EOF)的第一时间系数主成分与全球温度进行相关(图 16.18)。可以看出，全球大部分地区为正相关，除北大西洋及其周边地区外，东亚、非洲北部及地中海地区、西太平洋、北印度洋等区域相关系数可达 0.20 以上，其显著水平达 0.001，显示北大西洋 *SST* 的变化对全球温度具有重要指示意义。

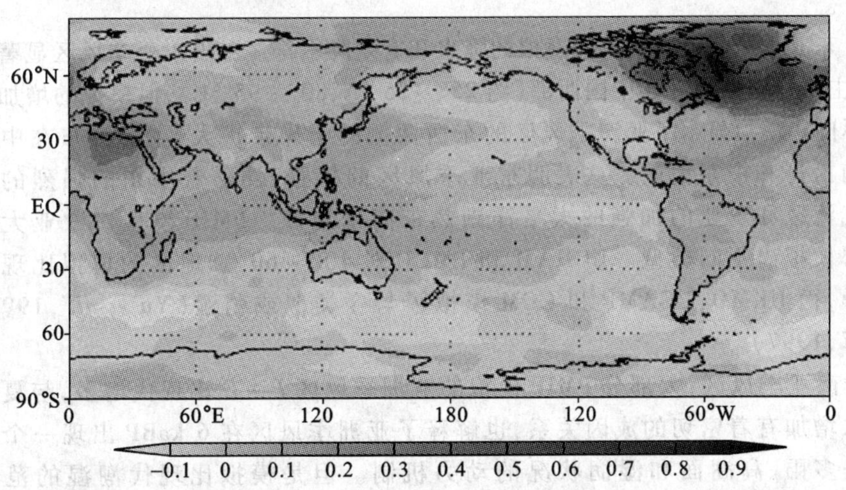

图 16.18　晚冰期北大西洋 *SST* 与全球年平均温度模拟的相关系数分布

(陈星等,2004)

SST 采用 EOF 的第一主成分(PC1)

16.6 中全新世

中全新世暖期(6 kaBP)是距今最近的气候适宜期,大量的地质资料证明该时期全球气候较现代温暖湿润,植被分布与现代也有较大差异。6 kaBP 时北半球冰盖几乎完全消失,地球轨道参数与现代有较大差异,尤其是近日点和黄赤交角变化较大,对太阳辐射的季节和纬度分布产生了较大影响。中全新世暖期的研究积累了大量的气候背景资料。因此,该时期气候的模拟研究在国际上成为 PMIP 研究计划的重点之一。

16.6.1 国际 PMIP 的 6 kaBP 模拟

PMIP 中的 18 个模式同样对 6 kaBP 时的气候做了不同程度的模拟试验(Joussaume *et al.*,1999),这些模式与进行 21 kaBP 模拟的模式相同(表 16.5)。

根据 PMIP 计划中对 6 kaBP 气候模拟试验的规定,设置了共同采用的边界强迫条件。辐射强迫采用 Berger(1988)计算的地球轨道参数(表 12.2)计算出相应的辐射量分布。大气 CO_2 含量采用工业革命前的值,即 280 mL/m^3。其他的边界强迫条件,包括海表面温度、海冰、海陆分布、地形等均采用与现代相同的值,北半球冰盖已完全消失,陆冰的分布与现代完全相同。主要模拟结果分析如下。

东亚季风区:PMIP 模式模拟的降水和有效降水都显示出东亚季风区显著增加,主要分布在印度和中国西部(约 25°~35 °N,80°~95 °E),但模拟的增加幅度不同。模拟显示了亚洲季风区的东西两侧的干燥带扩大,主要分布在中国东南沿海和中东地区。这表明东亚季风区的扩张,伴随着中东的强烈的下沉气流区和东亚的加强的太平洋副热带高带地区。PMIP 模型对欧亚大陆内部模拟出不同类型。ECHAM 和 LMCE 对 40°~60 °N地区的模拟比现代干燥,而 UKMO,UGAMP 和 CCM 模拟了与今类似或稍湿(Yu *et al.*,1996;于革,1997)。

南亚季风区:大部分 PMIP 模拟的亚洲季风区 $P-E$ 比现代增多,与夏季降水增加有着密切的成因关系,也解释了亚洲季风区在 6 kaBP 出现一个普遍的多雨、高湖面和湿润状况的动力机制。但是模拟比现代潮湿的范围远小于地质资料揭示的区域,说明了模拟过低的估计了南亚季风的强度。这种模拟小于实际夏季风扩张,很可能是由于对下垫面的处理与古地理环境相差甚远。这些模型采用与现代状况预置 6 kaBP 的下垫面边界条件,例如海洋表面温度,海冰的范围和冰冻时间,陆地植被和土壤层等。仅用现代条件作为 6 kaBP 的下垫面边界,势必造成过低模拟季风强度的缺陷。

北欧地区:ECHAM 等模式在不同程度上模拟出北欧干燥环境。UGAMP 模拟了干燥范围最大,其干燥带从法国北部和德国,经斯堪的那维亚西部和北极圈海岸带,延伸到中西伯利亚。UKMO 模拟了与 UGAMP 相似的分布类型,但它的干燥范围要小得多。CCM 模拟显示了干燥地区分布在英国至斯堪的纳维亚中部,而 ECHAM 则模拟了更加偏北的干燥区。PMIP 模式模拟了北非和阿拉伯半岛比现代更多的 $P-E$,表明了非洲季风的扩张。然而,这样的季风北上模拟相当有限,没有一个模式模拟出增强的地区超过北纬 20 度。ULKMO 等四个模式模拟了南欧比现代更湿润的环境,地中海北部的西班牙、法国南部、意大利和希腊比现代更大的有效降水和降水,反映出地中海地区中全新世受非洲季风扩张影响的“类季风”变化(Harrison *et al.* ,1996)。中全新世波罗的海面积大于现代约 15% 是诱发夏季阻塞高压的重要下垫面因素;由于西风气流减弱的同时夏季阻塞高压发生频率增加,是环波罗的海地区的夏季干燥的主要原因(Yu and Harriosn,1995)。由于 PIMP 实验没有涉及古海陆分布的变化,故难以模拟出这些特征。

南欧地区:PMIP 模式模拟了南欧湿于今日,全年的平均水量平衡模拟与湖泊资料相一致。但 UKMO,UGAMP,ECHAM 和 CCM 的湿润状况模拟是冬季降水增加的结果。这与该区的孢粉资料不一致。孢粉资料表明地中海地区的现代的硬叶林,灌木和草丛植被在中全新世被常绿阔叶和温带落叶阔叶林所替代。它指示了一个湿润的夏季和凉爽的冬季。尽管 UKMO,UGAMP,ECHAM 和 CCM 模型模拟的年平均有效降水与湖泊资料一致,但它的成因与孢粉证据不一致。早中全新世南欧的夏季降水增加,与大西洋副热带高压在地中海地区减弱而导致的该区气旋雨增加有关,由此产生地区性季风环流。通过一个下垫面反馈参与的气候模式模拟(Claussen,1995),表明北非的植被变化影响到地中海地区夏季环流的变化。因此,UKMO,UGAMP,ECHAM 和 CCM 所模拟的地中海地区夏季干燥,很可能由于对陆地表面采取了与今相同的处理,尤其是对 6 kaBP 植被的“现代化”处理。

北非地区:对 20 °N以北的非中地区,UGAMP 等模拟了与现代基本一致的水量平衡状况,反映了过低估计早中全新世受辐射异常变化驱动的非洲季风扩张。从古湖泊和花粉证据,反映了北非(35° ~10 °N)6 kaBP 是炎热、湿润的亚热带季风区。但是,这与模拟亚洲季风的缺陷类似,与模型忽略了能够放大季风效应的地表反馈有关,特别是地表反照率的反馈作用。现代的北非大部分裸露的沙漠地区在早中全新世却是植被覆盖相当好的草原和森林,两者的反照率相差甚远(图 16.19)。用现代反照率输入 6 kaBP 模型难以准确模拟出北非的气候状况。

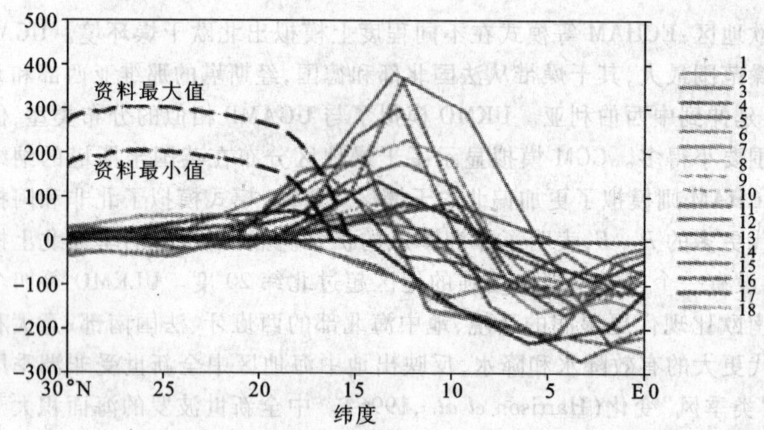

图 16.19 18 个 GCM 对 6 kaBP 北非年降水模拟

(Joussaume *et al.*, 1998)

采用与现代差值的纬度平均值表示;18 个模式的编号见表 16.5

欧亚大陆:PMIP 试验中 ECHAM 和 LMCE 模拟了比现代干燥,其他模拟了稍正平衡的变化,CCM0 模拟了在太阳辐射变化驱动下的 6 kaBP 的气温,北美大陆和欧亚大陆内部都高于现代 2 ℃,与地质资料提供了北半球大陆内部早中全新世高温、干旱气候的证据基本一致。然而,欧亚大陆内部的湖泊资料显示了 6 kaBP 比现代湿润。除了 ECHAM 和 LMCE 模拟了比现代干燥,UGAMP,CCMLDM 模拟了与现代类似的水量平衡状况。不能模拟出较湿润的水文状况,反映了模拟对东部夏季风的扩张和西部气旋雨增强的动力机制把握不住。

大部分 PMIP 模式都模拟出欧亚大陆夏季温度和年平均温度的升高。年变化幅度在中纬度为 1 ~ 3 ℃。同时,这些模拟模拟了欧亚大陆中低纬地区冬季温度的显著降低。其原因被解释为在北半球中低纬地区,中全新世的夏季辐射量比现代高 7% ~ 8%,而冬季辐射量比现代低 2% ~ 3%(Kutzbach *et al.*, 1993)。由于中全新世温度变化的主要原因是天文因素驱动,即地球轨道参数改变所引起的太阳辐射的变化,其结果应在北半球中高纬度地区夏季增温而冬季降温。但我国第四纪研究的成果揭示出 6 kaBP 时东部气温较现代高约 2.5 ℃,西部比现代高 3 ~ 4 ℃,特别是冬季并未出现明显降温,且某些地区有所增温,这个现象不仅仅限于中国地区,北美的中全新世冬季温度也普遍增高(Wright *et al.*, 1993)。因而采用单一的辐射机制模拟具有很大的局限性。

16.6.2 我国开展的6 kaBP模拟

根据PMIP 6 kaBP气候模拟的结果,大陆冬季普遍降温,这与中全新世冬季与全年气温上升的地质记录的事实不符。为什么中国东亚地区以及北美大陆在中全新世出现冬季增温,这是古气候研究和模拟需要探讨的问题。显然,除天文因子之外还有其他重要的控制因子在模拟中被忽略了。一些古气候模拟专家认为现行的模型主要受轨道机制驱动;而天文计算的太阳辐射变化会导致6 kaBP在该地区夏季温度的增加而冬季温度的下降,这是古气候模拟存在着重大缺陷的根本原因所在。有人提出了解释冬季增温的假说。例如6 kaBP时极地海洋温度增加,可影响大陆高纬温度增加,因而导致冬季大陆高压的削弱。一旦东亚冬季高压中心减弱,将对亚洲冬季产生重大的影响,将可能使中国的冬季温度降低幅度大大减少。这些古气候机制的假说是否正确、能否应用到东亚气候系统,有待于运用气候模型进行模拟验证。Claussen等人(1999)使用大气植被耦合模式模拟了非洲中全新世气候与植被的演变,证实了植被在气候变化中的重要反馈作用。我国的一些古气候模拟在模拟的设计和试验按照国际PMIP的基本框架,采用了古陆面边界条件进行古气候模拟,获得了机制方面的认识。下面介绍一例(于革等,2001;陈星等,2002)。

1. 植被强迫试验

6 kaBP气候模拟的设计和试验在国际PMIP的基本框架,采用了古陆面边界条件进行古气候模拟,分别采用了全球中全新世植被(Prentice *et al.*,1998;Joly *et al.*,1998;Tarasov *et al.*,2000;Yu *et al.*,2000;Takahara *et al.*,2000)和现代农耕植被(Liu *et al.*,1997)不同方案,进行现代植被强迫(试验一)和6 kaBP植被强迫(试验二)模拟试验。

6 kaBP气候模拟试验一的结果(图16.20)表明了在欧亚大陆西部50 °N以南地区,平均温度较现代高约0~0.5 ℃,在50 °N以北大部分地区表现为降温,比现代低2~4 ℃。东亚地区在40 °N以南地区,夏季平均温度比现代增加2.0 ℃左右,但冬季平均温度比现代降低,降温幅度达2 ℃。这一模拟结果与PMIP的6 kaBP气候模拟相似。

试验二模拟的欧亚大陆在50 °N以北地区,大陆的西岸(欧洲地区)年平均温度较试验一有所增加,但在西伯利亚中部地区有所降低。在50 °N以南地区,年平均温度在我国的华北、中东地区比试验一增加2 ℃(实际比现代高约1~2 ℃)。夏季温度在东亚地区与试验一相比温度变化不大,但明显的变化反映在冬季温度。在50 °N以南,冬季平均温度在我国东部和中部大幅度升高,较试验一提高约2 ℃(实际比现代高约2~4 ℃)。模拟的年平均温度和冬季温度的增加,与6 kaBP植被变化有关。在我国东、中部的30 °N—50 °N范围内,由于落叶阔叶林和常绿阔叶林生长范围的扩大,向北替代了针叶林和针阔混交林,向西代替了草原植被,造成冬季以及全年反射率、土壤蓄水等下垫面状况的显著变化。因植被改变而造成的年增温在1~2 ℃之间,冬季增温在2~4 ℃。夏季植被的增温效应区域差异不明显,可能与森林植被的变化的夏季效应较小有关。青藏高原的地面温度效应不明显,冬季在高原中部比试验一降低1~2 ℃,夏季在高原北部有1 ℃左右的增温。

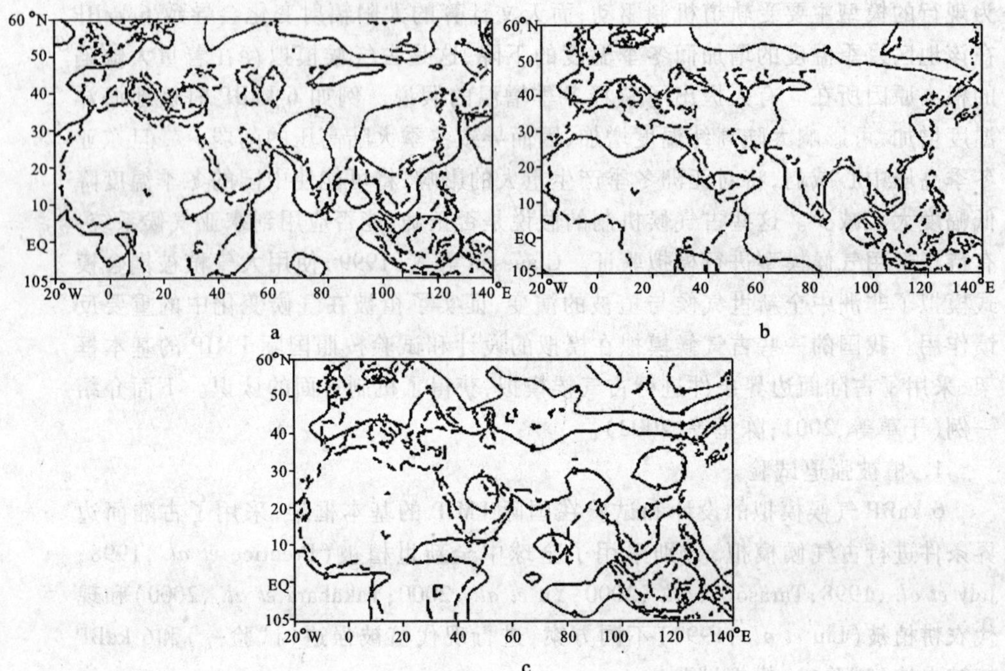

图16.20　现代植被预置下6 kaBP温度模拟

(于革等,2001)

利用6 ka~0 ka差值(℃);a. 年平均温度差;b. 夏季温度差;c. 冬季温度差

中国40 °N以北地区年平均温度的增加以夏季植被的贡献为主,可达80%以上。40 °N以南地区的冬季植被增温对全年平均增温具有决定性作用。关于青藏高原增温的季节变化和植被作用较为复杂,而且目前缺乏高原地区6 kaBP增温的详细地质资料作分析对比。从模拟结果看,青藏高原增温的主要原因是太阳辐射的增强,这在夏季尤为突出。因此,全年平均温度的升高以夏季贡献为大。这是由于高原的特殊地理位置和大气光学特性所决定的。相对而言,植被的增温作用在高原地区并不重要。特别是冬季植被的气候效应可能还与感热和潜热交换过程有关,如模拟出的植被降温效应尚需通过植被模型和气候模式的耦合试验来进一步探讨。试验一模拟了0.5 ℃增温,试验二模拟了1~2 ℃增温。反映了试验二较试验一模拟大有改进。冬季温度明显升高,尤其在我国华北和中部地区冬季气温比现代高出3 ℃以上。试验二模拟的该地区的冬季温度增幅达2~4 ℃,夏季温度增幅稍小(1~2 ℃左右),这与地质资料相当吻合。改进的下垫面气候模拟产生了冬季温度有所增加。由于该模拟的方向性改进与冬季增温的地质资料重建的气候特征接近,我们认为气候模拟揭示了太阳辐射的驱动变化,同时植被的变化有潜在的气候效应。这一模拟试验改进了PMIP 6 kaBP气候模拟试验。

对比6 kaBP模拟试验的700 hPa流线和0 kaBP流线,可以发现辐合辐散中心、水汽输送的可能路径及行星风系的移动的变化(图16.21)。夏季流线在东亚地区有明显差异,6 kaBP北太平洋辐散中心对东亚大陆东部的影响较0 kaBP大,使得夏季降雨区向西偏移,形成我国东部6 kaBP夏季降水与现代持平或略少,西部降水较现代多,东部夏季增温幅度较西部大的气候特征。从流线分布可以看出,6 kaBP中国中低纬度降水水汽来源主要有两个,一是来自孟加拉湾的西南气流,另一个是来自西南太平洋的东南气流。而0 kaBP的水汽来源主要是西南气流。

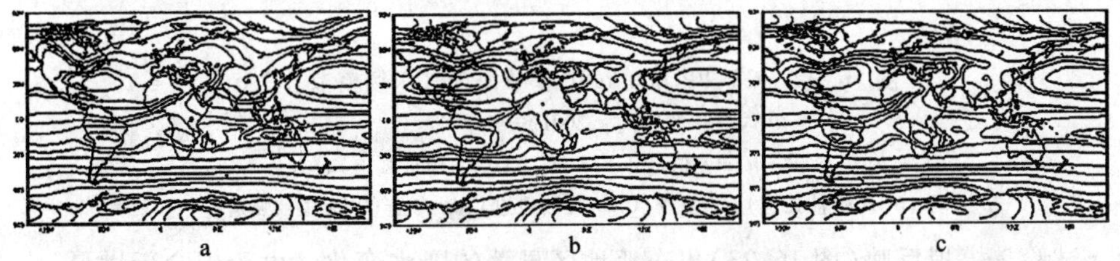

图16.21 6 kaBP和0 kaBP夏季流线模拟

(于革等,2001)

a. 6 kaBP(6 ka植被强迫);b. 6 kaBP(0 ka植被强迫);c. 0 kaBP

东亚基本环流特征及其季风环流演变(图16.22)6 kaBP夏季东亚大陆低压系统和北太平洋副热带高压系统均要强于0 kaBP,指示该时期海陆差异大于现代,夏季风环流较现代强,有利于暖湿气候的形成。而6 kaBP冬季大陆冷高压系统则较0 kaBP的大陆冷高压系统弱,表明东亚冬季风较现代弱,寒冷程度减弱。6 kaBP与0 kaBP的海平面气压差表明,6 kaBP植被强迫增大了这一差异。

2. 太阳辐射与植被的强迫试验

根据地球轨道参数引起的现代与6 kaBP的太阳辐射变化,分别设置辐射与植被不同组合的敏感性试验。试验1为6 ka辐射与0 ka植被强迫,试验2为6 ka辐射与6 ka植被强迫,试验3为0 ka辐射与6 ka植被强迫。

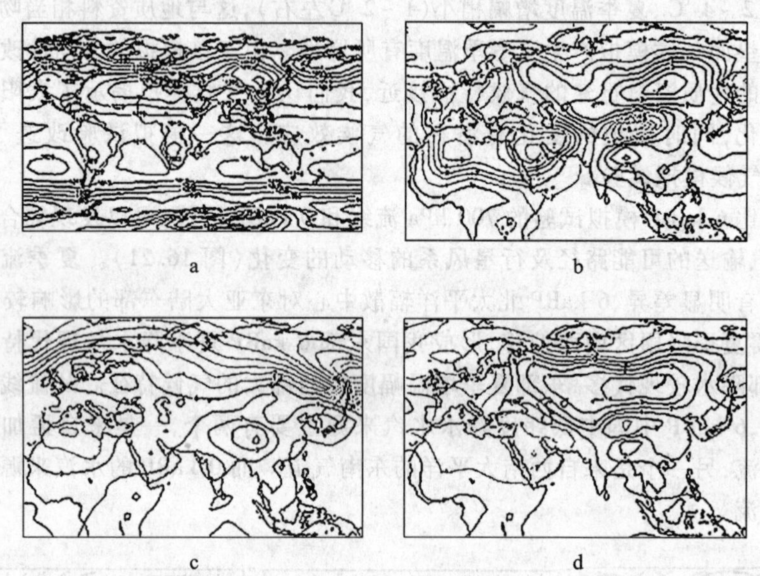

图16.22 6 kaBP 和0 kaBP 季节海面气压场模拟

(于革等,2001)

利用6 ka－0 ka 差值(hPa):a. 夏季(6 ka 植被强迫);

b. 冬季(6 ka 植被强迫);c. 夏季(0 ka 植被强迫);d. 冬季(0 ka 植被强迫)

试验2模拟反映(图16.23)出东亚地区显著的降水变化。由于中全新世夏季增温,全球季风环流系统普遍较现代增强,夏季降水增多。暖湿气候对于植被的反馈作用使得6 kaBP 时的植被分布与现代有较大差异。特别是在热带及副热带地区,降水与植被的相互作用关系十分明显。

比较了3个不同试验模拟的热带、副热带欧亚非大陆的降水变化,表明植被的变化对于中全新世气候具有显著影响。模拟的中全新世北非地区年降水量及其与现代降水量的差值表明,年降水最大值约1 300 mm。中全新世非洲地区的降水对植被的强迫作用相当敏感:含有古植被强迫的年降水量模拟要较含现代植被强迫的试验增多。而同时含有古植被和辐射强迫的试验1在北非地区的降水量增加最大,含有古植被而没有6 kaBP 辐射强迫的试验3的降水量增幅略小于试验1。可见,中全新世辐射增强对全球增温具有决定性意义,而区域降水量的增加则主要受植被强迫反馈控制。

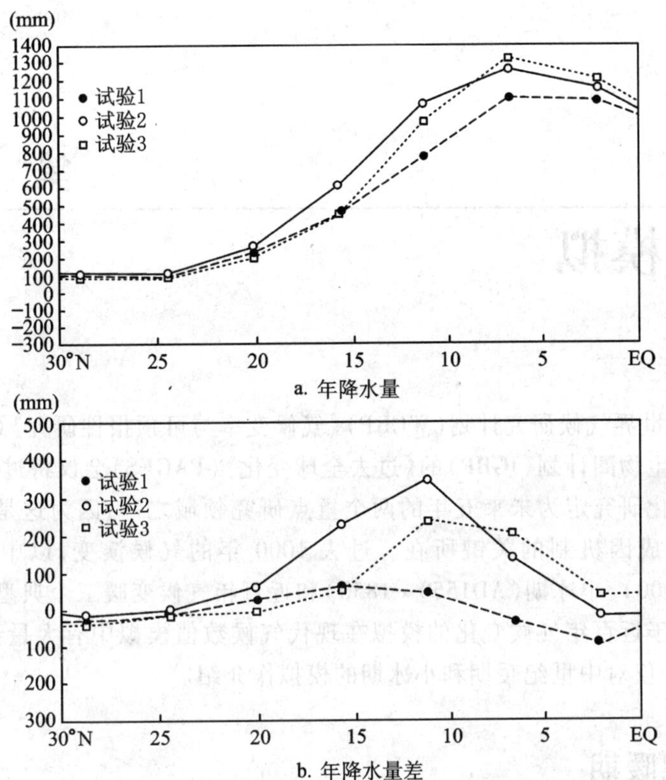

图16.23 AGCM + SSiB 对6 kaBP北非年降水模拟

(于革等,2001)

采用与现代差值的纬度平均值表示(mm/a):a. 年降水量;b. 6 kaBP和现代年降水量差。

试验1为6 ka辐射与0 ka植被强迫,试验2为6 ka辐射与6 ka植被强迫,

试验3为0 ka辐射与6 ka植被强迫

第 17 章

历史气候模拟

2004 年世界气候研究计划(WCRP)《气候变率与可预报性研究》(CLIVAR)与国际地圈生物圈计划(IGBP)的《过去全球变化》(PAGES)会议将过去 1000 年来的气候变化研究定为未来五年的两个重点研究领域之一,因为这是认识近百年气候变化成因机制的关键所在。过去 1000 年的气候演变,以中世纪暖期(AD900—1300)、小冰期(AD1550—1850)和近百年气候变暖三个典型阶段为主要特征。关于近百年气候变化的模拟在现代气候数值模拟中有大量论述,本教材不再赘述,仅对中世纪暖期和小冰期的模拟作介绍。

17.1 中世纪暖期

中世纪暖期(Medieval Warm Period 或 High Medieval Time)一词最早由 Lamb 在 1965 年提出(Lamb,1965),他认为在公元 1100—1200 年间,西欧的气温较 1900 ~ 1939 年高 0.5 ~ 1.0 ℃,而公元 1100—1200 年正是欧洲的"中世纪",故名。在后来的研究中人们逐渐将公元 900—1300 年间的气候温暖时期统称为中世纪暖期。我国的历史文献记载,中国隋唐时代(公元 589—907 年)气候温暖,宋朝(公元 960—1279 年)气候转凉(竺可桢,1973),说明中国的"中世纪暖期"时间比欧洲要早。利用 23 个代用资料序列研究 1000 年以来的气候序列,发现 10 个最暖时期出现在公元 900—1300 年间,6 个分散在 1300—1800 年间。中世纪暖期只在某些地方出现,不是全球性的现象(Bradley *et al.* 2003)。

因此,无论国外或国内的研究,对于中世纪暖期是否存在、中世纪暖期是否是全球性现象、中世纪暖期的增温幅度及气候特征、中世纪暖期的形成原因等问题目前在认识上还存在较大分歧(Mann *et al.*,2003;Bradley *et al.*,2003;Soon *et al.*,2003;葛全胜等,2002;张德二,1993;施雅风等,1999;王绍武等,2002)。由于目前大部分认识依赖于代用资料重建的温度序列,受重建资料地域性限制,不同代用指标对气候变化具有不同的气候响应，导致对中世纪暖期的出现时间、存在范围、变温幅度等认识的差异。

采用物理机制的气候模拟研究，对认识中世纪暖期的成因机理能够有效地避免数据现象的局限性。20 世纪 90 年代以来，国际上开展了 1 000 年历史气候的模拟研究。Bertrand 等人（2002）根据轨道参数驱动计算了太阳辐射序列，对比地质资料重建太阳辐射序列，分别作为驱动古气候变化动力，模拟了过去千年全球温度变化（图 17.1）。两个结果的对比，发现过去千年全球年平均气温的模拟态势基本一致，并与冰芯火山灰和 ^{10}Be 等地质资料重建了温度对比，表明了模拟十分接近千年来气候变化事实。利用能量平衡模式和海洋模式进行模拟（Crowley, 2000; Thomas *et al.*, 2003），其结果与重建资料的比来，证实了太阳辐射、火山活动和温室气体等变化对中世纪暖期形成的重要作用。刘健等人（2005）进行了 1 000 年的长时间积分气候模拟试验。下面主要介绍这个模拟研究的资料、方法和结果分析。

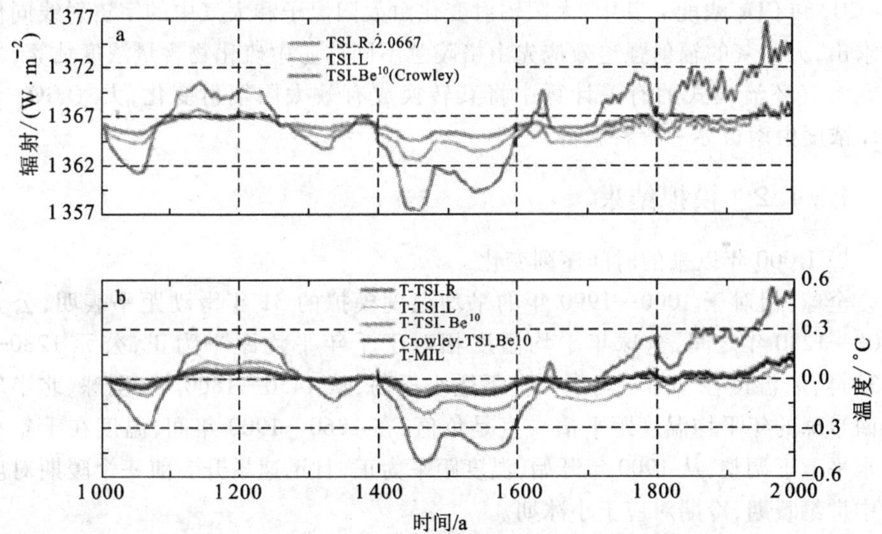

图 17.1　过去千年气候模拟中采用的太阳辐射变化驱动

（Bertrand *et al.*, 2002）

a. 三个太阳辐射序列重建的比较，TSI_R 序列和 TSI_L 序列根据 Bard 等（2000），TSI_Be^{10} 序列根据 Crowley（2000）。b. 全球年平均气温分别对 a 三种重建的太阳辐射驱动的模拟响应，MIL 温度是根据米兰科维奇轨道参数驱动的全球年平均气温的模拟相应

17.1.1　模式、边界条件及试验方案

模拟采用全球海气耦合气候模式 ECHO－G。它由全球大气环流模式 ECHAM4 和海洋环流模式 HOPE－G 耦合而成。ECHAM4 以原始方程为基础，

采用混合 $p-\sigma$ 坐标,水平分辨率为 T30,相当于 3.75°×3.75°,垂直分 19 层,模式顶层为 30 hPa,相当于 30 km。动力和物理过程的时间积分步长为 24 分钟,辐射计算为 2 h 间隔。海洋模式 HOPE-G 是海洋原始方程模式,其水平分辨率为 T42,相当于 2.8°×2.8°,热带地区采用 0.5°×0.5°的加密网格。垂直方向共 20 层。海洋模式 HOPE-G 由大气强迫场驱动,其海洋预报量包括水平速度、海表面高度、位温和盐度等。ECHAM4 和 HOPE-G 两者通过 OASIS3 耦合器耦合为气候模式 ECHO-G。

采用控制试验和真实强迫试验 2 个试验,均从 901 年开始,积分到 1990 年。控制试验以 1990 年的实际情况为强迫(固定强迫条件),真实强迫试验先以控制试验的强迫场为起点,经 50 年积分后逐步过渡到以真实的随时间变化的有效太阳辐射、CO_2 浓度和 CH_4 浓度为外强迫。该试验在 1 000 年左右达到稳定态,然后一直积分到 1990 年。

真实强迫试验采用强迫条件包括随时间变化的太阳辐射常数、火山活动指数、CO_2 和 CH_4 浓度。其中,太阳辐射变化由太阳黑子和大气中的宇宙射线同位素求出,火山灰的辐射强迫效应先由格陵兰不同冰芯中硫化物含量浓度估算,然后在大气环流模式的有关计算中将其转换成有效太阳辐射变化,大气 CO_2 与 CH_4 浓度由南极冰芯资料获得。

17.1.2 模拟结果

1. 1 000 年以来的时间序列变化

全球:相对于 1000—1990 年的平均温度模拟的 31 年滑动距平表明,公元 1000—1280 年之间,全球年平均温度相对于千年平均距平为正,公元 1280—1430 年间,温度在千年平均水平上下微小振荡,从 1430—1860 年,全球、北半球和南半球的年平均温度距平值一直是负值,在 1860—1900 年间,温度在千年平均水平上下调整,从 1900 年开始,温度距平为正,且迅速攀升。前一个暖期对应于中世纪暖期,冷期对应于小冰期。

中国区域:模拟的中国(15°~55 °N,70°~140 °E,以及东、西部)年平均温度距平的 31 年滑动平均值的时间演变(图 17.2)显示,公元 1000—1260 之间温度距平为正,公元 1260—1430 年间,温度在千年平均水平上下振荡。在 1430—1850 年间,中国西部的年平均温度距平一直为负,但在 1780—1790 间出现一个相对的暖峰;中国东部在 1430—1750 和 1780—1850 年间温度距平为负,但在 1750—1780 年间温度距平为正。从 1850 年开始,全中国、中国东部和中国西部的年平均温度距平均值一直为正,且不断攀升。中国近千年的温度变化表现为"暖期—调整期—冷期—暖期"。其中的前一个暖期对应于中世纪暖期,冷期对应于小冰期,后一个暖期对应于 20 世纪暖期。

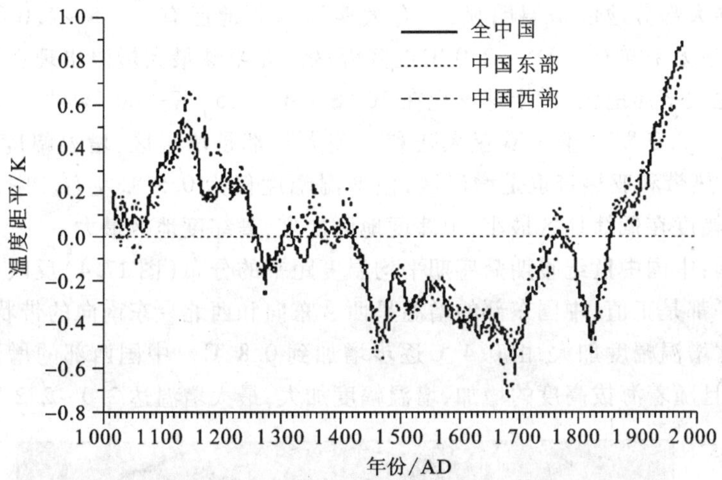

图 17.2　中国年平均温度距平 31 年滑动平均值的时间演变

(刘健,2006)

(相对于 1000—1990 年)。实线:全中国;虚线:中国东部;点线:中国西部

2. 中世纪暖期的空间分布

全球:中世纪暖期 1125—1155 年的平均温度距平的全球分布(图 17.3)表

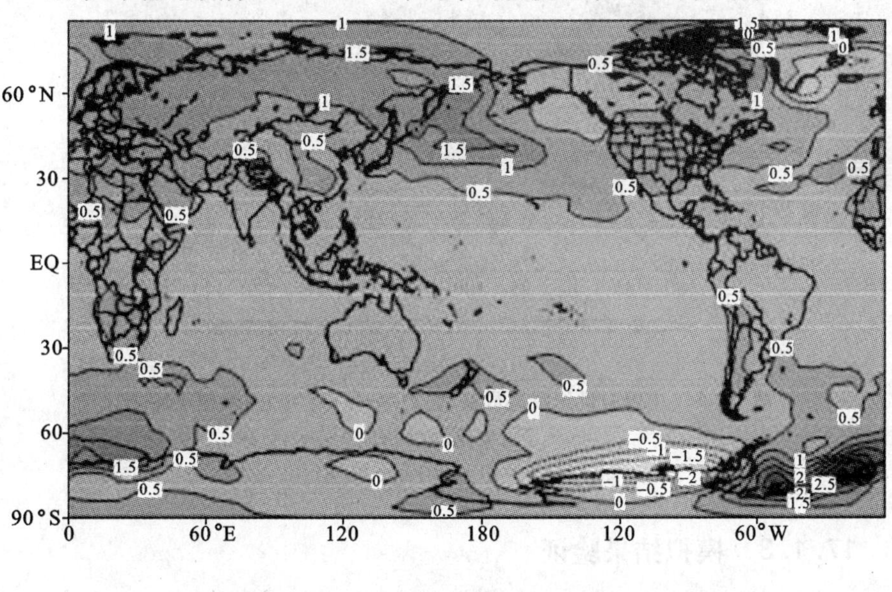

图 17.3　全球中世纪暖期最盛期(1125—1155 年)平均温度距平

(刘健,2006)

相对于 1000—1990 年分布(K)

明全球绝大部分地区增温明显，只有大西洋西北地区有 -0.5 ~ 1.0 ℃的降温区，以及南太平洋有 -0.5 ~ 2.0 ℃的降温区。北半球最大增温出现在格陵兰地区及西北太平洋地区，南半球出现在 70 °S—80 °S，5 °W—60 °W的海域，最大增温达 2.5 ~ 3.0 ℃。整个欧亚大陆和北美大陆都是增温区，增温幅度为 0.5 ~ 1.5 ℃。热带和亚热带也是增温区，但增温幅度仅为 0.5 ℃左右。中世纪暖期时，增温幅度在低纬地区最小，中纬度地区次之，高纬度地区最大。

中国：中国中世纪暖期鼎盛期平均温度距平的分布（图 17.4）反映中国区域温度距平都是正值，中国东部的增温呈西 - 东向和西北 - 东南向的带状分布，且由南向北增温幅度加大，由 0.4 ℃逐步增加到 0.8 ℃。中国西部的增温呈高压状分布，且随着海拔高度的增加，增温幅度加大，最大增温达 2.0 ~ 2.2 ℃

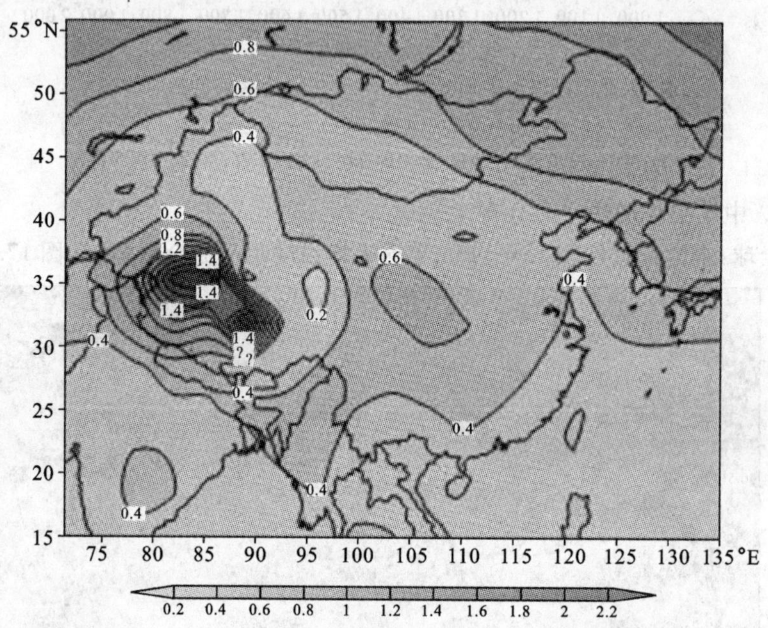

图 17.4 中国中世纪暖期最盛期（1125—1155 年）平均温度距平（刘健，2006）相对于 1000—1990 年分布（K）

17.1.3 模拟结果验证

利用全球观测集成资料（Jones，1998）和中国区域多种代用指标重建资料（杨保，2002）验证模拟结果的正确性与可信性。图 17.5 是中国区域（15°—55 °N，70°—140 °E）年平均温度距平（相对于 1000—1990 年）模拟值与重建值的时间演变。可以看出，重建值与模拟值有相同的起伏变化，但重建值比模拟值的变化幅度略大，重建值的变化范围为（ -1.0 ~ 1.1 ℃），而模拟值的变化范围为（ -0.6 ~ 0.9 ℃）。两者的相关系数为 0.74，置信度达 99.9%。根据重建的中国东部（25° ~ 40 °N，105 °E 以东）1 000 年来冬半年温度（10 月 ~4 月）（葛全胜等，2002）与模拟结果进行对比，发现两者表现出相似的低频变化和长期趋势，相关系数为 0.37，达到 97.5% 的信度水平，其中 1000—1300 年的中世纪暖期对应关系较好。

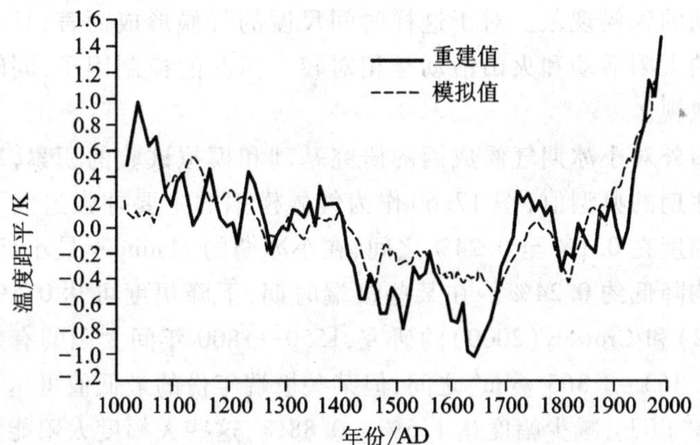

图 17.5　中国区域年平均温度距平的模拟与重建值的时间演变（刘健，2006）。

17.2　小冰期

小冰期（LIA：little ice age）是过去 2000 年以来全球出现普遍寒冷气候的特征时期，始于 13 世纪，止于 19 世纪，在 16 世纪中期和 19 世纪中期达到最冷的顶点。在小冰期期间，世界上许多地点的冰川都发生明显的扩展和前进，新鲜和完整的冰碛物及其构成的地貌，表明其规模和范围要比现今的冰川大得多。这是小冰期名词由来的最直接的依据（Grove，1988）。经过半个多世纪的争论，小冰期的概念已为广大的地理学家、地质学家和气候学家所接受，广泛地用于描述中世纪暖期和 20 世纪暖期之间的持续大约 6 个世纪的寒冷时期，其全球年平均温度比现代低 0.5 ~ 1 ℃。近年来，随着全球气候变化研究的不断深入，特别是气候变率与可预测性（CLIVAR）和过去全球变化（PAGES）研究的紧密结合，认识到小冰期并非持续几个世纪的连续冷期，其内部还存在明显的次级冷暖波动，并具有一定的规律性（葛全胜等，2002）。

国内外已有不少小冰期气候模拟的工作（Manabe *et al.*，1996；Cubasch *et al.*，1997）。Zorita 等（2003）对小冰期以来的气候变化进行的长时间积分模拟采用了典型的太阳常数时间变化序列作为主要外强迫之一。下面介绍一例我国工作者对小冰期气候模拟及其成因机制分析的研究(刘健等,2003;Liu *et al.*,2004)。

17.2.1 模拟试验外强迫因子和模拟方案

小冰期是一种全球性的,时间尺度在10^2年,且有着区域气候差异和10^1年尺度气候波动的气候现象。对于这样时间尺度的气候形成而言,具有百年和十年变化特征的太阳活动和火山活动是相对较为活跃的控制因子,同时下垫面的改变也不容忽视。

根据国内外对小冰期气候成因的研究基础和模拟试验的积累,采用太阳常数变化在小冰期的典型值(图17.6)作为气候模拟的主要外强迫因子。太阳常数平均变化幅度在0.1%至0.24%之间,在小冰期的Maunder最小期约30年间太阳常数平均降低约0.24%。在某些极端时期,下降幅度可达0.5%以上。根据Hans(2002)和Crowely(2000)的研究,1550—1800年间太阳的有效输出能量的变化值在1 363~1 365 w/m^{2}之间,但某些极端年份的最低值可达1 343 w/m^{2}和1 355 w/m^{2}以下,减少幅度达1.6%~0.88%,这些大幅度太阳能量的减少主要出现在Maunder最小期和Spörer最小期。

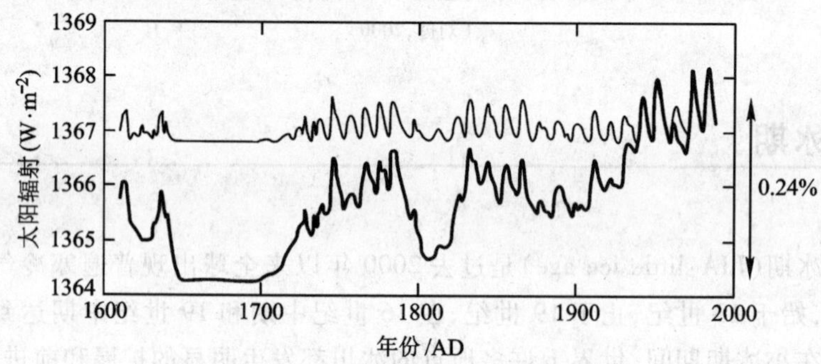

图17.6 小冰期以来太阳辐射变化

(Lean *et al.*,1995)

细线代表太阳辐射变化Schwabe循环,粗线代表叠加了自Maunder最小期以来根据类太阳恒星观测的太阳辐射衰减的变化序列

火山灰强迫作用由0.55 μ处的大气平流层光学厚度来表示。1815年的Tambora火山形成的光学厚度值是巨大的,且在整个1810—1820年间为火山光学厚度平均高值期,平均光学厚度达到0.11,且这一时期与Spörer最小期相连,是一个比较典型的太阳活动和火山活动对气候强迫的共同作用时期。在气候模拟中成为敏感性试验的外强迫因子参数设置的主要参考依据。

采用工业革命前自然植被和现代农耕植被两种下垫面植被。工业革命前自然植被的中国区域根据了中国花粉资料的转化(Yu *et al.*,2000),其他地区采用了现代植被(Liu *et al.*,1997)。小冰期期间 CO_2 含量变化不大,约保持在 280 mL/m^{3}左右(Crowley,2000)。CO_2 等温室气体对小冰期气候的影响在模拟试验中未作为主要强迫因子。

根据对小冰期期间太阳活动、火山活动,以及下垫面植被变化的认识,对于这些因子的不同组合设计了 7 套的敏感性试验(表 17.1)。模拟试验采用含有陆面过程的全球大气环流模式(AGCM + SSiB)(见 16.4.2 节介绍)。大气 CO_2 浓度、海温、大气气溶胶背景场及初始场均采用统一值,模式积分均达 15 年,取后 10 年的平均值代表模拟的平衡态。

表 17.1 小冰期气候模拟的敏感性试验方案

(据刘健等,2003)

敏感试验	强迫因子数	太阳常数 /($W \cdot m^{-2}$)	大气光学厚度 (无量纲)	大气 CO_2/ ($mL \cdot m^{-3}$)	植被类型
1	1	1 367.04(现代)	0.004 774	345	现代
2	1	减少 0.5%	0.004 774	345	现代
3	1	1 367.04	减少 0.15%	345	现代
4	1	1 367.04	0.004 774	345	工业革命前
5	2	减少 0.5%	减少 0.15%	345	现代
6	3	减少 0.5%	减少 0.15%	345	现代
7	4	减少 0.5%	减少 0.15%	280	工业革命前

17.2.2 敏感因子分析

1. 太阳辐射减少

在试验 2 中,全球平均情况下北半球的年平均温度呈降低趋势(图 17.7),降温幅度不超过0.2 ℃。夏季除在赤道附近至10 °N范围有极小的增温外,北半球夏季平均温度降低幅度较年平均大,最大值超过0.3 ℃。冬季增温位于60 °N以上的高纬度地区,最大幅度达0.2 ℃。100 °E ~ 140 °E的区域年平均降温幅度明显大于全球平均情况,约达0.6 ℃,且主要降温区位于20 °N至60 °N之间,0 ~ 20 °N,60° ~ 70 °N略有增温。夏季东亚地区降温幅度增大,最大可超过1.1 ℃,主要降温带在20 °N至55 °N之间,60° ~ 80 °N有增温,幅度达0.5 ℃。冬季35°—60 °N出现降温,幅度小于夏季,但最大降温幅度在50 °N附近,亦超过1 ℃,且在其他纬度有较明显的升温,最大幅度可达0.7 ℃左右。

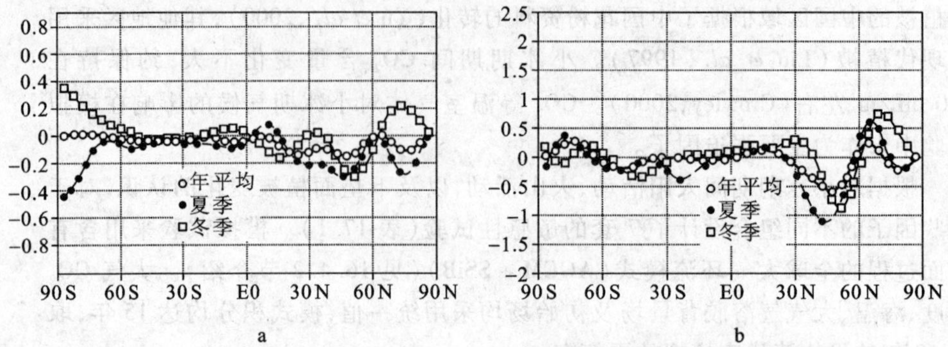

图 17.7　小冰期试验 2 地面气温的纬向平均值模拟

（刘健等，2003；2004）

a. 全球平均；b. 100 °E—140 °E地区平均（K）

2. 火山灰影响

在试验 3 中，模拟全球和东亚的平均温度变化（图 17.8）表明温度的降低主要在赤道至 30 °N区域。温度的变化幅度最大达 0.2 ℃。夏季全球平均温度的降低主要在 15° ~45 °N，幅度较年平均稍大，且在 45 °N以北为温度升高区，最大幅度可达 0.4 ℃。冬季的降温最为明显，从赤道至 60 °N均呈降温特征，最大幅度可达 0.37 ℃，位于 50 °N，60 °N以北为增温带，幅度在 0 ~0.3 ℃之间。可见，全球的温度降低有明显的纬带性。100° ~140 °E地区降温更为明显，年平均降温幅度可达约 0.5 ℃，主要位于 20° ~58 °N之间，其他纬度为增温，幅度最大也为 0.5 ℃左右。夏季降温幅度增大，可达 0.7 ℃，纬带分布与全年相似，但在 55 °N以北出现温度升高，最大幅度超过 1 ℃。冬季的降温效应最为显著，从 30 °N至 75 °N为降温带，最大幅度可达 1 ℃。其他纬度有轻微增温，但幅度不超过 0.5 ℃。

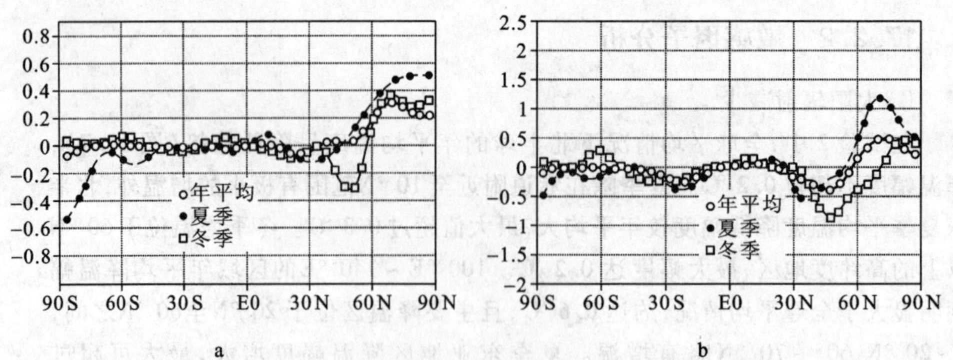

图 17.8　小冰期试验 3 地面气温的纬向平均值模拟

（刘健等，2003；2004）

a. 全球平均；b. 100 °E—140 °E地区平均（K）

3. 植被影响

在试验 3 中改变植被条件下,降水的变化情况为年降水量在东亚地区有显著增加,夏季风降水也增加 46 ~ 100 mm 以上,同时印度和东南亚南部有显著降水增加,但非洲中部降水有所减少。冬季降水无显著变化。上述特征在单因子和双因子强迫试验结果中基本相似,但单一太阳辐射减少因子叠加植被对东亚地区降水的增加量最小,单一火山灰因子叠加植被引起的降水增加较大,而前两个因子共同叠加植被的综合效果造成的降水增加量最大。但在植被有改变的非洲中北部地区,降水略有减少。可以认为,植被叠加后,当植被覆盖增加时(如东亚地区),降水量增加;而当植被覆盖减少时(如非洲地区),降水量则减少。

4. 太阳辐射、火山灰和植被对温度影响的综合效应

在试验 6 中,太阳辐射、火山活动和植被改变的敏感性试验结果(图 17.9)显示,植被对全球平均温度的增幅有所抑制,年平均温度的变化幅度也有所减小,且纬度分布变化明显,高纬度地区出现降温,以年平均降温和夏季降温最为显著,100°E—140 °E地区的温度变化明显,50 °N以南的年平均温度和冬季温度升高,增温幅度可分别达到 1 ℃和 1.8 ℃,而 50 °N以北地区为降温区,最大降温幅度在 1 ℃以内。夏季温度变化较小,但从 30 °N至极地呈小幅降温,低纬度略有升温。

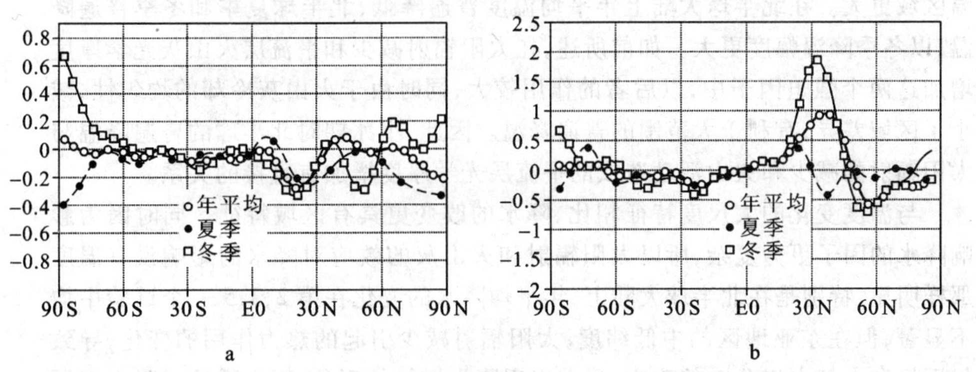

图 17.9 小冰期试验 6 地面气温的纬向平均值模拟

(刘健等,2003;2004)

a. 全球平均;b. 东亚地区平均(K)

17.2.3 东亚小冰期气候成因分析

对于太阳辐射减少情况(试验 2),降温幅度和降温区域均为夏季大于冬季,原因在于北半球夏季太阳辐射减弱,使得夏季地表加热大大减少,是地面辐射平衡减小的直接热力作用的结果。同时,冬季的地表辐射收支因太阳辐射的减少而进一步降低。但因北半球大陆冬季温度原已较低,因而其降低幅度没有夏季

大。可以认为,在北半球冬夏两半年辐射差异较大的情况下,太阳辐射的减少对夏季温度的影响更大。

在平流层火山灰光学厚度增加的敏感性试验(试验3)中,其结果与上述情况有所不同。首先,火山灰是使得到达地表面的太阳辐射减少,但在平流层则有较多的辐射吸收,因此,其结果是使大气层对太阳辐射的吸收变得不均匀,特别是使地表吸收的太阳辐射明显减少。从模拟结果可以看出,年平均降温区域更大,但降温幅度是冬季大于夏季,而降温区域则是夏季大于冬季。可以认为,火山灰的降温强度在冬季更为明显,但其影响范围则是夏季最为突出。这一结果与火山灰的降温机制有关。夏季太阳辐射在北半球较强,火山灰在平流层的分布具有明显的阳伞效应,使得广大地区的地表辐射普遍减少,但因夏季海陆气压场的分布相对较均匀,因而这种辐射引起的地表热量的区域差异相对较小。冬季太阳辐射较小,火山灰的减弱作用就更为明显,特别在冷高压控制的大陆地区,火山灰更加强了地表的冷却作用,使得地表降温幅度增大,这样又会加强大陆冷高压,从而形成在高纬大陆的强降温。

当综合考虑太阳辐射减小和火山灰引起的平流层光学厚度增加的叠加作用时(试验5),两种不同冷却机制的相互作用使得地表降温的区域差异减小,且降温区域更大。在北半球大陆上年平均温度普遍降低,北半球夏季和冬季普遍降温,以冬季降温幅度更大。如前所述,在太阳辐射减少和平流层火山灰光学厚度增加这两个强迫因子中,以后者的作用较大,同时由于火山灰冷却的均匀性,减小了区域差异,有利于大范围的普遍降温。因此,小冰期时北半球的普遍降温与太阳辐射的减少和火山活动造成的平流层光学厚度增加有直接的关系。

与温度变化的大尺度特征相比,降水的改变更具有区域特征。同时因为影响降水的因子更为复杂,所以太阳辐射和火山灰的效应对降水的影响没有温度那样明显,特别是在北半球大陆上,年平均降水的变化在第2,3,5三个试验中均不显著,但在东亚地区的中低纬度,太阳辐射减少引起的热力作用的变化,导致气压场和大气水汽分布的改变,夏季出现降水增加的现象,而赤道地区降水有所减少。可以认为,太阳辐射的减少使东亚地区夏季风降水区域发生改变,东南和西南季风降水均有所增加。冬季大陆降水无明显变化。平流层火山灰增加对降水的影响机制与前者不同,特别是在夏季降水形势上,表现为低纬度的西南季风和东南季风降水均有所减弱,印度季风区和我国东部广大地区夏季降水增加,南海季风减弱。冬季大陆降水变化仍较小,但赤道附近降水变化加剧,反映出赤道地区的对流和辐合与火山活动有一定关系。太阳辐射和火山灰增加的共同作用使得整个南亚地区年降水明显减少,特别是夏季西南季风降水减少,表示西南季风环流减弱。而对中国东部最重要的东南季风降水明显增加,反映出东亚夏季风环流在该强迫背景下有所增强。冬季降水未出现明显变化。在以太阳辐射减少和平流层火山灰增加为强迫条件的试验中，东亚地区夏季降水有所增加，而南亚西南季风和南海季风环流有所减弱。

东亚小冰期气候变化的主要强迫因子太阳辐射以及火山灰和其共同作用。太阳辐射和平流层火山灰光学厚度的增加，改变了地表及大气的辐射收支和热量平衡。这种辐射收支的改变造成地表和大气、陆地和海洋的热力差异，从而改变气压系统的分布和主要大气活动中心的强度及控制范围，形成一种与现在气候环流背景不同的环流特点，致使东亚地区在全年均出现明显的地表气温下降，冬季风增强，而夏季风环流系统的区域性差异增大，对降水的空间分布和强度产生影响。因此，在小冰期这样一个数百年尺度上的气候变化过程中，作为气候形成和变化的最根本原因的太阳辐射以及可能影响到太阳辐射收支的大气中的气溶胶（火山灰）的含量，仍然是引起小冰期气候寒冷的最主要原因。

第6篇

古气候模拟对比和验证

第 18 章

地质数据与模拟对比

古气候模拟验证的标准，与用来检验现代气候模拟的直接的气候观测数据不同，是通过地质记录获得的气候代用指标。由于气候代用指标是一种间接的气候数据，用来验证古气候模拟不仅需要进行一系列数据处理，还需要配合一定的专家解释。

在数据处理中，由于大部分古气候模拟（如 GCM 输出）是 3 维空间数据，需要采用空间统计学方法进行验证和对比。空间统计学是近几年统计学发展的一个新领域，广泛应用在地学各个领域，数据通常表现为网格形式，采用点格局统计（Haining，1990，2003；Bailey *et al.*，1995）。用于定量比较模型输出与古气候信息的一致性和差异性，有采用点－点对比法、面－面对比法，以及进行平均值、方差、相关系数、Kappa 系数等定量指标的对比检验。

本章介绍地质数据与模拟对比的常用方法和应用实例。

18.1 点－点对比法

地质研究点的古气候研究结果与气候模拟输出格点的直接对比被称为“点与点对比”。它可以简单直观地判断模拟结果的特征值、空间分布以及总体趋势是否与资料一致，比较不同模式之间、不同动力因子强迫之间以及不同试验方案之间的模拟结果的优劣。下面分别对古温度、古降水和古有效降水模拟的验证对比实例，做一个介绍。

18.1.1 古温度对比

地质资料以及定量恢复的古气候指标是验证古气候模拟的基石。我国第四纪地质学、古气候环境学等学科对中全新世气候的研究，采用的各种地质证据包括花粉和古植物化石、野生动物化石、古土壤剖面、湖泊钻孔、冰川和冰芯钻孔、新石器考古等提供的古气候记录。综合研究反映出我国 6 kaBP 是一个高温气候期，年平均气温普遍比现代高。许多学者采用不同的代用指标，进一步用定性的气候变化（如“温暖”、“湿热”、“干热”等）来推算古温度。例如，根据花粉恢复的古植被在纬度上迁移和在高度上变化、动植物化石指示的古动植物生长气候指标、动物化石追踪的古动物群北界、黄土序列中古土壤发育和人类活动遗迹、冰芯钻孔中氧同位素的变化、历史文献记录的野生动物分布等，定量地推算出各个地质点 6 kaBP 时的年平均温度或与现代的差值。

气候上夏季温度一般指夏季 6、7、8 三个月的均温，但在地质研究中对夏季温度定义不很明确，包括了夏半年温度和最热月（7 月）温度。同样，对冬季温度（12、1、2 三个月）还包括了冬半年温度和最冷月温度（1 月）。各类指标代表的温度也有差异。如冰芯资料代表了冰面温度，湖泊、海洋资料反映的是水温，洞穴资料反映的是地下水温度，花粉植物资料接近气温。采用古气候模拟的距地表 1 m 气温进行对比，使其差距尽可能地减少。此外，地质资料大都代表了长时间的平均状况。因此，做模拟对比时都要考虑到这些差异。

图 18.1 显示根据这些地质记录点上的花粉、湖泊、冰芯等的古气候证据所推算的温度值（于革等，2001）。从时间尺度上来看，推算的 6 kaBP 与现代的温度差值分布图，反映中国 6 kaBP 时年均温度普遍比现代高出 1 ~ 5 ℃，青藏高原升温幅度达到 5 ℃，华北地区为 3 ~ 4 ℃，东亚的升温高值区集中在 30°—50 °N 的中纬度地区。东亚许多地区的冬季温度也明显升高，尤其在中国华北、青甘地区，冬季气温比现代高 3 ~ 8 ℃。相对冬季温度变化，中国夏季温度变化幅度稍小，升温幅度在 1 ~ 3 ℃。

陈星等（2002）采用这一资料对全球气候模式模拟的中全新世年温度、季节温度进行对比，特别是对比现代植被预置（试验一）和古植被强迫（试验二）的 6 ka 模拟试验结果与地质资料的差异，试图获得哪种模拟试验更接近现实。试验一模拟了 0.5 ℃ 增温，试验二模拟了 1 ~ 2 ℃ 增温，而地质资料反映了我国 6 kaBP时年平均温度普遍比现代高出 1 ~ 5 ℃，华北地区为 3 ~ 4 ℃。因此，这样简单的对比，反映了试验二较试验一模拟大有改进。对比冬季温度，资料反映我国东部明显升高，尤其在我国华北和中部地区冬季气温比现代高出 3 ℃ 以上。试验二对该地区的冬季温度模拟增温达 2 ~ 4 ℃，与地质资料有较好的吻合。通过这一对比，由于该模拟的方向性改进与冬季增温的地质资料重建的气候特征接近，表明气候模拟揭示了太阳辐射的变化和植被的变化均具有潜在的气候效应，试验二的改进下垫面植被类型气候模拟产生了冬季温度有所增加，达到了地质资料的验证。

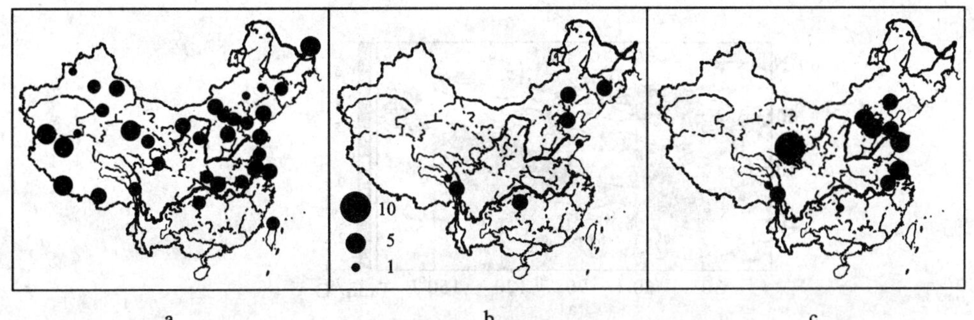

图 18.1　根据地质记录恢复的中全新世温度
（于革等，2001）
a. 年平均；b. 夏季；c. 冬季（℃）

Zheng 等（2004）采用以上古温度结果，对中全新世东亚区域模拟结果进行"点－点"式的对比。与有关地质证据基本一致，模拟的东亚中全新世年均温度变化也呈现出一定的水平地带性，位于中纬度地区的中亚、青藏高原、华北及中国东部地区成为升温中心，并且东亚地区的冬季升温比夏季更明显。通过与地质证据相比，以往许多 6 kaBP 气候模拟的年均温度变化幅度普遍偏小（Prentice *et al.*，1993；Yu *et al.*，1996；Texier *et al.*，1997；王会军，2001）。GCM 模拟结果一般也认为 6 kaBP 植被的反馈作用明显小于轨道参数变化的影响（Texier *et al.*，1997；Wang，1999）。采用 6 ka 下垫面强迫试验的区域气候模拟，表明中国 6 kaBP的冬季升温比夏季明显，与以往利用 GCM 进行的模拟相比，不但克服了 PMIP 设置下模拟的东亚 6 kaBP 冬季降温的缺陷，而且使模拟的温度变幅及季节特征与古地质资料更为吻合。

18.1.2　湿润状况和有效降水对比

湖泊水位升降主要反映了流域降水与蒸发的水量平衡变化（有效降水：$P-E$）。对现代湖泊 $P-E$ 模拟表明，降水是控制水量平衡变化最主要的气候参数，而温度、云量以及蒸发的影响则相对要小得多。因此，湖泊水位变化可以反映出区域降水（P）和有效降水（$P-E$）的气候变化。通过古湖泊水位资料定性恢复有效降水为古气候模拟的 $P-E$ 输出提供了不可多得的验证标尺。

依据全球古湖泊数据库的资料，30～35 kaBP 欧亚大陆湖泊水位相对现代变化在空间分布上具有相当一致的区域性，可用来对比验证 GCM 模拟的 35 kaBP气候状况（图 18.2）。模拟结果能够在大陆尺度上与湖泊资料的干湿变化一致，古气候模拟得以验证。

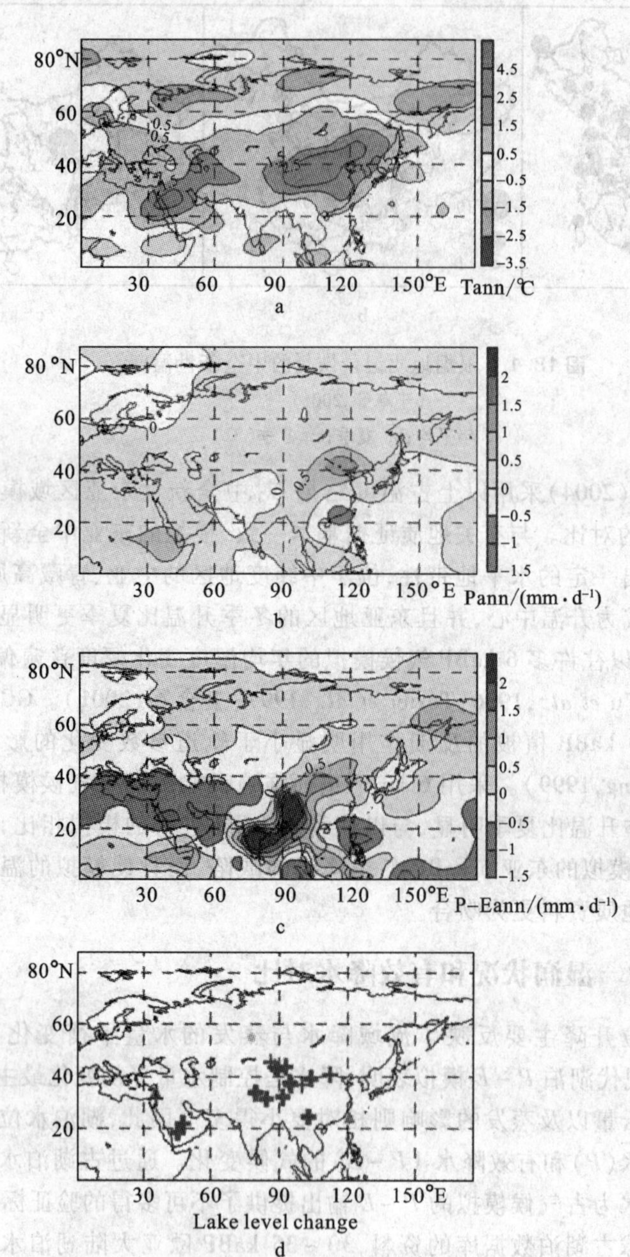

图 18.2 欧亚地区 MIS－3 晚期古气候模拟与湖泊地质重建资料对比

（根据 Yu *et al.*,2005）

a. 年温度模拟；b. 年降水模拟；c. 年 $P-E$ 模拟；

d. 古湖泊数据库估计的 $P-E$：▲干旱，✚湿润，●没有变化

18.1.3　古降水对比

根据湖泊地貌和沉积恢复的湖面高度变化，可以定性地指示流域的大水面和湿润的气候特征。需要定量化指标，还要进一步计算和模拟，推算出各单个流域的古降水量，进而对比古气候模拟输出。水量平衡模式（WBM）是一种较好的古降水定量方法。根据湖泊面积变化的水量平衡方程，获得流域范围年降水量。通过不同区域古降水量的定量估算，可研究降水的宏观空间分布格局，进而与GCM模拟的古降水量分布及风场气压场进行比较研究。例如，Xue等（2000）计算了不同湖泊流域中全新世（6 kaBP）和末次冰盛期（21 kaBP）古降水量（参见图11.3）。

Zheng等（2004）采用以上古降水重建结果，对中全新世区域模拟结果进行点－点的验证对比。模拟了青藏高原的南部尤其东南部是降水及有效降水的高值分布区，向北部逐渐减少，我国东南地区降水量较大，往北、西北有明显的减少。对比水量平衡模式的计算，青藏高原北纬30°以南（昂仁错、佩估错及拿日雍错）的降水量较大，达到3 mm/d左右，而高原的其他区域（包括位于南部的扎布耶）降水则少（1 mm/d），模拟结果与湖泊资料非常相近。新疆地区的三个湖泊点（艾比湖、柴窝堡、巴里坤）恢复的6 kaBP古降水量值与模拟结果有较大的差别（图18.3）。模拟青海湖区降水约1.5 mm/d，与资料恢复的降水接近。我国东部及内蒙所恢复的6 kaBP古降水均较现今有大幅的增加，位于纬度最北的呼伦湖地区降水要小于内蒙其他地区，而华北（宁晋泊）地区的降水量远高于东部其他有高水位湖泊记录的地区。水量平衡模式的古水量计算与模型模拟的结果也较吻合，反映东亚夏季风有大幅度的加强，从海洋带来较多的水汽，越往内陆，降水趋少。

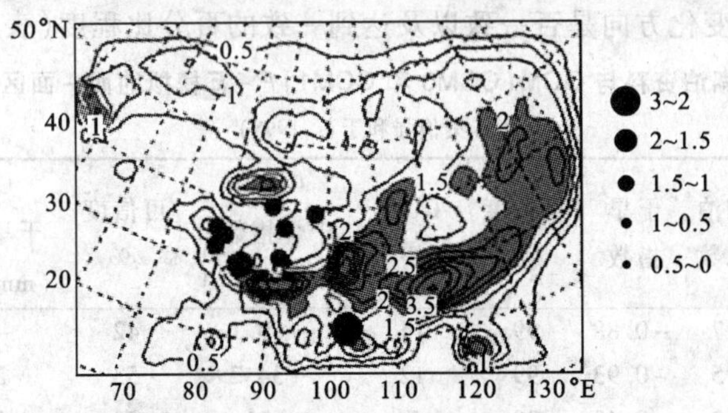

图18.3　东亚GCM模拟与湖泊资料WBM计算的6 kaBP降水的对比

（Zheng *et al.*，2004）

等值线为模拟的年降水速率（mm/d）；圆点表示根据湖泊水位资料计算降水

地质点与气候模拟输出格点的直接对比有一定的局限性。地质资料的复杂性导致定量重建有方法上的很多假设，而气候模拟的过程同样经过很多处理。因此，两者的点点对比一般只能在空间上给出一个定性的比较结论。在模拟的验证对比中，需要配合其他的对比方法，获得比较全面的结论。

18.2 面－面对比法

“面与面”式对比是一种区域对比法，即采用相同区域（面积）的古气候模拟输出与古气候代用指标进行对比，可以采用两者的区域实际值进行对比，也可以采用统计值（平均值、最大值、最小值、标准偏差等）进行对比。对区域值可以采用算术平均法，也可以根据资料分布采用权重法。

下面首先介绍湖泊水位资料与 6 kaBP 气候模拟 $P-E$ 对比实例（Qin *et al.*，1998；秦伯强和于革，1998）。由于湖泊水位记录是一种半定量的资料且空间分布又极不均匀，而 GCMs 模拟输出的有效降水则是标准网格化的输出，二者放在一起比较有许多困难。因此，我们可以进行分区域研究。划分这些区的原则是：① 区域内有足够的湖泊点，以保证其湖泊记录对该地区气候变化具有代表性。根据它的面积，这里每个区至少应有 7 个以上的数据点；② 每个区内湖泊水位变化应具有显著性，采用 6 000 aBP 的水位减去 0 aBP 水位，进行统计检验，其显著水平应在 80% 以上。这里显著性检验用的是离散概率分布；③ 由于各个区将与模拟结果相对比，采用 GCM 输出时每个区域应不少于 7 个网格点。最终共划分出 11 个区域。

对所划分出的区域，采用 2 种方法进行比较分析。第一种是对每个区域内的湖泊水位差值（6～0 ka）求算术平均，并将此值定义为干旱指数；同样对区域内模拟的有效降水变化求面积加权的算术平均，并与干旱指数值放在一起，比较二者所指示的变化方向是否一致以及达到一致的百分比程度（表 18.1）。

表 18.1 湖泊资料与 GCM（CCM0 和 CCM1）$P-E$ 模拟的面－面区域均值对比

（秦伯强和于革，1998）

地区	湖泊总数	干旱指数	可信度/%	GCM总格点	CCM0 干焊指数/（$mm\cdot a^{-1}$）	可信度/%	CCM1 干旱指数/（$mm\cdot a^{-1}$）	可信度/%
NW 北美洲	17	-0.88	99	14	-69.1	42	-32.9	38
E 北美洲	15	-0.93	99	12	-34.2	53	24.6	46
中欧	33	-0.42	99	7	-71	59	22.3	54
北非	49	1.51	99	36	153	99	39.7	96
东非	15	0.93	99	8	100.3	42	103.3	92
东亚	15	1.13	99	15	428	99	241.7	99
中亚	11	0.36	85	12	-28.8	45	-57.5	72
俄国中部	7	0.43	83	12	-153.5	96	10.8	52
ES 澳大利亚	14	0.64	99	7	-222.8	88	-9.7	33

第二种方法是在划定的区域内，把模拟得到的 $\Delta(P-E)$ 内插到湖泊位置上。内插是用围绕湖泊点的 9 个相邻的网格点上的模拟值，再加权平均后求得。加权平均的权重是距离的函数，即

$$W_i = [1-(d_i/r)^3]^3 \tag{18.1}$$

式中：d_i 为湖泊所处的位置至第 i 个网格点的距离；r 为最大内插半径；W_i 为第 i 个网格点的内插权重。把内插得到的 $\Delta(P-E)$ 再与湖泊水位变化值进行比较，当二者变化相同时，定义为一致，赋值为 1，当二者不一致时，赋值为 0。但是当湖泊水位"没变化"时（即湖水位在 6 000 aBP 与 0 aBP 相同），意味着模拟的 $|\Delta(P-E)|$ 值越小越好。为此，按湖泊水位在"没变化"时的频率值来定义 $|\Delta(P-E)|$ 值相对于 0 aBP 的 $P-E$ 值"没变化"的阀值，当 $|\Delta(P-E)| \leqslant 40\%\,(P-E)|_{0\,\mathrm{aBP}}$ 时，定义为"基本一致"，赋值为 0.5，反之为"不一致"，赋值为 0。最后把各个区域内"一致"，"可能一致"与"不一致"的湖泊个数进行统计。显然"一致"的百分比越大，说明模拟结果与湖泊资料越吻合。对比结果见表 18.2，反映了改进的 GCM 模式（CCM1）在降水场的模拟方面比原模式（CCM0）有显著的进步。

表 18.2　湖泊资料与 GCM（CCM0 和 CCM1）$P-E$ 模拟的面积权重面－面对比

（秦伯强和于革，1998）

区域	总个数	CCM0/%			CCM1/%		
		一致	基本一致	不一致	一致	基本一致	不一致
NW 北美	17	18	12	71	41	29	29
E 北美	15	33	7	60	47	7	47
中欧	33	45	21	33	24	21	55
北非	49	53	2	45	55	10	35
东非	15	40	0	60	33	0	67
东亚	15	60	0	40	67	20	13
中亚	11	27	0	73	27	36	36
俄国中部	7	14	0	86	29	43	29
ES 澳大利亚	14	7	21	71	0	14	86
北半球平均	289	34	8	58	38	23	38
南半球平均	40	13	13	75	20	15	65
全球平均	329	32	9	60	36	22	42

下面介绍采用方差进行面－面对比的例子。Collins 等（2002）采用 1 000 年以来的树轮重建的古温度和古降水，与 HADCM3 古气候模拟验证对比。北半球划分为 10 个地区，分别计算树轮重建的方差和模拟值的方差，进行区域的方差值的对比（图 18.4）。

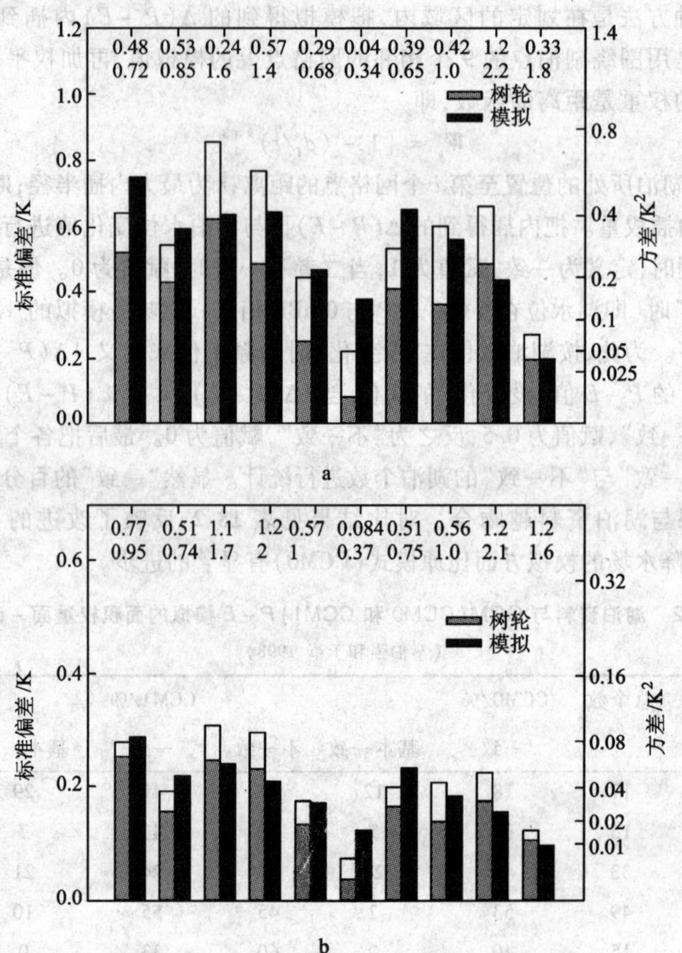

图18.4　北半球10个地区树木年轮转化与夏季均温模拟方差对比

(Collins *et al.*, 2002)

图中第一排和第二排数值分别为树轮温度和模拟温度的标准方差，两者显著性差异达到95%水平段标为黑体：a. 树轮与模拟的逐年值对比检验，b. 树轮与模拟的十年平均值对比检验

18.3　空间相似性

上述介绍的各类地质资料与古气候模拟的对比方法，通常用于数值资料的分析。在地质资料重建的代用古气候指标中，许多是定性分类的，如湖泊水位的高、中、低变化，花粉反映的植被气候有热带雨林、温带阔叶林、寒带针叶林、极地苔原等气候植被类型，以及黄土与古土壤、古土壤中灰炉土与森林棕壤等代表的

不同气候类型。这类气候代用资料如果类型之间有联系，可以用等级表示，如湖泊水位的高、中、低分别用 1、2、3 表示。但一些代用指标之间以属性表示，没有相对的大小、强度联系。例如灰炉土、森林棕壤和黄土可分别用数字 1、2、3 表示，但 1 和 3 之间的数字之间没有本质的联系，如果采用内插技术，获得类型 2 不一定代表的是森林棕壤。对于这一类资料空间的对比验证，可采用 Kappa 相似性分析（Monserud and Leemans，1992；Prentice *et al.*，1992；杨正宇等，2003）。

Kappa 系数（K）用来定量描述一个变量对另一个变量的空间相似性，即一致性的程度

$$K = \frac{P_a - P_e}{1 - P_e} \tag{18.2}$$

式中：P_a 是实际观察的一致率；P_e 是期望一致率。K 系数取值在［-1，$+1$］之间，当 $K = +1$，说明两次判断的结果完全一致；$K = -1$，说明两次判断的结果完全不一致；$K = 0$，说明两次判断的结果是机遇造成；$K < 0$，说明一致程度比机遇造成的还差，两次检查结果很不一致，但在实际应用中无意义；$K > 0$，此时说明有意义，K 系数愈大，说明一致性愈好。

在 2 维矩阵（总元素 = 行 × 列）中，期望矩阵 $\boldsymbol{X}_P$ 和测定矩阵 $\boldsymbol{X}_v$ 对于某一种类型分布有共同分布的元素 N 个，各自对该种类型分布有元素 x_p 个和 x_v 个。可采用 Kappa 系数（K）计算其空间一致性

$$K = \frac{N\sum_i x_{ii} - \sum_i x_{pi} \cdot x_{vi}}{N^2 - \sum_i x_{pi} \cdot x_{vi}} \tag{18.3}$$

计算 Kappa 系数的一般步骤：

（1）建立资料矩阵和模拟矩阵，分别为期望矩阵 $\boldsymbol{X}_P$ 和测定矩阵 $\boldsymbol{X}_v$。

（2）在检验的区域内，确定对一种类型的空间分布检验。

（3）分别获得该类型在空间分布 $\boldsymbol{X}_P$ 和 $\boldsymbol{X}_v$ 相一致的网格点数（N）、$\boldsymbol{X}_P$ 分布的网格点数（x_p）、$\boldsymbol{X}_v$ 分布的网格点数（x_v）。

（4）根据公式 18.2 计算 Kappa 系数。

（5）做出判断：当 Kappa 系数 >0 时，说明有意义。Kappa 系数愈大（趋于 1），一致性越好，反之亦然。

例如，应用 Kappa 系数对分布在中国的花粉与植物，在空间分布上作一致性检验（Yu *et al.*，2004）。在检验的区域内，首先确定冷杉类型空间上花粉分布（$\boldsymbol{X}_v$）和植物分布（$\boldsymbol{X}_P$）两个 2 维矩阵。如图 18.5 所示，N 代表两者分布一致的网格点，$x_p = N + n_1$，$x_v = N + n_2$，根据公式 18.2 计算 Kappa 系数。最后获得 $K = 0.65$，说明测定矩阵在 65% 程度上达到期望矩阵的分布。

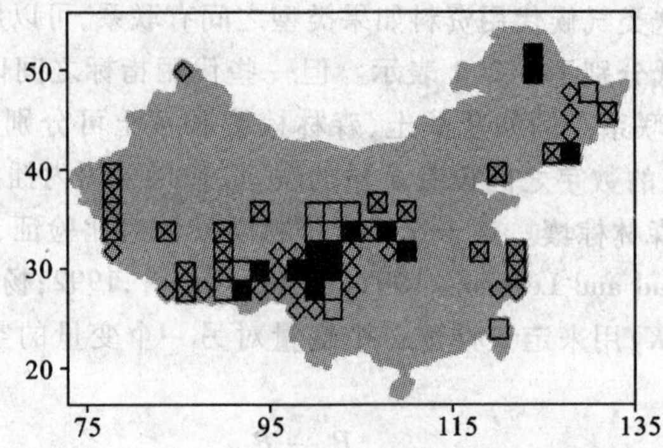

图 18.5 Kappa系数对冷杉花粉与植物在空间分布的一致性检验

(Yu *et al*.,2004)

■代表两者分布一致的网格点(N),□代表花粉分布大于植物分布(n_1),⊠代表花粉分布小于植物分布(n_2),◇没有花粉资料的网格点

采用Kappa系数方法已经被大量应用到古植被气候模拟中,用来检验空间类型分布与目标分布的一致性和差异性,例如Claussen(1997)对ECHEM-GCM模拟中全新世植被;Cowling(1999)CCM1-GCM模拟末次冰盛期古气候植被;Harrison等(1998)对UGAMP2.0、ECHAM3.2、CCM2、CCM3等GCMs的6 kaBP古植被模拟进行相互比较,发现各个模拟和试验的偏差和局限,对古气候模拟的提高和改进发挥了重要作用。

第 19 章

古气候模拟统计检验

温度、降水等气候指标是自然界中的随机现象。古气候模拟试验重建和反演过去曾经发生的气候随机变量,因而古气候模拟的试验结果显然带有一些我们既无法控制、也无法避免的误差,即随机误差。由于古气候变化复杂性和大量因子的不确定性,使我们对古气候模拟的模式系统、模拟试验、边界场和各项参数设置等的认识不完全,古气候模拟结果不可避免地出现系统误差。换句话说,我们进行的古气候模拟试验是一个并不完美的世界,我们对这个世界的认识也只能是一种相对正确的真理,因此我们需要认识这个相对正确性有多大。目前对空间数据随机误差的统计检验常采用假设检验(例如 Z 检验、t 检验、χ^2 检验),对空间数据的不确定性判断采用随机概率评价等方法。本章分别介绍古气候模拟的空间统计检验和随机概率分析。

19.1 古气候模拟试验的统计检验

19.1.1 统计检验的基本原理

统计检验法是利用各种数理统计方法对空间数据进行有效性评估的定量分析方法,有大量统计学专业文献介绍(例如 Kullback,1959;陶澍,1994)。统计检验采用假设检验,基本思路是:首先根据需要判断的目标,建立一个统计假设;其次,利用统计学构建起一个理论分布,计算出观察到的实验结果出现的可能性有多大;第三步,计算实验结果出现的可能性后,把这可能性与人为规定的一个标准(一般取为 0.01~0.05,称为显著性水平)进行比较,如果可能性大于该标准,则认为统计假设很可能是对的,即接受统计假设;若可能性小于这一标准,说明在统计假设成立的条件下,观测到这一实验结果的可能性很小。一般来说,一个小概率事件在一次观测中是不应出现的,而现在它竟然出现了，一个合理的解释就是它实际上不是一个小概率事件，我们把它当作一个小概率事件是因为我们的统计假设不对，因此就应拒绝统计假设。这样，根据实验结果对统计假设是否成立作出了判断，从而也对我们要解决的目标作出了明确的回答。

如果要检验目标组和对照组的平均数（μ_1 和 μ_2）有无差异，上述过程可表达为：

(1) 建立假设，即假设两者没有差异，用 $H_0:\mu_1=\mu_2$ 表示；

(2) 通过统计运算，确定假设 H_0 成立的概率 P，也称置信度或置信水平；

(3) 根据 P 的大小，判断假设 H_0 是否成立。如表 19.1 所示。

表 19.1 统计假设检验中可能概率（P）与无差异假设（H_0）的关系

P 值	H_0 成立概率	差异显著程度
$P\leqslant 0.01$	H_0 成立概率极小	差异非常显著
$P\leqslant 0.05$	H_0 成立概率较小	差异显著
$P>0.05$	H_0 成立概率较大	差异不显著

19.1.2 统计检验方法的选择

判断古气候模拟试验是否正确，它是否达到标准，需要一个目标去验证。这个目标通常有两种数据类型。一类是由地质资料转换的代用气候指标，如根据深海氧同位素大小转换的温度指标，由湖泊水位高低变化转换的降水指标等。另一类古气候模拟的验证目标是现代气候温度、降水等观测数据。尽管这些数据不能验证古气候模拟，但它通常用来验证古气候模拟中的控制试验（Frankignoul,1999）。它依据了将今论古原理，即如果对现代模拟得到了现代气候观测的验证，那么在没有古代观测数据、无法对古气候模拟进行验证的情况下，同样的模式对古代的气候模拟应当正确。

GCM 的古气候模拟数据 3 维空间输出是空间连续变量。地质资料转换的代用气候指标往往在时间分布上不连续，在空间分布上是离散的。而地质资料转换的代用气候指标与古气候模拟在数据属性上相比，差距较大。因此，通常采用代用气候指标的特征值，与古气候模拟变量总体进行对比。在统计检验中可采用特征值与总体大小和方差的假设检验方法（表 19.2）。

作为验证古气候模拟目标的现代气候观测数据，与古气候模拟数据相比，除了在时间坐标和记录长度上的差异外，两者的数据属性相同，都是空间和时间连续变量。因此，在统计检验中可采用两个独立或相关总体在大小、方差和分散度的假设检验方法（表 19.3）。

表 19.2　特征值与总体样本大小和方差的假设检验方法

检验方法	用途	公式	自由度
Z 检验	总体样本平均数与特征值平均值的差异	$z=\dfrac{\bar{X}-\mu_0}{\dfrac{S}{\sqrt{n}}}$(公式 19.1)	
t 检验	总体样本平均数与特征值平均值之间的差异	$t=\dfrac{\bar{X}-\mu_0}{\sqrt{\dfrac{S}{n-1}}}$(公式 19.2)	$t(n-1)$
χ^2 检验	比较总体样本与特征值的方差	$\chi^2=\sum\dfrac{(f_0-f_e)^2}{f_e}$(公式 19.3)	$\chi^2(n_1-1)\times(n_2-1)$

说明：其中 $\bar{X}$ 是检验样本的平均数；μ_0 是已知总体的平均数；S 是样本的方差；n 是样本容量。f_e 实得次数（观察次数）；f_0 是理论次数（期望次数）

表 19.3　两组总体样本大小和方差的假设检验方法

检验方法	用途	公式	自由度
Z 检验	两组总体样本平均数的差异性	$z=\dfrac{\bar{X}_1-\bar{X}_2}{\sqrt{\dfrac{S_1}{n_1}+\dfrac{S_2}{n_2}}}$　(公式 19.4)	
t 检验	两组总体样本平均数之间的差异程度：总体方差相等	$t=\dfrac{\bar{X}_1-\bar{X}_2}{\sqrt{\dfrac{(m-1)S_1^2+(n-1)S_2^2}{m+n-2}\cdot\left(\dfrac{1}{m}+\dfrac{1}{n}\right)}}$ (公式 19.5)	$t(m+n-2)$
	两组总体样本平均数之间的差异程度：总体方差不相等	$t=\dfrac{\bar{X}_1-\bar{X}_2}{\sqrt{\dfrac{S_1^2}{m}+\dfrac{S_2^2}{n}}}$　(公式 19.6)	$\min(m-1,n-1)$
F 检验	两组总体样本方差之间的差异程度	$F=\dfrac{S_1^2}{S_2^2}$　(公式 19.7)	$F(n_1-1,n_2-1)$

说明：其中 $\bar{X}_1$、$\bar{X}_2$ 是样本 1、样本 2 的平均数；S_1、S_2 是样本 1、样本 2 的标准差；n_1、n_2 或 m、n 是样本 1、样本 2 的容量

19.1.3　统计检验方法在古气候模拟中的应用

1. 均值检验

验证古气候模拟与气候观测数据的差异，常采用 t 检验中两个平均值差异

程度的检验方法(Frankignoul,1999)。它是用 t 分布理论来推断差异发生的概率,从而判定两个平均数的差异是否显著。Hannoschock 等(1985)对 GISS(USA GISS Goddard Institute for Space Studies)-GCM 模拟的海面气压(SLP)输出进行 t 检验,两组总体样本分别是气候观测数据和模拟数据。GISS 的模式精度为 8°×10°网格点。在全球的 792 个网格中,每一个网格均为一组独立的对比检验。目标组采用每一个网格上 1970—1984 年 15 年的 1 月平均 SLP 观测值,对比组为 GISS 模拟 15 年中 1 月平均 SLP。一般步骤如下:

(1) 建立假设 $H_0:\mu_1=\mu_2$,即假定两个总体平均数之间没有显著差异;

(2) 检验两个平均值差异程度,采用表 19.3 公式 19.5 计算 t 统计量;

(3) 设定理论值差异的显著水平,根据自由度 $df=(n_1+n_2-2)$,查 t 值表。在该检验中,设定显著水平为 0.05。当 $df=14+14-2=26$,理论值 $t_{(\alpha=0.05,df=26)}=2.0555$;

(4) 比较计算 t 值和理论 t_0 值,推断发生的概率是否显著。采用双尾检验(与单尾检验相比,更为可信),对每个网格上计算值 $|t|\geqslant 2.0555$ 时,拒绝假设 H_0,模拟值与观测值差异显著;反之则差异不显著。

t 检验结果通常采用图来表达。在 2 维的气候模拟的平均场地图上,在每个网格上标注显著和不显著两种类型。在古气候模拟中,更多地把具有显著性差异性的网格点标注,以显示不同驱动因子模拟的结果的差异。可以把差异显著的网格点用阴影表示或白化表示(图 19.1)。

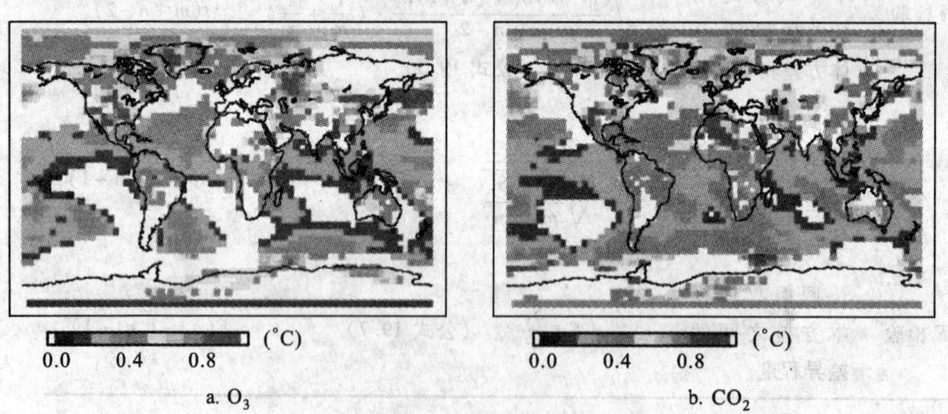

图 19.1 GISS-GCM 夏季 75 年与控制试验夏季海温模拟对比的 t 检验
(Mickley *et al.*, 2004)
采用臭氧(a)和 CO_2(b)驱动的气候模拟。
白色网格点为双尾 t 检验在 95% 可信水平($P<0.05$)具有显著性差异

2. 方差检验

验证古气候模拟与地质资料转换的代用气候指标的差异,可采用 t 检验对平均值进行检验、F 检验对方差进行检验。Collins 等人(2002) 采用北半球 9 个不同地区的 387 个树木年轮资料与 HADCM3 - GCM 气候模拟对比并进行统计试验。它的一般步骤是:

(1) HADCM3 是高精度 GCM 模式(精度为 1.25°×1.25°)网格点。根据树轮分布的 9 个地区面积范围,在该模式全球场上取同样地区的网格点(图 18.6),采用其区域平均值与树轮区域平均值对应;

(2) 北半球中高纬度地区的树木主要生长在夏季,相关分析表明树木年轮变化反映了夏季温度。据此关系函数把公元 1400—2000 年的树木年轮标准指数,转化成同期的 4—9 月平均温度,与 HADCM3 - GCM 1 000 年气候模拟的 4—9 月地表温度进行对比(图 18.7)。分别计算各自的方差值;

(3) 建立假设 $H_0:\mu_1=\mu_2$,即假定两个总体方差之间没有显著差异;

(4) 设定理论值差异的显著水平 0.05,根据自由度 $df=(n_1-1,n_2-1)$,查表得到理论 F_0 值;

(5) 比较计算得到的 F 值和理论 F_0 值,推断发生的概率是否显著。当每个地区的计算值 $|F|\geqslant F_0$ 时,拒绝假设 H_0,模拟值与观测值差异显著;反之则差异不显著。

Collins 等(2002) 采用图中标注来表达 F 检验是否显著的检验结果(图 18.8)。在 9 个地区和北半球平均区(NH)的 10 对数据和模拟的对比方差柱上,分别标出两者方差的差异显著性达到 95% 可信水平($P\leqslant 0.05$) 的地区。这些地区反映了模拟与目标的差异显著,因而需要改进模拟试验。

3. 等级资料检验

上述 t 检验和 F 检验,通常用于数值资料的分析,属于参数检验。但由地质资料恢复的古气候,还常有定性分类的资料,如高、低湖泊水位反映了大气干、湿状况,花粉反映的温度有冷、凉、暖类型,以及冰川沉积在一个地区表现为有、无状况。这一类在统计上属于非参数检验。通常有两种检验方式,比较不同时间的观察频数与理论预计频数,采用 χ^2 检验。比较累计频数,采用柯尔莫哥洛夫(Kolmogorov) 检验(Amstadter,1971)。下面介绍在古气候模拟与古气候代用资料对比中,采用的 χ^2 检验两者的属性差异。

χ^2 检验属于拟合优度型检验,适用于具有明显分类特征的数据。χ^2 检验是对所得到的分类、分等的计数资料与依据某种假设所期望的理论次数之间二者进行差异的显著性检验的方法。一般步骤如下:

(1) 建立假设 $H_0:f_0=f_e$;

(2) 根据实得次数(观察次数) 和理论次数(期望次数) 计算统计量 χ^2 值;

(3) 按类别的自由度 $df=n-1$ 或 $df=(n_1-1)\times(n_2-1)$,在设定的显著水平上(0.01 ~0.05) 查数值表,获得理论 χ^2 值;

(4) 比较判断,把计算所得的值与查表所得的理论值进行比较,根据拒绝或者接受 H_0,结合具体情况,得出结论。

例如,在全新世中,一个地区的湖泊水位变化每500年间有一个记录,在20个记录中出现了干旱、正常、湿润三种气候状况不同频数。模拟获得10 000年降水变化在0.5~4.5 mm/d之间。根据现代值为2.5 mm/d,可以把降水模拟按照0.5~1.5 mm/d、1.5~3.0 mm/d、3.5~4.4 mm/d分别对应干旱、正常、湿润三个类型,依次计算10 000年中湖泊和模拟出现的三个类型的频数(表19.4)。在降水的三个类型,定义三个值标签,即1 = 湿润,2 = 正常,3 = 干旱。自由度 $df = 3 - 1 = 2$。然后建立假设 $H_0: f_0 = f_e$,即假定两个总体方差之间没有显著差异,采用表19.2公式19.3计算 χ^2 统计量,$\chi^2 = 2.388$。设定理论值差异的显著水平0.05,根据自由度 $df = 2$,查表得到理论值 $\chi^2_{(0.05,2)} = 5.991$。最后比较计算值和理论值,推断发生的概率是否显著。因为 $2.388 < 5.991$,接受假设 H_0,说明模拟值与观测值无显著性差异,古气候降水模拟在统计意义上与湖泊降水资料一致。

表19.4 湖泊记录和古气候模拟的区域降水的三个类型的频数(%)

	湿润	正常	干旱
湖泊记录(f_0)	45	30	25
降水模拟(f_e)	50	25	20

19.2 古气候模拟不确定性的评估

古气候模拟试验是重建和反演过去曾经发生的气候,尽管已经在气候变化成因机制、气候系统的过程和反馈机制方面取得了相当大的进展,许多领域依然阻碍了气候模拟和预测能力的提高。由于人们对基于物理的复杂气候模式、气候变化驱动理论、古气候模拟试验等诸多因素特征、过程、相互作用等的认识不完善,使古气候模拟结果不可避免地出现了大量不确定性(Mahlman 1997)。判断和检验古气候模拟的准确程度,利用真实的地质资料作为标准,采用统计学相似性、差异检验等方法,已经在前节做了介绍。这样的对比和验证,能够发现古气候模拟的准确和差异程度,但对于模拟不准确性无法估计。我们需要定量研究这个相对正确的可能性有多大,需要对古气候模拟的动力因子的作用、模拟试验中具体设置,以及模型自身的功能结构、模块系统等在古气候模拟试验中产生的不确定性量化。换言之,地质资料对比采用了外部系统为标准,而不确定性分析是以它的内部系统为参照系,分析从模式到试验各个因素、各个环节的作用、功能、贡献,从而发现与模拟结果之间的关系。

19.2.1　不确定性概述

不确定性是自然界和现实生活中普遍存在的一种现象,它的产生是一种随机过程。不确定性分析首先在工商管理(市场分析、金融保险)和工程制造(模拟计算、统计运筹)等领域的众多不确定性现象和问题中发展起来的,在应用数学(随机过程、概率统计)基础上发展成多学科交叉、融合一套理论和方法(ISO,1993;史文中,2005)。近来不确定性分析在环境评估、气候诊断、气候模拟分析等全球变化领域中得到大量的应用,取得了令人瞩目的成果(Robinson,1989;IPCC,1996,2000)。

不确定性的研究采用了数学统计和随机过程原理和途径(Morgan *et al.*,1990;Carte 1999)。根据不确定性的度量、不确定性的来源、不确定性的传播等,评价总体效应。例如,在采用温室气体强迫的 GCM 气候模拟中,在 CO_2 的排放、碳循环、大气浓度、气候系统响应、区域气候变化,地表对温度、降水、风场等的影响(图 19.2),这些输入因子和过程各层次的不确定性以及相互作用和反馈,导致了不确定性因子的交互和传播,由此评价模拟结果中的不确定性的总体效应。在气候模拟研究中,Katz(1999)概括了不确定性分析的技术有敏感性分析、情景分析和概率分析三种方法。它们的功能和主要优缺点见表 19.5。

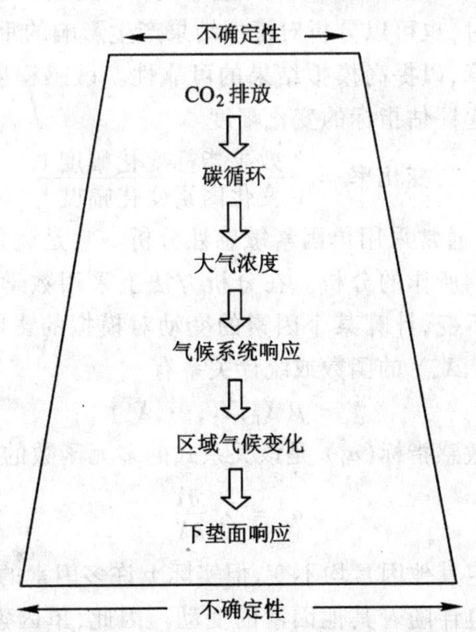

图 19.2　温室气体变化在气候模拟中不确定性来源和传播图示
(New *et al.*,2001)

表 19.5 气候模拟不确定性分析的主要技术方法

(Katz,1999)

方法	功能	优点	缺点
敏感分析	对单因子输入的响应分析	直观,直接	忽略输入中的不确定成分
情景分析	对总体输入的响应分析	直观,易于操作	难以确定不确定性的成因
概率分析 - 蒙特卡罗模拟	对输入分布函数的模拟	采用概率法	计算量大,忽略构建函数中的不确定成分

在古气候模拟中,不确定性分析用来分析模式功能、动力因子作用、试验设计等不确定性因素对模拟结果的影响程度,估计模拟缺陷的不确定性及其发生可能性,确定古气候模拟的可靠性。不确定性的敏感性分析通过敏感试验实现,情景分析法主要用在对未来气候模拟分析中。本节主要介绍敏感分析中的数学计算和概率分析法中的蒙特卡罗模拟。

19.2.2 敏感性分析

敏感性分析是找出气候模拟中的敏感因素,确定这些因素变化后对模拟结果的影响程度。同时,也可以分析对模拟结果产生影响的重要程度,对它们进行重新调查、分析、计算,以提高模拟结果的可靠性。敏感程度可表示为该因素按一定比例变化时引起评估指标的变化幅度

$$\text{变化率} = \frac{|\text{效果指标变化幅度}|}{|\text{变化因素变化幅度}|} \tag{19.8}$$

在气候模拟中,通常采用单因素敏感性分析。它是就单个不确定因素的变动对模拟结果的影响所作的分析。在分析方法上采用数学多元函数的偏微分,即假定其他因素均不变,计算某个因素的变动对模拟的影响。假设在变量(Y)和自变量($X_1, X_2, \cdots, X_n$)的函数或统计关系有

$$Y = f(X_1, X_2, \cdots, X_n) \tag{19.9}$$

对某一因子的敏感指标(a_i)是该关系式的多元函数的偏微分

$$a_i = \sum \frac{\partial Y}{\partial X_i} \tag{19.10}$$

这个分析是假定其他因素均不变,但实际上许多因素的变动具有相关性,一个因素的变动往往也伴随着其他因素的变动。因此,单因素敏感性分析有其局限性。改进的方法是进行多因素敏感性分析,即考察多个因素同时变动对模拟效果的影响。多因素敏感性分析要考虑可能发生的各种因素不同变动幅度的多

种组合，计算起来要比单因素敏感性分析复杂得多。如果需要分析的不确定因素不超过三个，而且模拟指标的计算比较简单，可以用解析法与作图法相结合的方法进行分析。

当确定了敏感因子并且量化后，可以根据敏感度来估算不确定性和真实值的范围（ISO，1993）。在一个系统内，不确定性包括了标准不确定（u）和扩展不确定（U）两部分。标准不确定指数的计算是

$$u = \sqrt{\sum_{i=1}^{R} a_i^2 s_i^2} \tag{19.11}$$

式中，s_i 是该关系式的标准偏差，a_i 是敏感指标。标准不确定指数的自由度（v）根据 Welch - Satterthwaite 公式估计

$$v = \frac{u^4}{\sum_{i=1}^{R} \frac{a_i^4 s_i^4}{v_i}} \tag{19.12}$$

扩展不确定指数（U）的计算是

$$U = ku \tag{19.13}$$

19.13 中系数 k 根据 t 检验中对自由度（v）选择。一般在 95% 可信区间里，$k=2$。标准不确定指数（u）和标准偏差估计标准偏差的误差项（u_{bias}），构建相对确定指数（u_c）

$$u_c = \sqrt{u^2 + u_{\text{bias}}^2} \tag{19.14}$$

扩展不确定指数（U）的上、下限定义为

$$\text{临界值} = \begin{cases} U_- = ku_c + \delta \\ U_+ = ku_c - \delta \end{cases} \tag{19.15}$$

其中 δ 是系统偏差。最后可以获得真实值的范围估计

$$Y - U \leqslant \text{真实值} \leqslant Y + U \tag{19.16}$$

综上所述，敏感性分析和不确定性估计的一般步骤如下（ISO，1993）：

（1）从输入因子中选择需要分析的不确定因素，并设定这些因素的变动范围。

（2）确定输出终端中的分析指标。

（3）计算各不确定因素在可能的变动范围内发生不同幅度变动所导致的输出指标的结果，建立起一一对应的数量关系。

（4）确定敏感因素。判别敏感因素的方法有两种：第一种是相对测定法，即设定要分析的因素均从确定性因子中所采用的数值开始变动，且各因素每次变动的幅度（增或减的百分数）相同，比较在同一变动幅度下各因素的变动对输出指标的影响，据此判断各因素变动的敏感程度。第二种方法是绝对测定法：即假设各因素均向对方案不利的方向变动，并取其有可能出现的对方案最不利的数

值,据此计算方案的输出指标,看其是否可达到使方案无法被接受的程度。如果某因素可能出现的最不利数值能使方案变得不可接受,则表明该因素是方案的敏感因素。方案能否接受的判据是各输出指标能否达到临界值。

(5) 对不确定性分析的结果决策,采用最佳方案,绘制敏感性分析图和不确定性变化极限域。

19.2.3 概率分析-蒙特卡罗法

利用敏感性分析可以知道某因素变化对气候模拟结果的影响有多大,但是无法了解这些因素发生变化的可能性有多大,概率分析能弥补这一缺陷。概率分析是通过研究各种不确定因素,发生不同幅度变动的概率分布及其对模拟结果的影响,从而对模拟试验误差做出准确的判断。概率分析是以模拟结果期望值的计算过程和计算结果为基础的,它首先选择不确定性的适当度量,然后选择不确定性分析的特征概率密度函数,再分析和确定不确定性的来源,最后计算不确定性的传播。在 GCM 模拟概率分析中常用的是蒙特卡罗概率模拟法。

蒙特卡罗方法是模拟随机现象最常用的方法。蒙特卡罗方法得名于欧洲著名赌城摩纳哥的蒙特卡罗城。由于赌博游戏与概率的内在联系,第二次世界大战时美国曼哈顿计划中把这种方法称为蒙特卡罗方法。在这之前,蒙特卡罗方法就已经存在。1777 年,法国 Buffon 提出用投针实验的方法求圆周率。这被认为是蒙特卡罗方法的起源。蒙特卡罗模拟是一种有效的统计实验计算法,这种方法的基本思想是人为地造出一种概率模型,使它的某些参数恰好重合于所需计算的量;又可以通过实验,用统计方法求出这些参数的估值;把这些估值作为要求的量的近似值。从理论上来说,蒙特卡罗方法需要大量的实验。实验次数越多,所得到的结果才越精确。以投针实验为例,一直到公元 20 世纪初期,尽管实验次数数以千计,利用蒙特卡罗方法所得到的圆周率值,还是达不到公元 5 世纪祖冲之的推算精度。这是传统蒙特卡罗方法最大的缺陷,结果是否精确在很大程度上取决于蒙特卡罗实现值的数量。而现代计算机技术的发展,使得蒙特卡罗方法在最近 10 年得到快速的普及。

蒙特卡罗概率分析原理是根据各自的概率密度函数,选择自变量因子和活动数据的随机值,然后计算相应的变量。利用计算机多次重复这一过程,每次计算的结果用来构建概率密度函数(Fishman,1996)。一般步骤是:

(1) 对每一项变量,输入最小、最大和最可能估计数据,并为其选择一种合适的经验分布模型。

(2) 计算机根据上述输入,利用给定的某种规则,快速实施充分大量的随机抽样。

(3) 对随机抽样的数据进行必要的数学计算,求出结果。

(4) 对求出的结果进行统计学处理,求出最小值、最大值以及数学期望值和单位标准偏差。

(5) 根据求出的统计学处理数据,运用计算机自动生成概率分布曲线和累积概率曲线。

(6) 依据累积概率曲线进行不确定因子特征、分布以及趋势等分析。

蒙特卡罗分析的特点是:① 原理简单但应用复杂。如同概率论的理论相对简单,但具体应用颇费脑筋。② 计算量浩大。由于人们普遍借助了计算机编程运算,这项缺点已经成为了该方法运用的优势。目前蒙特卡罗分析能够处理任何可能形状和宽度的概率密度函数,也能够处理相关的变化程度随时间的相关和源类别之间的相关,还能处理更为复杂的模式(复杂函数关系或者统计函数关系)。由于计算机的运算速度非常快,蒙特卡罗模拟不仅可进行概率分析,也适用敏感性分析。

19.2.4 不确定性分析在古气候模拟中的应用

不确定性分析在气候模拟中大量应用,但在古气候模拟中尚不多见,原因是对古气候模拟的不确定因素更难把握,目前大部分古气候模拟的分析还停留在定性分析上。这里选用两个对未来的气候模拟分析应用,由于未来气候模拟无法检验,与消失的古气候无法直接验证类似,采用的分析方法是相同的。另外,我们相信它会成为古气候模拟的定量分析的应用方向,故在此做一介绍。

Eggleston 等(1998) 提供了一个应用于全球温室气体总排放模拟的不确定性分析原理和过程,其一般步骤是:

(1) 确定基本数据的不确定性,包括排放因子和活动及其相关的平均值和概率。

(2) 计算 CO_2 排放的概率密度函数(PDF) 和相关值。

(3) 选择随机变量:对每一个输入数据项排放因子或活动数据,从该变量的概率密度函数中随机选择一个数值。

(4) 估算排放量:假定了三种排放源都是根据活动水平数据乘以排放因子来估算的,然后求和得到总排放。为了获得用 CO_2 当量表示的国家总排放温室气体排放,应该乘以 GWP 值。

(5) 重复和监控结果:把步骤 4 计算出的排放总量存储起来,然后从步骤 3 开始重复。这一过程所存储的排放总量的平均值就是对总排放的估算,其分布是结果的概率密度函数的估算。随着过程的重复,当平均值的变化小于某一预先确定的量时,可以终止计算。对 95% 置信范围的估算变化不超过 ±1% 时,可获得一个足够稳定的结果。绘制估算排放的频率散点图,用来检查结果的收敛。

New 和 Hulme(2000) 对 IPCC - Ia 92 温室气体强迫方案的 7 个 GCM 14 个

模拟试验，进行蒙特卡罗分析。他们的一般步骤是：

第一，决定前概率模式。根据驱动因子温室气体变化在气候模拟中不确定性来源和传播，采用了等级模式（Hierarchical Model）构建。对模拟的气候预测统计量温度（T）和降水（P），由四个不确定性因素构成：① IPCC 对温室排放量导致全球增温幅度（GT_{ipcc}），② GCM 对全球温度模拟的增温幅度（GT_{gcm}），③ GCM模拟的区域气候的模拟（T_{loc}或者 P_{loc}），④ 全球气候模型的气候系统模拟误差（T_e 或者 P_e）。它们之间的统计关系可写成公式 19.17（对温度）和公式 19.18（对降水）

$$T = \frac{GT_{gcm}}{GT_{ipcc} \times T_{loc}} + T_e \tag{19.17}$$

$$P = \frac{GT_{gcm}}{GT_{ipcc} \times P_{loc}} + P_e \tag{19.18}$$

第二，逐一分析前概率模式中 4 个自变量的概率分布模式：

（1）GT_{ipcc}：根据 IPCC 的估计，在未来 50 年全球对温室排放量导致全球增温幅度在 1.5～4.5 ℃。美国的 16 位科学家对此做了气候敏感性的概率研究，认为 1～2 ℃变化发生具有低于 5% 概率，而 4～7 ℃变化发生具有高于 95% 概率。因此采用 1.5～4.5 ℃幅度，中值放在 3 ℃，构成对称的三角概率分布，即 GT_{ipcc} ~ Tri（Min，Max，Median）。

（2）GT_{gcm}：14 个 GCM 气候全球温度模拟增温幅度。由于这 14 个模拟试验方案，都有着一定的科学根据；评价其模拟结果，没有未来资料可以验证，总体上很难判断优劣。因此，假设各个模拟的优劣均等，服从均匀概率分布，即 GT_{gcm} ~ Uni（Max，Min）。

（3）T_{loc}/P_{loc}：采用 14 个试验分别对英国南部和北部两个区域进行模拟。同样假设 14 个模拟试验的随机误差相等，服从均匀概率分布，即 T_{loc} ~ Uni（Max，Min）和 P_{loc} ~ Uni（Max，Min）。

（4）T_e/P_e：这项反映了模式模拟的系统误差。采用控制试验，在 1 000 年温度和降水长积分模拟的结果上取每个 30 年平均值与 1 000 年平均值之差，并假设 33 个差值服从正态概率分布，T_e ~ Nor（x，σ）和 P_e ~ Nor（x，σ）。

第三，分别对 4 个变量按照其各自的概率分布随机取样 50 000 个，根据公式 19.17 和 19.18 计算出 50 000 对温度和降水统计量，获得了后概率模式的分布。模拟结果可以通过温度降水的 2 维概率密度图表达。

对最可能发生的温度和降水变化（概率 >95%），New 等（2000）还进一步对 14 个 GCM 模拟试验做了蒙特卡罗分析，分析各自的变化概率分布（图 19.3）。蒙特卡罗概率模拟法，对分析相同试验方案下多个 GCM 气候模拟试验、但产生了不同的模拟结果分析非常适用，已经应用在英国（HadCM – GCM，Hulme *et al.*，1999）、澳大利亚（CSIRO－GCM，Jones，2000）、中国北部以及加拿大中部（CCCMA－CGCM，于革等，2004；Yu *et al.*，2004）等区域。

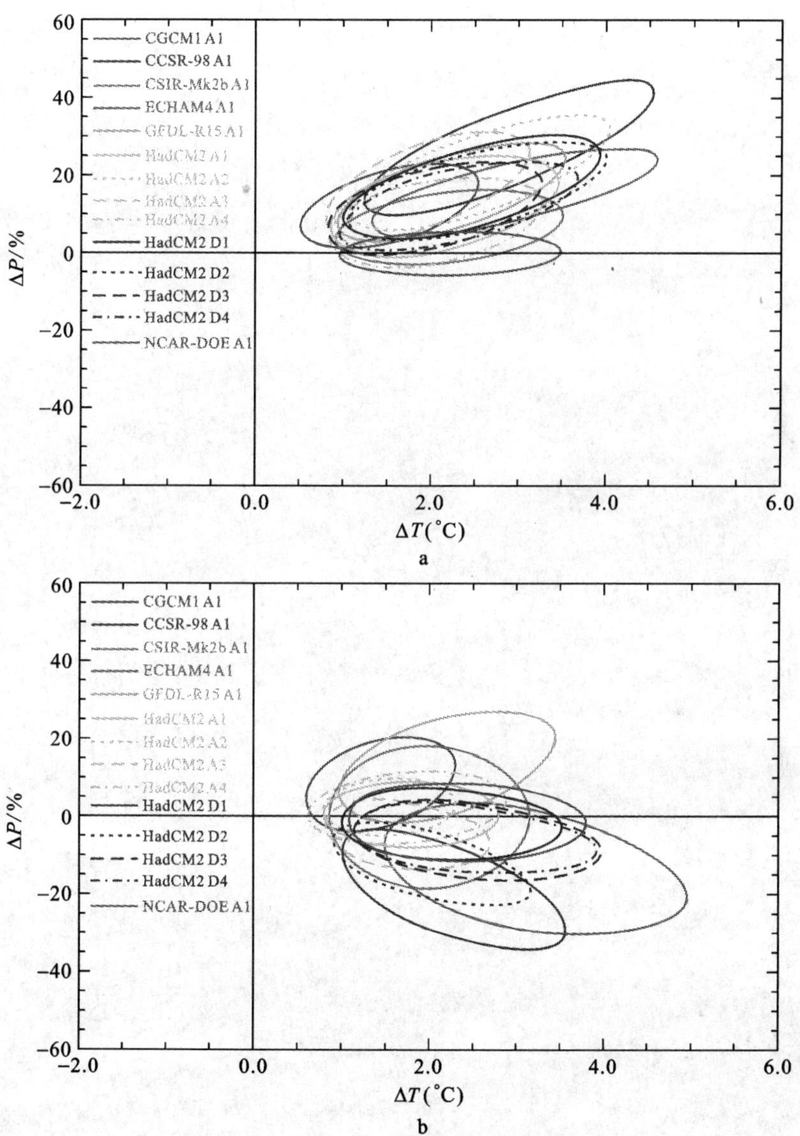

图 19.3　英国北部温度和降水变化最可能发生的蒙特卡罗模拟

（New *et al.*，2000）

选择最可能概率 $P > 95\%$。(a) 冬季，(b) 夏季。图上左边标注 14 个 GCM 模拟试验的名称，其中“A”和“D”代表了 IPCC－Is92 设置的 CO_2 浓度变化分别为 1% 增加和 0.5% 增加的驱动方案。不同颜色线条代表了对各个 GCM 蒙特卡罗模拟的 95% 概率密度等值线

第7篇

总结和展望

第 20 章

古气候动力模拟

前面各章对古气候动力模拟的理论、方法和实践做了详细地介绍,但还应该增加一章,使全书具有整体性和系统性。针对本书的各个篇章,本章进行 7 个方面的总结和归纳,并对各篇给出相应的思考题:① 古气候模拟的现在和未来;② 现代气候的基本理论:古气候动力模拟的基础;③ 技术途径:应用和发展古气候模式;④ 揭示古气候变化的事实:重建古气候历史;⑤ 认识古气候变化的成因:构建古气候模拟边界场;⑥ 测试古气候变化的关键时期:进行古气候模拟试验;⑦ 对古气候模拟结果的认同:实现地质资料对比、统计检验和不确定性分析。最后列出本书建议的重点阅读文献。

20.1 古气候模拟现在和未来

气候模拟应用数值模拟方法,根据大气动力、物理和化学的基本过程和规律,研究气候和环境的变化机理和预测。古气候模拟原理与之一致,但是古气候模拟是在现代气候模拟基础上,对已经消失的气候进行模拟,这些地质时期的气候可能现在不存在,也可能有着巨大差异。因此,与现在气候模拟相比,古气候模拟有着自身的学科特点。从根本上来讲,要模拟古气候系统,需要有基于物理的复杂气候模式;要证实一系列气候变化的成因假说,需要对内外动力驱动因素的正确认识;要验证古气候模拟的正确与否,需要由系统的地质资料对比和检验。

气候预测是人类面临的世界难题,古气候模拟是突破这项难题的重要途径。在古气候学的基础上进一步发展的古气候模拟,它的核心和今后发展依赖于三个主要环节:气候模式功能的完善依赖于物理模式的发展;气候变化的成因把握,取决于对地球内外动力机制的认识;而验证古气候模拟结果的正确与否,有待于地质资料的集成和更新。这些方面将是今后一段时期古气候模拟面临和需要突破之处。

绪论思考题

1. 人们为什么要去追究没有出现在现代的气候现象？研究这些古气候的过程和机制对现代气候变化和未来气候发展有什么现实意义？

2. 在目前人们已经认识到大量气候变化事实中,为什么要继续去认识这些现象背后的变化成因？

3. 未来气候没有发生,有哪些间接途径去认识气候预测的可靠性？

4. 在认识气候变化的成因机制中,人们关注哪些不同特征的古气候？它们分别蕴涵了什么样的动力机制？试分析发生在不同地质时期的极端气候(如冰室气候和温室气候)、转型气候(如冰期－间冰期),以及快速变化气候(如冰盛期－晚冰期－冰后期)对现代和未来气候变化的认识的借鉴意义。

5. 动力模式与统计模式相比,主要有什么功能和差异？为什么动力模拟在古气候模拟中成为主流？

20.2 现代气候的基本理论:古气候动力模拟的基础

气候系统是一个包括了多种复杂的相互作用过程的高度非线性系统,气候系统的变化具有各种不同的时间尺度,不同时间尺度气候变化的成因及其动力机制不尽相同。古气候动力模拟是指通过数值求解古气候动力模式来重复、再现古气候变化特征,进而解释古气候形成和演化的成因机制的方法。古气候动力模式是一个包括大气圈、水圈、岩石圈、冰雪圈、生物圈在内的完整的三维气候系统模式。从原则上说,古气候模拟比现代气候模拟所包括的物理过程更全面,模式的初始条件和边界条件更难以确定,模拟时间比现代气候模拟积分的时间更长,对计算机速度和容量的要求更高,而验证模拟结果的定量资料又更缺乏。现代气候系统理论为古气候模拟提供了坚实的理论基础。

第一篇 思考题

6. 气候系统的复杂性表现在哪些方面？气候系统中包含哪些主要的物理过程和反馈机制？

7. 以能量平衡和物质守恒为核心的物理方程是构建气候模式的基础,在海洋圈和冰雪圈中这些方程的表现形式各是什么？有何差异？

8. 为什么认为气候系统在不同空间和时间尺度上既是稳定的又是多变的？这对构建古气候模拟的边界场有何意义？

9. 气候系统的时间坐标是把握气候模拟的基本尺度,不同时间尺度的气候变化有哪些特点？应用在现代气候模拟与古气候模拟有哪些相同与区别？

10. 气候系统模式中的空间网格和时间步长是由哪些因素决定的？应用在全球气候模式和区域气候模式中有什么相同与差异？

11. 构建古气候动力模式的基本思路与原理是什么？

20.3　技术途径:应用和发展古气候模式

古气候动力模式(PDM)是一个包括大气圈、水圈、岩石圈、冰雪圈、生物圈的各种动力和热力方程以及特定物质的状态方程和守恒定律在内的完整的三维气候系统模式(CSM),由三维大气环流模式(AGCM)、海洋环流模式(OGCM)、陆面模式(LSM)、海冰模式(SIM)、陆冰模式(ISM)、大气化学循环(碳循环、氮循环)模式、植被模式、大气化学模式、气溶胶模式等子模块构成。古气候动力模式的核心模块来自于现代气候模式。由于现代气候模式中不完全包括能够描述古气候过程和机理的模块,需要对现代气候模式进行改进和扩充,由此古海洋模式、大陆冰盖模式、大气化学模式,以及适合古地形、古地理分布的模式和模块,在古气候模拟中得到发展和应用。

第二篇　思考题

12. 通常应用于古气候动力模拟中的气候模式有哪几类？各自的特点和功能是什么？EBM 和 GCM 模式应用在古气候模拟试验中有什么差别？

13. 大气 - 海洋耦合模式是当前模拟现代与古代气候的先进模式,在两者耦合时存在哪些技术难点？如何解决？

14. 区域气候模式与全球气候模式嵌套时存在哪些技术问题？采用区域气候模式进行古气候模拟试验的侧边界如何确定？

15. 对地质历史上的典型冰期与间冰期进行气候模拟试验时,需要对现代海洋模式进行哪些方面的调整与改进？

16. 古气候模拟中冰雪模式需要建立哪些主要模块？海冰模式与陆冰模式的基本原理和技术处理有哪些异同点？

17. 冰期与间冰期气候的陆面差异巨大,植被模式在哪些方面改进以适应古气候模拟？

20.4 揭示古气候变化的事实:重建古气候历史

古气候模拟需要古气候重建提供的各类空间边界条件,古气候模拟更需要古气候证据进行对比验证。利用各种地质资料恢复古气候,包括重建过去不同时间尺度(年至数千万年)、不同空间范围(点、区域、全球)定性和定量的古气候,为古气候模拟提供必不可少的基础资料。因此,怎样追踪地质资料,发掘出古气候变化系统信息,成为此篇的主要任务。

地质记录是多种环境因素的综合体现。湖泊水位的高低能够较好地反映流域降水与蒸发平衡的相对湿度变化;冰川的积累和消融变化是温度与降雪量两者的复合体现;花粉类型和组合变化首先反映植被状况,可以指示植物有效湿度状况;古土壤的发育、沉积物地球化学指标等其他指标亦都如此。因此,需要较好地理解这些古气候用指标代表的各自气候意义,与古气候模拟的特定指标进行分析对比。

从地质数据的技术层面上来看,主要环节有:① 在一定的地质时期集合多个地质记录,因而涉及年代学的应用;② 各个地质记录统一到相同量纲的气候参数,因而依赖于古气候学的认识和应用;③ 分布在不同地理位置上的各个地质记录点,采用空间统计学方法,处理成空间数据。该篇围绕三个方面,概述古气候年代学、各类古气候重建的代用指标、古气候的时间序列重建,包括古温度与降水等气候要素的定量重建、古气候的空间重建的统计方法,以及古气候空间重建实例。

第三篇 思考题

18. 根据地质资料建立的气候代用指标在古气候模拟中有哪些作用?

19. 古气候模拟针对各个地质时期的时间坐标是怎样确定的?应用绝对年代测年需要考虑哪些基本因素?

20. 古温度是通过哪些地质证据恢复的?这样获得的代用指标的古温度有什么差异?例如,树线和雪线获得的古气温、湖泊和冰川获得的古水温、洞穴沉积获得的古地温、海洋生物和同位素获得的古海温。

21. 古降水和有效降水有哪些地质记录可以借鉴?怎样定量获得古降水和古湿度?

22. 古风场和大气环流的空间分布主要通过什么途径获得?黄土沉积和风沙地貌能够提供哪些线索?

23. 通常古气候代用指标以点数据形式分布,有哪些技术手段能够获得空间形式分布的古气候场?

20.5　认识古气候变化的成因:构建古气候模拟边界场

构建古气候模拟边界场是古气候动力模拟的重要基础,地球系统的外部环境和内部系统是边界场构建的基本内容。从气候理论上来说,驱动古气候变化来自于地球内外动力,包括太阳辐射、大气成分和下垫面(海洋、大陆、冰雪状况)的变化。根据地质证据和分析,人们对早新生代的温室气候的驱动机制提出一系列成因假说,构成设计古气候模拟试验的驱动因素的基础。因此,古气候模拟边界场就是构建一个特定时间点上的空间条件。它包括了试验的初始场和强迫条件,以空间分布设置和参数设置为具体形式。在这个表现形式背后,是基于对气候变化地质记录、理论推导以及成因假说。

目前对气候变化的成因涉及地球外部和内部各种作用和反馈,因而古气候模拟采用地球系统的外部和内部系统相应因素,构建边界场的基本内容。外部动力因素包括了太阳辐射变化与太阳活动影响、行星摄动引起地球轨道运动、地球自转变化轨道参数变化等。根据地质资料记录地球内部气候系统边界场的设置包括了海陆分布、地形高度、海洋、冰盖、植被、大气成分等。各类因子可综合成表 20.1。需要注意的是,在古气候模拟中,外动力与内动力系统的边界并非是截然划分的,要考虑它们之间存在相互作用和反馈。

表 20.1　古气候模拟的边界场和参数预置的基本要素

(根据 Schlesinger,1988;Crowley *et al.*,1991;Saltzman,2002)

模拟边界场	模拟的设置要素	获得的途径
地幔辐射,重力,地球自转速度	地热对流和扩散、重力,地球自转速度	地球物理、地质构造、沉积、古生物
太阳辐射,地球轨道参数	太阳常数;偏心率、黄赤交角、岁差精度	历史记载、火山灰、放射性同位素;天文计算
大气质量和成分	CO_2,气溶胶	冰芯、火山灰、岩浆岩
海洋动力、热力状况	海洋 SST、海冰	海洋沉积和海洋古生物
地表反照率	植被和地表覆盖	古植物、花粉、微体古生物、古土壤
海陆位置,地形高度	古大陆、古纬度、古地形	地质构造、沉积、古生物、地球化学
冰盖	地形、反照率、	冰川地质、海面、同位素化学

第四篇 思考题

24. 驱动古气候模拟外、内动力因子可以通过物理计算和地质记录不同途径获得。两者的差别在哪些方面？应用到模拟试验中需要考虑哪些问题？

25. 目前应用在古气候模拟试验的强迫场和瞬时场各包括哪些基本成分？强迫场的空间分辨率达到什么量级？瞬时场的时间步长达到什么精度？

26. 太阳辐射的相对变化和绝对变化分别是通过什么途径获得？把这种对气候系统产生能量变化过程和作用应用在古气候模拟试验中，是应该修改气候模式还是修改边界场？各有什么利弊？

27. 海陆分布、地表形态、海拔高度等等作为重要的下垫面边界条件，如何被引入气候模式进行古气候模拟？

28. 古海洋边界场中有哪些参数是现代海洋状况中不存在的？怎样获得和设计这些物理参数？

29. 自然界大气温室气体是恒量还是变量？大气 CO_2 浓度在极端的地质记录中与现代相比是什么样的量级？火山地质记录和冰盖气泡提供的 CO_2 记录有什么时间和空间差异？

30. 在大陆环境边界强迫场中，主要设置哪些古植被参数？现代植被与古植被的类型和分布应用在气候模拟边界场中有哪些主要差异？

31. 冰期中陆冰边界场与现代冰雪状况有什么差异？怎样获得和设计这些物理参数？

20.6 测试古气候变化的关键时期：进行古气候模拟试验

对中生代气候，特别是白垩纪温室气候模拟研究，需要考虑模拟试验边界条件、模拟方案，进行模拟试验和结果分析，以获得白垩纪气候的特征和动力机制。中生代古气候模拟表明，白垩纪的温室气候受到了地球构造、海洋和大陆的地理位置、大气成分，以及海陆生态系统的作用和反馈，温暖海洋中的温盐环流性质和海洋热输送作用对白垩纪温室气候，特别是对形成海洋弱温度梯度和大陆弱季节差异的气候起到了重要作用。大气 CO_2 浓度变化与化学侵蚀及碳循环的变化的驱动下，GCM 和 CSM 模拟出白垩纪全球温暖海洋的特征和主要机制。在耦合植被和大陆生态模式的气候模拟试验中，证实了大陆的弱气候带和弱季节分异的气候特征，表明大陆的热带和温带植被的广泛分布、无冰的两极地理环境、温暖大陆与温暖海洋的地表结构是维持白垩纪温室气候的重要下垫面因素。大气中尘埃的骤然增加，引发大气阳伞效应，可能是白垩纪温室气候突然结束的重要因素。

新生代早期温室气候以及晚新生代冰期转型气候的古气候模拟，讨论模拟试验边界条件设计、模拟方案和模拟结果，论证新生代早期气候的特征和动力机制。古气候模拟表明，新生代早期的温室气候受到了地球构造、海洋和大陆的地理位置、大气成分，以及海陆生态系相互作用和反馈，特别是温暖气候海洋温盐环流的性质、海洋热输送的作用、高原的隆起和大洋通道的改变、大气 CO_2 浓度变化与化学侵蚀及碳循环的变化，对新生代早期温室气候，特别是海洋微小的温度梯度和大陆微小的季节差异等气候特征起到了重要作用。地球轨道参数试验反映了地表的增暖，但还难以解释全球的温室气候。模拟南极和格陵兰冰盖发展和北极海冰扩展，是探讨新生代早期温室气候的结束、晚新生代冰期气候的来临的重要出发点。

第四纪气候模拟在全部地质史中是古气候模拟的一个重要目标。第四纪尤其十多万年以来古气候变化成因与人类生存和发展密切相关，同时，由于人们对地球气候系统的突然变化的关注，大量古气候模拟集中在 12 万年末次间冰期以来的各个气候阶段。全球经历了一系列数百年－千年时间尺度的气候突变事件，证明了在末次冰期－间冰期旋回大尺度气候变化背景下，气候系统存在较大不稳定性。同时，由于这段时期地质资料记录完整，古气候模拟能够得到对比和验证，对改进气候试验和改进模式有重要作用。这些古气候模拟包括了末次间冰期(125 kaBP)、末次间冰阶(40—30 kaBP)、末次冰盛期(21 kaBP)、晚冰期(11—13 ka)和早、中全新世(9 kaBP,6 kaBP)，以及历史气候模拟(中世纪暖期和小冰期)。这些古气候模拟试验锁定在气候变化的关键时段和重要驱动因子，具有不同的气候差异和气候变化成因，对测试地球内外动力驱动和各种地球圈层的反馈作用提供了科学依据。

第五篇　思考题

32. 古气候模拟在亿年时间尺度上，人们最关心哪些特殊气候时期？白垩纪古气候模拟对现代温室气候发展有何借鉴意义？

33. 中生代大气温室气体成分是通过什么途径认识的？设计该时期的古气候模拟试验，需要考虑哪些边界条件？

34. 新生代早期古气候模拟，对认识温室气候向冰期气候转型有什么意义？

35. 海洋和大陆古环境在冰期气候转型中起了怎样的作用？

36. 第四纪气候模拟围绕哪些关键气候时期开展？各个阶段的古气候模拟试验的主要解决问题有哪些差异？

37. 国际 PMIP 计划选择 6 kaBP 进行古气候模拟，试图证实哪些有关模式和模拟的科学认识？

38. 21 kaBP 地球轨道参数影响的太阳辐射量与现代基本相似,为什么发展了冰盛期气候?古气候模拟证实了哪些动力机制的猜想?

20.7 对模拟结果的认同:实现地质资料对比、统计检验和不确定性分析

地质资料和古气候模拟比较研究有两个作用:(1) 检验古气候模拟结果是否符合实际资料,因而验证模拟的正确与否;(2) 当模拟与资料一致时,古气候模拟可对气候变化的事实提供动力机制解释,但当两者不一致时,又可为古气候模拟的重新设计与修改提供改进意见。由于地质资料是一种间接的气候代用指标,用来验证古气候模拟需要进行一系列数据处理,还需要配合一定的专家解释。该篇介绍利用各种数理统计方法对空间数据进行评估分析,用于定量比较模型输出与古气候信息的一致性和差异性,采用点-点和面-面对比法,进行平均值、方差、相关系数、Kappa 系数等定量指标的对比。

古气候模拟是探讨过去气候的一个重要途径,但简单地对模拟结果应用将可能产生一定的不确定性。采用统计检验和不确定性分析,能够帮助认识模式系统、边界场、模拟试验等统计误差和概率。统计检验常采用 E 检验、t 检验、F 检验以及 χ^2 检验。不确定性分析有敏感分析、情景分析和概率分析。目前该方法在不断发展和完善,对古气候模拟输出的应用将成为认识其不确定性和分析发生概率的一个重要方法。

第六篇 思考题

39. 有哪些基本途径对古气候模拟的试验结果进行对比和检验?

40. 通常古气候代用指标是以点数据形式和定性的资料,采用什么样的技术手段使之定量化、空间化,以适应对古气候模拟输出的对比检验?

41. 采用地质记录对古气候模拟结果进行方向性和差异性对比,可采用哪些指标?

42. 怎样检验古温度、古降水以及古动力场等模拟输出的统计误差?

43. 认识古气候模拟结果的可靠性有什么途径?怎样评估古气候模拟的不确定性?

20.8 重点阅读文献

1. Bryant E. 1997. Climate process & change. Cambridge University Press.

2. Crowley T J, North G R. 1991. Paleoclimatology. Oxford: Oxford University Press.

3. Faure G. 1986. Principles of isotope geology. 2nd ed. New York: John Wiley and Sons.

4. Flint R F. 1971. Glacial and quaternary geology. New York: John Wiley and Sons.

5. Frakes L A. 1979. Climates throughout geologic times. Amsterdam: Elsevier.

6. Hecht A D. 1985. Paleoclimate analysis and modeling. New York: John Wiley & Sons.

7. Peixoto J P, Oort A H. 1991. Physics of climate. American Institute of Physics, Newyork.

8. Saltzman B. 2002. Dynamical paleoclimatology: generalized theory of global climate change. San Diego: Academic Press.

9. Washington W M, Parkinson C L. 1991. 三维气候模拟引论. 北京：气象出版社(中译本).

10. Zhang X H, Shi G Y, Liu H *et al*. 2000. IAP global ocean——atmosphere - land system model. Beijing and New York: Science Press.

11. 高国栋等. 1996. 气候学教程. 北京：气象出版社.

12. 李晓东. 1997. 气候物理学引论. 北京：气象出版社.

13. 刘东生等. 1997. 第四纪环境. 北京：科学出版社.

14. 汤懋苍. 1989. 理论气候学概论. 北京：气象出版社.

15. 杨怀仁. 1987. 第四纪地质. 北京：高等教育出版社.

参考文献

安芷生,王俊达,李华梅.1977.洛川黄土剖面的古地磁研究.地球化学,4:239-249.

曹琼英,沈德勋等.1988.第四纪年代学及实验技术.南京:南京大学出版社.

陈明,符淙斌.2000.区域和全球模式的嵌套技术及其长期积分试验.大气科学,24(2):253-262.

陈铁梅,李坤.1989.加速器质谱仪在地球科学中的应用.海洋地质与第四纪地质,9(1):245-251.

陈铁梅.1988.我国旧石器考古年代学的进展与评述.考古学报,3:357-367.

陈文寄.1999.年轻地质体系的年代测定续新方法、新进展.北京:地震出版社.

陈星,于革,刘健.2000.中国21 kaBP气候模拟的初步研究.湖泊科学,12(2):154-164.

陈星,于革,刘健.2002.东亚中全新世的气候模拟及其温度变化机制探讨.中国科学(D辑),32(4):335-345.

陈星,于革,刘健.2004.东亚地区Younger Dryas气候突变的数值模拟研究.第四纪研究,24(6):654-662.

仇士华,蔡连珍.1997.^{14}C测年技术进展.第四纪研究,3:222-229.

仇士华.1990.中国^{14}C年代学研究.北京:科学出版社,3-5.

丁一汇,张锦,徐影等.2003.气候系统的演变及其预测.北京:气象出版社.

高国栋等.1996.气候学教程.北京:气象出版社.

方之芳.2006.气候物理过程研究.北京:气象出版社.324.

葛全胜,郑景云,方修琦等.2002.过去2000年中国东部冬半年温度变化.第四纪研究,22(2):166-173.

郭正府.1997.火山喷发对地表温度影响研究—以冈底斯新生代火山喷发为例子.地学工程进展,14(3):48-52.

郭正堂,魏兰英,吕厚远等.1999.晚第四纪风尘物质成分的变化及其环境意义.第四纪研究,1:41-48.

黄建平.1992.理论气候模式.北京:气象出版社.

黄思静.1997.上扬子地台区晚古生代海相碳酸盐岩的碳、锶同位素研究.地质学报.71(1):45-53.

贾玉连,施雅风,曹建廷等.2001.40~30 kaBP期间高湖面稳定存在时青藏高原西南部封闭流域的古降水量研究.地球科学进展,16(3):346-351.

江新胜,潘忠习,付清平.2000.白垩纪时期东亚大气环流格局初探.中国科学,30(5):526-532.

李虎侯.1997.释光技术测定年龄的现状.第四纪研究,3:240-257.

李俊美,王铁冠,王春江.2006.新元古代“雪球”假说与生命演化的环境.沉积学报,24(1):105-112.

李四光.1972.天文地质古生物资料摘要.北京:科学出版社.

李晓东.1997.气候物理学引论。北京,气象出版社:233.

李新,程国栋,卢玲.2000.空间内插方法比较.地球科学进展,15(3):260-265.

李新,程国栋,卢玲.2003.青藏高原气温分布的空间插值方法比较.高原气象,22(6):565-573.

李徐生,杨达源.2001. S_2 以来下蜀黄土沉积序列磁化率纪录与深海氧同位素纪录的对比.南京大学学报(自然科学),37(6):766-772.

李月芳,姚檀栋,皇翠兰.1993.古里雅冰帽中化学成分的空间变化.冰川冻土,15(3):467-473.

李忠雄,管士平.2001.扬子地台西缘宁蒗泸沽湖地区志留系沉积旋回及锶、碳、氧同位素特征.古地理学报,3(4):69-76.

刘椿,金增信,朱日祥等.1991.中国最早人类化石地层年龄的测定——巫山下更新统磁性地层学研究.第四纪研究,3:221-228.

刘东生等编译.1997.第四纪环境.北京:科学出版社.

刘嘉麒,刘东生,储国强等.1996.玛珥湖与纹泥年代学.第四纪研究,4:353-358.

刘嘉麒.1999.中国火山.北京:科学出版社,145-177.

刘健,von Storch H,陈星等.2005.近千年全球气候变化的长积分模拟试验.地球科学进展,20(5):561-567.

刘健,von Storch H,陈星等.2005.千年气候模拟与中国东部温度重建序列的比较研究.科学通报,50(20):2251-2255.

刘健,陈星,于革等.2002.东亚小冰期气候形成中太阳辐射和火山灰作用的敏感性试验.湖泊科学,14(2):97-105.

刘健,陈星,于革等.2002.东亚小冰期气候形成中太阳辐射和火山灰作用的敏感性试验. 湖泊科学,14(2):97-105.

刘健,陈星,于革等. 2003. 小冰期气候变化主控因子的模拟试验. 湖泊科学,15(4):297-304.

刘晓东,焦彦军. 2000. 东亚季风气候对青藏高原隆升的敏感性研究. 大气科学,24(5):593-607.

刘晓东,汤懋苍. 1996. 论青藏高原隆起作用于大气的临界高度. 高原气象,15(2):131-140.

刘焱光,吴世迎,张道建. 2000. 新仙女木事件的发生及其全球性意义. 黄渤海海洋,18(1):74-83.

卢演俦,伊功明,陈杰等. 1995. 第四纪沉积物的光释光测年. 中国地质大学学报,20(6):668.

鹿化煜,张福青,刘晓东. 2000. 最近1000ka来东亚冬季风变化的多时间尺度分析. 海洋地质与第四纪地质,2:79-82.

吕厚远. 1998. 磁化率和植物化石记录对第四纪沉积环境的古气候量化研究. 北京:中国科学院地质研究所.

骆美霞,张可苏. 1991. 大气热源和大地形对夏季印度季风和东亚季风环流形成作用的数值模拟. 大气科学,15(2):41-52.

马醒华,孙知明,胡守云. 1994. 哥德堡事件在湖泊沉积物中的纪录. 第四纪研究,2:175-182.

满志敏,葛全胜,张丕远. 2000. 气候变化对历史上农牧过渡带影响的个例研究. 地理研究,19(2):141-147.

孟繁莉,程日辉,游海涛. 2002. 全球变化与海洋地质. 世界地质,21(3):228-234.

穆治国,高永军. 2001. 20世纪末激光显微探针定年把K－Ar年代学推向了新的里程碑. 北京大学学报(自然科学版),37(1):136-142.

聂高众,刘嘉麒,郭正堂. 1996. 渭南黄土剖面十五万年以来的主要地层界限和气候事件——年代学方面的证据. 第四纪研究,3:221-231.

钱永甫,刘华强. 2001. 论区域气候模式与全球模式嵌套时边界区的选择. 大气科学,25(4):492-502.

秦伯强,于革. 1998. 湖泊水位资料与模型模拟恢复的6 000年前全球湿润状况的对比研究. 气象学报,56(3):272-283.

秦伯强. 1997. 用水热平衡模型估算青海湖古水文要素及水量平衡. 海洋与湖沼,28(6):611-616.

邵龙义. 1994. 碳酸盐岩氧、碳同位素与古温度等的关系. 中国矿业大学学报,23(1):39-45.

邵雪梅.1997.树轮年代学的若干进展.第四纪研究,3:265-271.

施雅风,李吉均,李炳元.1998.青藏高原晚新生代隆升与环境变化.广州,广东科技出版社.

施雅风,白重瑗.1988.中国西部高山冰川形成的地貌、气候条件和分布.见:施雅风主编.中国冰川概论.北京:科学出版社.

施雅风,姚檀栋,杨保.1999.近2 000 a古里雅冰芯10 a尺度的气候变化及其与中国东部文献记录的比较.中国科学(D辑),29(增刊1):79-86.

施雅风,于革.2003.40—30 ka B.P.中国暖湿气候和海侵的特征与成因探讨.第四纪研究,23(1):1-11.

施雅风.1991.山地冰川与湖泊萎缩所指示的亚洲中部气候干暖化趋势.地理学报,45(1):1-11.

施雅风.1999.中国冰川与环境—现在、过去和未来.北京:科学出版社.

史文中.2005.空间数据与空间分析不确定性原理.北京:科学出版社.

孙俊英,秦大河,姚檀栋等.1998.古里雅冰芯中生物有机酸的初步分析.冰川冻土,20(2):163-166.

汤懋苍,郭维栋.1998.大冰期成因的大气热机效率变化说.中国科学(D),28(3):284-288.

汤懋苍,刘晓东.1995.一个新的划分第四纪的标志:高原季风演变的地质环境后果.第四纪研究,1:82-88.

汤懋苍,张建,杨良.1993.西北太平洋强地震的节律性与EI Nino和地球自转.高原气象,12(3):235-242.

汤懋苍(编著).1989.理论气候学概论.北京:气象出版社.

陶澍.1994.应用数理统计方法.北京:中国环境科学出版社.

汪海斌,陈发虎,张家武.2002.黄土高原西部地区黄土粒度的环境指示意义.中国沙漠,1:21-26.

汪品先,卞云华,李保华等.1996.西太平洋边缘海的"新仙女木"事件.中国科学(D辑),26(5):452-460.

汪品先,翦知湣.1999.寻求高分辨率的古环境记录.第四纪研究,1:1-17.

汪品先.1991.气候与环境演变中的非线性关系-以末次冰期为例.第四纪研究,2:97-103.

王建等.2002.现代自然地理学.北京:高等教育出版社.

王将克.1986.氨基酸地质年代学.北京:海洋出版社.

王绍武,蔡静宁,朱锦红.2002.中国气候变化的研究.气候与环境研究,7(2):137-145.

王绍武,龚道溢,叶瑾琳等.2000.1880年以来中国东部四季降水量序列及其变率.地理学报,55(3):281-293.

王苏民,张振克.1999.中国湖泊沉积与环境演变研究的新进展.科学通报,44(6):579-587.

王振宇,李林,汪青春等.2005.树轮纪录的500年来青海地区夏半年降水变化特征.气候与环境研究,10(2):250-256.

王政权.1999.地质统计学及在生态学中的应用.北京:科学出版社.

韦朝阳,万国江.1995.用湖泊沉积研究气候变化.地质地球化学,1:54-57.

吴敬禄,王洪道,王苏民.1993.全新世艾比湖流域不同时段降水量的估算.湖泊科学,6(4):299-306.

伍永秋,唐海萍,王平.2000.环境演变信息的管理与应用.第四纪研究,20(3):282-294.

夏明.1989.铀系年代学方法及实验技术.北京:兰州大学出版社.

徐建华.2002.现代地理学中的数学方法.第二版.北京:高等教育出版社.

杨怀仁.1987.第四纪地质.北京:高等教育出版社.

杨正宇,周广胜,杨奠安.2003.4个常用的气候-植被分类模型对中国植被分布模拟的比较研究.植物生态学报,27(5):587-593.

杨志红,姚檀栋,皇翠兰等.1997.古里雅冰芯中的新仙女木事件记录.科学通报,42(18):1975-1978.

幺枕生.1984.气候统计学基础.北京:科学出版社.

姚檀栋,焦克勤,杨梅学.1999.古里雅冰芯中过去400 a降水变化研究.自然科学进展,9(12期增刊):1161-1165.

姚檀栋,秦大河,皇翠兰等.1995.古里雅冰芯中的主要阳离子与小冰期以来的环境变化.见:青藏高原形成演化、环境变迁与生态系统研究学术论文年刊(1994).北京:科学出版社,1-10.

姚檀栋,秦大河,田立德等.1996.青藏高原2 ka来温度与降水变化——古里雅冰芯记录.中国科学(D辑),26(4):348-353.

业谕光.2003.地质年代学理论与实践.北京:地质出版社.

叶笃正,陶诗言,李麦村.1958.在六月和十月大气环流的突变现象.气象学报,29(4):249-263.

叶笃正主编.1991.当代气候研究.北京:气象出版社,11-80.

于革,赖格英,薛滨等.2004.中国西部湖泊水量对未来气候变化的响应——蒙特卡罗概率法在气候模拟输出的应用.湖泊科学,16(3):193-202.

于革,薛滨,刘健等.2001.中国湖泊演变与古气候动力学研究.北京:气象出版社.

袁海华.1987.同位素地质年代学.重庆:重庆大学出版社.

袁玉江,李江风,胡汝骥等.2001.用树木年轮重建天山中部近350 a来的降水量.冰川冻土,23(1):34-40.

张德二,刘月巍,梁有叶等.2005.18世纪南京、苏州和杭州年、季降水量序列的复原研究.第四纪研究,25(2):121-128.

张德二.1993.我国"中世纪温暖期"气候的初步推断.第四纪研究,13(1):7-15.

张丕远.1996.中国历史气候变化.济南:山东技术出版社.

张研.2005.清代自然环境研究.史苑,第8期.

赵其庚.1999.海洋环流及海气耦合系统的数值模拟.北京:气象出版社.

真锅淑郎.1977.山脉在南亚季风环流中的作用.国外气象学资料,第二辑:57-63.

郑楸蕙,郑斯成,莫志超.1986.稳定同位素地球化学分析.北京:北京大学出版社.

郑益群,于革,王苏民.2004.地球轨道偏心率变化对东亚季风气候模拟的影响.大气科学,28(1):48-58.

郑益群.2000.陆面过程对区域气候影响的数值模拟研究.南京大学博士学位论文.

周廷儒.1982.古地理学.北京:北京师范大学出版社.

周廷儒.1986.中国自然地理.古地理(新生代部分).北京:科学出版社.

朱抱真.1957.大尺度热源、热应和地形对西风带的常定扰动(一).气象学报,28(2):141-156.

朱日祥,岳乐平,白立新.1995.中国第四纪古地磁学研究进展.第四纪研究,2:162-173.

竺可桢.1973.中国5 000年气候变化初步研究.中国科学,2:168-189.

Alfano M J, Barron E J, Pollard D, *et al*. 2003. Comparison of climate model results with European vegetation and permafrost during Oxygen Isotope Stage 3. *Quaternary Research*, 59: 97-107.

Almquist-Jacobson H. 1994. Interaction of Holocene climate, water balance, vegetation, fire, and cultural land-use in the Swedish Borderland. Lundqua Thesis, 30.

Alverson KD., Bradley RS., Pedersen TF. 2003. Paleoclimate, global change and the future. Springer-Verlag: Berlin.

Amstadter B L. 1971. Reliability mathematics: fundamental practices, procedures. New York: McGraw-Hill.

Anthes R A, Rosenthal S L and Trout J W. 1971. Preliminary results from an asymmetric model of the tropical cyclone. *Monthly Weather Review*, 99(10): 744-758.

Arrhenius S. 1903. Lehrbuch der Kosmischen Physik, Vol Ⅰ and Ⅱ. Leipzig: S. Hirschel publishing house.

Arthur M A, Kump L R, Dean W E, *et al*. 1991. Super plume, super greenhouse? *EOS*, 72: 301.

Athens R A, Warner T. 1978. Development of hydrodynamic models suitable for air pollution and other meteorological studies. *Monthly Weather Review*, 106 (8): 1045-10781.

Athens R A, Hsie E Y and Kuo Y K. 1987. Description of the Penn State NCAR Mesoscale Model version 4 (MM4). NCAR Technical Note, NCAR/TN-282 + STR.

Bailey T C, Gatrell A C. 1995. Interactive spatial data analysis. Harlow, UK: Longman Scientific & Technical, 48-62.

Bard E, Hamelin B, Fairbanks R G. 1990. U-Th ages obtained by mass spectrometry in corals from Barbados: sea level during the past 130,000 years. *Nature*, 346: 456-458.

Bard E, Raisbeck G, Yiou F, et al. 2000. Solar irradiance during the last 1 200 yr based on cosmogenic nuclides. *Tellus*, B(52): 985-992.

Barnola J M, Raynaud D, Korotkevich Y S, *et al*. 1987. Vostok ice core provides 160,000-year record of atmospheric CO_2. *Nature*, 329: 408-414.

Barnola J -M, Raynaud D, Lorius C, *et al*. 2003. Historical CO_2 record from the Vostok ice core. In: Carbon Dioxide Information Analysis Center, Oak Ridge National Laboratory. Trends: a compendium of data on global change. Tenn., U. S. A.: U. S. Department of Energy, Oak Ridge.

Barrera E, Johnson C C. 1999. Evolution of the Cretaceous ocean-climate system. *Geological Society of America*, Special paper, 322: 1-445 Boulder, Colorado.

Barron E J, Fawcett P J. 1995. The climate of Pangea: a review of climate model simulations of the Permian. In: Scholle P A, et al (Eds.). The Permian of northern Pangea: Volume 1: paleogeography, paleoclimates, stratigraphy. New York: Springer-Verlag, 37-52.

Barron E J, Peterson W H. 1989. Model simulation of the Cretaceous ocean circulation. *Science*, 244: 684-686.

Barron E J, Pollard D. 2002. High-resolution climate simulations of oxygen isotope stage 3 in Europe. *Quaternary Research*, 58: 296-309.

Barron E J, Washington W M. 1982. Cretaceous climate: a comparison of atmospheric simulations with the geologic record. *Palaeogeography*, *Palaeoclimatology*, *Palaeoecology*, 40: 103-133.

Barron E J, Washington W M. 1984. The role of geographic variables in explaining paleoclimates: results from Cretaceous climate model sensitivity studies. *Journal of Geophysical Research*, 89: 1267-1279.

Barron E J, Washington W M. 1985. Warm Cretaceous climates: high atmospheric CO_2 as a plausible mechanism. In: Sundquist E T and Broecker W S (Eds.). The carbon cycle and atmospheric CO_2: natural variations archean to present. Geophysical Monograph 32. Washington, D. C.: American Geophysical Union, 546-553.

Barron E J. 1983. A warm, equable Cretaceous: the nature of the problem. *Earth Science Reviews*, 19: 305-338.

Barron E J. 1985. Explanations of the tertiary global cooling trend. *Palaeogeography, Palaeoclimatology, Palaeoecology*, 50: 45-62.

Barron E J. 1987. Eocene equator-to-Pole surface ocean temperatures: a significant climate problem. *Paleoceanography*, 2: 729-739.

Barron E J, Fawcett P J, Peterson WH. Pollard D. and Thompson SL. 1995. A 'simulation' of mid-Cretaceous climate, Paleoceanography 10(5): 953-962.

Barron E J, Sloan J L, Harrison C G A. 1980. Potential significance of land-sea distribution and surface albedo variations as a climatic forcing factor: 180 M. Y. to the Present. *Palaeogeography, Palaeoclimatology, Palaeoecology*, 30: 17-40.

Barron E J, Peterson W. H. 1990. Mid-Cretaceous ocean circulation: results from model sensitivity studies. Paleoceanography, 5, 319-337.

Baumgartner A and Reichel E. 1975. The world water balance. New York: Elsevier.

Beck J W, Edwards R L, Ito E, *et al.* 1992. Sea-surface temperature from coral skeletal strontium/calcium ratios. *Science*, 257: 644-647.

Beerling D, Woodward F I, Valdes P J. 1999. Global terrestrial productivity in the mid-cretaceous (100 Ma): model simulations and data. In: Barrera E and Johnson C (Eds.). The Evolution of Cretaceous ocean-climate systems, Special Paper of the Geological Society of America, 332: 385-390 Boulder, Colorado.

Bengtsson L, Roeckner E, Stendel M. 1999. Why is the global warming proceeding much slower than expected? *Journal of Physical Oceanography*, 104 (D4): 3865-3876.

Bennett M R, Glasser N F. 1996. Glacial geology: ice sheet and landforms. Chichester: John Wiley & Sons.

Benson L V. 1981. Paleoclimatic significance of lake-level fluctuations in the Lahontan Basin. *Quaternary Research*, 16: 390-403.

Berger A L, Loutre M F. 1991. Insolation values for the climate of the last 10 million of years. *Quaternary Science Reviews*, 10(4):297-317.

Berger A L. 1978. Long-term variations of daily insolation and Quaternary climatic changes. *Journal of the Atmospheric Sciences*, 35:2362-2367.

Berger A L. 1988. Milankovitch theory and climate. *Reviews of Geographics*, 26:624-657.

Berner R A, Lasaga A C, Garrels R M. 1983. The carbonate-silicate geochemical cycle and its effect on atmospheric carbon dioxide over the last 100 million years. *American Journal of Science*, 283:641-683.

Bertrand C, Louter M, Crucifix M, *et al*. 2002. Climate of the last millennium: a sensitivity study. *Tellus*, 54A:221-244.

Beschel R. 1950. Flechten als Altersmasstab Rezenter Moränen. Z. Gletscherkd. Glazialgeol, 1:152-161.

Bigelow N H, Brubaker L B, Edwards M E, *et al*. 2003. Climate change and arctic ecosystems: I. vegetation changes north of 55°N between the last glacial maximum, mid-Holocene and present. *Journal of Geophysical Research*, 108(D19):8170, 11-1 ~ 11-25.

Birchfield G E, Wertman J. 1983. Topography, albedo-temperature feedback, and climate sensitivity. *Science*, 219(4 582):284-285.

Björck S, Muscheler, R, Kromer B, *et al*. 2001. High-resolution analyses of an early Holocene climate event may imply decreased solar forcing as an important climate trigger. *Geology*, 29(12):1107-1110.

Blunier T J, Chappellaz J, Schwander A D, *et al*. 1998. Asynchrony of Antarctic and Greenland climate change during the last glacial period. *Nature*, 394:739-743.

Bond G, Heinrich H, Broecker W, *et al*. 1992. Evidence for massive discharges of icebergs into the North Atlantic Ocean during the last glacial period. *Nature*, 360:245-249.

Bond G, Kromer B, Beer J, *et al*. 2001. Persistent solar influence on North Atlantic climate during the Holocene. *Science*, 294:2130-2136.

Bond G, Showers W, Cheseby M, *et al*. 1997. A pervasive millennial-scale cycle in North Atlantic Holocene and Glacial climate. *Science*, 278:1257-1266.

Borzenkova I I, Zubakov V A. 1984. Climatic optimum of the Holocene as a model of global climate of the early 21st century. *Meteorologia i Gidrologia*, 8:69-77.

Bowen D Q. 1978. Quaternary Geology: a stratigraphic framework for multidisciplinary work. Oxford, UK: Pergamon Press Limited.

Bradley R S, Hughes M K, Diaz H F. 2003. Climate in medieval time. *Science*, 302:404-405.

Brady E C, DeConto R M. 1998. Thompson, deep water formation and poleward ocean heat transport in the warm climate extreme of the Cretaceous(80 Ma). Geophyscal Research Letters, 25:4205-4208.

Brassell S C, Eglinton G, Marlowe I T, *et al*. 1986. Molecular stratigraphy: a new tool for climatic assessment. *Nature*, 320:129-133.

Briegleb B P. 1992. Delta-Eddington approximation for solar radiation in the NCAR community climate model. *Journal of Geophysical Research*, 97, 7603-7612.

Broccoli A J, Manabe S. 1992. The effects of orography on midlatitude northern hemisphere dry climates. Journal of climate, 5(11):1181-1201.

Broccoli A J, Marciniak E P. 1996. Comparing simulated glacial climate and paleodata: a reexamination. *Paleoceanography*, 11(1):3-14.

Broecker W S, Andree M, Wolfli W, *et al*. 1988. The chronology of the last deglaciation: implications to the cause of the Younger Dryas event. *Paleoceanography*, 3:1-19.

Broecker W S, Pereet D M, Rind D. 1985. Does the ocean-atmosphere system have more than one stable mode of operation? *Nature*, 315:21-26.

Bryan K, Cox M D. 1972. An approximate equation of state for numerical models of ocean circulation. *Journal of Physical Oceanography*, 2(4):510-514.

Bryan K, Lewis L J. 1979. A water mass model of the world ocean. *Journal of Geophysical Research*, 84(C5):2503-2517.

Bryan K, Komro F G, Manabe S, *et al*. 1982. Transient climate response to increasing atmospheric carbon dioxide. *Science*, 215:56-58.

Bryan K, Manabe S, Pacanowski R C. 1975. A global oceanatmosphere climate model. Part Ⅱ: The oceanic circulation. *Journal of Physical Oceanography*, 5(1): 30-46.

Bryan K. 1963. A numerical investigation of a nonlinear model of a wind-driven ocean. *Journal of the Atmospheric Sciences*, 20(6):594-606.

Bryan K. 1966. A scheme for numerical integration of the equation of motion on an irregular grid free of nonlinear instability. *Monthly Weather Review*, 94(1):39-40.

Bryan K. 1969a. A numerical method for the study of the circulation of the world ocean. *Journal of Computational Physics*, 4(3):347-376.

Bryan K. 1969b. Climate and the ocean circulation: Ⅲ. The ocean model. *Monthly Weather Review*, 97(11):806-827.

Bryan K. 1974. GFDL global oceanic model. Modeling for the First GARP Global Experiment, GARP Rublications Series No 14, Geneva: World Meteorological Organization, 252-261.

Bryan K. 1986. Poleward buoyancy transport in the ocean and mesoscale eddies. *Journal of Physical Oceanography*, 16(5): 928-933.

Bryant E. 1997. Climate process and change. Cambrige: Cambrige University Press: 209.

Budyko M I. 1972. Human's Impact on Climate. Leningrad: Gidrometeoizdat (In Russian).

Budyko M I. 1974. The changing climate. Gidrometeoizdat 280pp. (English Trans.: Academic press, New York, 1977).

Budyko M I. 1977. On present-day climatic changes. *Tellus*, 29: 193-204.

Bush A B G, Philander S G H. 1997. The late Cretaceous: Simulation with a coupled atmosphere-ocean general circulation model. *Paleoceanography*, 12: 495-516.

Bush A B G. 1997. Numerical Simulation of the Cretaceous Tethys Circumglobal Current Science 275. 807-810.

Calov R, Ganopolski A, Petoukhov V, *et al*. 2005. Transient simulation of the last glacial inception. Part Ⅱ: sensitivity and feedback analysis. *Climate Dynamics*, 24: 563-576.

Carrismo B C, Oort A H, Vonder Haar T H. 1985. Estimating the meridional energy transports in the atmosphere and ocean. *Journal of Physical Oceanography*, 15 (1): 82-91.

Carte TR, Hulme M, Viner D (eds). 1999. Representing uncertainty in climate change scenarios and impact studies. University of East Anglia Press, Norwich: 128.

Castellano E, Becagli S, Hansson M, *et al*. 2005. Holocene volcanic history as recorded in the sulfate stratigraphy of the European Project for Ice Coring in Antarctica Dome C (EDC96) ice core. *Journal of Geophysical Research*, 110.

Chamberlin T C. 1899. An attempt to frame a working hypothesis of cause of glacial periods on an atmospheric basis. *Journal of Geology*, 7: 545-585.

Chamberlin T. 1906. On a possible reversal of deep-sea circulation and its influence on geologic climates, Journal of Geology, 14: 363-373.

Chappell J, Omura A, Esat T, *et al*. 1996. Reconciliation of late Quaternary sea levels derived from coral terraces at Huon Peninsula with deep sea oxygen isotope records. *Earth and Planetary Science Letters*, 141: 227-236.

Charles D F. 1985. Relationships between surface sediment diatom assemblages and lake water characteristics in Adirondack Mountain (N. Y.) lakes. *Ecology*, 66: 994-1011.

Cheddadi R, Yu G, Guiot J, *et al*. 1997. The climate of Europe 6 000 years ago. *Climate Dynamics*, 13: 1-9.

Clapperton C M, Sugden D E, Kaufman D S, *et al*. 1995. The last glaciation in central Magellan Strait, southernmost Chile. *Quaternary Research*, 44: 133-148.

Clark P U, Clague J J, Curry B B, *et al*. 1993. Initiation and development of the Laurentide and Cordilleran ice sheets following the last interglaciation. *Quaternary Science Reviews*, 12: 79-114.

Clark PU et al. 1996. Origin of the first global meltwater pulse. Paleoceanography, 11: 563-577.

Claussen M, Kubatzki C, Brovkin V, *et al*. 1999. Simulation of an abrupt change in Saharan vegetation in the mid-Holocene. *Geophysical Research Letters*, 26 (14): 2037-2040.

Claussen M. 1997. Modeling bio-geophysical feedback in the African and Indian monsoon region. *Climate Dynamics*, 13(4): 247-257.

CLIMAP Members. 1976. The surface of the Ice-Age earth. *Science*, 191: 1131-1137.

CLIMAP Members. 1981. Seasonal reconstructions of the earth's surface at the last glacial maximum. *Geological Society of America Map and Chart Series*, MC-36: 1-18.

COHMAP Members. 1988. Climatic changes of the last 18,000 years: observations and model simulations. *Science*, 241: 1043-1052.

Collins M, Osborn T J, Tett S F B, *et al*. 2002. A comparison of the variability of a climate model with paleotemperature estimates from a network of tree-ring densities. *Journal of Climate*, 15(13): 1497-1515.

Coope G R. 2002. Changes in the thermal climate in north-western Europe during marine oxygen isotope stage 3, estimates from fossil insect assemblages. *Quaternary Research*, 57: 401-408.

Cowling S A. 1999. Simulated effects of low atmospheric CO_2 on structure and composition of North American vegetation at the Last Glacial Maximum. *Global Ecology and Biogeography*, 8: 81-93.

Craig H. 1965. The measurement of oxygen isotope paleotemperalures. In: Tongiorgi E(Ed.). Stable isotopes in oceanographic studies and paleotemperature.

Crowley T J, Baum S K. 1992. Modeling late Paleozoic glaciation. *Geology*, 20:

507-510.

Crowley T J, Baum S K. 1995. Is the Greenland ice sheet bistable? *Paleoceanography*, 10:357-363.

Crowley T J, Kim K-Y. 1994. Milankovitch forcing of the last interglacial sea level. *Science*, 265:1566-1568.

Crowley T J, North G R. 1991. Paleoclimatology. Oxford: Oxford University Press.

Crowley T J, Baum S K, Kim K Y, *et al*. 2003. Modeling ocean heat content changes during the last millennium. *Geophysical Research Letters*, 30(no. 18, CLM 3-1 to 3-4), 1932.

Crowley T J. 1991. Modeling Pliocene warmth. *Quaternary Science Reviews*, 10: 275-282.

Crowley T J. 2000. Causes of climate change over the past 1 000 years. Science, 289(14):270-277.

Cubasch V R, Voss R, Hegerl G C, *et al*. 1997. Simulation of the influence of solar radiation variations on the global climate with an ocean-atmosphere general circulation model. *Climate Dynamics*, 13:755-767.

Cutler K B, Edwards R L, Taylor F W, *et al*. 2003. Rapid sea-level fall and deep-ocean temperature change since the last interglacial period. *Earth and Planetary Science Letters*, 206:253-271.

Danjon A. 1980. Astronomie générale et éléments de mécanique céleste, Seconde Édition, Édition Albert Blanchard, Paris.

Danjon A. 1980. Astronomie générale. Paris: Librairie scientifique et technique Albert Blanchard.

Dansgaard W, Johnsen S J, Clausen H B, *et al*. 1971. Climatic record revealed by the Camp Century ice core. In: Turekian K K(Editor). The Late Cenozoic Glacial Ages. New Haven: Yale University Press, 37-56.

de Noblet N, Braconnot P, Joussaume S, *et al*. 1996a. Sensitivity of simulated Asian and African summer monsoons to orbital induced variations in insolation 126, 115 and 6 kBP. *Climate Dynamics*, 12:589-603.

de Noblet N, Prentice I C, Joussaume S, *et al*. 1996b. Possible role of atmosphere-biosphere interactions in triggering the last glaciation. *Geophysical Research Letters*, 23(22):3191-3194.

de Vernal A, Hillaire-Marcel C, Turon J-L, *et al*. 2000. Reconstruction of sea-surface temperature, salinity and sea ice cover in the northern North Atlantic during the last glacial maximum based on dinocyst assemblages. *Canadian Journal of Earth Sciences*, 37: 725-750.

de Villiers S, Shen G T, Nelson B K. 1994. The Sr/Ca-temperature relation-ship in coralline aragonite: Influence of variability in (Sr/Ca) seawater and skeletal growth parameters. *Geochimica et Cosmochimica Acta*, 58: 197-208.

DeConto R M, Hay W W, Thompson S L, *et al.* 1999. Late Cretaceous climate and vegetation interactions: Cold continental interior paradox. In: Barrera E and Johnson C (Eds.). The Evolution of Cretaceous Ocean-Climate Systems, Special Paper of the Geological Society of America, 332: 391-406 Boulder, Colorado.

DeConto R M, Thompson S L, Pollard D. 2000. Recent advances in paleoclimate modeling: Toward better simulations of warm paleoclimates. In: Huber B T, MacLeod K G, Wing S L (Eds.). Warm climates in Earth history. Cambridge: Cambridge University Press, 21-49.

deMenocal P B, Rind D. 1993. Sensitivity of Asian and African climate to variations in seasonal insolation, glacial ice cover, sea-surface termperature, and Asian orography. *Journal of Geophysical Research*, 98 (D4): 7265-7287.

Denton G H, Karlen W. 1973. Holocene climatic variations-their patterns and possible cause. *Quaternary Research*, 3: 155-205.

Dickinson R E, Henderson-Sellers A, Kennedy P J. 1993. Biosphere atmosphere transfer scheme (BATS) version 1e as coupled to the NCAR community climate model. NCAR Technical Note, NCAR/TN-387 + STR, NCAR Climate and Global Dynamics Division, Boulder, Colorado.

Diffenbaugh N S, Sloan L C. 2002. Global climate sensitivity to land surface change: The Mid Holocene revisited. *Geophysical Research Letters*, 29 (10): 114, 1-4.

Digerfeldt G. 1986. Studies on past lake-level fluctuations. In: Berglund B (Ed.). Handbook of Holocene Palaeoecology and Palaeohydrology. New York: John Wiley & Sons, 127-144.

Douglas M S V, Smol J P. 1994. Limnology of High Arctic Ponds (Cape Herschel, Ellesmere Island, N. W. T). *Archiv fur Hydrobiologie*, 131: 401-434.

Edwards T W D, Fritz P. 1988. Stable-isotopic palaeoclimate records for southern Ontario: Comparison of results from marl and wood. *Canadian Journal of Earth Sciences*, 25: 1379-1406.

Eggleston H S, Charles D, Jones B M R, *et al.* 1998. Treatment of uncertainties for national greenhouse gas emissions. Report AEAT 2 688-1 for DETR Global Atmosphere Division. Culham, UK: AEA Technology.

Eggleston, S. *et al*. (1998). Treatment of Uncertainties for National Greenhouse Gas Emissions. Report AEAT 2 688-1 for DETR Global Atmosphere Division, AEA Technology, Culham, UK.

Eisenhauer A, Zhu Z R, Collins L B, *et al*. 1996. The last interglacial sea level change: new evidence from the Abrolhos islands, west Australia. *Geologische Rundschau*, 85: 606-614.

Emanuel K A. 1987. The dependence of hurricane intensity on climate. *Nature*, 326: 483-485.

Emiliani C. 1955. Pleistocene temperatures. *Journal of geology*, 63: 538-578.

EPICA Community Members. 2004. Eight glacial cycles from an Antarctic ice core. *Nature*, 429: 623-628.

Ericson J E. 1981. Exchange and production systems in Californian prehistory: the Results of Hydration Dating and Chemical Characterization of Obsidian Sources. British archaeological reports international series 110, Oxford, England.

Etheridge D M, Steele L P, Langenfelds R L, *et al*. 1996. Natural and anthropogenic changes in atmospheric CO_2 over the last 1 000 years from air in Antarctic ice and firn. *Journal of Geophysical Research*, 101 (D2): 4115-4128.

Fairbridge R W. 1987. Ice Age theory. In: Oliver J E and Fairbridge R W (Eds.). Encyclopedia of Climatology. NewYork: Van Nostrand Reinhold, 503-514.

Farrera I, Harrison S P, Prentice I C, *et al*. 1999. Tropical climates at the Last Glacial Maximum: a new synthesis of terrestrial palaeoclimate data. I. Vegetation, lake-levels and geochemistry. *Climate Dynamics*, 15: 823-856.

Faure G. 1986. Principles of Isotope Geology (second edition). New York: John Wiley and Sons.

Findlay D L, Shearer J A. 1992. Relationships between sedimentary diatom assemblages and lakewater pH values in the Experimental Lakes Area. *Journal of Paleolimnology*, 7: 145-156.

Fishman G S. 1996. Monte Carlo: concepts, algorithms and applications. New York: Springer-Verlag.

Fleischer R L, Hart H R. 1972. Fission tracking dating: technique and problems. In: Bishop W W and Miller J A (Eds.). Calibration of hominoid evolution. Edinburgh: Scottish Academic Press.

Flint R F. 1971. Glacial and Quaternary Geology. New York: John Wiley and Sons.

Flohn H. 1968. Contributions to a meteorology of the Tibetan Highlands. In: Fort

Collins (Ed.). *Atmospheric Science Paper*, 130, Colorado State University Press, 1-120.

Frakes L A. 1979. Climates throughout geologic times. Amsterdam:Elsevier.

Francis P. 1993. Volcanoes:A Planetary Perspective. New York:Oxford University Press.

Frankignoul C. 1999. Statistical analysis of GCM outputs. In:von Storch H and Navarra A (Eds.). Analysis of Climate Variability; Applications of Statistical Techniques. Berlin:Springer,137-159.

Free M,Robock A. 1999. Global warming in the context of the Little Ice Age. *Journal of Geophysical Research*,104:19057-19070.

Friedman I,Long W. 1976. Hydration rate of obsidian. *Science*,191:347-352.

Gallup C D,Cheng H,Taylor F W,*et al*. 2002. Direct determination of the timing of sea level change during termination Ⅱ. *Science*,295:310-313.

Ganoplski A,Rahmstorf S. 2001. Rapid changes of glacial climate simulated in a coupled climate model. Nature,409:153-158.

Gates W L. 1976. Modelling the ice-age climate. *Science*,191:1138-1144.

Gates W L. 1981. Paleoclimatic modeling-a review of problems and prospects for the pre-Pleistocene. Climatic Research Institute Report,No 27,Corvallis,Oregon:Oregon State University.

Ghazi,A. 1983. Palaeoclimatic Research and Models. Kluwer Academic Pub,D Reidel.

Giorgi F,Bates G T. 1989. The climatological skill of a regional model over complex terrain. *Monthly Weather Review*,117:2325-2347.

Giorgi F,Shields C. 1999. Tests of precipitation parameterizations available in the latest version of the NCAR Regional Climate Model (RegCM) over the Continental United States. *Journal of Geophysical Research*,104:6353-6375.

Giorgi F. 1990. On the simulation of regional climate using a limited area model nested in a general circulation model. *Journal of Climate*,3:941-963.

Gloersen P,Cambell W J,Cavalieri D J,*et al*. 1992. Arctic and Antarctic Sea Ice,1978-1987:satellite passive-microwave observations and analysis. Washington,D. C.:National Aeronautics and Space Administration,Special Publication.

Goldberg E D. 1963. Geochronology with lead-210. In:Radioactive dationg, IAEA STI-PUB-68,121.

Goosse H,Renssen H,Selten F M,*et al*. 2002. Potential causes of abrupt climate events:a numerical study with a three-dimensional climate model. *Geophysical Re-*

search Letters,29(18):1860.

Goudie A. 1981. Geomorphological techniques. London:Allen and Unwin.

Grootes P M,Stuiver M,White J W C,*et al*. 1993. Comparison of oxygen isotope records from the GISP2 and GRIPGreenland ice cores. *Nature*,366:552-554.

——1987b:The power of nature. In Gregory K J(ed.)Energetics of physical environment:energetic approaches to physical geography. Chichester:John Wiley,1-31.

Grove J M. 1988. The Little Ice Age. London and NewYork:Methuen,1-5.

Guiot J. 1990. Methodology of paleoclimatic reconstruction of from pollen in France. *Palaeogeography*,*Palaeoclimatology*,*Palaeoecology*,80:49-69.

Hack J J,Boville B A,Briegleb B P,*et al*. 1993. Description of the NCAR Community Climate Model(CCM2). NCAR Technical Report NCAR/TN-382 + STR, NCAR Technical Note. National Center for Atmospheric Research,Boulder,Colorado.

Hahn D G,Manabe S. 1975. The role of mountains in the South Asian monsoon circulation. *Journal of the Atmospheric Sciences*,32(8):1515-1541.

Haining R. 1990. Spatial Data Analysis in the Social and Environmental Sciences. Cambridge,England:Cambridge University Press.

Haining R. 2003. Spatial Data Analysis:Theory and Practice. Cambridge,England:Cambridge University Press.

Hakanson L,Jansson M. 1983. Principles of Lake Sedimentology. Berlin,Springer-Verlag.

Hannoschoch G, Frankignoul C. 1985. Multivariate statistical analysis of a sea surface temperature anomaly experiment with the GISS general circulation model I. *Journal of the Atmospheric Sciences*,42:1430-1450.

Hansen J,Lacis A,Rind D,*et al*. 1984. Climate sensitivity:Analysis of feedback mechanisms. In: Hansen J E, Takahashi T(Eds.). Climate Processes and Climate Sensitivity. Maurice Ewing Series, Vol. 5,Washington,D. C.: American Geophysical Union,130-163.

Harland W B,Cox A V, Llewellyn P G,*et al*.. 1982. A Geologic Time Scale. Cambridge:Cambridge University Press,100-125.

Harrison S P, Digerfeldt G. 1993. European lakes as palaeohydrological and palaeoclimatic indicators. *Quaternary Science Reviews*,12:233-248.

Harrison S P,Jolly D,Laarif F,*et al*. 1998. Intercomparison of simulated climate and vegetation in response to insolation changes at 6 000 yr B. P. *Journal of Climate*, 11:2721-2742.

Harrison S P,Kutzbach J E,Prentice I C,*et al*. 1995. The response of northern hemisphere extratropical climate and vegetation to orbitally induced changes in insolation during the last interglaciation. *Quaternary Research*,43:174-184.

Harrison S P,Yu G,Takahara H,*et al*. 2001. Palaeovegetation-Diversity of temperate plants in East Asia. *Nature*,413:129-130.

Hastenrath S,Kutabach J E. 1983. Palaeoclimatic estimates from water and energy budgets of East African lakes. *Quaternary Research*,19:141-153.

Hastenrath S,Kutzbach J E. 1983. Paleoclimatic estimates from water and energy budgets of East African lakes. *Quaternary Research*,19(2):141-153.

Hecht A D. 1985. Paleoclimate Analysis and Modeling. New York:John Wiley & Sons.

Heller F,Liu T S. 1982. Magneto stratigraphical dating of loess deposits in China. *Nature*,300:431-433.

Hibler Ⅲ W D,Ackley S F. 1983. Numerical simulation of the Weddell Sea pack ice. *Journal of Geophysical Research*,88(C5):2 873-2 887.

Hibler Ⅲ W D,Bryan K. 1984. Ocean circulation:Its effects on seasonal sea-ice simulations. *Science*,224(4 648):489-492.

Hibler Ⅲ W D. 1979. A dynamic thermodynamic sea ice model. *Journal of Physical Oceanography*,9:815-846.

Hickey L J,West R M,Dawson M R,*et al*. 1983. Arctic terrestrial biota:paleomagnetic evidence of age disparity with mid-northern latitudes during the Late Cretaceous and Early Tertiary. *Science*,221(4 616):1153-1156.

Honghton J T,Merira Filho L G,Callander B A,et al. 1995. Climate Change 1995,The Science of Climate Change.,Cambridge University Press,Cambridge.

Honghton J T,Jenkins G J,Ephraums J J. 1990. Climate Change,The IPCC Scientific Assessment. Cambridge University Press,Cambridge.

Hood L L,Jirikowic J L. 1990. Recurring variations of probable solar origin in the atmospheric $\delta^{14}C$ time record. *Geophysical Research Letter*,17(1):85-88.

Hopkin M. 2005,Antarctic ice puts climate predictions to the test. *Nature*,438:536-537.

Hostetler SW,Giorgi F,Bates G T. 1994. Role of lake-atmosphere feedbacks in sustaining Lakes Bonneville and Lahontan 18,000 years ago. Science 263:265-268.

Huber M,Sloan L C. 2001. Heat transport,deep waters,and thermal gradients:coupled simulation of an Eocene "greenhouse" climate. *Geophysical Research Letters*,28:3481-3484.

Huber M,Sloan L C,Shellito C. 2003. Early Paleogene oceans and climate:a fully coupled modeling approach using the NCAR CCSM. In: Wing S L, Gingerich P D, Schmitz B, *et al.* (Eds.). Causes and Consequences of Globally Warm Climates in the Early Paleogene. *Geological Society of America Special Paper* 369. Boulder, Colorado, 25-47.

Hughen K A, Overpeck J T, Peterson L C, *et al.* 1996. Rapid climate changes in the tropical Atlantic region during the last deglaciation. *Nature*, 380: 51-54.

Hulme M, Carter T R. 1999. Representing uncertainty in climate change scenarios and impact studies. In: Carter T R, Hulme M and Viner D (Eds.). Representing Uncertainty in Climate Change Scenarios and Impact Studies. Norwich, UK: The Climatic Research Unit, 11-37.

Hunt B. 1979. Effects of past variations of the earths rotation rate on climate. *Nature*, 281: 188-191.

Huntley B, Tzedakis P C, de Beaulieu J -L, et al. 2003. Comparison between Biome3.5 models and pollen data. *Quaternary Research*, 59: 195-212.

Hyde W T, Crowley T J, Baum S K, et al. 2000. Neoproterozoic "Snowball Earth" simulations with a coupled climate/ice sheet model. *Nature*, 405: 425-430.

Hyde W T, Kim K -Y, Crowley T J, *et al.* 1990. On the relation between polar continentality and climate: Studies with a nonlinear energy balance model. *Journal of Geophysical Research*, 95: 18653-18668.

Imbrie J, Shackleton N J, Pisias N G, *et al.* 1984. The orbital theory of Pleistocene climate: support from a revised chronology of the marine $\delta^{18}O$ record. In: Berger A, Imbrie J, Hays J, *et al.* (Eds.). Milankovitch and climate: understanding the response to astronomical forcing. Part I. D. Dordrecht: Reidel Publishing Company, 269-305.

IPCC 1990a. IPCC First Assessment Report, Climate Change: The IPCC Scientific Assessment.

IPCC 1990b. Scientific Assessment of Climate change. In Houghton J T, Jenkins G J and Ephraums J J (Eds). IPCC First Assessment Report. UK: Cambridge University Press.

IPCC 1995. IPCC Second Assessment Report, Climate Change 1995: The Science of Climate Change.

IPCC 2001a. Third Assessment Report, Climate Change 2001: The Scientific Basis.

IPCC 2001b. Climate Change 2001: The Scientific Basis. Contribution of Working Group I to the Third Assessment Report of the International Panel on Climate

Change. Houghton J T, Ding Y, Griggs D J, *et al.* (Eds.). Cambridge, UK: Cambridge University Press.

ISO. 1993. Guide to the Expression of Uncertainty in Measurement. International Organisation for Standardiszation, ISBN 92-67-10188-9, ISO, Geneva, Switzerland.

Jenkins G S. 1993. A general circulation model study of the effects of the faster rotation rate, enhanced CO_2 concentrations and reduced solar forcing-Implications for the faint young sun paradox. *Journal of Geophysics Research*, 98 (D11): 20803-20811.

Jenkins G, Marshall H G and Kuhn W R. 1993. Precambrian climate: The effects of land area and earth' s rotation rate. *Journal of Geophysical Research*, 98: 8785-8791.

Jones P D, Briffa K R, Barnett T P, *et al.* 1998. High-resolution palaeoclimatic records for the last millennium: interpretation, integration and comparison with General Circulation Model control-run temperatures. *The Holocene*, 8: 455-471.

Jones R N. 2000. Analysing the risk of climate change using an irrigation demand model. *Climate Research*, 14: 89-100.

Joos F, Prentice I C, Sitch S, *et al.* 2001. Global warming feedbacks on terrestrial carbon uptake under the Intergovernmental Panel on Climate Change (IPCC) emission scenarios. *Global Biogeochemical Cycles*, 15: 891-907.

Joos F. 2005. Radiative forcing and the ice core greenhouse gas record. *PAGES Newsletter*, 13(3): 11-13.

Joussaume S, Taylor K E. 1995. Status of the Paleoclimate Modelling intercomparison project (PMIP). In: Proceedings of the first international AMIP scientific conference, WCRP Report 92. Geneva: WMO Press, 425-430.

Joussaume S, Taylor K E. 2000. The Paleoclimate Modelling Intercomparison Project. In: Braconnot P (Ed.). PMIP, Paleoclimate Modeling Intercomparison Project (PMIP): proceedings of the third PMIP 20 workshop, Canada, 4-8 October 1999, WCRP-111, WMO/TD-1007, 9-25.

Joussaume S, Taylor K E, Braconnot P, *et al.* 1999. Monsoon changes for 6000 years ago: Results of 18 simulations from the Paleoclimate Modeling Intercomparison Project (PMIP). *Geophysical Research Letters*, 26 (7): 859-862.

Joussaume S et al (36 authors). 1998. Monsoon changes for 6000 years ago: results of 18 simulations from the Palaeoclimate Modeling Intercomparison Project (PMIP). Geophysical Research Letters, 26: 859-862.

Kaplan J O, Prentice I C, Knorr W, *et al.* 2002. Modeling the dynamics of terrestrial carbon storage since the Last Glacial Maximum. *Geophysical Research Letters*, 29 (22): 2074.

Kennedy J A, Brassell S C. 1992. Molecular Stratigraphy of the Santa Barbara Basin: Comparison with historical records of annual climate change. *Organic Geochemistry*, 19: 235-244.

Kharita M H, Stokes R, Durrani S A. 1995. TL and PTTL in natural fluorite previously irradiated with gamma rays and heavy ions. *Radiation Measurements*, 24(4): 469-472.

Kiehl J T, Hack J J, Bonan G B, *et al.* 1996. Description of the NCAR Community Climate Model (CCM3). NCAR Technical Note, NCAR/TN-420 + STR, National Center for Atmospheric Research, Boulder, Colorado.

Kimber R W L. 1987. The use of amino acid racemization in establishing time frameworks and correlations for geological and archaeological materials. In: Ambrose W R and Mummery J M J. (Eds.). Archaeometry: further Australasian studies. Canberra: Australian National University, 150-155.

Kirschvink J L. 1992. Late Proterozoic low-latitude global glaciation: the snowball Earth, and a paleogeographic model for Vendian and Cambrian Time, Section 2. 3 and Chapter XII. In:. Schopf J W, Klein C and Maris D D (Eds). The Proterozoic Biosphere: A Multidisciplinary Study. New York: Cambridge University Press, 51-52, 567-581.

Kletetschka G, Banerjee S K. 1995. Magnetic stratigraphy of Chinese loess as a record of natural fires. *Geophysical Research Letters*, 22: 1341-1343.

Kohfeld K E, Harrison S P. 1999. How well can we simulate past climates? Evaluating the models using global palaeoenvironmental datasets. *Quaternary Science Reviews*, 19: 321-436.

Kominz M A. 1984. Oceanic ridge volumes and sea-level change—An error analysis. In: Schlee J S (Ed.). Interregional Unconformities and Hydrocarbon Accumulation.. American Association of Petroleum Geology. Tulsa, Okla., Mem. 36, 108-123.

Kromer B, Becker B. 1993. German oak and pine ^{14}C calibration, 7 200-9 439 B C. In: Stuiver M, Long A and Kra R S (Eds.). Calibration. *Radiocarbon*, 35 (1): 125-135.

Kubatzki C, Montoya M, Rahmstorf S, *et al.* 2000. Comparison of the last interglacial climate simulated by a coupled global model of intermediate complexity and an AOGCM. *Climate Dynamics*, 16: 799-814.

Kuhn W R, Walker J C G and Marshall H G. 1989. The effect on earth's surface temperature from variations in rotation rate, continent formation, solar luminosity, and carbon dioxide. *Journal of Geophysical Research*, 94: 11129-11136.

Kukla G, Heller F, Liu X M, *et al*. 1988. Pleistocene climates in China dated by magnetic susceptibility. *Geology*, 16(9): 811-814.

Kullback S. 1959. Information Theory and Statistics. New York: John Wiley and Sons.

Kump L R, Slingerland R L. 1999. Circulation and stratification of the Early Turonian Western Interior Seaway: Sensitivity to a variety of forcings. In: Barrera E and Johnson C (Eds.). The Evolution of Cretaceous Ocean-Climate Systems, Special Paper of the Geological Society of America, 332: 181-190 Boulder, Colorado.

Kuo H L, Qian Y F. 1982. Numerical simulation of the development of mean monsoon circulation in July. *Monthly Weather Review*, 110(2): 1879-1897.

Kutzbach J E, Gallimore R G, Guetter P J. 1991. Sensitivity experiments on the effect of orbitally-caused insolation changes on the interglacial climate of high northern latitudes. *Quaternary International*, 10: 223-229.

Kutzbach J E, Gallimore R, Harrison S P, *et al*. 1998. Climate and biome simulations for the past 21,000 years. *Quaternary Science Reviews*, 17(6-7): 473-506.

Kutzbach J E, Guetter P J, Ruddiman W F, *et al*. 1989. Sensitivity of climate to late Cenozoic uplift in Southern Asia and the American West: Numerical experiments. *Journal of Geophysical Research*, 94: 18393-18407.

Kutzbach J E, Prell W and Ruddiman W F. 1993. Sensitivity of Eurasian climate to surface uplift of the Tibetan Plateau. *Journal of Geology*, 101: 177-190.

Kutzbach J E. 1980. Estimates of past climate at Paleolake Chad, North Africa, based on a hydrological and energy-balanced model. *Quaternary Research*, 14: 210-223.

Kutzbach J E. 1994. Idealized Pangean climates: sensitivity to orbital change. In: Klein G D (Ed.). Pangea: paleoclimate, tectonics, and sedimentation during accretion, zenith and breakup of a supercontinent. *Geological Society of America*, Special Paper, 288: 41-55.

Lamb H H. 1965. The early medieval warm epoch and its sequel. *Palaeogeography, Palaeoclimatology, Palaeoecology*, 1: 13-37.

Lamb H H. 1970. Volcanic dust in the atmosphere; with a chronology and assessment of its meteorological significance. *Philosophical Transactions for the Royal Society of London*. Series A, Mathematical and Physical Sciences, 266(1 178): 425-533.

Lambeck K, Chappell J. 2001. Sea level change through the last glacial cycle.

Science,292:679-686.

Larocque I. 2006. Relaunch of PAGES databoard activities. *PAGES Newsletter*,14(1):11.

Lasaga A C,Berner R A,Garrels R M. 1985. An improved geochemical model of atmospheric CO_2 fluctuations over the past 100 million years. In: Sundquist E T and Broecker W S(Eds.). The Carbon Cycle and Atmospheric CO_2: Natural Variations Archean to Present, Geophysical Mono. 32. Washiongton, D. C.: American Geophysical Union,397-411.

Lawrence K T,Sloan L C,Sewall J O. 2003. Terrestrial climatic response to precessional orbital forcing in the Eocene. In: Wing S L,Gingerich P D,Schmitz B,*et al.*(Eds.). Causes and Consequences of Globally Warm Climates in the Early Paleogene. Geological Society of America Special Paper 369. Boulder,Colorado.

Lean J,Beer J,Bradley R. 1995. Reconstruction of solar irradiance since 1610: Implications for climate change. *Geophysical Research Letter*,1995,22:3195-3198.

Lean J. 2005. Solar forcing of climate change: current status. *PAGES Newsletter*,13(3):13-15.

LeBorgne E. 1955. Abnormal magnetic susceptibility of the top soil. *Annals of Geophysics*,11:399-419.

Legutke S,Voss R. 1999. The Hamburg atmosphere-ocean coupled model ECHO-G,Technical Report No. 18. Hamburg: German Climate Computer Center(DKRZ).

Lehman S J,Keigwin L D. 1992. Sudden changes in North Atlantic circulation during the last deglaciation. *Nature*,356:757-762.

Leopold A C. 1964. Plant growth and development. New York: McGraw-Hill.

Libby W F,Anderson E C,Arnold J R. 1949. Age determination by radiocarbon content: world-wide assay of natural radiocarbon. *Science*,109:227-228.

Lisiecki L E,Raymo M E. 2005. A Pliocene-Pleistocene stack of 57 globally distributed benthic delta ^{18}O records. *Paleoceanography*,20(1):1-17.

Liu H,Wu G X. 1997. Impacts of land surface on climate of July and onset of summer monsoon: A study with an AGCM plus SSiB. Advances in Atmospheric Sciences,14:289-308.

Liu J, Chen X, Wang S M, *et al.* 2004. Palaeoclimate simulation of Little Ice Age. *Progress in Natural Science*,14(8):716-724.

Liu J,Yu G and Chen X. 2002. Palaeoclimate simulation of 21ka for the Tibetan Plateau and Eastern Asia. *Climate Dynamics*,19(7):575-583.

Lorenz E N. 1976. The Nature and Theory of the General Circulation of the Atmosphere(大气环流的理论和性质).北京大学地球物理系译,北京:科学出版社:139.

Leovy C B. 1973. Exchange of water vapor between the atmosphere and surface of Mars. Icarus,18:120-125.

Luckman B H. 1996. Dendrochronology and global change. In: Dean J S, Meko D M, Swetnam T W (Eds.). Tree Rings: Environment and Humanity. Tucson: Department of Geosciences, The University of Arizona, 3-24.

Magny M. 1993. Solar influences on Holocene climate changes illustrated by correlations between past lake-level fluctuations and the atmospheric ^{14}C record. *Quaternary Research*, 40:1-9.

Maher B A, Thompson R. 1991. Mineral magnetic record of the Chinese loess and paleosols. *Geology*, 19(1):3-6.

Mahlman JD. 1997. Uncertainties in projections of human-caused climate warming. Science, 278:1416-1417.

Maier-Reimer E, Mikolajewicz U, Crowley T J. 1990. Ocean GCM sensitivity experiment with and open central American isthmus. *Paleoceanography*, 5:349-366.

Manabe S, Broccoll A J. 1985. The influence of continental ice sheets on the climate of an ice age. *Journal of Geophysical Research*, 90(C2):2167-2190.

Manabe S, Bryan K, Spelman M J. 1979. A global ocean-atmosphere climate model with seasonal variation for future studies of climate sensitivity. *Dynamics of Atmospheres and Oceans*, 3:393-426.

Manabe S, Bryan K, Spelman M J. 1975. A global oceanatmosphere climate model. Part 1: The atmospheric circulation. *Journal of Physical Oceanography*, 5(1): 3-29.

Manabe S, Bryan K Jr. 1985. CO_2-induced change in a coupled ocean-atmosphere model and its paleoclimatic implications. *Journal of Geophysical Research*, 90(11):11689-11707.

Manabe S, Bryan K. 1969. Climate calculations with a combined ocean-atmosphere model. *Journal of the Atmospheric Sciences*, 26(4):786-789.

Manabe S, Hahn D G. 1977. Simulation of the tropical climate of an ice age. *Journal of Geophysical Research*, 82(27):3889-3911.

Manabe S, Hahn D G. 1981. Simulation of atmospheric variability. *Monthly Weather Review*, 109(11):2260-2286.

Manabe S, Smagorinsky J, Strickler R F. 1965. Simulated climatology of a general circulation model with a hydrologic cycle. *Monthly Weather Review*, 93(12):769-798.

Manabe S, Stouffer R J. 1980. Sensitivity of a global climate model to an increase of CO_2 concentration in the atmosphere. *Journal of Geophysical Research*, 85 (C10): 5529-5554.

Manabe S, Stouffer R J. 1996. Low-frequency variability of surface air temperature in a 1000-year integration of a coupled atmosphere-ocean-land surface model. *Journal of Climate*, 9(2): 376-393.

Manabe S, Stouffer R J. 1997. Coupled ocean-atmosphere model response to freshwater input: Comparison to Younger Dryas event. *Paleoceanography*, 12 (2): 321-336.

Manabe S, Stouffer R J. 2000. Study of abrupt climate change by a coupled ocean-atmosphere model. *Quaternary Science Reviews*, 19: 285-299.

Manabe S, Strickler R F. 1964. Thermal equilibrium of the atmosphere with a convective adjustment. *Journal of the Atmospheric Sciences*, 21(4): 361-385.

Manabe S, Terpstra T B. 1974. The effects of mountains on the general circulation of the atmosphere as identified by numerical experiments. Journal of the Atmospheric Sciences: 31(1): 3-42.

Manabe S, Wetherald R T. 1967. Thermal equilibrium of the atmosphere with a given distribution of relative humidity. *Journal of the Atmospheric Sciences*, 24 (3): 241-259.

Manabe S, Wetherald R T. 1975. The effects of doubling the CO_2 concentration on the climate of a general circulation model. *Journal of the Atmospheric Sciences*, 32(1): 3-15.

Manabe S, Wetherald R T. 1980. On the distribution of climate change resulting from an increase of CO_2-content of the atmosphere. *Journal of the Atmospheric Sciences*, 37(1): 99-118.

Manabe S. 1969a. Climate and the ocean circulation: Ⅰ. The atmospheric circulation and the hydrology of the earth's surface. *Monthly Weather Review*, 97 (11): 739-774.

Manabe S. 1969b. Climate and the ocean circulation: Ⅱ. The atmospheric circulation and the effect of heat transfer by ocean currents. *Monthly Weather Review*, 97 (11): 775-805.

Mankinen E A, Dalrymple G B. 1979. Revised geomagnetic polarity time scale for the interval 0-5 m. y. BP *Journal of Geophysical Research*, 84: 615-626.

Mann M E, Jones P D. 2003. Global surface temperatures over the past two millennia. *Geophysical Research Letters*, 30(15): 5-14.

Marchal O, Stocker T F, Joos F, *et al*. 1999. Modelling the concentration of atmospheric CO_2 during the Younger Dryas climate event. *Climate Dynamics*, 15: 341-354.

Mathewes RW. 1993. Evidence for Younger Dryas age cooling on the North Pacific Coast of America. *Quaternary Science Reviews*, 12:321-331.

McArthur J M, Bumett J. Hancock J M. 1992. Strontium isotopes at K/T boundary: discussion. *Nature*. 355(6355):28.

McManus J F, Oppo D W, Cullen J L. 1999. A 0.5 million year record of millennial-scale climate variability in the North Atlantic. *Science*, 283:971-975.

Mickley L J, Jacob D J, Field B D. 2004. Climate response to the increase in tropospheric ozone since preindustrial times: A comparison between ozone and equivalent CO_2 forcings. *Journal of Geophysical Research*, 109:5106-5124.

Milankovitch M M. 1941. Kanon der Erdbestrahlung und seine Anwendung auf das Eiszeitenproblem. Belgrade: Königlich Serbische Akademie Spezial Publikation. Reprinted in English(1998): Canon of Insolation and the Ice-Age Problem. Beograd: Zavod za udžbenike i nastavna sredstva.

Mitchell J F B. 1993. Modelling of palaeoclimates: examples from the recent past. *Philosophical Transactions Royal Society of London Series B, Biological Sciences*, 341:267-275.

Mitsuguchi T, Matsumoto E, Abe O, *et al*. 1996. Mg/Ca thermometry in coral skeletons. *Science*, 274(5289):961-963.

Molnar P. 1997. The rise of the Tibetan plateau: From mantle dynamics to the Indian monsoon. *Astronomy and Geophysics*, 38:10-15.

Monserud R A, Leemans R. 1992. Comparing global vegetation maps with Kappa statistic. *Ecological Modelling*, 62:275-293.

Montoya M, von Storch H. 2000. Climate simulation for 125 kyr BP with a coupled ocean-atmosphere General Circulation Model. *Journal of Climate*, 13(6): 1057-1072.

Morgan M G, Henrion M. 1990. Uncertainty: A Guide to Dealing with Uncertainty in Quantitative Risk and Policy Analysis. New York: Cambridge University Press.

Moser K A, MacDonald G M, Smol J P. 1996. Application of freshwater diatoms to Geographical research. *Progress in Physical Geography*, 20:21-52.

Murakami T. 1970. Numerical simulation of the monsoon along 80°E. In proceeding of the conference on the summer monsoon of Southeast Asia. Norfolk Virginia, 39-51.

Naeser C W, Naeser N D. 1988. Fission-track dating of Quaternary events. In: Easterbrook D J (Ed.). Dating Quaternary sediments. *Geological Society of America Special Paper*, 227: 13-47.

New M, Hulme M. 2000: Representing uncertainty in climate Change Scenarios: a Monte-Carlo approach. *Integrate Assessment*, 1: 203-213.

Newhall C G, Self S. 1982. The Volcanic Explosivity Index (VEI): An estimate of explosive magnitude for historical volcanism. *Journal of Geophysical Research*, 87: 1231-1238.

North G R, Coakley Jr J A. 1979. Differences between seasonal and mean annual energy balance model calculation of climate and climate sensitivity. *Journal of the Atmospheric Sciences*, 36, 1889-1204.

Nye J F. 1963. Correction factor for accumulation measured by the thickness of the annual layers in ice sheet. *Journal of Glaciology*, 4 (36): 785-788.

Oglesby R J. 1989. A GCM study of Antarctic glaciation. *Climate Dynamics*, 3: 135-156.

Otto-Bliesner B L, Brady C E C, Shields C. 2002. . Late Cretaceous ocean: Coupled simulations with the National Center for Atmospheric Research Climate System Model. Journal of Geophysical Research, 1 071: 4019-4033.

Otto-Bliesner B L. 1996. Initiation of a continental ice sheet in a global climate model (GENESIS). *Journal of Geophysical Research*, 101: 16909-16920.

Overpeck J T, Prentice I C, Webb Ⅲ T. 1985. Quantitative interpretation of fossil pollen spectra: Dissimilarity Coefficients and the method of modern analogs. *Quaternary Research*, 23: 87-108.

Palmer M R, Edmond J M. 1989. The strontium isotope budget of the modem ocean. *Earth Planet Science Letters*, 92: 11-26.

Palmer M R, Elderfield H. 1985. Sr isotope composition of sea water over the past 75 Ma. *Nature*, 314: 526-528.

Parkinson C L, Gloersen P. 1993. Global sea ice coverage. In: Gurney R J, Foster J L and Parkinson C L (Eds.). Atlas of Satellite Observations Related to Global Change. Cambridge: Cambridge University Press, 371-384.

Parkinson C L, Herman G F. 1980. Sea ice simulations based on fields generated by the GLAS GCM. *Monthly Weather Review*, 108 (12): 2080-2091.

Peixoto J P, Oort A H. 1991. Physics of Climate. New York: American Institute of Physics.

Peltier W R 1994. Ice-Age Paleotopography. *Science*, 265: 195-201.

Petit J R, Jouzel J, Raynaud D, *et al.* 1999. Climate and atmospheric history of the past 420 000 years from the Vostok ice core, Antarctica. *Nature*, 399: 429-436.

Petoukhov V, Ganopolski A, Brovkin V, *et al.* 2000. CLIMBER-2: a climate system model of intermediate complexity. Part I: model description and performance for present climate. *Climate Dynamics*, 16(1): 1-7.

Pinot S, Ramstein G, Harrison S P, *et al.* 1999. Tropical paleoclimates at the Last Glacial Maximum: comparison of Paleoclimate Modeling Intercomparison Project (PMIP) simulations and paleodata. *Climate Dynamics*, 15: 857-874.

Plumb R A, Hou A Y. 1992. The response of a zonally-symmetric atmosphere to subtropical thermal forcing: threshold behavior. *Journal of Atmospheric Sciences*, 49: 1790-1799.

Polach H, Golson J. 1968. The collection and submission of radiocarbon samples. In: Mummery J M J (Ed.). Australian archaeology: a guide to field technique. Canberra: Australian Institute of Aboriginal Studies, 211-239.

Pollard D, Barron E J. 2003. Causes of model-data discrepancies in European climate during Oxygen Isotope Stage 3 with insights from the last glacial maximum. *Quaternary Research*, 59: 108-113.

Porter S C. 1986. Pattern and forcing of northern hemisphere glacier variations during the last millenium. *Quaternary Research*, 26: 27-48.

Poulsen C J, Barron E J, Johnson C C, *et al.* 1999. Links between major climatic factors and regional oceanic circulation in the mid-Cretaceous. In: Barrera E and Johnson C (Eds.). Evolution of the Cretaceous Ocean-Climate System. *Geological Society of America*, *Special Paper*, 332: 73-89.

Prell W L, Kutzbach J E. 1987. Monsoon variability over the past 150 000 years. Journal of Geophysical Research, 92: 8411-8425.

Prell W L, Kutzbach J E. 1992. Sensitivity of the Indian monsoon to forcing parameters and implications for its evolution. *Nature*, 360(6 405): 647-652.

Prenlice I C, Guiot J, Huntley B, *et al.* 1996. Reconstructing biomes from palaeoecological data: a general method and its application to European pollen data at 0 and 6 ka. *Climate Dynamics*, 12(12): 185-194.

Prentice I C, Webb Ⅲ T. 1998. BIOME 6 000: reconstructing global mid-Holocene vegetation patterns from palaeoecological records. *Journal of Biogeography*, 25: 997-1005.

Prentice I C, Bartlein P J, Webb Ⅲ T. 1991. Vegetation and climate changes in eastern North America since the last glacial maximum. Ecology, 72(6): 2038-2056.

Prentice I C, Jolly D, BIOME 6 000 Participants. 2 000. Mid-Holocene and glacial-maximum vegetation geography of the northern continents and Africa. *Journal of Biogeography*, 27:507-519.

Qin B, Harrison, SP. Kutzbach, JE, 1998. Evaluation of modeled regional water balance using lake status data: a comparison of 6 ka simulatiuons with the NCAR CCM. Quarternary Science Reviews, 17:535-548.

Ramaswamy V, Boucher O, Haigh J, *et al.* 2001. Radiative forcing of climate change. In: Houghton J T, Ding Y, Griggs D J, *et al.* (Eds.). Climate Change 2001: The Scientific Basis. Contribution of Working Group Ⅰ to the Third Assessment Report of the Intergovernmental Panel on Climate Change. New York: Cambridge University Press, 349-416.

Ramstein G, Fluteau F, Besse J, *et al.* 1997. Effect of orogeny, plate motion and land sea distribution on Eurasian climate change over the past 30 million years. *Nature*, 386(6627):788-795.

Raymond G F. 1983. Deformation in the vicinity of ice divides. *Journal of Glaciology*, 29:357-373.

Raynaud D, Barnola J M. 1985. An Antarctic ice core reveals atmospheric CO_2 variations over the past few centuries. *Nature*, 315:309-311.

Raynaud D, Barnola J M, Chappellaz J, *et al.* 2000. The ice record of greenhouse gases: a view in the context of future changes. *Quaternary Science Reviews*, 19:9-17.

Raynaud D. 1993. The ice record of greenhouse gases. Science, 259:926-934.

Reeh N, Hammer C U, Thomsen H H, *et al.* 1987. Use of trace constituents to test flow models for ice sheets and ice caps. In Symposium on the Physical Basis of Ice Sheet Modelling, Vancouver, British Columbia, Canada, Proceedings: IASH Publication. 170, 299-310.

Renssen H, Isarin R F B, Jacob D, *et al.* 2001. Simulation of the Younger Dryas climate in Europe using a regional climate model nested in an AGCM: Preliminary results. Global and Planetary Change, 30:41-57.

Richard W. Katz. 1999. Techniques for estimating uncertainty in climate change scenarios and impact studies. In: Carter, T., R, Hulme, M. and Viner, D. (eds.), Representing Uncertainty in Climate Change Scenarios and Impact Studies. Published by the Climatic Research Unit, Norwich, UK.

Rind D, Peteet D, Broecker W, *et al.* 1986. The impact of cold North Atlantic sea surface temperatures on climate: implications for the Younger Dryas cooling (11-10k). *Climate Dynamics*, 1:3-33.

Robinson J R. 1989. On Uncertainty in the Computation of Global Emissions for Biomass Burning. *Climatic Change*, 14:243-262.

Robock A, Free M P. 1996. The volcanic record in ice cores for the past 2000 years. In: Jones P D, Bradley R S, Jouzel J (Eds.). Climatic Variations and Forcing Mechanisms of the Last 2000 Years. Berlin: Springer-Verlag, 533-546.

Robock A. 2000. Volcanic eruptions and climate. *Reviews of Geophysics*, 38: 191-219.

Royer J F, Deque M, Pestiaux P. 1984. A sensitivity experiment to astronomical forcing with a spectral GCM: simulation of the annual cycle at 125 000 BP and 115 000 BP. In: Berger A L, Imbrie J, Hays J, *et al.* (Eds.). Milankovitch and climate. Dordrecht, Netherlands: D. Reidel, 733-736.

Rubinshtein YS. 1970. Mean latitudinal air temperature on Earth and their relationship with climatic change. Trans GGO, 269:3-21.

Ruddiman W F, Kutzbach J E. 1989. Forcing of late Cenozoic northern hemisphere climate by plateau uplift in southeast Asia and the American southwest. *Journal of Geophysical Research*, 94:18409-18427.

Ruddiman W F, McIntyre A. 1981. The north Atlantic Ocean during the last deglaciation. *Palaeogeography, Palaeoclimatology, Palaeoecology*, 35:145-214.

Ruddiman W F, Raymo M E, Prell W L, *et al.* 1997. The uplift-climate connection: A synthesis. In: Ruddiman W F (Ed.). Tectonic uplift and climate change. New York: Plenum Press, 471-513.

Rutter N W, Vlahos C K. 1988. Amino acid racemization kinetics in wood-application to geochronology and geothermometry. In: Easterbrook D J (Ed.). Dating Quaternary sediments. *Geological Society of America Special Paper*, 227:51-67.

Sakai K, Peltier W R. 1996. A multibasin reduced model of the global thermohaline circulation: Paleoceanographic analyses of the origins of ice-age climate variability. *Journal of Geophysical Research*, 101(C10):22535-22562.

Sakai K, Peltier W R. 1997. Dansgaard-Oeschger oscillations in a coupled atmosphere-ocean climate model. *Journal of Climate*, 10(5):949-970.

Saltzman B, Maasch K A. 1988. Carbon cycle instability as a cause of the late Pleistocene ice age oscillations: Modeling the asymmetric response. *Global Biogeochemical Cycles*, 2:177-185.

Saltzman B. 1978. A survey of statistical-dynamical models of the terrestrial climate. *Advances in Geophysics*, 20:183-304.

Saltzman B. 2002. Dynamical paleoclimatology: generalized theory of global climate change. San Diego: Academic Press.

Sarnthein M, Jansen E, Weinelt M, et al. 1995. Variations in Atlantic surface ocean paleoceanography, 50-85 °N: a time-slice record of the last 55 000 years. *Paleoceanography*, 10: 1063-1094.

Sato M, Hansen J E, McCormick M P, et al. 1993. Stratospheric aerosol optical depths(1850—1990). *Journal of Geophysical Research*, 98: 22987-22994.

Schlesinger M E(Ed.). 1988. Physically-Based Modelling and Simulation of Climate and Climatic Change, Parts 1 and 2, NATO Advanced Study Institute Series. Dordrecht: Kluwer.

Schlesinger M E, Mitchell J F B. 1985. Model projections of the equilibrium climatic response to increased carbon dioxide. In: MacCracken M C and Luther F M (Eds.). Projecting the Climatic Effects of Increasing Carbon Dioxide. Washington, D. C.: United States Department of Energy, 81-147.

Schlesinger M E, Gates W L, Han Y J. 1985. The role of the ocean in CO_2-induced climate warming: Preliminary results from the OSU coupled atmosphere-ocean general circulation model. In: Nihoul J C J(Ed.). Coupled Ocean-Atmosphere Models. Elsevier Oceanography Series, 40, Amsterdam: Elsevier, 447-478.

Schwalb A, Lister G S, Kelts K. 1994. Ostraçode carbonate $\delta^{18}O$-and $\delta^{13}C$-signatures of hydrological and climatic changes affecting Lake Neuchatel, Switzerland, since the latest Pleitocene, J. Paleolimnol., 11, 3-17.

Schwander J, Eicher U, Ammann B. 2000. Oxygen isotopes of lake marl at Gerzensee and Leysin(Switzerland), covering the Younger Dryas and two minor oscillations, and their correlation to the GRIP ice core. *Palaeogeography, Palaeoclimatology, Palaeoecology*, 159: 203-214.

Scotese C R, Golonka J. 1992. PALEOMAP Paleogeographic Atlas. PALEOMAP Progress Report 20. Arlington, Texas: Department of Geography, University of Texas at Arlington.

Scotese C R. 1997. "Paleogeographic Atlas." PALEOMAP Program Report 90-0497. Arlington, Texas: Department of Geology, University of Texas at Arlington.

Sellers P J, Mintz Y, Sud Y C, *et al*. 1986. A simple biosphere model(SiB) for use within general circulation models. *Journal of the Atmospheric Sciences*, 43: 505-531.

Sellers W D. 1969. A global climatic model based on the energy balance of the earth-atmosphere system. *Journal of Applied Meteorology*, 8(3): 392-400.

Shackleton N J and Opdyke N D. 1973. Oxygen isotope and palaeomagnetic stratigraphy of equatorial Pacific core V28-238:oxygen isotope temperatures and ice volume on a 10^5 and 10^6 year scale. *Quaternary Research*,3:39-55.

Shackleton N J, Sánchez-Goñi M F, Pailler D, *et al*. 2003. Marine Isotope Substage 5e and the Eemian Interglacial. *Global and Planetary Change*,36:151-155.

Shi YF, Kong ZC, Wang SM, *et al*. 1993. Mid-Holocene climates and environment in China. *Global and Planetary Change*,7:219-233.

Shi Y F, Yu G, Liu X D, *et al*. 2001. Reconstruction for 30-40 ka B. P. enhanced Indian monsoon based on geological records from the Tibetan Plateau. *Palaeogeography, Palaeoclimatology, Palaeoecology*, 169:69-83.

Shove D J. 1987. Sunspot Cycles. In: Oliver J E and Fairbridge R W (Eds.). Encyclopediaof Climatology NewYork: Van Nostrand Reinhold, 807-815.

Siegenthaler U, Stocker T F, Monnin E, *et al*. 2005. Stable carbon cycle-climate relationship during the late Pleistocene. *Science*,310(5752):1313-1317.

Siegenthaler U, Eicher U, 1986. Stable oxygen and carbon isotope analyses. In: Berglund, B. E. (Ed.), Handbook of Palaeoclimatol Handbook of Holocene Palaeoecology and Palaeohydrology. Wiley, Chichester, pp. 407-422.

Simkin T, Siebert L. 1994. Volcanoes of the World(2nd edition): A regional directory, gazetteer, and chronology of Volcanism during the last 10 000 years. Tucson: Geoscience Press.

Simmonds I. 1985. Analysis of the "spinning" of a global circulation model. *Journal of Geophysical Research*,90:5637-5660.

Simpson J A. 1983. Elemental and isotopic composition of the galactic cosmic rays. Annual Review of Nuclear and Particle Science 33:323-382.

Slingo J M. 1980. A cloud parameterization scheme derived from GATE data for use with a numerical model. *Quarterly Journal of the Royal Meteorological Society*, 106:747-770.

Sloan L C, Rea D K. 1995. Atmospheric carbon dioxide and early Eocene climate: A general circulation modeling sensitivity study. *Palaeogeography, Palaeoclimatology, Palaeoecology*, 119:275-295.

Smith J E, Risk M J, Schwarcz H, *et al*. 1997. Rapid climate change in the North Atlantic during the Younger Dryas recorded by deep-sea corals. *Nature*, 386: 818-820.

Soon W, Baliunas S, Idso S B, *et al*. 2003. Reconstructing climatic and environmental changes of the past 1 000 years: reappraisal. *Energy and Environment*, 14(2-3):233-296.

Spahni R, Chappellaz J, Stocker T F, *et al*. 2005. Atmospheric methane and nitrous oxide of the late Pleistocene from Antarctic ice cores. *Science*, 310(5 752): 1317-1321.

Starr V P. 1968. Physics of negative viscosity phenomena. New York: McGraw-Hill.

Stendel M, Roeckner E. 1998. Impacts of horizontal resolution on simulated climate statistics in ECHAM 4, Report No. 253. Hamburg: Max-Planck-Institut für Meteorologie.

Stoermer E F, Smol J P. 1999. The diatoms: applications for the environmental and earth sciences. Cambridge: Cambridge University Press.

Stommel H. 1980. Asymmetry of interoceanic freshwater and heat fluxes. *Proceedings of the National Academy of Sciences of the. United States of America*, 77(5): 2377-2381.

Street-Perrott F A, Harrison S P. 1985. Lake levels and climate reconstruction. In: Hecht A D(Ed.). Palaeoclimatic Analysis and Modeling, New York: John Wiley, 291-340.

Street-Perrott F A, Marchand D S, Roberts N, *et al*. 1989. Global lake-level variations from 18 000 to 0 years ago: a palaeoclimatic analysis. Washington: US DOE/ER/60304-H1 TR046 US Department of Energy. Technical Report.

Street-Perrott F A, Marchand D S, Roberts N, *et al*. 1989. Global lake-level variations from 18 000 to 0 years ago: a palaeoclimatic analysis. Washington: US DOE/ER/60304-H1 TR046 US Department of Energy. Technical Report.

Stuiver M, Braziunas T F. 1993. Modeling atmospheric ^{14}C influences and ^{14}C ages of marine samples to 10 000 BC. *Radiocarbon*, 35(1): 137-189.

Stuiver M, Grootes P M, Braziunas T F. 1995. The GISP2 ^{18}O climate record of the past 16 500 years and the role of the sun, ocean and volcanoes. *Quaternary Research*, 44: 341-354.

Stumpf A J, Broster B E, Levson V M. 2000. Multiphase flow of the Late Wisconsinan Cordilleran ice sheet in western Canada. *Bulletin of the Geological Society of America*, 112: 1850-1663.

Suggate R P. 1974. When did the last interglacial end? *Quaternary Research*, 4: 246-252.

Swain A M, Kutzbach J E, Hastenrath S. 1983. Estimates of Holocene precipitation for Rajasthan, India, based on pollen and lake-level data. *Quaternary Research*, 19(1): 1-17.

Tabot M R. 1990. A review of the palaeohydrological interpretation of carbon and oxygen isotopic ratios in primary lacustrine carbonates. *Chemical Geology*, 80: 261-279.

Takahara H, Sugita S, Harrison S P, *et al.* 2000. Pollen-based reconstructions of Japanese biomes at 0, 6 000 and 18 000 ^{14}C yr B. P. *Journal of Biogeography*, 27(3): 665-683.

Takahashi T. 1989. The carbon dioxide puzzle. *Oceanus*, 32: 22-29.

Tarasov P E, Harrison S P, Saarse L, *et al.* 1994. Lake status records from the former Soviet Union and Mongolia: Data base documentation. Boulder: NOAA Paleoclimatology Publications Series Report 2.

Tarasov P E, Volkova V S, Webb III T, *et al.* 2000. Last Glacial Maximum Biomes reconstructed from pollen and plant macrofossil data from northern Eurasia. *Journal of Biogeography*, 27(3): 609-620.

Taylor S, David P D, Paul B. 2002. ^{26}Al and ^{10}Be dating of Late Pleistocene and Holocene fill terraces: A record of fluvial deposition and incision, Colorado front range. *Earth Surface Processes and Landforms*, 27: 773-787.

Teller J T. 1990. Meltwater and precipitation runoff to the North Atlantic, Arctic, and Gulf of Mexico from the Laurentide Ice sheet and adjacent regions during the Younger Dryas. *Paleoceanography*, 5(6): 897-905.

TEMPO. 1996. The potential role of vegetation feedbacks in the climate sensitivity of high-latitude regions: A case study at 6 000 years before present. *Global Biogeochemical Cycles*, 10: 727-736.

Thomas J. Crowley, Steven K. Baum, Kwang-Yul Kim, Gabriele C. Hegerl, William T. Hyde 2003. Modeling ocean heat content changes during the last millennium. geophysical Research Letters, 30: 1932-1936.

Thompson S L, Barron E J. 1981. Comparison of Cretaceous and present Earth albedos: Implications for Paleoclimates. *Journal of Geology*, 89: 143-167.

Thompson S L, Crutzen P J. 1990. Acute effects of a large bolide impact simulated by a global atmospheric general circulation model. In: Sharpton V L, Ward P (Eds.). Global Catastrophes in Earth History. Geological Society of America Special Paper.

Upchurch G R, Otto-Bliesner B L, Scotese C R. 1999. Terrestrial vegetation and its effects on climate during the latest Cretaceous. In: Barrera E and Johnson C (Eds.). The Evolution of Cretaceous Ocean-Climate Systems, Special Paper of the Geological Society of America, 332: 407-418 Boulder, Colorado.

Valdes P J. 2 000a. Warm climateforcingmechanisims, In: HuberB. T. et al. eds. Warm climatein Earth history. Cambridge University Press, 3-20.

Valdes P J. 2 000b Paleoclimatemodeling. In Mote, P. andO'Neill, A. eds. Numberica lmodeling of the global atmosphere in the climate system. Dordrecht, Kluwer Academic Publishers, 118-134.

van Andel T H. 2002. Reconstructing climate and landscape of the middle part of the last glaciation in Europe - The Stage 3 Project. *Quaternary Research*, 57:2-8.

Walker I R., Smol J P, Engstrom, D. R., Birks, H. J. B., 1991. An assessment of Chironomidae as quantitative indicators of lake marl at Gerzensee and Leysin (Switzerland), covering the Younger Dryas and two minor oscillations, and their of past climatic change. Can. J. Fish. Aquat. Sci. 48, 975-987.

Wang H J. 1999. Role of vegetation and soil in the Holocene megathermal climate over China. *Journal of Geophysical Research*, 104 (D8), 9361-9368.

Warren S G, Brandt R E, Grenfell C T, et al. 2002. Snowball Earth: Ice thickness on the tropical ocean. *Journal of Geophysical Research*, 107 (C10): 3167.

Washington W M, Kasabara A. 1970. A January simulation experiment with the two-layer version of the NCAR global circulation model. *Monthly Weather Review*, 98 (8): 559-580.

Washington W M, Meebl G A. 1984. Seasonal cycle experiment on the climate sensitivity due to a doubling of CO_2 with an atmospheric general circulation model coupled to a simple mixed-layer ocean model. *Journal of Geophysical Research*, 89 (D6): 9475-9503.

Washington W M, Meehl G A. 1983. General circulation model experiments on the climatic effects due to a doubling and quadrupling of carbon dioxide concentration. *Journal of Geophysical Research*, 88 (C11): 6600-6610.

Washington W M, VerPlank L. 1986. A description of coupled general circulation models of the atmosphere and oceans used for CO_2 studies. NCAR Technical Note, National Center for Atmospheric Research, Boulder, Colorado.

Washington W M, Williamson D L. 1977. A description of the NCAR global circulation models. In: Chang J (Ed.). Methods in Computational Physics, 17, New York: Academic Press, 111-172.

Washington W M, Parkinson C L. 1991. 三维气候模拟引论. 北京: 气象出版社.

Washington W M, Semtner Jr A J, Meehl G A, *et al*. 1980. A general circulation experiment with a coupled atmosphere, ocean, and sea ice model. *Journal of Physical*

Oceanography, 10(12): 1887-1908.

Washington W M, Semtner Jr A J, Parkinson C L, *et al*. 1976. On the development of a seasonal change sea-ice model. *Journal of Physical Oceanography*, 6(5): 679-685.

Washington W M. 1968. Computer simulation of the earth's atmosphere. *Science Journal*, 4: 36-41.

Weaver A J, Hughes T M C. 1996. On the incompatibility of ocean and atmosphere models and the need for flux adjustments. *Climate Dynamics*, 12(3): 141-170.

Webb Ⅲ T. 1985. Global Paleoclimatic Data for 6 000 Yr BP. DOE/Carbon Dioxide Information Analysis Center, Washington US: Department of Energy.

Wetherald R, Manabe S. 1995. The mechanisms of summer dryness induced by greenhouse warming. *Journal of Climate*, 8: 3096-3108.

Willans I M. 1979. Ice flow along the Byrd Station strain Network, Antarctica. *Journal of Glaciology*, 24(90): 15-28.

Wing S L, Gingerich P D, Schmitz B, *et al*. 2003. Causes and consequences of globally warm climates in the early Paleogene. *Geological Society of America* (Special Pape)r 369. Boulder Colorado.

Winkler M G, Swain A M, Kutzbach J E. 1986. Middle Holocene dry period in the northern midwestern United States: Lake levels and pollen stratigraphy. *Quaternary Research*, 25: 235-250.

Winograd I J. 2001. The magnitude and proximate cause ice sheet growth since 35 000 yr BP. *Quaternary Research*, 56: 299-307.

Wolfe J A. 1980. Tertiary climates and floristic relationships at high latitudes in the northern hemisphere. *Palaeogeography, Palaeoclimatology, Palaeoecology*, 30: 313-323.

Wolff J O, Maier-Reimer E, Legutke S. 1997. The Hamburg Primitive Equation Model HOPE, Technical Report No. 18. Hamburg: German Climate Computer Center (DKRZ).

Woodman M. 1997. Palaeoclimate modelling using the coupled Hadley Centre Model. *UGAMP Newsletter*, 16: 3-4.

Worsley P. 1981. Lichenometry. In: Goudie A (Ed.). Geomorphological techniques. London: Allen and Unwin, 302-305.

Wright H E, Kutzbach J E, Webb T Ⅲ, *et al*. 1993. Global Climates since the Last Glacial. Maximum. Minneapolis, MN: University of Minnesota Press.

Wright H E, Kutzbach J E, Webb T Ⅲ, *et al*. 1993. Global Climates since the

Last Glacial. Maximum. Minneapolis, MN: University of Minnesota Press.

Wu G X, Liu H, Zhao Y C, *et al*. 1996. A nine-layer atmospheric general circulation model and its performance. *Advances in Atmospheric Sciences*, 13:1-18.

Xiao J L, Zheng H B, Zhao H. 1992. Variation of winter monsoon intensity on the Loess Plateau, Central China during the last 130000 years: evidence from the grain size distribution. *Quaternary Reaearch*, 31:13-19.

Xue B, Yu G. 2000. The change in atmospheric circulation since Last Interstadial as indicated by the lake-status record in China. *Acta Geologia Sinica*, 74(4): 836-845.

Xue Y, Sellers P J, Kinter J L, *et al*. 1991. A simplified biosphere model for global climate studies. *Journal of Climate*, 4:345-364.

Yang B, Braeuning A, Johnson K R, *et al*. 2002. General Characteristics of temperature variation in China during the last two millennia. *Geophysical Research Letters*, 29(9):381-384.

Yu G, Harrison S P. 1996. An evaluation of the simulated water balance of Eurasia and northern Africa at 6 000 yr B. P. using lake status data. *Climate Dynamics*, 12:723-735.

Yu G, Harrison, S P. 1995. Holocene changes in atmospheric circulation patterns as shown by lake status changes in northern Europe. Boreas 24:260-268.

Yu G, Harrison S. 1995. Lake Status Records from Europe, Database Documentation. IGBP PAGES/World Data Center-A for Paleoclimatology Data Contribution Series # 95-009. NOAA/NGDC Paleoclimatology Program, Boulder CO, USA.

Yu G, Sauchyn D. 2004. Probability and Uncertainty Analysis for Long-term Drought based on Tree-ring Chronologies from the Central Prairie Ecozone. In: Strong G, *et al*. (Eds.). Human Dimensions of Weather and Climate, 38th Canadian Meteorological and Oceanographic Society Congress: 148.

Yu G, Chen X D, Ni J, *et al*. 2000. Palaeovegetation of China: a pollen data-based synthesis for the mid-Holocene and last glacial maximum. *Journal of Biogeography*, 27:635-664.

Yu G, Ke X K, Xue B, *et al*. 2004. The relationships between the surface arboreal pollen and the plants of the vegetation of China. *Review of Palaeobotany and Palynology*, 129:187-198.

Yu G, Liu J, Chen X, *et al*. 2002. Climatic dynamics for 6ka BP vegetational changes in Asian monsoon region. Acta Palaeonotologica Sinica, 41(4):558-564.

Yu G, Xue B, Liu J, *et al*. 2003. LGM lake records from China and an analysis of climate dynamics using a modelling approach. *Global and Planetary Change*, 38 (3-4): 223-256.

Yu G, Xue B, Wang S M. 2002. Reconstruction of Asian palaeomonsoon patterns in China over the last 40 kyrs: A synthesis. *The Quaternary Research*, 41(1): 23-33.

Yu G, Zheng Y Q, Ke X K. 2005. 35 ka B. P. climate simulations in East Asia and probing the mechanisms of climate changes. *Chinese Science Bulletin*, 50 (1): 58-67.

Yu G, Chen X, Liu J. 2001. Preliminary study on the LGM climate simulation and the diagnosis for East Asia. *Chinese Science Bulletin*, 46(5): 364-368.

Zhang G J, McFarlane N A. 1995. Sensitivity of climate simulations to the parameterization of cumulus convection in the Canadian Climate Centre general circulation model. *Atmosphere-Ocean*, 33: 407-446.

Zheng Y Q, Yu G, Wang S M, *et al.* 2004. Simulations of Palaeoclimates over the East Asia at 6 ka and 21 ka B. P. by a Regional Climate Model. *Climate Dynamics*, 23 (5): 513-529.

Zhou L P, Oldfield F, Wintle A G, *et al.* 1990. Partly pedogenic origin of magnetic variations in Chinese loess. *Nature*, 346: 737-739.

Zhu Z R, Wyrwoll K-H, Collins L B, *et al.* 1993. High precision U-series dating of last interglacial events by mass spectrometry: Houtman Abrolhos Island, western Australia. *Earth and Planetary Science Letters*, 118: 281-293.

Ziegler A M, Scotese C R, Barrett S F. 1983. Mesozoic and Cenozoic paleogeographic maps. In: Brosche P and Sundermann J(Eds.). Tidal friction and the Earth's rotation, Ⅱ. Berlin: Springer-Verlap, 240-252.

Zorita E, von Storch H, González-Rouco F, *et al.* 2003. Simulation of the climate of the last five centuries, GKSS Report 2003/12.

Zubakov V A, Borzenkova I I. 1990. Global Palaeoclimate of the Late Cenozoic. Amsterdam: Elsevier: 15-38.

后 记

《古气候动力模拟》自2000年以来先后在中国科学院南京地理与湖泊研究所的“全球变化和古气候数值模拟研究”的博士后、研究生作为专业课开设。由于国内没有任何类似教材，该课程参考国外原著《动力古气候学》(Dynamics Palaeoclimatology)。但该书总结研究成果，更具有学术论著性质，与我国研究生教学的系统性和实用性有一定距离。此外，该书在学科系统性上涵盖了现代气候模拟与古气候模拟两大学科的研究内容。国内已经有不少有关现代气候模拟研究专著和教科书出版，但在古气候模拟方面尚属空白。鉴于全球变化和古气候研究和教育，急待具有系统性和实用性、并能与国际科研水平同步的研究生教材问世。在中国科学院研究生院的倡导下，编写了《古气候动力模拟》一书。书中很多图件和资料来自于国际和国内公开出版物，通过不同杂志社网站、美国国家地学数据中心网站、中国科学院武汉文献情报中心网站，以及文献作者个人或单位网站公开下载获得。我们已经在书中逐一标注资料来源，对中外集体和个人网站的公开资料表示衷心地感谢。南京大学陈星教授提供了相关文献，也表示感谢。同时也感谢中国科学院湖泊沉积与环境重点实验室在人力与物力方面的支持。

本书各篇的作者如下：

绪　论：于革　刘健

第一篇：刘健

第二篇：刘健、于革

第三篇：薛滨、于革

第四篇：于革

第五篇：于革、刘健、薛滨

第六篇：于革、薛滨

第七篇：于革

我编辑了目录、符号定义、索引、参考文献等，对全书做了统稿和校对。在书稿编撰过程中，中国科学院南京地理与湖泊研究所桂峰、高建慧、黄智华、王小林、沈华东等研究生在资料收集和文字编辑等方面给予了大力帮助。由于作者水平和能力限制，加之时间仓促，书中多有不足之处，敬请读者予以指正。

于　革

2006年9月于南京

郑重声明

图书在版编目（CIP）数据

古气候动力模拟/于革，刘健，薛滨编著．—北京：高等教育出版社，2007.3

ISBN 978-7-04-020685-2

Ⅰ.古… Ⅱ.①于…②刘…③薛… Ⅲ.古气候-大气动力学-气候模拟 Ⅳ.P532 P433

中国版本图书馆 CIP 数据核字（2007）第 012865 号

策划编辑 陈正雄 **责任编辑** 田 军 **封面设计** 王凌波
责任绘图 尹文军 **版式设计** 张 岚 **责任校对** 殷 然
责任印制 陈伟光

出版发行	高等教育出版社	**购书热线**	010-58581118
社　　址	北京市西城区德外大街4号	**免费咨询**	800-810-0598
邮政编码	100011	**网　　址**	http://www.hep.edu.cn
总　　机	010-58581000		http://www.hep.com.cn
		网上订购	http://www.landraco.com
经　　销	蓝色畅想图书发行有限公司		http://www.landraco.com.cn
印　　刷	北京印刷一厂	**畅想教育**	http://www.widedu.com
开　　本	787×1092 1/16		
印　　张	23.00	**版　　次**	2007年3月第1版
字　　数	440 000	**印　　次**	2007年3月第1次印刷
插　　页	8	**定　　价**	42.00元

本书如有缺页、倒页、脱页等质量问题，请到所购图书销售部门联系调换。

物料号　20685-00

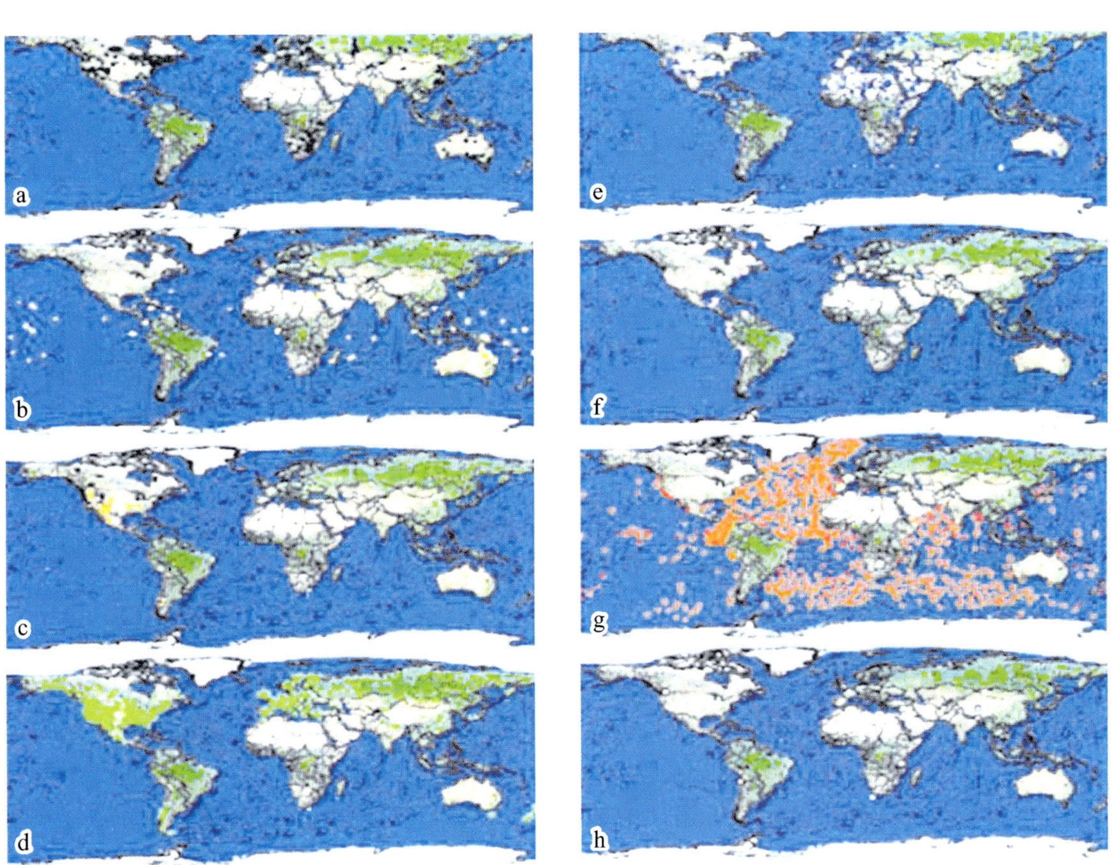

图 0.4 全球古气候环境数据库的数据点分布

a. 大陆钻孔；b. 珊瑚；c. 火记录；d. 树轮；e. 湖泊水位；f. 古湖沼；g. 海洋钻孔；h. 冰芯(资料来自 NOAA 古气候环境数据中心;Larocque,2006)

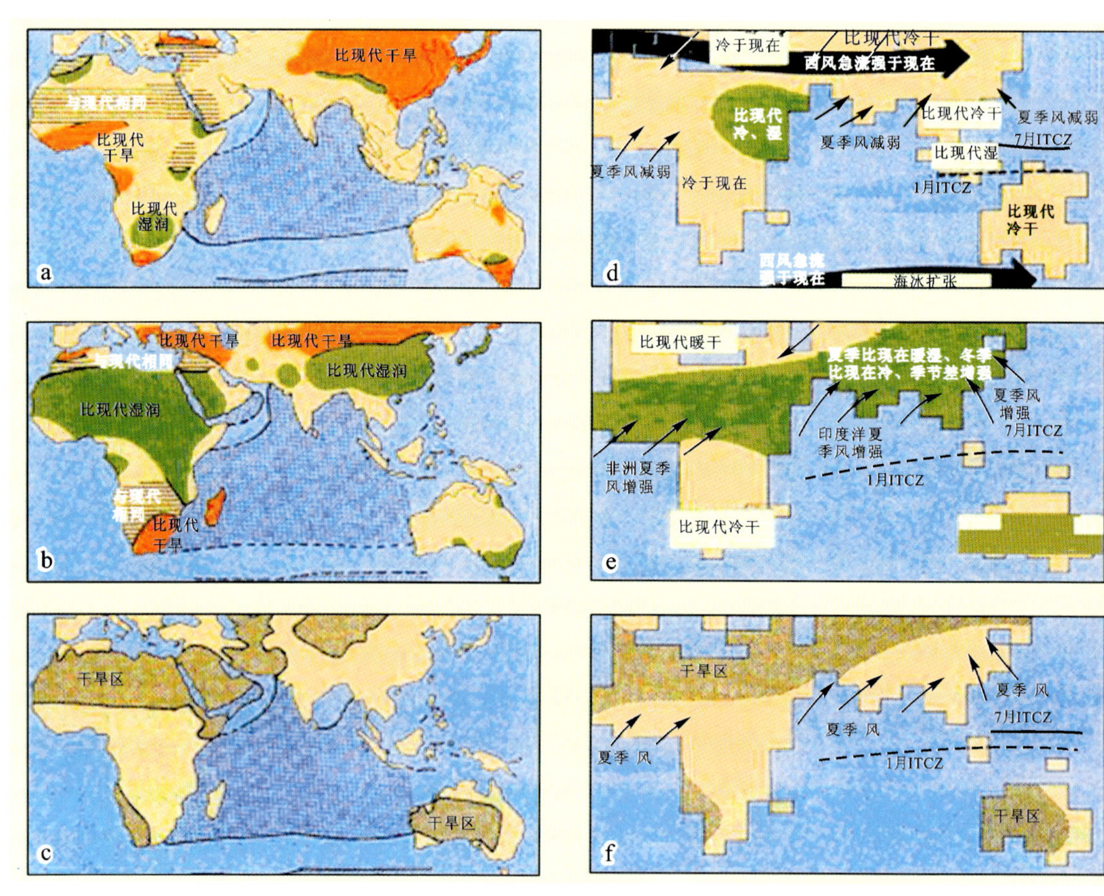

图 0.5 末次冰盛期和早全新世气候模拟与地质资料对比示意图

a,b,c：地质资料恢复的古气候；d,e,f：气候模拟的古气候；a,d：18 kaBP^{14}C 年代，相当于 LGM；b,e：早全新世(9 kaBP)；c,f：现代(0 kaBP)。ITCZ 代表热带幅合带(根据 COHMAP Members,1988)

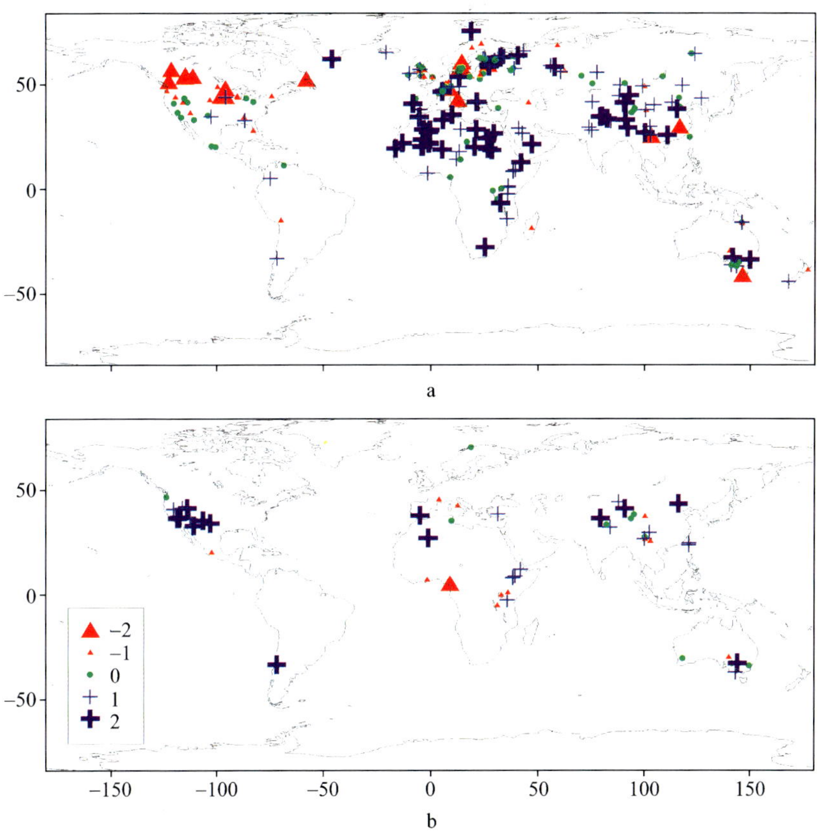

图 11.1　全球古气候湿度状况的空间分布

采用与现代相比的湿度变化表示，共分 5 级：湿润(+2)、较湿润(+1)、无变化(0)、较干燥(−1)和干燥(−2)。采用年代控制标准在 3 级以内($DC \leqslant 3$)。

a. 中全新世(6 kaBP)；b. 末次冰盛期(18 kaBP)(据(Street-Perrot *et al.*, 1989；Trasove *et al.*, 1994；Yu *et al.*, 1995，2000)。

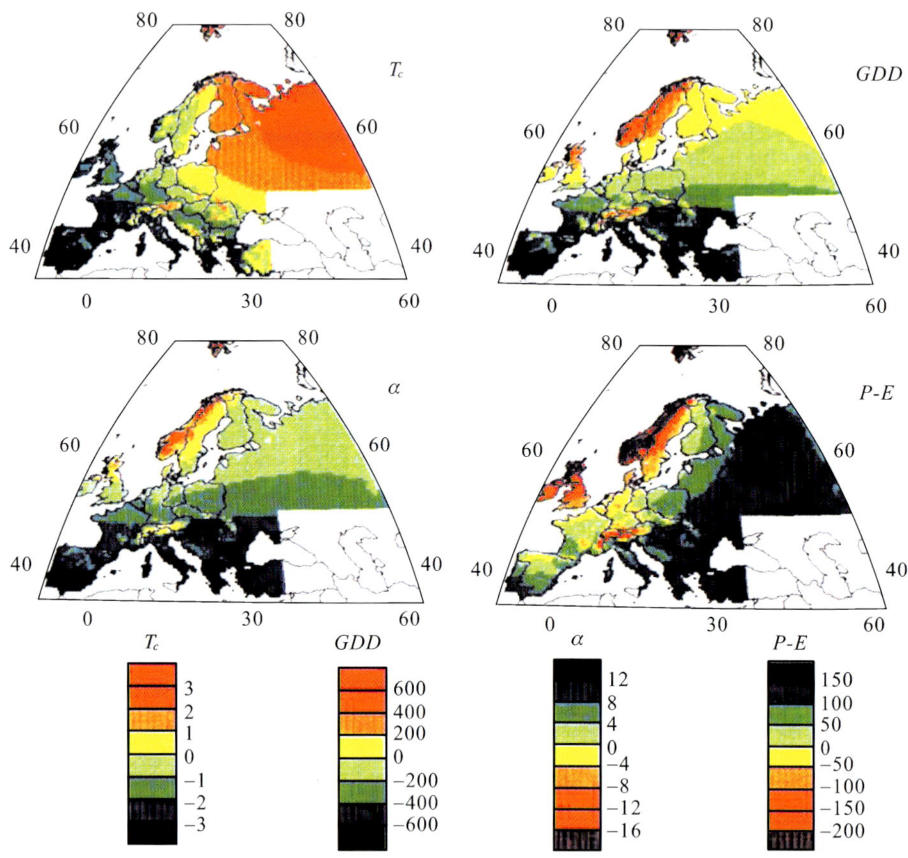

图 11.2　欧洲中全新世气候重建图

T_c：最冷月平均温度(℃)，*GDD*T>5 ℃积温(℃)，α：蒸发率，*P–E*：有效降水(mm/a)，均以现对现在的变化值表示(Chaddad *et al.*，1996)

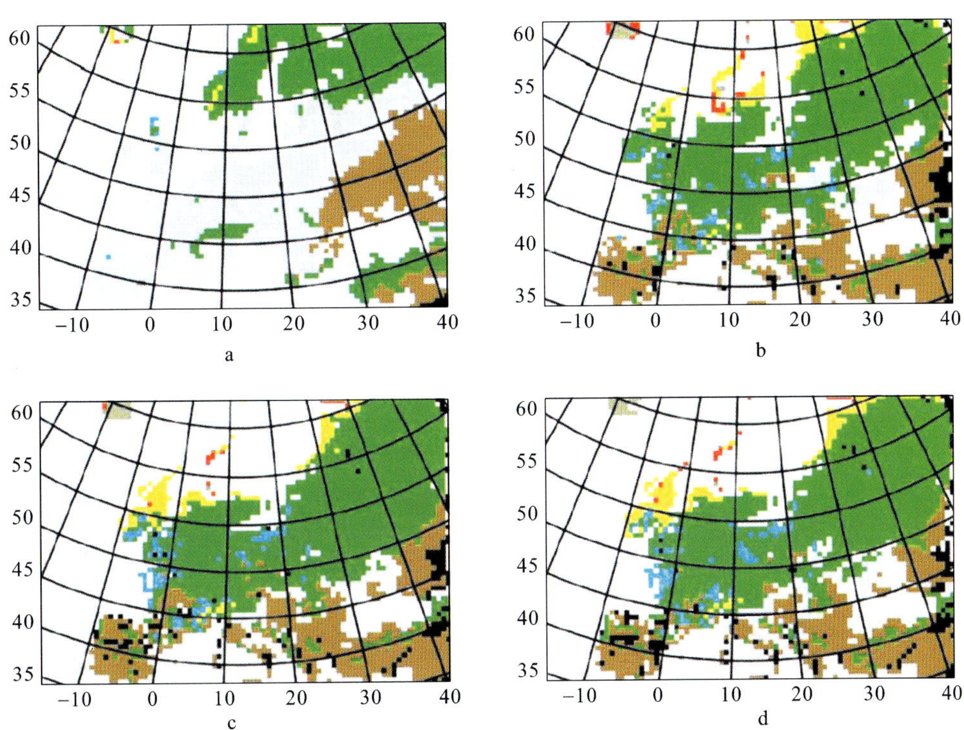

图 16.7　MIS-3 欧洲植被分布

(Barron *et al.*,2002)

a. 现代,b~d MIS-3 阶段试验,其中 b 为暖期,c 为冷期,d 为热期

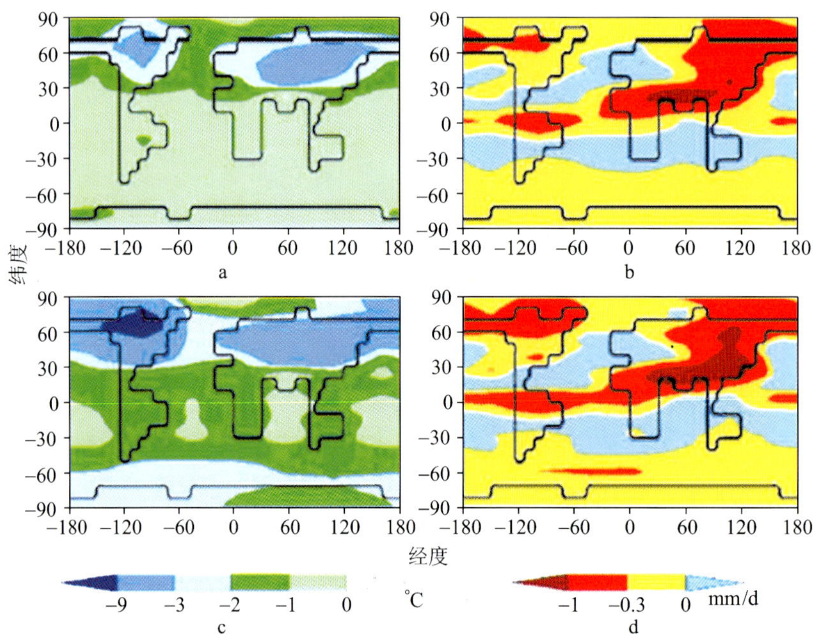

图 16.6 末次间冰期气候夏季温度和降水模拟

(Calov *et al.*,2005)

a 和 b: 118 kaBP 与现代值之差,c 和 d: 115 kaBP 与现代值之差冬季,

a 和 c: 温度模拟,b 和 d: 降水模拟

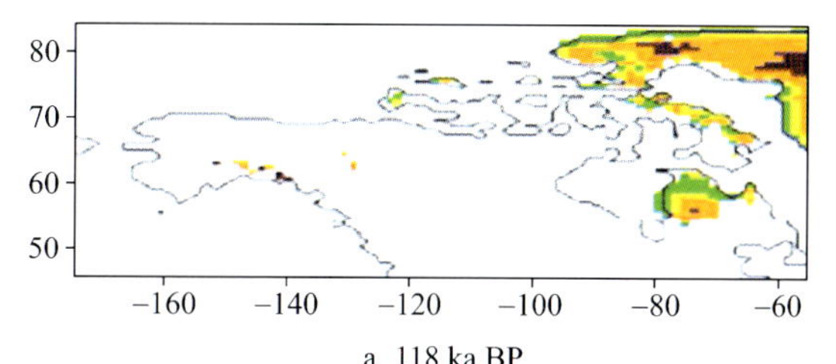

a. 118 ka BP

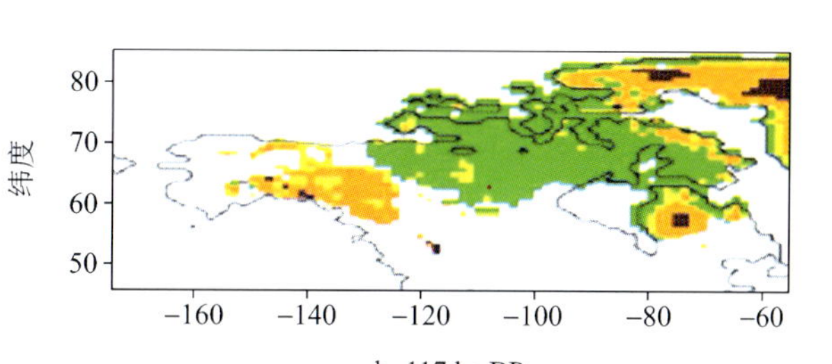

b. 117 ka BP

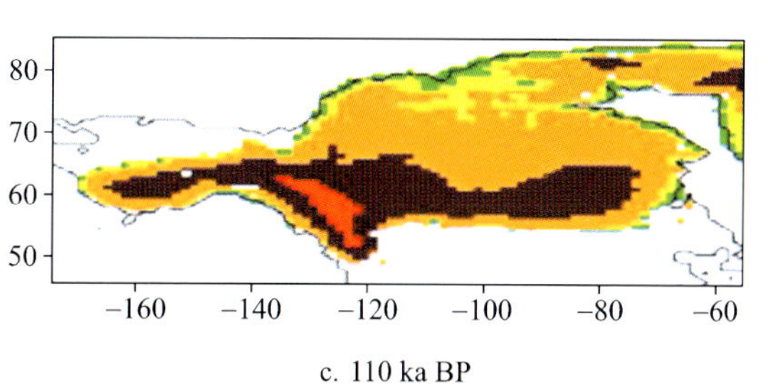

c. 110 ka BP

经度

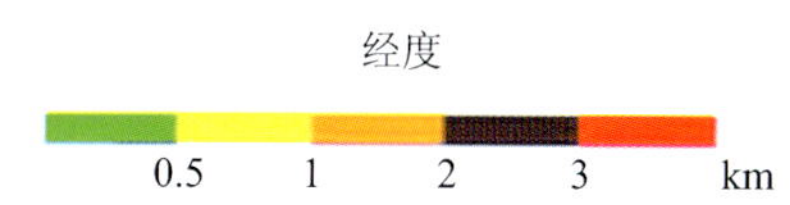

图 16.5　末次间冰期北美大陆冰盖高度分布

(Calov *et al*.,2005)

a. 118 kaBP;b. 117 kaBP;c. 110 kaBP

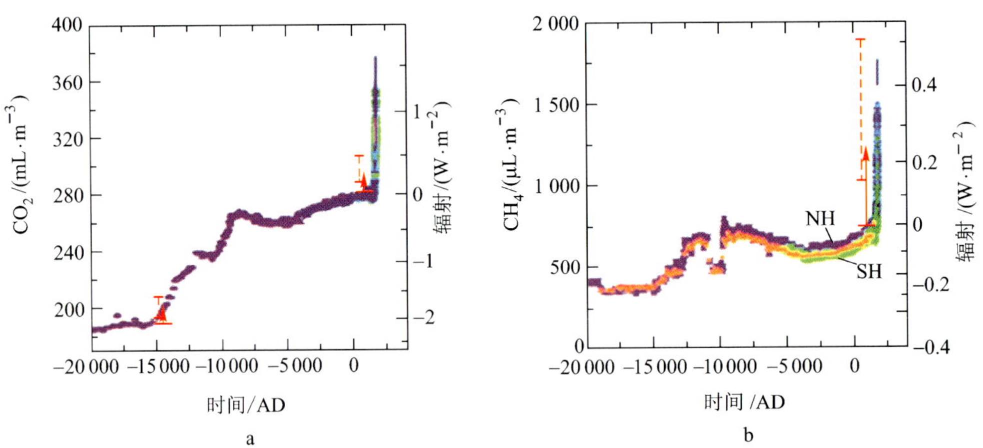

图 13.12　综合多个南极冰芯资料的大气温室气候记录

a. CO_2, b. CH_4。太阳辐射变化以工业化前(1 750 AD)的温室气体浓度为标准计算(Joos,2005)。红色箭头表示在气候系统模型中,在 LGM 和工业化前之间的辐射变化的极限值,假定内部气候变幅 0.2 ℃,气候均衡中值为 3 ℃。红色虚线箭头表示与气候敏感性范围(1.5~4.5 ℃之间)不确定性估计的变幅上限

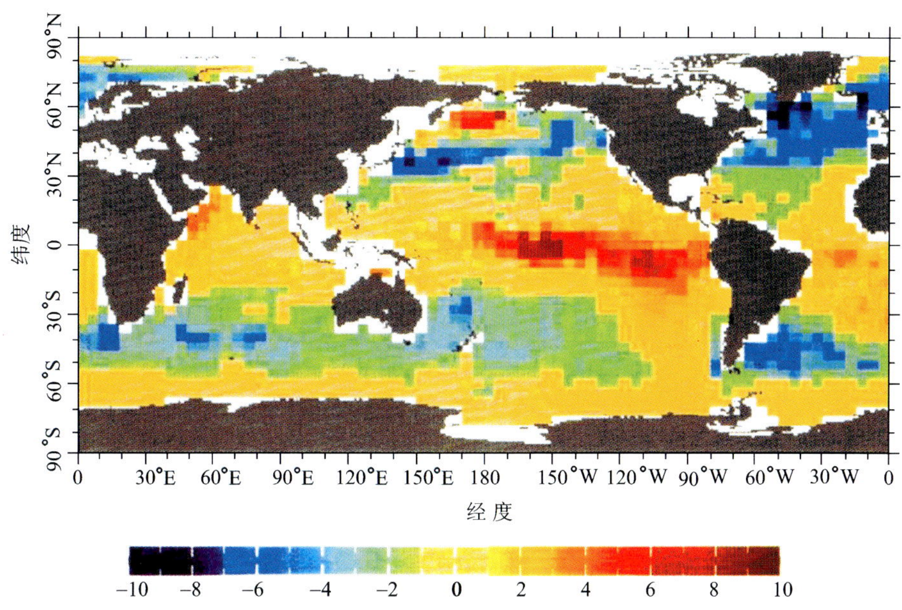

图 13.6 海洋到大气圈的碳净通量的全球分布

(Takahashi,1989)

碳通量(每 4×5 格点为 10^{12} g/a)

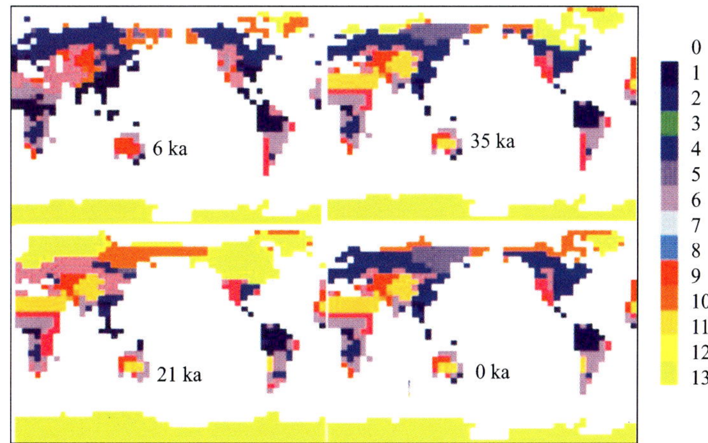

图 13.10 全球格点分布的 0 ka,6 ka,21 ka 和 35 kaBP 的陆面类型分布图

包括第四纪冰盖、海陆分布、11 种植被,投影到 GCM-R15 精度的网格。

资料来源和作图根据于革等(2001)和 Yu 等(2005)综合。

0. 海洋;1. 常绿阔叶林;2. 落叶阔叶林;3. 针阔混交林;4. 常绿针叶林;

5. 落叶针叶林;6. 稀疏草原;7. 草原;8. 热带灌丛林;9. 干旱灌木林;

10. 苔原;11. 荒漠;12. 农耕植被;13. 永久冰

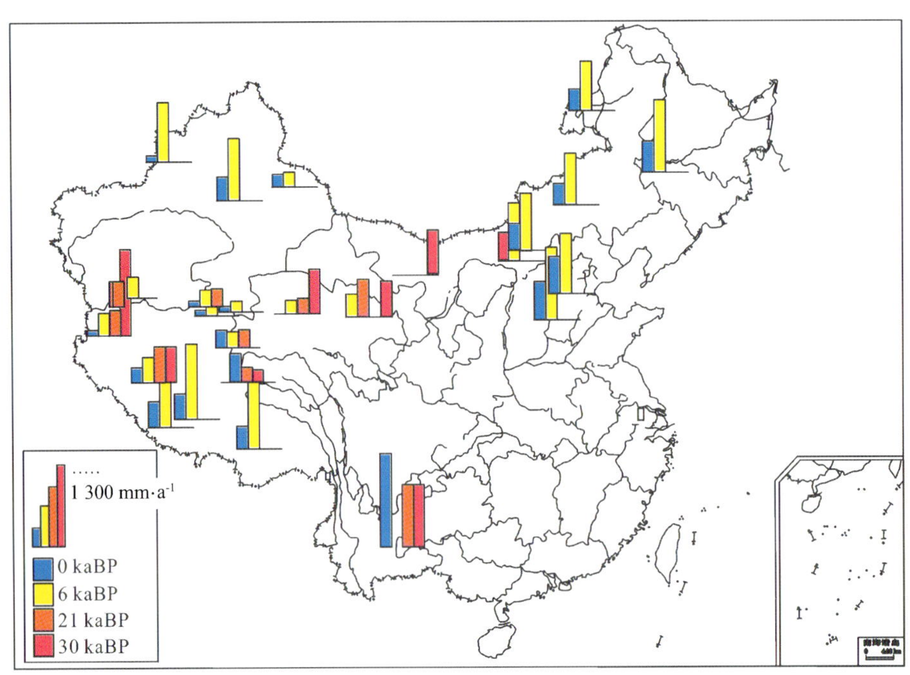

图 11.3　根据水量平衡法计算的中国湖泊流域 3 万年来古降水

（根据于革等，2001）

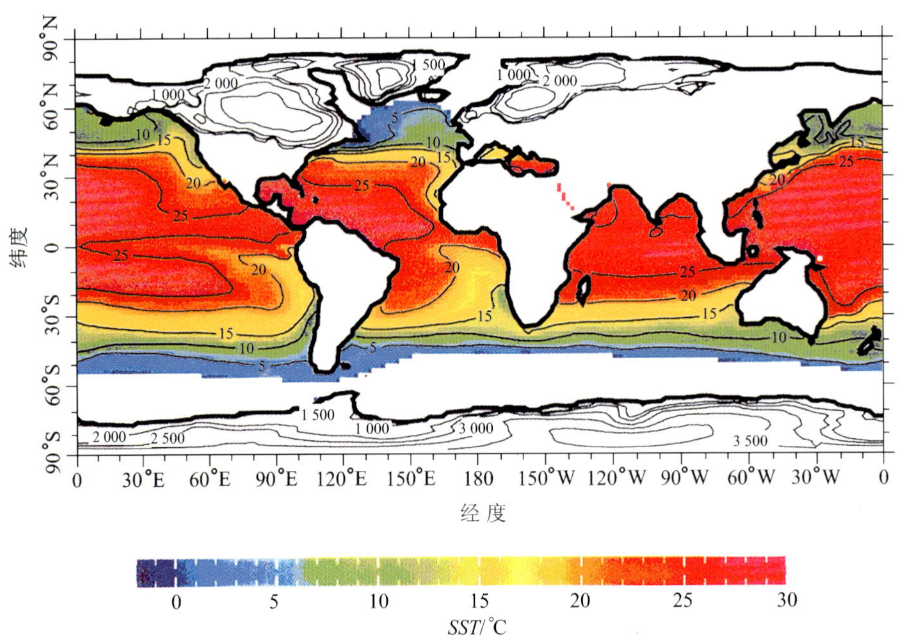

图 13.5　末次冰盛期古气候模拟采用的 *SST* 和陆冰

（根据 CLIMAP Member，1976）

大陆轮廓根据低于现代海面 120 m 估计。海洋等值线为 *SST*（℃），大陆等值线为冰盖厚度（m）

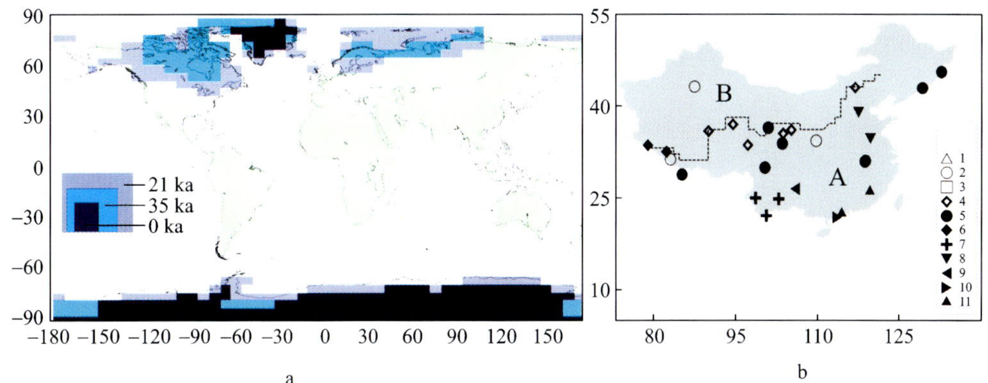

图 16.8　35 kaBP 气候模拟采用的冰盖和东亚植被分布

(Yu *et al.*,2005)

a. 冰盖分布;b. 古植被以及森林植被与荒漠草原边界。A. 森林植被区;B. 非森林植被区.
1. 草甸;2. 草原;3. 荒漠;4. 草原–针叶林;5. 针叶–阔叶混交林;6. 针叶林;7. 针叶–常绿阔叶混交林;8. 落叶阔叶林;9. 常绿阔叶林;10. 常绿–落叶阔叶混交林;11. 稀疏草原–常绿阔叶林

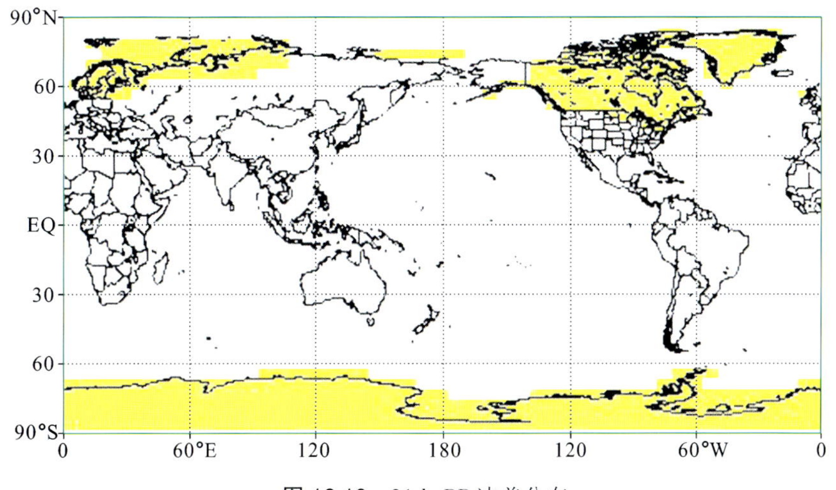

图 16.10　21 kaBP 冰盖分布

(转引自于革等,2001)

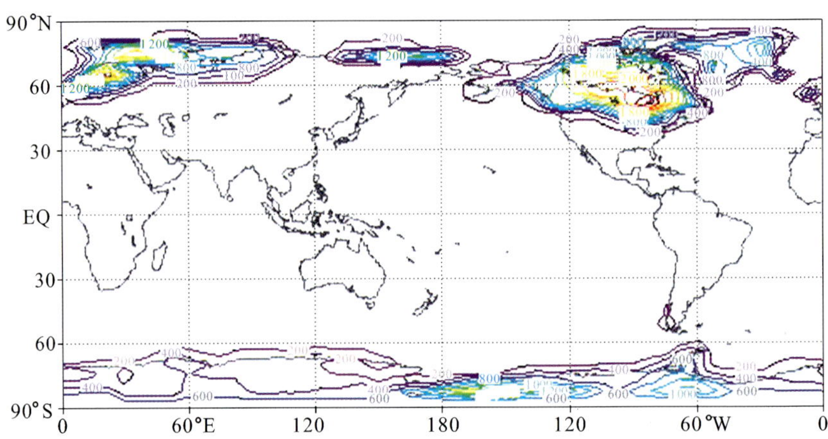

图 16.11　21 kaBP 冰盖地形高度与现代地形高度差

(转引自于革等，2001)

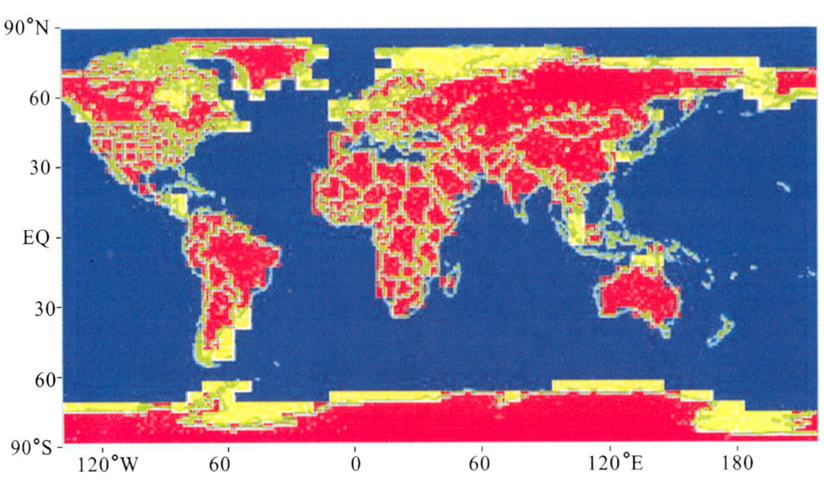

图 16.12　21 kaBP 海陆分布与现代的差异

(转引自于革等，2001)

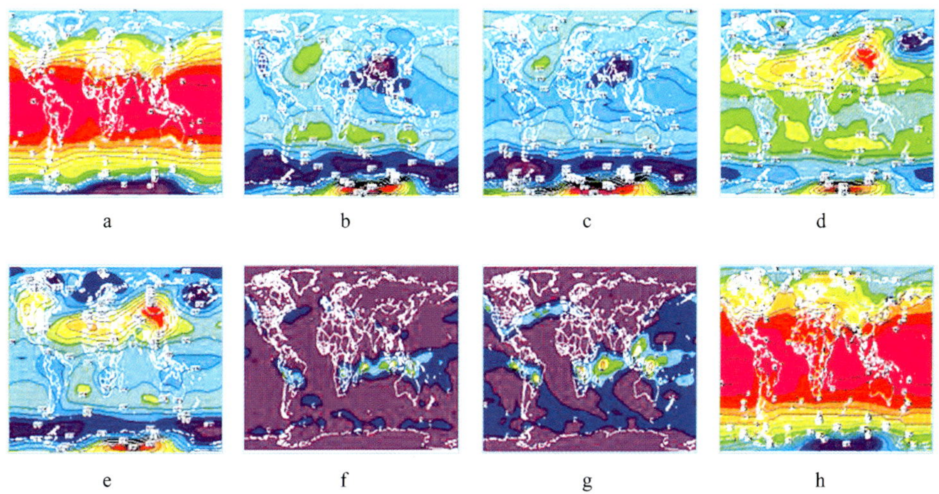

图 16.13　LGM 冰盖与无冰盖条件下降水、温度和海面气压模拟

(于革等,2001)

a,c,e,g 为无冰盖试验,b,d,f,h 为有冰盖试验。a,b 夏季海平面气压场(hPa);c,d 冬季海平面气压场(hPa);e,f 冬季降水(mm/d);g,h 年平均温度(℃)

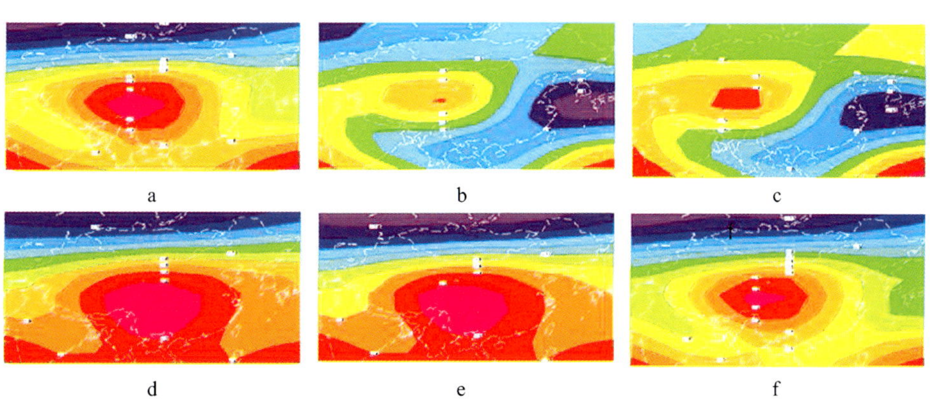

图 16.14　21 kaBP 与 0 kaBP 试验的温度差值模拟

(于革等,2001)

a. 现代植被驱动 21 kaBP 冬季(DJF);b. 21 kaBP 植被驱动冬季;c. 现代植被驱动夏季(JJA);d. 21 kaBP 植被驱动夏季;e. 现代植被驱动年平均;f. 21 kaBP 植被驱动年平均(温度单位:℃)。

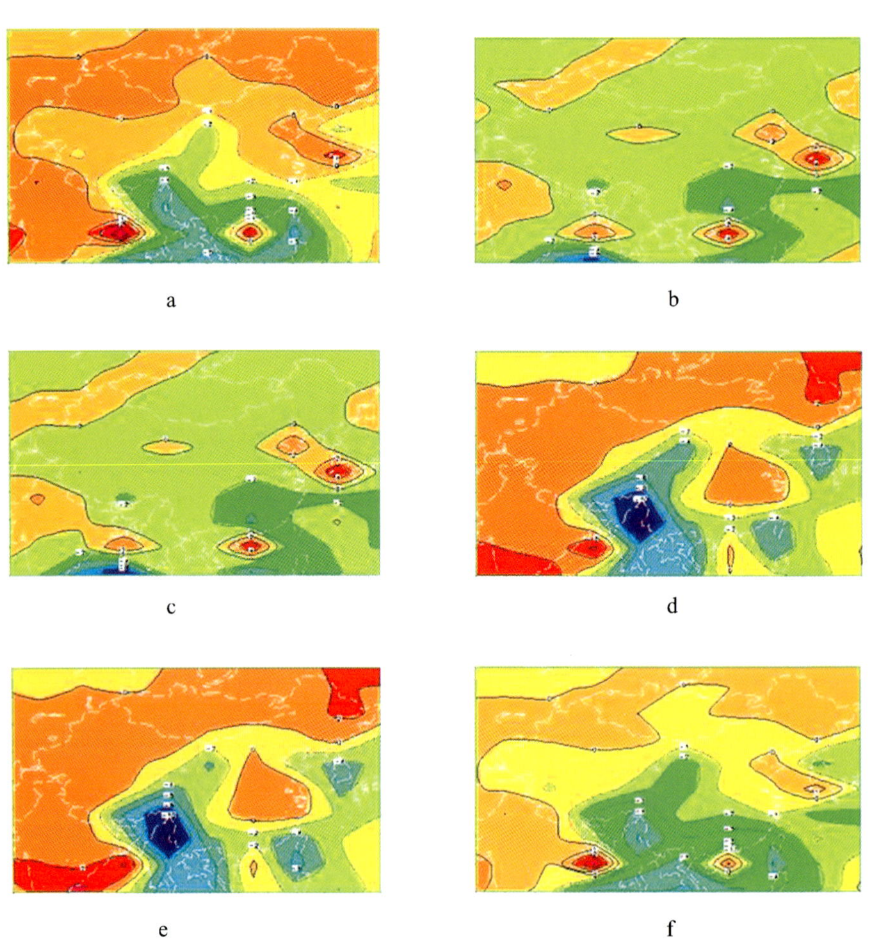

图 16.15 21 kaBP 与 0 kaBP 试验有效降水差值模拟

(于革等,2001)

a. 现代植被驱动 21 kaBP 冬季(DJF);b. 21 kaBP 植被驱动冬季;c. 现代植被驱动夏季(JJA);d. 21 kaBP 植被驱动夏季;e. 现代植被驱动年平均;f. 21 kaBP 植被驱动年平均(降水单位:mm/d)

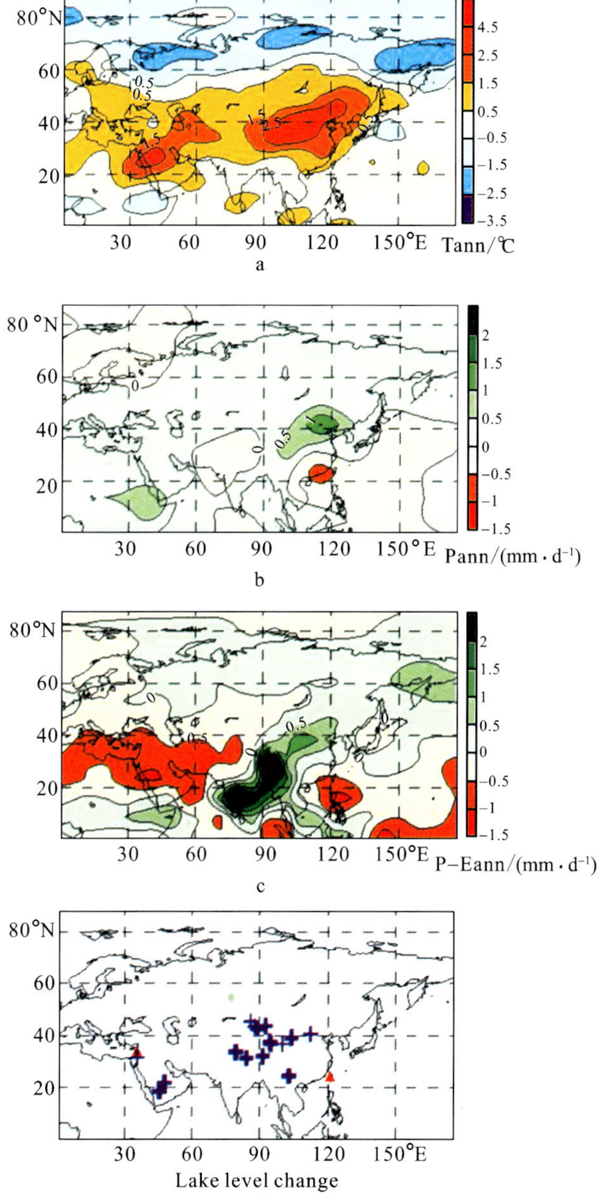

图 18.2 欧亚地区 MIS-3 晚期古气候模拟与湖泊地质重建资料对比

(根据 Yu *et al.*,2005)

a. 年温度模拟;b. 年降水模拟;c. 年 *P–E* 模拟;

d. 古湖泊数据库估计的 *P–E*:▲干旱,✚湿润,●没有变化

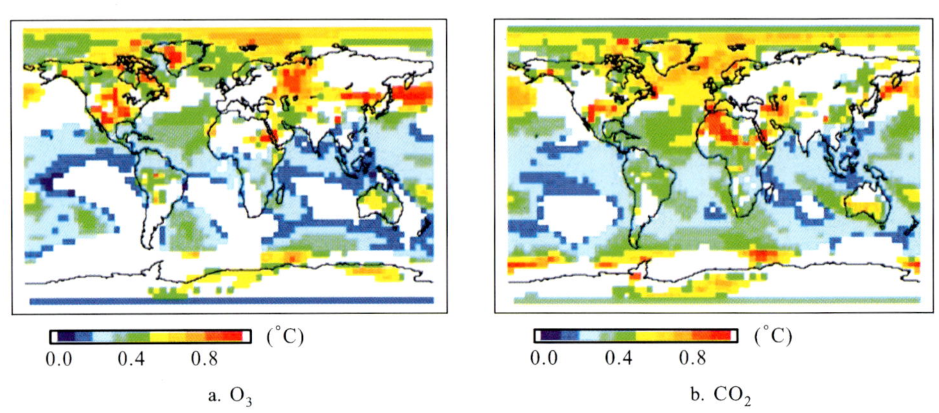

图 19.1　GISS-GCM 夏季 75 年与控制试验夏季海温模拟对比的 t 检验

(Mickley *et al*.,2004)

采用臭氧(a) 和 CO_2(b) 驱动的气候模拟。

白色网格点为双尾 t 检验在 95%可信水平(P< 0.05) 具有显著性差异